U0237584

中国油用牡丹研究

李育材　主编

中国林业出版社

主　　编　李育材

副 主 编　祖元刚　张延龙

参编人员(按姓氏笔画排序)：

王　化　王洪政　牛立新　史倩倩　吉文丽

张　刚　张庆雨　张骁晓　孟庆焕　罗建让

赵仁林　祖述冲　谢力行　路　祺

本书由林业公益性行业科研专项"油用牡丹新品种选育及高效利用研究与示范"项目资助

图书在版编目(CIP)数据

中国油用牡丹研究／李育材主编．—北京：中国
林业出版社，2019. 2
ISBN 978-7-5038-9944-7

Ⅰ．①中…　Ⅱ．①李…　Ⅲ.①牡丹–油料作物–研究
–中国　Ⅳ.①S685. 11

中国版本图书馆 CIP 数据核字(2019)第 006174 号

中国林业出版社

策划、责任编辑：贾麦娥
电话：(010)83143562

出版发行　中国林业出版社(100009　北京市西城区德内大街刘海胡同 7 号)
　　　　　http：//lycb. forestry. gov. cn
经　　销　新华书店
印　　刷　固安县京平诚乾印刷有限公司
版　　次　2019 年 1 月第 1 版
印　　次　2019 年 1 月第 1 次印刷
开　　本　787mm×1092mm　1/16
印　　张　32. 25
字　　数　583 千字
定　　价　326. 00 元

序(一)

　　牡丹是我国特有的木本名贵花卉，素有"花中之王""国色天香"的美誉，自古以来就深受广大人民群众的推崇与喜爱。我国牡丹发展始于晋，兴于隋，盛于唐宋，距今已有2000多年的应用历史和1600多年的人工栽培历史。牡丹最早被当作药用植物记录在《神农本草经》中，南北朝时期开始用于观赏。近年来，随着牡丹在油用方面的潜力被逐渐发现和重视，"油用牡丹"也成为继"药用牡丹"和"观赏牡丹"之后的又一重要分类。

　　作为新兴的农林产业，油用牡丹开发前景十分广阔。多年的实践结果表明：与其他油料作物相比，油用牡丹具有产量高、出油率高、油质优、适应范围广、管理方便等特点。大力发展油用牡丹对于降低我国食用油对外依存度、保障粮油安全和人民身体健康、改善生态环境具有重要意义，特别是以油用牡丹为抓手实施精准扶贫，是消除贫困、改善民生、促进健康、持续发展、实现共同富裕的重要举措。

　　李育材同志长期在基层和林业部门工作，在发展油用牡丹资源培育和产业化加工利用方面取得了一些研究成果。由他主编的我国第一部油用牡丹专著《中国油用牡丹研究》一书即将正式出版，供大家参考和鉴赏。

宋平　2016.3.7.

发展油用牡丹产业

保障我国粮油安全

张世英 2014·1·4日

治
生
民
人
及

不
子
丹
壮
歷
毋

宋平同志为本书作序

宋平同志为本书作序

宋平同志为本书作序

序(二)

　　"油用牡丹"作为我们国家原生且独有的物种，在习近平总书记、李克强总理、汪洋主席等中央领导同志的关心下，现已发展到近1000万亩*。特别是习近平总书记2013年11月26日视察了山东菏泽尧舜牡丹产业园并作了重要指示之后，油用牡丹产业如雨后春笋般发展起来，其中又以黄河流域、长江流域和西北黄土高原地区发展最快。

　　油用牡丹产业之所以发展如此迅猛，是因为这种植物确实开发价值高，开发前景广阔。首先，适应范围广，油用牡丹在我们国家43%的国土面积上都可以种植；其次，产量高，油用牡丹一般二年生种苗种上第三年每亩就可产籽400斤**左右，进入盛果期后一般地块每亩产籽可达500斤左右，若采用"良种、良法、良管、良境、良收"，每亩产量可达800斤到1000斤；再次，油质好，牡丹籽油含不饱和脂肪酸92.26%，其中α-亚麻酸含量高达43.18%，黄土高原干旱半干旱地区α-亚麻酸含量高达49%左右，α-亚麻酸是构成人体脑细胞和组织细胞的重要成分，是人体不可缺少的自身不能合成又不能替代的多不饱和脂肪酸，美国著名学术期刊《食品与化学毒理学》刊登的文章《从营养学、药理学和毒物学角度评价α-亚麻酸》指出：α-亚麻酸是一种人体所必需的脂肪酸，具有保护心血管、抗癌症、保护神经元、抗骨质疏松、抗炎症和抗氧化的功效，可以通过食用富含α-亚麻酸的食物来满足人体需求；另外，这种植物像我们中国人一样，有很强的包容性，适宜与其他高大乔木共生，就连在光伏发电板下也长势良好；值得关注的是，我国食用油对外依存度高达68.9%，进口美国的转基因大豆因美国的单边贸易保护主义要加征25%的关税，我国每年花费500多亿美元外汇从国外购买食用油和食用油籽，而我们的先人留给我们的这个三大效益都很高的物种，特

---

*　1 亩 ≈ 667m^2；

**　1 斤 = 500g，下同。

别是食用价值、观赏价值、生态价值、社会价值都很高的、世上独一无二的物种，我们如果不去认真研究和开发，岂不上愧对了祖宗，下对不起子孙后代，中华民族精神何在？

面对我国食用油较大的对外依存度，面对国家食用油质量的安全，面对广大人民群众对健康的担忧，已经百岁高龄的原中央政治局常委、曾担任周恩来总理政治秘书的老一辈革命家、政治家、我们十分敬爱的宋平同志在听取了我有关油用牡丹情况的汇报之后，分别在 2014 年 1 月 8 日周总理逝世 38 周年之际和 2015 年 1 月 25 日两次为油用牡丹题词，充分体现了我国老一辈革命家对油用牡丹这项产业的重视。2016 年 3 月 7 日，当得知我准备编写一部油用牡丹专著时，宋老又亲自为本书作序。所以，我觉得他老人家年过百岁，仍然像我们敬爱的周总理那样忧国忧民，我们更应该撸起袖子加油干，实现习近平总书记指示的"中国人的饭碗任何时候都要牢牢端在自己手上，我们的饭碗应该主要装中国粮。"把中国食用油对外依存度 68.9% 大大降低直至实现自给。目前，我国退耕还林已逾 5 亿亩，若能上乔下灌，以油用牡丹和文冠果套种为例，按照每亩地产 80 斤牡丹籽油和 60 斤文冠果油计算，5 亿亩退耕还林地每年就可生产出优质食用油 700 亿斤，占到 2017 年我国食用油消费总量的 93.3%。再加上我们国土上的油茶、核桃等其他木本食用油和大豆、花生、油菜等草本植物油，基本上就能满足国家的需求。这种利国、利民、利企业、利社会、利个人的事我们应大力推广，民族大业，智慧之油，应纳入国家战略认真推广。

我已退休五年有余，生长在中国牡丹之都——山东菏泽的我，从小就热爱家乡的这种植物——牡丹，高中毕业在家当了四年农民就热爱种牡丹，上大学专科又学的农业，参加工作之后又多半从事林业工作，在山东工作期间和到林业部工作的几十年时间内从没离开对牡丹的关注、研究，可以说我终生对牡丹倍爱有加。有生之年，小车不倒就要推，一直推到去见了马克思。我要遵照习近平总书记在视察菏泽尧舜牡丹产业园的指示精神，把自己所学知识和在长期工作实践中积累的点滴经验，贡献给党和人民，以不辜负党的培养和人民的重托，为国家食用油不足、农民兄弟脱贫致富、人民健康水平提升和建设"美丽中国"做些力所能及的贡献。

这本书的出版，感谢众多专家教授院士和有实践经验的农民兄弟的指导和支持，但是由于自己学识浅薄，难免有所不足和失误，衷心希望大家多提宝贵意见。

2018 年 11 月 26 日

目录 Contents

上　篇

油用牡丹产业的战略思考

第一章　中国牡丹的历史发展过程

第一节　中国牡丹的历史沿革

牡丹又称鼠姑、鹿韭、百两金、木芍药、富贵花等，属芍药科（Paeoniaceae）芍药属（*Paeonia*）牡丹组（Sect. Mouton），为多年生落叶灌木。牡丹是中国特有木本名贵花卉，也是我国著名的中药材，因其品种众多，栽培历史悠久，花色绚丽多彩，花型富丽堂皇，素有"国色天香""花中之王"的美誉，目前也是我国呼声最高的国花候选。我国牡丹发展始于晋，兴于隋，盛于唐宋，距今已有 2000 多年的应用历史和 1600 多年的人工栽培历史。

秦汉时期，牡丹作为药用植物就已被人们认识。《神农本草经》记载："牡丹味辛寒，一名鹿韭，一名鼠姑，生山谷。"距今已有 2000 多年的历史。1972年在甘肃省武威市柏树乡发掘的东汉早期墓葬中，发现医学简数十枚，其中就有牡丹治疗血瘀病的记载。东汉末年，用牡丹皮治病已经较为普遍。世传《华佗神医秘方》记载的 1073 例方中，使用"丹皮"配方的有 22 方。此外，在河北省柏乡县北郝村有一处汉牡丹园，相传是东汉开国皇帝刘秀避难之处，并留下"萧王避乱过荒庄，井庙俱无甚凄凉。唯有牡丹花数株，忠心不改向君王"的历史传说。

牡丹观赏栽培始于东晋，顾恺之的绘画《洛神赋》中已有画面描绘了庭院中栽植的牡丹。牡丹即已入画，其作为观赏的对象已确切无疑，由此可知牡丹观赏栽培距今约 1600 年。近代生物学先驱达尔文 1868 年在《动植物在家养情况下的变异》一书中说，牡丹在中国已经栽培了 1400 年。从 19 世纪 60年代末推到 1400 年前，即我国东晋、南北朝时期，和中国牡丹的栽植历史大体相属。

南北朝时期，关于牡丹的记载更加丰富。据《刘宾客嘉话录》记载："北齐杨子华有画牡丹极分明。子华北齐人，则知牡丹久矣。"又据《太平御览》谢康乐说："南朝宋时，永嘉（今温州一带）水际竹间多牡丹"。

隋代，牡丹栽培的数量和范围开始扩大，并开始进入皇家宫苑。据宋代

《海山记》载："隋帝（605—618）辟地周二百里为西苑……诏天下境内所有鸟兽草木驿至京师（今洛阳）……易州（今河北易县）进二十箱牡丹，有'赪红''鞓红''飞来红''袁家红''醉颜红''云红''天外红''一拂黄''软条黄''延安黄''先春红''颤风娇'等名贵品种。"又传说隋炀帝最钟爱从易州进贡的牡丹，并诏令改名叫"隋朝花"，可谓人类历史上最早定的国花。

到了唐代，随着社会稳定，经济繁荣，中国牡丹迎来了飞速发展的黄金时代，并获得"国色天香"的盛誉。特别是随着栽培技术的长足进步，牡丹在移植上已达到"移来色如故"（唐·白居易《买花》）的程度，牡丹开始从宫廷御苑走向民间，受到了人们的普遍喜爱，甚至达到了"家家习为俗，人人迷不悟"（唐·白居易《买花》）的狂热程度，"花开花落二十日，一城之人皆若狂"（唐·白居易《牡丹芳》），"以不就观为耻"（唐·李肇《国史补》）。牡丹文化空前繁荣，涌现出大量与牡丹有关的绘画、诗词、歌赋等。

图1-1　西安牡丹

（图片来源：陕西省林业厅鲜宏利提供）

宋代，牡丹栽培中心由长安移至洛阳，迎来了中国牡丹发展史上又一个辉煌时期。同时，随着栽培技术的不断提高和牡丹文化的发展，一些专著先后问世，内容包括牡丹品种介绍、栽培技术等。其中，欧阳修的《洛阳牡丹记》当是世界上第一本具有重要学术价值的牡丹专著。欧阳修在其《洛阳牡丹记》中写到：牡丹"洛阳者，为天下之第一。"自此，"洛阳牡丹甲天下"之誉流传至今。在洛阳牡丹鼎盛之时，成都、陈州（今河南淮阳）牡丹相继兴盛起来。据宋·胡元质《牡丹谱》载：前蜀时成都附近"皆无牡丹，惟徐延琼闻秦州（今甘肃天水一带）董成村僧院有牡丹一株，遂厚以金帛，历三千里取至蜀，植于新宅。至孟氏（孟昶）于宣华苑广加栽植，名之曰牡丹苑。"宋徽宗政和二年

（1112）张邦基赋闲陈州，著《陈州牡丹记》，记述了陈州牡丹盛况："洛阳牡丹之品见于花谱，然未若陈州之盛且多也。园户植花如黍粟，动以顷计"。张邦基还记述了园户牛氏家所植姚黄的变异现象。南宋时，牡丹栽培中心南移，四川天彭（今彭州市）、浙江杭州等地牡丹始见盛名。宋孝宗淳熙五年（1178），陆游亲往天彭赏花后，著《天彭牡丹谱》，书中云："牡丹在中州，洛阳为第一；在蜀，天彭为第一"。

图1-2　洛阳牡丹

（图片来源：中共洛阳市委农村工作办公室）

元代在中国牡丹发展史上处于低潮。虽然元都北京宫苑中有不少牡丹栽植，但长安、洛阳等地能见到的好品种已屈指可数。元代诗人李孝光有诗云"天上有香能盖世，国中无色可为邻。"

明代，牡丹在全国范围内有一个较大发展，栽培中心转移到亳州、曹州（今山东菏泽），国都北京、江南的太湖周围、西北的兰州、临夏等地也繁盛起来。明末清初，牡丹发展受到影响，到清康熙年间又逐渐恢复。从康熙到咸丰的200年间，是又一个昌盛时期。

图 1-3 菏泽牡丹

（图片来源：菏泽市人民政府）

由清末到民国时期，内忧外患，战乱不断，民不聊生，牡丹发展亦受到严重影响。中华人民共和国成立后，牡丹栽培事业得到恢复和发展，中间虽有过曲折和反复，但从 1978 年以来，随着改革开放的春风吹遍祖国大地，中国牡丹栽培事业又迎来了一个辉煌的发展时期。

牡丹在中国历经 1600 余年的发展，逐步形成了以黄河中下游为主要栽培中心、其他地区为次要栽培中心的格局。

综上，随着政治、经济形势的变化，特别是朝代的更替，牡丹栽培中心不断有所转移，但主要栽培中心基本上处于黄河中下游，如长安→洛阳→陈州→亳州→曹州，中间南宋时天彭也曾成为栽培盛地，但规模仍不及上述各地，这是中国牡丹栽培品种群形成和发展的一条主线。除此之外，也应看到其他地区还有一些次要中心，如甘肃兰州及其周围的临洮、临夏、陇西；长江三角洲的上海、苏南及皖东南；四川盆地西北隅的成都、彭州等地。这些地区的牡丹由于遗传背景的不同，以及气候、土壤条件的差异，逐步演变成为各具特色的品种群。

表 1-1　中国牡丹栽培中心推移表

朝代	隋 591—618	唐 618—907	五代 907—960	北宋 960—1127	南宋 1127—1279	明 1368—1644	清 1644—1911
中心	洛阳	长安	洛阳	洛阳	成都、杭州	亳州、曹州	曹州
次中心		洛阳 杭州	成都 杭州	陈州 杭州 吴县 成都	江阴 北京 成都 洛阳 灌阳	北京 上海 嘉兴 铜陵 成都 洛阳 临夏 兰州

第二节　油用牡丹的发现

明代李时珍说牡丹"虽结籽而根上生苗",距今已有 500 多年,可见古人很早就已知晓部分种类的牡丹可以结籽。随着历史的发展,一些种植牡丹的花农发现牡丹籽中含有"油",但由于受技术和设备的限制,一直未能充分利用,大量牡丹籽被白白浪费。

在 20 世纪五六十年代,食用油短缺,一些花农就尝试收集牡丹籽进行榨油,以解决食用油不足的问题。食用后并没有发现身体上有任何不适,这种情况一直持续了若干年。但由于无法将牡丹籽的黑色外壳剥掉,只能将带黑色外壳的"籽"一起榨油,这种原始方法制取的牡丹籽毛油,油质差,出油率低,油的颜色深暗,味道苦涩,致使牡丹籽油没有得到有效开发利用。

20 世纪 90 年代,我国开始大量进口食用油和食用油籽,人们对食用油的需求得到初步满足,研发油用牡丹的积极性暂缓了一段时间。

20 世纪 90 年代后期,国内对木本油料资源进行调查时,曾将牡丹列入调查范围,从而使国内一小部分人知道了牡丹具有油用价值。随后,甘肃一位花农把牡丹籽脱壳榨油,并对牡丹籽油的成分进行了初步分析,但没有引起人们的重视。

2000 年,山东菏泽对牡丹进行实验、检测、分析,发现除了种子可以榨油之外,种皮、花瓣、花蕊、饼粕等也能生产加工出许多副产品,随后将相关情况向时任国家林业局党组副书记、副局长的李育材进行了汇报。听到汇报后,李育材高度重视,要求继续加大研究力度,争取早日实现规模化生产,同时开始思考如何将中国的这种特色植物形成产业，做大做强，造福于国家和人民。从此开始，李育材除了认真完成党和国家安排的本职工作外，几乎将全部精力放在了油用牡丹的研究和思考上。

2011年2月16日，刚刚过了春节，李育材就在山东菏泽主持召开了油用牡丹发展座谈会。会上，时任菏泽市副市长的王桂松同志汇报了菏泽油用牡丹发展的现状、今后打算及下步发展的具体措施。接着，北京协和医院教授、微循环专家段重高同志，北京大学中医专家周正飞同志，东北林业大学教授祖元刚同志等从科学角度分别论证了大力发展油用牡丹的可行性、科学性和重大作用意义。李育材在这个专家座谈会上作了重要发言。李育材指出："油用牡丹的发展要产业化、标准化、高水平、高效率，要循序渐进，逐步有计划的发展，造福当地人民，进而为中国人民造福。"李育材建议"要深度研发，产业化发展，制订标准，并提出了'诚信为本，创立品牌；深度研发，制订标准；创新体制，面向未来；加大投入，做大做强；加大宣传，服务人民'的五条具体落实措施。"同时，李育材希望菏泽"要打造天下最大的牡丹生态观赏区；要培育全球最驰名的牡丹花卉经营区；要建设国际最深度的牡丹产业研发区；要形成世界最齐全的牡丹产品加工区；要提高世界人口最多国家人民的健康水平。"最后，时任菏泽市常务副市长的段伯汉同志作了会议总结。这次专家座谈会为以后菏泽乃至全国油用牡丹的发展奠定了基础，指明了方向。

在随后十几年时间里，为了掌握第一手资料，李育材几乎跑遍了全国所有能种植牡丹的地方，累计举办了200多场油用牡丹专题讲座。在充分研考油用牡丹对于改善生态环境、保障国家粮油安全和人民身体健康、提高农民收入、帮助贫困地区农民脱贫致富等方面潜能的基础上，李育材先后多次向党和国家领导人汇报了有关情况，引起了中央领导同志的高度重视。

2006年，中国林业科学研究院对牡丹籽油的各项成分进行了详细检测。检测结果表明，牡丹籽油中各种对人体健康有益的成分含量非常高，是一种高端食用油。牡丹籽油各项检测结果出来后，菏泽随之进行了小规模、专业化的实验性生产，并取得了成功。

在李育材的发起主持下，为稳妥推进油用牡丹的大面积种植和推广，2010年4月16日，国家林业局(现国家林业和草原局)在菏泽组织召开了"国家牡丹高新技术产业基地发展论坛"。论坛由李育材主持，李文华、束怀瑞、尹伟伦等3名院士和50多名专家参加了本次论坛。经过认真讨论，与会专家一致认为，牡丹既是观赏花卉，又是木本油料植物及生物质能源原料。利用牡丹籽提取的植物油，含有多种对人体有益的氨基酸和蛋白质，特别是其中的α-亚麻酸含量高达40%以上。牡丹籽与其他油料作物相比具有产油率高、单位面积生产成本低、所产油质量优的特点。为改变我国植物油供求关系，缓解我国植物油紧缺现状，提高国民素质，改善我国亚健康人群状况，应大力开发牡丹籽油生产潜力，在全国范围内大力发展"油用牡丹产业"。深入开展牡丹深加工利用研究，特别注意牡丹药用价值、药用机理及黄酮、牡丹酚、芍药苷提取和牡丹不凋花研究，以延长牡丹产业链条，提升牡丹综合利用及产品增值能力，提高牡丹系列产品在国际市场上的竞争力。正是在这次论坛上，李育材第一次提出"油用牡丹产业"的概念和内涵。

这是一次决定油用牡丹产业发展前景的关键性会议，专家的结论也为今后发展油用牡丹产业奠定了科学的理论依据。

图1-4　论坛现场

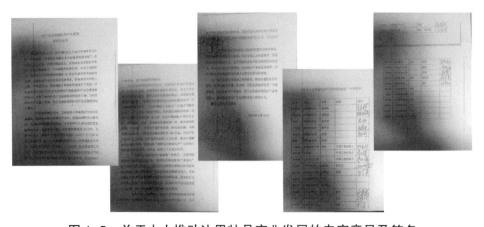

图1-5　关于大力推动油用牡丹产业发展的专家意见及签名

2011 年 3 月，通过对菏泽市政府和相关企业大量详实的材料和多项安全试验报告的论证，国家卫生部（现国家卫生健康委员会）发布了关于批准牡丹籽油成为新资源食品的公告。自此，牡丹进入药用、观赏、油用及综合开发利用并举的时代。

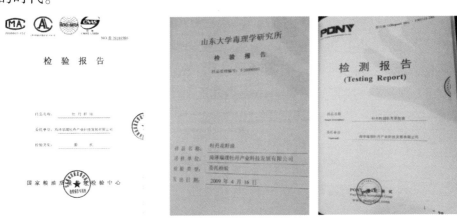

图 1-6　申报新资源食品的部分报告

（图片来源：菏泽市牡丹区人民政府）

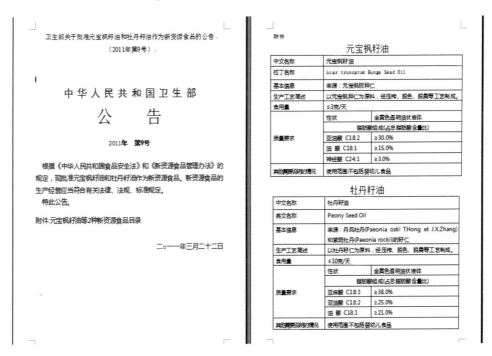

图 1-7　原卫生部关于批准牡丹籽油作为新资源食品的公告

2013 年 12 月 26 日——时隔习近平总书记 11 月 26 日视察菏泽尧舜牡丹产业园一个月后，由时任中国林业经济学会理事长的李育材同志就如何学习贯彻落实习近平总书记指示精神，在山东菏泽主持召开了战略研讨会。时任国家林业局副局长的张建龙同志(现任自然资源部党组成员、国家林业和草原局局长)到会讲话，中国工程院张齐生院士(已故)、尹伟伦院士、李文华院士和北京大学叶文虎教授等10多位专家学者作了一天的战略研讨。专家们畅所欲言，从理论和实践的结合上说实话，讲实招，讲了十分重要的意见，李育材作了主旨演讲。最后时任菏泽市长的孙爱军同志(现任菏泽市委书记)作了总结讲话。会议获得了很好效果。实践证明：在总书记视察后2~3年的时间内，是尧舜牡丹产业园发展最好的时期。产品研发、科技成果的应用、经济效益，特别是农民得实惠、脱贫致富形成了可持续发展的平台和抓手，为以后尧舜牡丹产业园的发展打下了很好的基础。

第三节　牡丹籽油的化学成分分析

一、牡丹籽油的脂肪酸组成

目前，已有不少研究机构和学者对牡丹籽油组成成分进行了研究，发现牡丹籽油中的脂肪酸23种，碳原子数在12~24之间，其中以 C_{18} 为最多，占80%以上。脂肪酸是一类羧酸化合物，由碳氢组成的烃类基团连接羧基所构成。3个长链脂肪酸与甘油形成三酸甘油酯，为脂肪的主要成分。

(一)脂肪酸的命名

脂肪酸的结构通式为 $CH_3[CH_2]_nCOOH$，脂肪酸的命名用碳的数目、不饱和键的数目、不饱和键的位置来表示。

(二)脂肪酸的分类

1. 饱和脂肪酸

饱和烃(烷属烃)的一元羧酸衍生物(HCOOH除外)叫做饱和脂肪酸，分子结构式 $C_nH_{2n}O_2$。饱和脂肪酸性质稳定，不容易起化学反应。一般来说，动物性脂肪如牛油、奶油和猪油比植物性脂肪含饱和脂肪酸多。但这也不是绝对的，如椰子油、可可油、棕榈油中也含有丰富的饱和脂肪酸。牡丹籽油中也含有饱和脂肪酸，如月桂酸($C_{12}H_{24}O_2$)和木焦油酸($C_{24}H_{48}O_2$)等，具体组成见表1-2。

表1-2　牡丹籽油中饱和脂肪酸成分组成

化学名	通用名	分子式	分子量
十二烷酸	月桂酸	$C_{12}H_{24}O_2$	200

（续）

化学名	通用名	分子式	分子量
Dodecanoic acid	Lauric acid		
十四烷酸	肉豆蔻酸	$C_{14}H_{28}O_2$	228
Tetratecanoic	Myristic acid		
十六烷酸	棕榈酸	$C_{16}H_{32}O_2$	256
Hexadecanoic acid	Palmitic acid		
十七烷酸		$C_{17}H_{34}O_2$	270
Heptadecanoic acid			
十八烷酸	硬脂酸	$C_{18}H_{36}O_2$	284
Octadecanoic acid	Stearic acid		
二十烷酸	花生酸	$C_{20}H_{40}O_2$	312
Eicosanoic acid	Arachidic acid		
二十二烷酸	山嵛酸	$C_{22}H_{44}O_2$	340
Docasanoic	Behenic		
二十三烷酸		$C_{23}H_{46}O_2$	354
Tricosanoic			
二十四烷酸	木焦油酸	$C_{24}H_{48}O_2$	368
Fetracosanoic	Linoceric		

2. 不饱和脂肪酸

不饱和烃的一元羧酸衍生物叫做不饱和脂肪酸。如果只有一个双键，则称为单不饱和脂肪酸；含有两个双键及以上的则称为多不饱和脂肪酸。牡丹籽油中存在着大量不饱和脂肪酸，有单烯酸、二烯酸、三烯酸和四烯酸，它们的双键均为顺式结构。单不饱和脂肪酸主要是油酸，多不饱和脂肪酸主要是亚油酸、亚麻酸、花生四烯酸等，其中亚油酸和亚麻酸为人体必需脂肪酸。不饱和脂肪酸的化学性质活泼，容易产生加成、氧化、聚合、双键转化等化学反应。牡丹籽油中不饱和脂肪酸含量随产地和生产工艺的不同有所变化，在 85% ~ 94% 之间波动，均明显高于有"液体黄金"之称的橄榄油、大豆油和花生油等常见植物油。特别值得关注的是，牡丹籽油中的不饱和脂肪酸组成以 α-亚麻酸为主，其含量普遍在 40% 以上，有的甚至高达 49%，远远高于其他常见植物油。牡丹籽油同时含有人体较易吸收的单不饱和脂肪酸油酸，以及大量人体必需的多不饱和脂肪酸亚油酸和 α-亚麻酸，是形成其营养和保健功能的重要物质基础。牡丹籽油中具体不饱和脂肪酸组成见表 1-3。

表 1-3 牡丹籽油中不饱和脂肪酸成分组成

化学名	通用名	分子式	分子量
十五碳烯酸 Pentadecenoic acid		$C_{15}H_{28}O_2$	240
9-十六碳烯酸 9-Hexadecenoic acid	棕榈油酸 Palmitoleic acid	$C_{16}H_{30}O_2$	254
十七碳烯酸 Heptadecenoic acid		$C_{17}H_{32}O_2$	268
9-十八碳烯酸酸 9-Octadecenoic acid	油酸 Oleic acid	$C_{18}H_{34}O_2$	282
9,12-十八碳二烯酸 9,12-Octadecadienoic acid	亚油酸 Linoleic acid	$C_{18}H_{32}O_2$	280
7,10-十八碳二烯酸 7,10-Octadecadienoic acid		$C_{18}H_{32}O_2$	280
9,12,15-十八碳三烯酸 9,12,15-Octadecatrienoic acid	亚麻酸 α-Linolenic acid	$C_{18}H_{30}O_2$	278
十九碳烯酸 Jecoleic acid		$C_{19}H_{36}O_2$	296
11-二十碳一烯酸 11-Eicosenoic acid		$C_{20}H_{38}O_2$	310
11,14-二十碳二烯酸 11,14-Eicosadienoic acid		$C_{20}H_{36}O_2$	308
8,11,14-二十碳三烯酸 8,11,14-Eicosatrienoic acid		$C_{20}H_{34}O_2$	306
5,8,11,14-二十碳四烯酸 5,8,11,14-Eicosatetraenoic acid	花生四烯酸 Arachidonic acid	$C_{20}H_{32}O_2$	304
13-二十二碳烯酸 13-Docosenoic acid	芥酸 Erucic acid	$C_{22}H_{42}O_2$	338
15-二十四碳烯酸 15-Tetracosenoic acid	神经酸 Nervonic	$C_{24}H_{46}O_2$	366

二、牡丹籽油的功能活性成分

牡丹籽油中除含有大量的不饱和脂肪酸外，还含有一些微量的功能活性成分，包括甾醇类化合物(谷甾醇、岩藻甾醇等)、脂溶性维生素 E 和角鲨烯等。这类物质与牡丹籽油的精炼过程直接相关，尽管不是牡丹籽油的主要成分，但对于牡丹籽油独特的生理活性是不可缺少的。

谷甾醇(Sitosterol)，别名 β-谷甾醇、植物甾醇、(3β)-豆甾-5-烯-3-醇、谷固醇、麦固醇，分子式为 $C_{29}H_{50}O$，分子量为 414.69，熔点为 139~142℃。常温下谷甾醇为白色粉末，不溶于水，极易溶解于氯仿和二硫化碳中，微溶于乙醇或丙酮中。谷甾醇作为一种植物甾醇，能降低高脂蛋白血症患者血浆中低密度脂蛋白(LDL)和胆固醇的含量，其主要作用机理为抑制胆固醇的吸收，因此用它取代胆固醇作为脂质体膜材对于功能性食品具有特殊意义。

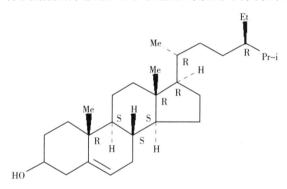

图 1-8 谷甾醇

岩藻甾醇(Fucosterol)，别名岩藻固醇，分子式为 $C_{29}H_{48}O$，分子量 412.7。它主要存在于翅藻科裙带菜，紫草科微孔草种子，菊科红花、奥里短舌匹菊，胡颓子科沙棘，墨角藻科墨角藻、毒墨角藻，水网藻科水网藻等植物中。岩藻甾醇的主要生理活性包括抗肿瘤、降低血液胆固醇水平、抗血栓、抑制血管紧张素转换酶(ACE)活性、抗氧化等。

维生素 E(Vitamin E)，别名生育酚或产妊酚，分子式为 $C_{29}H_{50}O_2$，分子量 430.71，沸点 485.9℃，折射率 1.495，闪点 210.2℃。常温下，维生素 E 为微黄绿色透明黏稠液体，在食用油、水果、蔬菜及粮食中均存在，是一种有 8 种形式的脂溶性维生素，在食品中是重要的抗氧化剂。

维生素 E 主要功效包括：抗氧化，保护机体细胞免受自由基的毒害；减少细胞耗氧量，使人更有耐久力，有助减轻腿抽筋和手足僵硬的状况；改善脂质代谢，预防冠心病、动脉粥样硬化；抗衰老和抗癌，预防器质性衰退疾病；预

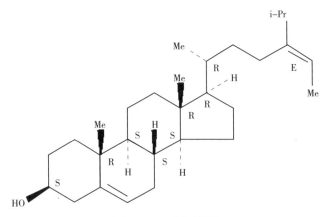

图 1-9　岩藻甾醇

防炎症性皮肤病、脱发症；改善性冷淡、月经不调、不孕；抑制脂质过氧化及形成自由基；调整荷尔蒙、活化脑下垂体；预防治疗甲状腺疾病(甲状腺分泌过量或过少)；改善血液循环、保护组织、降低胆固醇、预防高血压等。此外，维生素 E 还可以参与细胞 DNA 的合成并对激素的合成有重要作用。

　　牡丹籽油中维生素 E 含量约为 32mg/100g，与花生油(26~36mg/100g)和大豆油(10~40mg/100g)相当，高于橄榄油(5~30mg/100g)和芝麻油(2~30mg/100g)。

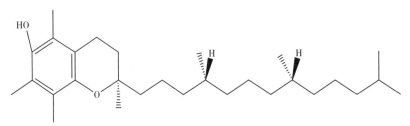

图 1-10　维生素 E

　　角鲨烯(Squalene)，又称鱼肝油萜，化学名称为 2,6,10,15,19,23-六甲基-2,6,10,14,18,22-二十四碳六烯，属开链三萜，分子式为 $C_{30}H_{50}$，分子量 410.7，碘值 371，沸点 212℃，折射率 1.457，闪点 218℃。角鲨烯最初从鲨鱼肝油中分离得到，随后发现其他鱼及鲨鱼卵油中也含有，现在发现它在自然界的分布要广泛得多，甚至真菌和人耳蜡中也有少量存在。角鲨烯为具有香味的油状物，在空气中可以吸氧，变为黏稠的液体，不溶于水，溶于油脂溶剂中。

　　角鲨烯主要功效包括：提高血液含氧量，改善由于长期疲劳、工作学习压力大、经常性体力透支、空调环境中缺少氧气造成的精神萎靡、记忆力衰退、身体疲乏等症状；降低血脂及血液中的胆固醇；增强人体免疫力，预防感冒；预防肝炎和肝硬化病变；改善气喘、慢性咳嗽和易过敏症状；促进人体新陈代谢，加快机体组织修复；改善糖尿病、肾病、高血压、心脏病等一系列慢性病症状及并发症状；抗氧化，清除体内自由基；改善皮肤组织代谢、养颜美容，改善皮肤干燥粗糙；帮助消除如脚气、湿疹等各种皮肤病症；促进皮肤伤口、烫伤、晒伤的愈合。

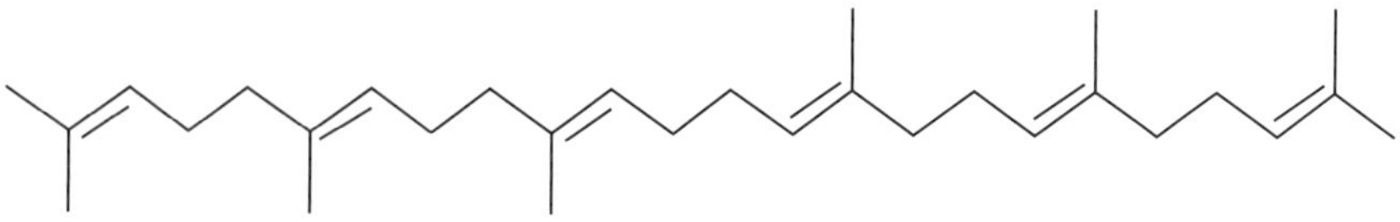

图 1-11 角鲨烯

三、牡丹籽油的微量元素组成

烟台大学药学院采用 ICP-MS 方法测定了牡丹籽油中的微量元素，发现其中以钙和钠元素的含量较高，分别为 156.4mg/kg 和 145.9mg/kg。牡丹籽油中还存在其他营养元素，如铁含量为 56.95mg/kg，钾为 30.06mg/kg，锌为 22.49mg/kg，镁为 21.51mg/kg，铜为 0.73mg/kg。牡丹籽油中人体非必需元素如铅、汞、砷、铬、镉等的含量均低于检出限（0.02mg/kg）。

钠和钾两种元素在人体中的作用是密不可分的，共同参与调节细胞膜渗透压的平衡，使神经和肌肉保持适当的应激水平，维持人的各项生理活动的正常进行。钠、钾离子浓度降低时就会出现不平衡，使肌肉和神经反应受到影响，严重时导致出现恶心、呕吐、衰竭和肌肉痉挛等症状。

镁元素是人体细胞内的主要阳离子，积累于线粒体中，仅次于钾和磷。它在细胞外液的浓度仅次于钠和钙，居第三位，是体内多种细胞基本生化反应的必需物质，具有帮助神经传导、安抚紧张和焦虑情绪的作用，同时也起着调节肌肉收缩、维持心脏及血管健康的作用。镁元素缺乏时会产生肌肉颤抖、痉挛、抽筋等现象，思考能力骤减，造成钙质堆积、形成肾结石，引起持续性呕吐与腹泻，产生肌肉颤抖、痉挛、抽筋等现象导致钙质无法被顺利利用，增加高血压与心脏病的发病率。

钙元素是一种生命必需元素，也是人体中含量仅次于碳、氢、氧、氮的第五大元素。钙是人体骨骼和牙齿的重要成分，它参与人体的许多酶反应、血液凝固，维持心肌的正常收缩，维护毛细血管的正常渗透压，抑制神经肌肉的兴奋，巩固和保持细胞膜的完整性。当人体钙元素缺乏时，骨骼、牙齿发育不正常，骨质疏松、软化，凝血不正常，容易流血不止，易发生肌肉痉挛。

铁元素在人体内主要以铁卟啉络合物（血红素）形式存在，是血红蛋白的重要组成部分，它在血液中起到输送和交换氧气的作用，并将二氧化碳带出细胞。人体正常含铁 4~5g，其中 72%以血红蛋白、3%以肌红蛋白、0.2%以其他化合物形式存在，其余为储备铁，主要以铁蛋白的形式储存在肝、脾和骨髓中。含铁酶中铁可以是非血素铁，比如参与能量代谢的 NAP 脱氢酶和琥珀脱氢酶、对氧代谢副产物分子起反应的氢过氧化物酶、多氧酶（参与三羟酸循环）、磷酸烯醇丙酮酸羟激酶（糖产生通路限速酶）、核苷酸还原酶（DNA 合成所需的酶），它们参与体内的一系列代谢过程。铁元素还催化促进 β-胡萝卜素转化为维生素 A、嘌呤与胶原的合成、抗体的产生、脂类从血液中转运以及药物在肝脏的解毒等。此外，铁与免疫的关系也比较密切，可以提高机体的免疫力，增加中性白细胞和吞噬细胞的吞噬功能，使机体的抗感染能力增强。

锌元素参与众多与糖类、脂类、核酸、蛋白质代谢有关的酶的合成，影响激素的合成、分泌及与靶器官的结合功能。人体正常含锌量为 2~3g。绝大部分人体组织中都有极微量的锌分布，其中肝脏、肌肉和骨骼中的含量较高。锌还与大脑发育和智力有关，美国的一所大学研究发现，聪明、学习好的青少年体内含锌量较高。锌还具有促进淋巴细胞增殖和活动能力的作用，有利于维持上皮和黏膜组织正常，防御细菌、病毒的侵入。在锌元素缺乏时，全身各系统均会受到不良的影响，尤其是对青少年青春期性腺成熟的影响更直接，主要表现是生长停滞和性成熟迟缓。眼球的某些组织缺锌，就会影响光化学过程，使视力变得不正常。锌还是胰岛素的组成成分，当胰腺里的锌含量降为正常含量的一半时，就有患糖尿病的可能。

铜元素是人体健康不可缺少的微量营养素，是体内许多蛋白质的组成部分，对于维持正常的造血机能、中枢神经和免疫系统，促进结缔组织形成，维持头发、皮肤、骨骼、脑、肝、心等内脏的发育和功能有重要影响。正常人体铜含量为 100~200mg，其中 50%~70% 的铜存在于肌肉和骨骼内，20% 存在于肝脏内。铜元素并不能直接参与造血，但铜是铁的助手，在铁参与形成血红蛋白的过程中，铜起着非常关键的作用。缺铜时人体内各种血管与骨骼的脆性增加、脑组织萎缩，还会引起白癜风及少白头等黑色素丢失症。

综上所述，牡丹籽油中含有的上述微量元素均有重要的生理功能，对于维持人体正常新陈代谢和人体健康至关重要。

第四节　牡丹籽油食用价值的评价

与市场上其他常见植物食用油相比，牡丹籽油不饱和脂肪酸的含量在 90% 以上，尤其难能可贵的是其中 α-亚麻酸含量超过 40%，是橄榄油的 50 倍（见表 1-4）。

表1-4 常见植物食用油主要不饱和脂肪酸组成

油脂种类	油酸(%)	亚油酸(%)	α-亚麻酸(%)	总不饱和脂肪酸(%)
牡丹籽油	22.29	27.51	41.38	91.18
大豆油	21.04	55.17	6.23	82.44
花生油	42.81	35.78	0	78.59
玉米油	31.02	52.51	0.64	84.17
葵花籽油	23.53	62.45	0.37	86.35
橄榄油	75.89	7.61	0.80	84.30
芝麻油	39.14	45.55	0.40	85.09
亚麻籽油	20.18	16.22	53.06	89.46

作为人体必需脂肪酸，亚麻酸和亚油酸人体不能自身合成，这两种脂肪酸具有重要的食用价值，对人体健康具有重要作用。

一、α-亚麻酸的功能

α-亚麻酸(图1-12)素有"血液营养素""植物脑黄金"和"维生素F"之称，其在人体内的代谢过程如图1-13所示。

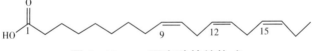

图1-12 α-亚麻酸的结构式

α-亚麻酸在人体中具有多项重要功能，经美国食品与药品管理委员会(Food and Drug Administration，FDA)确认的13项功能为：

(1)降血脂和降血压。

(2)增强自身免疫。

(3)预防糖尿病。

(4)防治癌症。

(5)减肥。

(6)预防脑卒中和心肌梗死。

(7)清理血中有害物质和防治心脏病。

(8)缓减更年期综合征。

(9)提神健脑，增强注意力和记忆力。

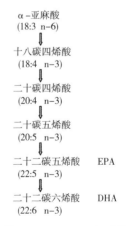

α-亚麻酸
(18:3 n-6)
↓
十八碳四烯酸
(18:4 n-3)
↓
二十碳四烯酸
(20:4 n-3)
↓
二十碳五烯酸
(20:5 n-3)
↓
二十二碳五烯酸　EPA
(22:5 n-3)
↓
二十二碳六烯酸　DHA
(22:6 n-3)

图1-13 α-亚麻酸的
代谢过程

（10）辅助治疗多发性硬化症。

（11）辅助治疗类风湿性关节炎。

（12）用于治疗皮肤癣或湿疹。

（13）预防与治疗便秘、腹泻和胃肠综合征。

α-亚麻酸 13 项功能的具体显效时间见表 1-5。

表 1-5　α-亚麻酸功能的显效时间表

序号	显效时间	一周	二周	三周	四周	八周	十二周
1	降血脂降血压	√	√	√	√	√	√
2	增强免疫力	√	√	√	√	√	√
3	预防糖尿病		√	√	√	√	√
4	防治癌症			√	√	√	√
5	减肥	√	√	√	√	√	√
6	预防脑卒中及心肌梗死			√	√	√	√
7	防治心脏病		√	√	√	√	√
8	减缓更年期综合征		√	√	√	√	√
9	保护视力增强记忆力	√	√	√	√	√	√
10	辅助治疗多发性硬化病		√	√	√	√	√
11	辅助治疗类风湿关节炎			√	√	√	√
12	辅助治疗皮肤癣或湿疹			√	√	√	√
13	预防肠胃综合征		√	√	√	√	√

　　牡丹籽油中 α-亚麻酸的代谢产物对血脂代谢有温和的调节作用，能促进血浆低密度脂蛋白（LDL）向高密度脂蛋白（HDL）的转化。使 LDL 降低，HDL升高，从而起到降低血脂、防止动脉粥样硬化的目的。牡丹籽油中的 α-亚麻酸的代谢产物可以扩张血管、增强血管的弹性，从而起到降压作用。研究者对近 400 名健康的男性受试者进行试验，结果发现当人体脂肪组织中 α-亚麻酸含量增加 1% 时，舒张压、收缩压和平均动脉压下降了 666Pa。

　　α-亚麻酸及其代谢产物 EPA 和 DHA 可以减少白三烯 B4（LTB4）的生成，从而减少中性粒细胞、巨噬细胞、单核细胞以及白细胞与血管内皮细胞的黏附和聚集，并可减少损伤内皮的炎症反应，阻止过敏反应的发生和发展。已有实验证实 α-亚麻酸可以用来治疗炎症性疾病和自身免疫性疾病，如类风湿性关节炎、溃疡性结肠炎、银屑病、红斑狼疮、多发性硬化症等。Kew 等对 100 多名健康成年人的实验证明，每天摄入低于 9.5g 的亚麻酸或者低于 1.7g 的 EPA +DHA 不能够改变单核细胞淋巴细胞或中性粒细胞的免疫功能，但可以改变单核细胞中脂肪酸的构成。

牡丹籽油中的 α-亚麻酸可以改变血小板膜流动性，从而改变血小板对刺激的反应性和血小板表面受体的数目，最终有效防止血栓的形成。研究发现，膳食 α-亚麻酸的摄入量与妇女致死性缺血性心脏病（IHD）危险度之间存在着显著的负相关。陶辉宇等的研究证实 α-亚麻酸对大鼠多柔比星心肌损伤有明显疗效，可以作为一种心脏保护的有效药物，其作用机制可能与清除氧自由基和抑制氧化应激作用相关。

有研究者给刚过哺乳期的大鼠分别饲喂饱和脂肪酸、单不饱和脂肪酸和多不饱和脂肪酸，连续饲喂 3 个月，以蔗糖代替淀粉来诱导胰岛素抵抗，实验结果表明多不饱和脂肪酸可以改善蔗糖诱导大鼠的胰岛素敏感性。

研究发现对大鼠饲喂富含 α-亚麻酸的油脂可以预防其结肠癌的发生。另有研究显示 α-亚麻酸对乳腺癌的增长及代谢都具有抑制作用，不仅能明显抑制化学致癌剂及皮下移植瘤株所导致的乳腺癌发生率，而且能抑制肿瘤在肺中的转移，对肾脏肿瘤、结肠癌等均具有比较明显的抑制作用。对多个案例进行 meta-分析后显示，摄入高浓度的 α-亚麻酸与前列腺癌的发生微弱相关。正常的体细胞会因机体功能失衡而产生病变，而癌细胞形成后会产生大量具有抑制多种免疫细胞机能的二烯前列腺素，降低人体免疫系统功能，使癌细胞得以增殖和转移。α-亚麻酸的代谢产物可直接减少致癌细胞生成的数量，与此同时削弱血小板凝集作用，抑制二烯前列腺素生成，恢复及提高人体的免疫系统功能，从而能有效地防止癌细胞形成以及抑制其转移。

牡丹籽油中的 α-亚麻酸及其代谢产物是大脑形成和智力开发的必需营养素。健全的大脑绝对不可缺少脂肪酸为大脑提供所需的能量，换而言之，人脑之所以能从事高度复杂的工作，离不开高质量的脂肪酸。妊娠期妇女或出生后的婴幼儿在饮食中如果缺少 α-亚麻酸，其视网膜磷脂中的 DHA 含量将减少 1/2，大脑灰白质中减少约 1/4，使得婴幼儿的视力明显减弱。对英国一些父母及婴幼儿的纵向调查发现，长期在饮食中添加 α-亚麻酸等不饱和脂肪酸与婴幼儿的哮喘和湿疹等特异性疾病有很强的相关性，不饱和脂肪酸能显著降低这些疾病的发生比率。有研究者发现补充亚麻油、维生素 C 和富含 α-亚麻酸的鱼油均有利于改善幼儿的注意力缺乏多动症（ADHD）。

牡丹籽油中含有 40% 以上的 α-亚麻酸，每天直接服用 6~10mL 的牡丹籽油，对身体大有裨益。

二、亚油酸的功能

亚油酸(图1-14)是一种人体必需脂肪酸,无色至淡茶色油状液体,难溶于水和甘油,溶于乙醇、乙醚、苯、氯仿,空气中易被氧化而固化。亚油酸在人体内代谢过程如图1-15所示。

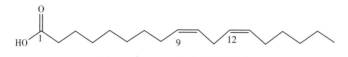

图1-14 亚油酸的结构式

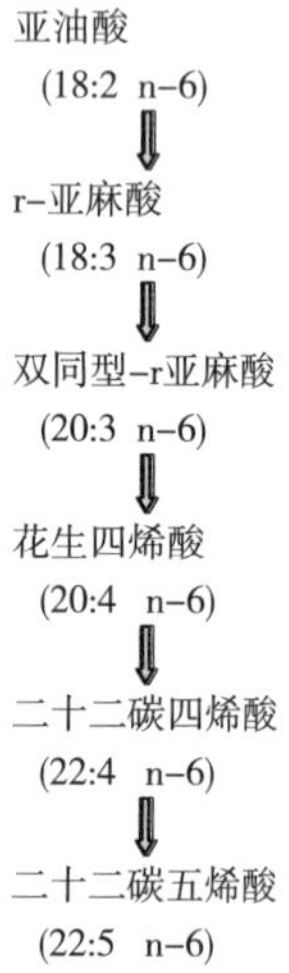

亚油酸
(18:2 n-6)
↓
r-亚麻酸
(18:3 n-6)
↓
双同型-r亚麻酸
(20:3 n-6)
↓
花生四烯酸
(20:4 n-6)
↓
二十二碳四烯酸
(22:4 n-6)
↓
二十二碳五烯酸
(22:5 n-6)

图1-15 亚油酸的
代谢过程

亚油酸主要具有以下几方面功能:

(1)作为细胞的重要组成成分,亚油酸参与线粒体和细胞膜磷脂的合成。缺乏亚油酸时可能导致线粒体肿胀、细胞膜结构及功能改变、膜透性及脆性增加。

(2)亚油酸与脂质代谢的关系密切。人体内的胆固醇需要与脂肪酸结合,才能在体内进行转送,正常代谢。当亚油酸缺乏时,胆固醇的转送受到阻碍,不能正常代谢,最终会在体内沉积,导致疾病。

(3)亚油酸是前列腺素合成的前体,当体内亚油酸缺乏时,前列腺素形成的能力会减退。亚油酸还对由X射线引起的皮肤损伤有一定的保护作用。

(4)亚油酸具有预防心脑血管疾病和治疗脂肪肝的功效。

(5)亚油酸有强化新陈代谢,增强细胞活力的功能。

牡丹籽油中,不仅含有丰富的α-亚麻酸、油酸和亚油酸,还含有岩藻甾醇、角鲨烯、维生素E、钙、铁、锌、镁、铜等营养物质,营养成分丰富、功能全面,在食用油、化妆品、保健品、生物医药等方面应用的前景广阔。作为一种新兴食用油,牡丹籽油的开发意义非同寻常,它甚至会改变目前我国食用油的消费结构。

第二章　中国的油用牡丹产业

第一节　油用牡丹产业的概念和内涵

油用牡丹是指结实能力强、能够用来生产种子、加工食用牡丹籽油的牡丹类型。目前在全国推广的主要是凤丹与紫斑牡丹。

图2-1　油用牡丹的花

（左：凤丹；右：紫斑牡丹）

图2-2　油用牡丹的果

表 2-1　牡丹的种类、繁殖方式与油用开发潜力

种类	繁殖方式	油用潜力
紫斑牡丹	专性种子繁殖	√√√
凤丹牡丹	专性种子繁殖	√√√
四川牡丹	专性种子繁殖	√√
矮牡丹	兼性繁殖	√
大花黄牡丹	专性种子繁殖	√√
滇牡丹	兼性种子繁殖	√

一、油用牡丹的主要形态

(一)凤丹的主要形态

落叶灌木，茎直立，茎皮灰褐色，有纵纹，一年生枝浅黄绿色，具浅纵槽。二回羽状复叶，小叶 15 枚，卵状披针形或窄长卵形，全缘，顶小叶稀 1~3 裂，侧生小叶近无柄，叶片近基部沿中脉疏被粗毛，背面无毛。花单生枝顶，单瓣型，花白色，花瓣基部偶有粉色或淡紫色晕，瓣端凹缺；雄蕊多数，花丝紫红色；心皮 5~8 枚，花盘紫红色，柱头紫红色，成年植株单株平均开花 16 朵。早中花品种，花期 4 月中下旬至 5 月初。蓇葖果常 5 果角，少数 6~8 果角，7 月下旬果实成熟。种子黑色，有光泽，粒径约 0.7cm×0.5cm，每果荚含种子 25~40 粒，含油率 35%~40%。

凤丹长势强壮，结籽率高，籽实油用性高，性耐寒、耐湿热，抗病虫害能力强，适应性强。目前凤丹系列有 10 个品种：'凤丹白''凤丹粉''凤丹紫''凤丹玉''凤丹荷''凤粉荷''凤丹星''凤丹韵''凤丹绫''凤紫荷'。

(二)紫斑牡丹的主要形态

落叶灌木，成年植株高达 150~250cm，茎直立，基部具鳞片状剥落。二回至三回羽状复叶，具长柄。小叶多为 15~21 枚，卵状椭圆形至长圆状披针形，全缘或顶小叶偶有裂，或者小叶 21 枚以上，披针形或窄卵形。花朵大，单瓣型或荷花型，单生枝顶，花瓣白色、粉色、红色、紫红色等，花瓣基部有深紫色斑块。雄蕊多数，花丝黄白色；花盘黄白色，包被子房；花柱极短，柱头扁平，黄白色。幼果密被黄色短柔毛，顶端具喙。成年植株单株平均开花 20 朵。中晚花品种，花期 4 月下旬至 5 月上旬，持续 10 天左右，蓇葖果 5~8 果角，

单株平均结果 25 个。8 月中下旬果实成熟，成熟时开裂成瓣，种子由红褐色变为黑褐色，有光泽，每果荚含种子 20~40 粒，含油率 35%~40%。

紫斑牡丹植株高大，长势强壮，结籽率高，籽实油用性强，耐寒性强，病虫害少，适应性广。目前适合作为油用牡丹的紫斑牡丹品种有'夜光杯''奉献''书生捧墨''贵夫人''金玉白''玉盘掌金''熊猫''银百合''紫朱砂''白玉山'等。

二、油用牡丹新品种介绍

近年来，在国家林业和草原局、科技部、财政部支持下，由李育材负责，西北农林科技大学主持，东北林业大学、北京林业大学等 8 所科研单位参与的国家林业公益性行业专项"油用牡丹新品种选育及综合利用与示范"项目初步选育了一些油用牡丹新品种，介绍如下：

(一)'祥丰'

8 年生植株平均高度 125.2cm，冠幅约 105cm×92cm，伞形，单枝直立型，长势良好；花白色，少数花瓣基部带粉晕，单株平均开花数 11 朵，单瓣型，花瓣阔倒卵形，雄蕊正常，花丝、房衣、柱头均紫红色，初花期在 4 月 10 日前后，花期持续 10 天左右；复叶大型，小叶 9~15 枚，长椭圆形，全缘，3 月底进入展叶期，11 月开始落叶；蓇葖果，多 5 角，少 6~8 果角，果实于当年 7 月中旬开始着色，7 月底果实成熟。抗病虫害能力强，其根腐病田间发病率为 5%，低于正常新建牡丹园 15% 的发病率，抗旱能力强。

(二)'春雨'

7 年生植株高 132cm，冠幅 132cm，顶小叶全缘，复叶长 38~44cm，复叶宽 22~24cm，小叶长卵形，小叶数 13 枚，花瓣粉色，基部具粉紫色晕，花径 14.2cm，花瓣 2 轮，单瓣型。雄蕊花丝上部白色下部紫色，柱头紫色。花粉量多。坐果量 8 个。

(三)'秦汉紫斑'

12~13 年生植株高 129cm，冠幅 184cm，顶小叶浅裂，复叶长 35~40cm，复叶宽 25~30cm，小叶长卵形，小叶数 11~15 枚，花瓣白色，基部具紫红色斑，花径 12~15cm，花瓣 2~3 轮，单瓣型。雄蕊花丝白色，柱头淡黄色。坐果量 14 个。

图2-3 '祥丰'生长发育情况

A 开花的植株　B 结果实的植株　C 果实发育情况　D 种子

图2-4 '春雨'生长发育情况

A 开花的植株　B 花朵　C 果实

图2-5 '秦汉紫斑'生长发育情况

A 植株　B 花朵　C 果实　D 种子

（四）'甘林4号'

单瓣型，花粉蓝色。花头直立，花朵大，花瓣质地薄，基部具紫褐色半圆形斑，雄蕊多数，花丝基部紫红色，上半部粉色，花药金黄色。房衣紫红色，全包，心皮5枚，柱头紫红色。株型开展，高120cm以上。中型二回羽状复叶，小叶长卵形，15枚，顶小叶3中裂，叶片绿色，柄凹褐色。生长势强，早花品种，花香。花期4月中旬，果期8月中旬。

（五）'甘二乔'

单瓣型至托桂型，花瓣桃红色，边缘泛白，基部具深紫色扇形斑，雄蕊多数，花丝淡黄色或白色，花药金黄色，房衣乳白色，全包，齿裂，心皮5枚，柱头黄白色。株型开展，高150cm以上，当年生枝短；中型二至三回羽状复

图 2-6 '甘林 4 号'生长发育状况
A 植株生长情况 B 开花情况 C 果实发育情况 D 种子

叶，小叶多为长卵形，有缺刻，数量 21 枚以上，顶小叶 3 深裂，顶生裂片 3 浅裂。叶色深绿，柄浅褐色，生长势强，浓香。花期 4 月中旬，果期 8 月中旬。

（六）'蓝紫托桂'

单瓣型至托桂型（初开的花多为单瓣型，后开的花为托桂型），花蓝紫色，基部具黑色半圆形斑，雄蕊多数，花丝紫红色较短，花药较长，上部金黄色，基部泛红。房衣乳黄色，2/3 包，齿裂，心皮 5 枚，柱头乳白色。株型开展，高 160cm 以上。中型二回羽状复叶，小叶多为长卵形，有缺刻，数量多在 15 枚以上，顶小叶 3 深裂，叶黄绿色，柄浅褐色，生长势强，浓香。花期 4 月中旬，果期 8 月中旬。

图2-7 '甘二乔'生长发育状况

A 植株生长情况　B 开花情况　C 果实发育情况　D 种子

图2-8 '蓝紫托桂'生长发育状况

A 植株生长情况　B 开花情况　C 果实发育情况　D 种子

(七)'白蝶'

单瓣型，花白色，基部具黑色菱形斑，雄蕊多数，花丝蓝粉色，花药金黄色。房衣乳黄色，下部泛红，全包，心皮5枚，柱头粉蓝色。株型开展，高150cm以上。中型二回羽状复叶，小叶长卵形或披针形，全缘，15枚，顶小叶3深裂，叶片绿色，柄凹浅褐色，生长势强，浓香。花期5月，果期8月。

图2-9 '白蝶'生长发育状况

A 植株生长情况　B 开花情况　C 果实发育情况　D 种子

(八)'粉面桃花'

单瓣型，花粉色。花头直立，花朵中型，花瓣略皱褶，边缘略缺刻。花瓣基部具有紫红色长卵形斑。雄蕊多数，花丝乳白色，花药金黄色。柱头乳黄色，心皮5，房衣乳黄色，包住心皮2/3。植株半开张型，当年生枝中，小型三回羽状复叶，小叶61枚，顶小叶全缘或2浅裂。叶片黄绿色。柄凹褐色，生长势强。花期早，单花花期7~8天，浓香，品质优。花期5月，果期8月。

我国油用牡丹产业现在还处于起步阶段，专门油用的品种还很少。尽管紫斑牡丹和凤丹牡丹被国家正式批准为新资源食品的原料来源，但二者品种群中并非所有的品种都适合发展成为油用牡丹，根据我们实地调研经验及各品种性状，选取各自品种群中部分优良品种，可以作为油用牡丹品种来重点培育及发展。

图 2-10 '粉面桃花'生长发育状况

A 开花情况　B 果实发育情况　C 嫁接苗开花情况　D 嫁接苗果实发育情况

三、油用牡丹基本特征介绍

作为原产于我国的多年生木本油料植物，油用牡丹耐干旱、耐瘠薄、耐高寒、耐盐碱、喜半阴，在我国北至黑龙江、吉林，南至广东、广西北部，西至云南、新疆、西藏，东至沿海的 20 多个省(自治区、直辖市)都可以种植。据相关统计，全国适宜油用牡丹发展区域的总面积为 420 万 km^2，占到我国国土面积的 43.75%。

表 2-2　油用牡丹极端条件适应性指标

降水量(mm)	极端低温(℃)	海拔(m)	pH 值
300	-43	3600	5.5~8.5

甘肃中川牡丹产业有限公司在兰州新区拥有紫斑牡丹种植加工基地 2000 余亩，全部位于海拔 2000m 以上的高寒、干旱、贫瘠山岭上，降水量仅 300mm。但即使在这样的自然条件下，该公司种植的紫斑牡丹每亩地还能结籽 200kg 左右，并且牡丹籽油中 α-亚麻酸含量高达 49%。

油用牡丹一般 3~4 年(从播种育苗开始计算)开花结籽，结籽量逐年递增，7~8 年左右进入丰产期，稳产期可持续 30~50 年。进入丰产期后，长江流域平均每亩地结籽 400kg 左右，黄河流域平均每亩地结籽 300kg 左右，西北地区

图 2-11　甘肃中川牡丹产业有限公司油用牡丹生长情况

平均每亩地结籽 150kg 左右。如果采用"良种、良法、良管、良境、良收"等先进技术，油用牡丹亩产可达 400~500kg。2013 年，甘肃省林业科学技术推广总站何丽霞研究员对自己培育的油用牡丹进行了抽样调查，发现 2 株 20 年的紫斑牡丹单株产量都超过了 1kg，分别达到了 1096g 和 1032g。如果以每亩栽植密度 500 株计算，那么每亩地油用牡丹种籽的产量将达到 500kg 以上。

图 2-12　何丽霞研究员培育的紫斑牡丹优良单株

油用牡丹全身都是宝。种子可以榨油，是一种高端的食用油；花瓣可以提取精油，用于化妆品的研发；花蕊可以制茶，对泌尿系统健康，尤其是对男性前列腺具有良好的保健功效；种皮可以提取黄酮和牡丹原花色素，对改善血液循环、降低胆固醇、抗氧化和清除自由基有良好的效果；果荚可以提取牡丹多糖，用于增强吞噬细胞的吞噬功能，提高身体免疫能力；籽粕可以提取多糖胶，具有消炎、抗氧化功效；种籽、果荚和种皮的剩余物可以制成牡丹营养粉和纳米木粉，可用作食品和新型节能环保原料。目前，以油用牡丹为原料已经开发出食品、保健品、日化品等上百种产品，深受消费者喜爱。

表2-3 油用牡丹利用价值一览表

提取部位	产品	功能、功效
种籽	牡丹籽油	高端食用油
种皮	黄酮	改善血液循环,降低胆固醇
种皮	牡丹原花色素	抗氧化和清除自由基
果荚	牡丹多糖	增强吞噬细胞的吞噬功能,提高身体免疫能力
籽粕	多糖胶	消炎、抗氧化
种籽剩余物	牡丹营养粉	食品
果荚和种皮剩余物	纳米牡丹木粉	新型节能环保原料

图2-13 以油用牡丹为原料开发的部分产品

(图片来源:菏泽尧舜牡丹生物科技有限公司)

四、油用牡丹产业的概念和内涵

2010 年 4 月 16 日，在"中国菏泽·国家牡丹高新技术产业基地发展论坛"上，李育材通过归纳总结油用牡丹种植、加工、应用等多方面基础资料，结合我国生态建设、经济发展及社会需求三方面长远发展态势，第一次创造性提出了"油用牡丹产业"的概念，在生态经济领域，顺应历史发展趋势地勾勒出一片新的生态产业领地。

油用牡丹产业是指油用牡丹资源培育、综合利用以及由此衍生出的生产、加工、市场、科研、投资以及文化、教育、旅游等一系列活动的系统。

油用牡丹产业内涵非常丰富。首先，要科学化、标准化、规范化、集约化、规模化的培育油用牡丹资源，为产业发展奠定良好的基础；其次要充分利用油用牡丹实物价值、观赏价值和文化价值，达到生态效益、经济效益、社会效益"三大效益"的最大化；最后要综合运用政策、科研、金融、市场等手段，保障产业健康有序发展。

油用牡丹产业不是单纯的种植业或加工业，而是涉及第一产业、第二产业和第三产业的大产业，是一项"脱贫致富产业""新兴农林产业""健康营养产业""旅游观光产业""出口创汇产业""朝阳不衰产业""战略资源产业""国家安全产业""科技创新产业""文化艺术产业""生态文明产业""美丽中国产业"。

（一）油用牡丹产业是一项脱贫致富产业

油用牡丹经济价值高，可有效提高农民收入；抗逆性强，耐干旱、耐瘠薄、耐高寒、耐盐碱，可在贫困地区尤其是北方干旱、半干旱地区大面积推广种植；管理方便，一次种植 30~50 年不用换茬，符合贫困地区生产力发展水平和农民技术水平；牡丹籽油营养价值高，可有效改善贫困地区人口健康状况。因此，以发展油用牡丹产业为抓手实施精准扶贫，是消除贫困、改善民生、促进健康、持续发展、实现共同富裕的重要举措。

（二）油用牡丹产业是一项新兴农林产业

从 2011 年 3 月原国家卫生部批准牡丹籽油成为新资源食品到现在不过短短 7 年时间，全国已种植油用牡丹近 1000 万亩，牡丹籽油加工企业几十家，油用牡丹种植及加工涉及人员数十万人。以油用牡丹为原料，开发出上百种产品，深受消费者喜爱。基于我国食用油供需的情况，基于人们对食品健康、安全的渴望，基于油用牡丹相关产品的保健营养功效，油用牡丹产业具有良好的发展前景和广阔的销售市场，是一项名副其实的新兴农林产业。

(三)油用牡丹产业是一项健康营养产业

国内外多家权威检测机构检测结果表明,牡丹籽油中不饱和脂肪酸含量达到 90% 以上,特别是其中的 α-亚麻酸含量达 40% 以上,多项指标超过被誉为"液体黄金"的橄榄油,是一种营养健康的高端食用油。长期食用牡丹籽油,对于保护心血管、抗癌症、保护神经元、抗骨质疏松、抗炎症和抗氧化有良好的功效。因此,大力发展油用牡丹产业,是保障国民身体健康、满足国民对健康食品日益增长的需求的重要举措。

(四)油用牡丹产业是一项旅游观光产业

牡丹雍容华贵、富丽端庄,素有"花中之王""国色天香"的美誉,也是呼声最高的国花候选。每年牡丹盛开之际,重庆垫江、安徽铜陵、陕西延安万花山就有几十万人去参观牡丹,山东菏泽、河南洛阳等地牡丹早已成为城市旅游的主打品牌。旅游,特别是生态旅游,是国民最陶醉的:既能陶冶情操,还能锻炼身体;既能赏心悦目,还能回归自然;既能增加情趣,还能一饱眼福。牡丹旅游将成为越来越盛行的大众生态旅游。

(五)油用牡丹产业是一项出口创汇产业

目前,国际营养界对食用油最关注的指标是食用油中 α-亚麻酸和亚油酸的含量,这也是欧美国家选择食用油的主要依据。油用牡丹 α-亚麻酸和亚油酸的含量分别是橄榄油的 50 倍以上和 3 倍以上。因此,牡丹籽油和以油用牡丹为原料加工的其他产品不仅在国内市场深受消费者喜爱,在国际市场上也同样具有很强的竞争力,有能力成为我国出口创汇的又一重要产业。

(六)油用牡丹产业是一项朝阳不衰产业

随着人口增长和经济发展水平提高,食用油需求量越来越大,并且正向安全、营养、健康的方向发展。与草本食用油料植物相比,木本食用油料植物具有生态功能强、不占用耕地、管理方便、油质优、营养高、投资少、效益大、收益期长等优点。因此,自 20 世纪下半叶以来,开发木本食用油料植物已成为各国解决食用油问题越来越重要的手段。我国木本食用油料植物主要有油茶、核桃、油橄榄、油棕等,但木本食用油料占我国食用油消费总量的比例低于 10%。其中,油橄榄和油棕受自然条件的限制不适合在我国大面积推广种植;核桃油易变质、不易储存;油茶单位产量低,平均每亩仅能产茶油 7 ~ 10kg。这些问题制约着我国木本食用油料植物的发展。因此,亟须找到一种适应范围广、产量高、油质优、适合我国大面积推广又不与粮争地的木本食用油料植物。油用牡丹作为一种原产于我国的多年生灌木,具有结籽量大、出油率高、油的品质好等特点，并且这种牡丹在我国的适应范围广，具有极大的发展前景和市场潜力。

（七）油用牡丹产业是一项战略资源产业

油用牡丹是原产于我国且我国独有的木本油料植物，其他国家虽然有牡丹，但并不具备高产油料的功能，唯一性和稀缺性是我国发展油用牡丹产业最大的优势。因此，加大对油用牡丹的研究、开发、利用，将油用牡丹这种宝贵物种的效益发挥到极致，在满足我国人民需求的基础上，进而占领国际市场，是对中国和世界人民的重大贡献。

（八）油用牡丹产业是一项国家安全产业

粮油安全作为国家安全的重要组成部分，战略意义深远。目前，我国的食用油对外依存度已经达到68.9%，远远超过了国际安全警戒线，并且我国食用油市场绝大部分被外资所垄断。油用牡丹产量高、出油率高、油的品质优，在我国适应范围广，并且是我国独有的木本食用油料资源。因此，只要充分认识到油用牡丹的三大效益，认真对待它的种植和加工，就能让油用牡丹成为我国人民的主要食用油料作物之一，牡丹籽油就会像16世纪明朝时期引进的玉米、红薯那样成为我国人民的主要粮油食品，我国的粮油安全也就有了保障。

（九）油用牡丹产业是一项科技创新产业

长期以来，牡丹一直作为传统的观赏植物和药用植物被熟知，而油用牡丹的出现和牡丹籽油的成功制取，则是在牡丹应用方面的一次重大突破。油用牡丹产业能够在短时间内取得现在的成绩，与科技创新是密不可分的。没有科技创新，就不会出现能将牡丹籽黑色外壳脱去的脱壳机，牡丹籽可能还像以前一样不被人所重视；没有科技创新，就不会培育出产量高、抗性强的油用牡丹新品种提供给广大种植户；没有科技创新，就不会出现市场上以油用牡丹为原料加工而成的几十种商品。2013年12月26日，在山东菏泽召开了落实习近平总书记重要指示的专家战略研讨会，与会专家一致认为："从油用牡丹籽中制取油用牡丹籽油及以油用牡丹为原材料制取的多种衍生品是一次重大发现，是造福于我国人民乃至世界人民的重大发明。"

（十）油用牡丹产业是一项文化艺术产业

牡丹文化在我国源远流长，目前也是呼声最高的国花候选。近年来，国家先后做出一系列重大决策，如推进城乡一体化建设、建设社会主义新农村、全面建成小康社会、推进生态文明建设、建设"美丽中国"等。在新的时代背景下，作为候选"国花"之首的牡丹也应该与时俱进，不断丰富文化内涵。习近平总书记多次强调要"文化自信",而大力发展油用牡丹产业,让"国花"遍布于我国 960 万 km^2 的土地上,让油用牡丹产品满足我国人民群众对优质健康产品的需求进而占领国际市场,不仅是提升文化自信、继承和发扬传统牡丹文化的重要表现,更是贯彻和执行国家这一系列决策方针的具体表现,是实现国家强盛、人民富裕、社会稳定的重要实践。

(十一)油用牡丹产业是一项生态文明产业

与高度重瓣的观赏品种因长期营养繁殖后适应性下降不同,油用牡丹多数是单瓣与半重瓣的种类,具有更强的抗逆性与适应性,耐干旱、耐瘠薄、耐高寒,并且油用牡丹根系发达,种上后 30~50 年不用换茬,有效避免了因种植传统粮食作物每年翻耕所造成的水土流失现象,对防风固沙、保持水土作用很大,是保护生态、建设生态的首选灌木树种之一。

(十二)油用牡丹产业是一项美丽中国产业

山清水秀但贫穷落后不是美丽中国,强大富裕而环境污染同样不是美丽中国。我们既要有金山银山,也要有绿水青山,才能保证经济增长和幸福持久。油用牡丹生态效益、经济效益、社会效益显著,在改善生态环境的同时,还能够增加农民收入,促进区域经济发展。并且牡丹文化在我国源远流长,同时也是现在呼声最高的国花候选。所以,建设"美丽中国"不能没有牡丹,而大力发展油用牡丹产业,将牡丹文化发扬光大,更是对建设"美丽中国"做出的重要贡献。

第二节 油用牡丹产业的兴起

牡丹籽油在 2011 年 3 月被批准成为新资源食品以后,李育材于当年 8 月向当时分管农业的国务院领导呈报了油用牡丹产业的调研报告,2011 年 8 月 26 日国务院领导作出批示,要求予以了解情况,抓好试点。在国务院领导的支持下,率先在山东菏泽和河南洛阳进行了试点栽培及综合开发利用,自此就全面拉开了我国油用牡丹产业发展的序幕。

2013 年 3 月,李育材向中共中央总书记习近平、国务院总理李克强、时任国务院副总理的张高丽同志和汪洋主席呈报了油用牡丹产业的相关情况,四位领导均作出重要批示,充分体现了党和国家领导人对油用牡丹产业的高度重视,从此,我国油用牡丹产业良好、快速发展具备了强大的生机和活力。

2013 年 11 月 26 日下午,习近平总书记参观了菏泽市尧舜牡丹产业园,了解油用牡丹的开发情况。在得知牡丹不仅可以观赏、药用，还能炼出牡丹籽油，开发出茶、精油、食品、保健品时，总书记表示，今天长了见识，令人印象深刻。在随后同菏泽市及县区主要负责同志座谈时，习近平总书记又一次提到："我们在尧舜牡丹产业园了解了牡丹产业发展及带动农民致富的情况，对牡丹除观赏旅游价值之外的加工增值价值有了新的了解，可以说长了见识。"

2013 年 11 月 27 日，国务院组织有关中直机关召开了油用牡丹产业发展协调会。2014 年 12 月 26 日，国务院办公厅下发了《国务院办公厅关于加快木本油料产业发展的意见》(国办发〔2014〕68 号)。《意见》将油用牡丹放在了显著地位，并要求"力争到 2020 年，建成 800 个油茶、核桃、油用牡丹等木本油料重点县，建立一批标准化、集约化、规模化、产业化示范基地，木本油料种植面积从现有的 1.2 亿亩发展到 2 亿亩，年产木本食用油 150 万吨左右"。

000693

国务院办公厅文件

国办发〔2014〕68号

国务院办公厅关于加快
木本油料产业发展的意见

各省、自治区、直辖市人民政府，国务院各部委、各直属机构：

木本油料产业是我国的传统产业，也是提供健康优质食用植物油的重要来源。近年来，我国食用植物油消费量持续增长，需求缺口不断扩大，对外依存度明显上升，食用植物油安全问题日益突出。为进一步加快木本油料产业发展，大力增加健康优质食用植物油供给，切实维护国家粮油安全，经国务院同意，现提出以下意见：

一、总体要求

（一）指导思想。以邓小平理论、"三个代表"重要思想、科

— 1 —

推广优良高产新品种和配套技术示范，促进规模化、良种化种植。将木本油料采集、烘干、加工及综合利用列入国家科技创新开发项目，并给予重点扶持。积极研发适宜木本油料种植、收获和加工的机械设备，提高生产加工机械化水平。鼓励企业发挥科技创新主体作用，支持企业与科研机构合作，形成科技创新、技术服务、产业开发有机联系的产学研紧密合作体系。建立分级技术培训制度，支持专业合作组织开展木本油料科技推广，提高农民经营管理水平。

（十二）加强组织领导。各地区、各有关部门要高度重视木本油料产业发展，进一步健全组织领导体系。地方人民政府要根据当地实际，把木本油料产业发展列入重要议事日程，出台有针对性的配套措施。国家林业局要会同有关部门，加强木本油料产业发展系统性研究，及时解决产业发展中的矛盾和问题，加强督促检查，确保各项政策措施落实到位。

中华人民共和国国务院办公厅

2014年12月26日

（此件公开发布）

— 6 —

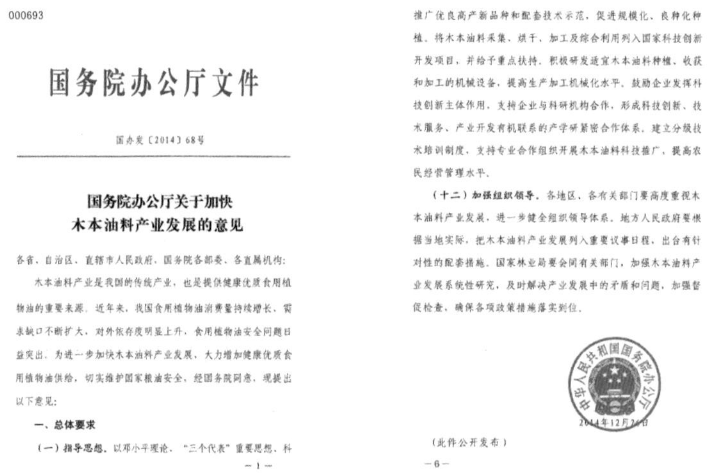

图 2-14　国务院办公厅关于加快木本油料产业发展的意见

2015 年 12 月 16 日，李育材向习近平总书记、李克强总理和时任国务院副总理的汪洋主席汇报了油用牡丹产业助推精准扶贫的情况。李克强总理和汪洋主席作出重要批示，要求有关部门拿出操作性的意见，习近平总书记对报告进行了圈阅。为认真落实中央领导批示精神，财政部和国家林业局组成联合调研组对山东、甘肃等省份进行了调研，并组织召开了多次研讨会。2016 年 5 月，财政部和国家林业局联合形成意见上报中央领导同志，汪洋同志作出重要批示，习近平总书记和李克强总理对上报意见进行了圈阅。该意见提出在制定相

关规划、部分省区开展试点、退耕还林工程中适当倾斜、支持基础研究、修改资金管理办法等五个方面对油用牡丹等木本油料产业进行扶持。

近年来，全国越来越多适宜油用牡丹生长的地区掀起了油用牡丹产业发展热潮，育苗和栽植面积呈几何式增长，牡丹籽油及油用牡丹相关产品加工产业发展迅速。截止到 2017 年底，全国已种植油用牡丹近 1000 万亩，牡丹籽油加工企业几十家，油用牡丹种植及加工涉及人员数十万人。各省（自治区、直辖市）油用牡丹产业发展规划也相继出台，如山东省计划到 2020 年发展油用牡丹种植面积 370 万亩，仅菏泽市就规划发展 200 万亩，陕西省计划到 2020 年发展 200 万亩，湖北省计划到 2025 年发展 200 万亩，甘肃省计划到 2020 年发展 104 万亩。目前，越来越多的企业也以油用牡丹产业为抓手，实现企业转型，带动贫困地区农民脱贫致富。如山西潞安矿业（集团）有限责任公司计划到 2030 年在山西省发展油用牡丹种植面积 500 万亩。相信在党中央、国务院的正确领导下，在广大企业和种植户特别是农民的积极参与下，我国油用牡丹产业一定会持续健康发展。

第三节　油用牡丹产业化发展的基本路径

油用牡丹产业化发展需要构建油用牡丹循环利用产业体系。在研发、物流平台支持下，从育苗到种植、油用牡丹精深加工、鲜切花加工、商贸服务以及文化旅游，涵盖了第一、二、三产业。围绕第一产业可形成前端原种原料产业链，围绕第二产业可形成中端精深加工产业链，围绕第三产业可形成后端商贸服务产业链和文化旅游产业链。前端、中端和后端三大产业链共同构成了油用牡丹循环利用全产业体系。

油用牡丹产品精深加工涉及牡丹根、枝干、花、种子和叶，精深加工产品主要包括食品、药品、化妆品和饲料等，能够形成较好的资源循环利用模式。培育龙头建基地，基于"原料—产品—牡丹中间废弃物—副产品"产业链，多元化培植的油用牡丹循环产业经济链，使油用牡丹资源全部得到有效利用。

一、前端原种原料产业链

目前，山东、河南、河北、甘肃、陕西、湖北、安徽、江苏、浙江、四川等省已经率先出台了全省油用牡丹发展规划或全省木本油料发展规划，仅山东、河南、陕西、甘肃、湖北 5 省份，计划未来 2～7 年的时间，油用牡丹种植总面积将达到 1700 万亩。保守估计全国各省份在未来 10 年内，油用牡丹种植面积将累计达到4000万亩以上。另一方面，全国43.75%的国土面积都适合油用牡丹生长，如果其中5%的面积用来种植油用牡丹，就将达到3.15亿亩，种植面积十分可观。由此可见，我国未来相当长一段时期，油用牡丹种苗需求数量十分惊人，将催生并促进油用牡丹优质原种和优质种苗选育、油用牡丹种植及日常管理等相关产业的大发展。

目前，我国食用油缺口较大，牡丹籽油未来市场前景十分广阔。油用牡丹的综合开发可以涉及优质原种和优质种苗的选育、药材加工、油用加工、花叶的加工、牡丹籽的循环利用、牡丹加工专用机械的研发等方面，在医药、食品、日化等领域均有广泛的用途。油用牡丹产业作为一项绿色无污染的朝阳产业，发展潜力巨大。油用牡丹前端原种原料产业链如图2-15所示。

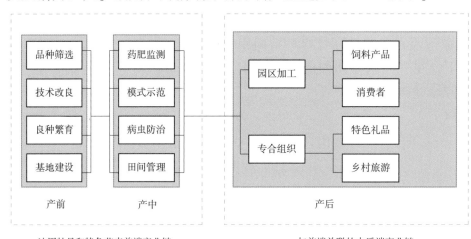

油用牡丹和特色花卉前端产业链　　　　与前端关联的中后端产业链

图2-15　前端原种原料产业链条

二、中端精深加工产业链

油用牡丹产业循环经济链：牡丹籽可以榨油；压榨后产生的饼粕和脱粒后的果荚可供生产含优质蛋白质的高级饲料；高级饲料又可养殖无公害猪、鸡、鱼等畜禽渔产品；畜禽养殖产生的粪便生产沼气作为生产、生活能源利用；沼液代替农药用于植物的病虫害防治；沼渣制成绿色有机肥料返回用于牡丹等种植基地。

该产业链条能够延伸：牡丹籽剥壳后的种壳和修剪后废弃的枝干，可以粉碎后生产食用菌棒，种植珍稀的牡丹菇；采摘牡丹菇后的菌棒废渣，既可以作花卉栽培的基质，又可以作为生产有机肥的优质原料。另外，牡丹种皮可以提取黄酮、牡丹原花色素，牡丹果荚可生产牡丹多糖，牡丹籽粕可生产多糖胶，这些都可以用来生产医药保健品。甚至可以使用果荚和种皮剩余物来生产纳米牡丹木粉，作为一种新型节能环保原料。油用牡丹所保留的花朵、花瓣和花蕊可以加工成牡丹花蕊茶、牡丹保健品及生物药；牡丹花的萃取物可以加工牡丹系列化妆品；牡丹花粉可以用来制成营养保健品；牡丹干花可做成工艺品。

随着科技界对牡丹籽油功效的不断深入研究，以牡丹籽油为原料，生产软化血管和预防、治疗心脑血管疾病的生物医药品、保健品、化妆品、高档油品也将会不断成为产品。随着这些产品的问世，将有利于企业获得更大的经济效益。

在打造油用牡丹产品系列的过程中，从三个层面逐层实施。第一层面，大力发展基础产品。建立龙头企业，开发牡丹籽油系列产品，借助销售强大的渠道和品牌能力，迅速打开全国乃至全球市场，并做大做强。第二层面，重点突破战略产品。在牡丹籽油做大做强的基础上，拓宽产品线范围，选择关联性较大的健康食品重点突破。第三层面，稳健发展基础产品。在牡丹健康食品做大做强的基础上，进一步拓宽产品线范围，进入牡丹药品和化妆品加工领域。

当企业完成第一层面工作任务，牡丹籽油系列产品趋于成熟，并成为主要的盈利来源，此时应当及时将处于第二层面的战略产品作为重点进行突破，重点发展油用牡丹健康食品系列产品，并成为核心利润和新的现金来源。此时，第二层面的战略产品将转变成为第一层面的基础产品，形成牡丹籽油和牡丹健康食品系列拳头产品，同时第三层面的机会产品将转变成为第二层面的战略产品，成为推动企业成长的新动力。此时，将会重点发展油用牡丹药品、化妆品系列产品。经过科学经营，企业将会形成牡丹籽油、牡丹健康食品、牡丹药品、牡丹化妆品四大系列拳头产品，龙头企业得到长足的发展，盈利能力不断加强。

三、后端商贸服务产业链

目前各类以花为主题的景点，已成为各地旅游推介的一大看点，牡丹、杜鹃、梅花、樱花等都能吸引大量的游客，带来不菲的收益。油用牡丹不仅要保留花蕾产籽，而且要培育株高、冠大、花多的牡丹，以求牡丹籽的高产量，无形之中提高了油用牡丹的观赏性。油用牡丹是绝佳的旅游资源，与油用产业有机融合，能够优势互补并实现共赢。

在油用牡丹产业开发之初，在种植油用牡丹时就要有旅游开发的意识，凭借油用牡丹资源开发旅游产业。可以巧借自然山水美景，开展牡丹生态观光体验游，巧用园区内的村庄，开发特色农家乐，促进美丽乡村旅游发展。另外，还可以利用油用牡丹的花朵、花瓣、花蕊等生产相关旅游纪念产品。游客来到园区，不仅能欣赏到美丽的牡丹花，感受自然牡丹花园的田园风景，而且可以品尝到牡丹相关的养生美食，饮用牡丹花蕊茶，体验牡丹文化带来的乐趣，临走时还可以购买到牡丹特色旅游纪念品和牡丹营养保健品。

第三章　中国油用牡丹产业的战略意义

第一节　助推生态建设

中华人民共和国成立以来，我国开展以大规模植树造林、兴修水利、水土保护、防治沙化荒漠化和治理环境污染等保护与改善生态环境的群众性活动，兴建的大批生态治理和环境保护工程，为抵御和减轻自然灾害、保障经济持续快速发展和人民生命财产安全，做出了巨大贡献，取得的成就是辉煌的，举世瞩目。但是由于种种自然的、人为的原因，我国生态现状仍不容乐观，水土流失、荒漠化等形势依然严峻，减排压力日趋增加。

习近平总书记多次强调，"像保护眼睛一样保护生态环境，像对待生命一样对待生态环境。"油用牡丹是一种多年生的小灌木，耐干旱、耐瘠薄、耐高寒、耐盐碱，具有良好的防风固沙、水土保持、固碳增氧、涵养水源等生态效益。

一、水土保持效益

我国是世界上水土流失最严重的国家之一，不断加剧的水土流失，导致江河湖库不断淤积，致使水患加剧，水资源短缺的矛盾日益突出，给国民经济和人民生产生活造成了巨大危害，国家也不得不年年花费大量人力、物力和财力，投入防汛、抗旱和救灾济民。

油用牡丹是多年生灌木，栽植密度(定植)为每亩 2000 株左右，种植后可以 30~50 年不换茬。不换茬就意味着有效避免了因种植传统粮食作物每年翻耕所造成的水土流失。同时，油用牡丹根系发达，监测数据显示，栽植油用牡丹的地块比荒山荒地每年每亩能减少水土流失 $0.8m^3$ 左右，具有良好的保持水土效益。

二、防风固沙效益

我国是世界上荒漠化最严重的国家之一，荒漠化土地面积约占国土总面积的 1/3，每年因荒漠化造成的直接经济损失近 1000 亿元人民币。在我国荒漠化

图 3-1　黄土高原地区种植油用牡丹(陕西佳县)

图 3-2　风沙区种植油用牡丹

土地中，以大风造成的风蚀荒漠化面积最大，占到全部荒漠化土地面积的60%以上。这些地区气候较为恶劣，干旱、少雨、高寒，土地瘠薄，而油用牡丹耐干旱、耐瘠薄、耐高寒、耐盐碱，是防治荒漠化的有效植物之一。甘肃兰州一带的紫斑牡丹在海拔2000m以上高寒、干旱、贫瘠山岭上，降水量仅300mm就可正常生长，而且开花结籽。据科研部门测定，在风沙区种植油用牡丹(覆盖度60%以上)，能有效降低风速22.7%，减少风蚀达50%，是今后我国进行防风固沙的首选灌木树种之一。

三、固碳增氧效益

碳排放是世界各国争论的热点话题，也是外交谈判中的重要筹码。我国是世界上碳排放最多的国家，占到了全世界碳排放的1/5以上，面临着巨大的国际压力。中国作为负责任的大国，承诺"到2020年碳排放强度比2005年下降40%~45%"。

林木的生长过程就是不断从大气中吸收二氧化碳，固定和积累碳，同时释放氧气的过程。科学研究表明，林木每生长1m³，就能够吸收1.83t二氧化碳，同时释放1.62t氧气。近年来，随着碳交易市场的逐渐开放，林业碳汇交易也逐渐升温，成为社会关注的热点。据测算，一亩油用牡丹在其整个生长期内平均可以固定和积累碳1.7t，约合6.32美元碳汇交易价值。因此，油用牡丹在固碳增氧和林业碳汇交易方面也具有良好的潜力。

综上所述，大力推进油用牡丹产业发展，不仅能为人民群众带来生态健康的食品、保健品和生活用品等，而且在水土保持、防风固沙、固碳增氧、碳汇交易等方面也具有良好的效益，对改善生态环境、维护国家形象具有重要意义，也是深入贯彻党的"十九大"精神、落实《中共中央国务院关于加快推进生态文明建设的意见》的重要实践之一。

第二节　助推经济发展

一、第一产业

油用牡丹进入丰产期后长江流域平均每亩地结籽400kg左右，黄河流域平均每亩地结籽200~300kg，黄土高原地区平均每亩地结籽175kg左右。结合全国不同地域油用牡丹亩产量情况，如果按平均每亩地每年籽结200kg、每千克籽20元计算，那么种植油用牡丹每亩地每年的收入就达到4000元。而农民辛劳一年种植传统作物如玉米、大豆、棉花等每亩地收入 1000~1200 元，还不包括化肥、农药、浇水等成本。2017 年，国家将农民年人均纯收入 3335 元作为新的国家扶贫标准。而种植油用牡丹要比种植传统农作物每亩地多收入几千元，因此，很多群众称"种植油用牡丹一亩地可脱贫！"即使按照每千克籽 14 元计算，每亩地每年还有 2800 元的收入；按照每千克籽 10 元计算，每亩地每年还有 2000 元的收入，也要远远高于种植小麦、玉米等传统农作物的收入。所以我们要遵循市场规律，正确看待和认识牡丹籽及牡丹籽油价格下降，以平常心对待油用牡丹大面积种植和加工。

油用牡丹的根——丹皮也是一味传统的中药材，具有清热凉血、活血化瘀、退虚热等功效，我们所熟知的六味地黄丸的主要成分就是丹皮。因此，即使不种牡丹了，把根挖出来每亩地丹皮（5 年生）也能卖 2 万元左右。

如果以发展 1 亿亩、每亩产值（第一产业）4000 元计算，那么我国因种植油用牡丹每年所带来的产值（第一产业）就达到 4000 亿元，占到 2017 年我国 GDP 第一产业增加值（65468 亿元）的 6.11%。

二、第二产业

根据技术和精细程度的不同，加工环节能从一亩油用牡丹全部实物中（种籽、种皮、花瓣、花蕊、果荚等，不算根茎等部分）加工出食用油、食品、保健品、日用品等上百种产品，加工后成品价值十几万元到几十万元。

例如牡丹籽油，由于其对身体健康具有良好的保健功效，现在每千克市价达 800~1600 元。如果按每亩地结籽 200kg、籽的出油率 20% 计算，每亩地可出油 40kg，每千克按 800 元计算，就是 32000 元。物以稀为贵，发展多了、面积扩大了，就按进口橄榄油每千克 360 元的价格计算，还有 14400 元，况且这种油的质量和保健功效要远高于橄榄油。又例如牡丹花蕊茶，出口到韩国的价格是每千克 24000 元人民币，并且供不应求。如果按每亩地可加工 0.75kg 计算，就是 18000 元。而从牡丹籽油和牡丹花瓣研发出来的化妆品其保健和润肤功效要超过国际上许多流行产品。

同样以发展 1 亿亩、每亩油用牡丹第二产业产值按 5 万元计算，就是 5 万亿元，占到 2017 年我国 GDP 第二产业增加值（334623 亿元）的 14.94%。

三、第三产业

2014 年 8 月 21 日，国务院下发的《国务院关于促进旅游业改革发展的若干意见》（国发〔2014〕31 号）中指出"加快旅游业改革发展，是适应人民群众消费升级和产业结构调整的必然要求，对于扩就业、增收入，推动中西部发展和贫困地区脱贫致富，促进经济平稳增长和生态环境改善意义重大，对于提高人民生活质量、培育和践行社会主义核心价值观也具有重要作用。"

2017年，我国国内旅游人数50.01亿人次，出入境旅游总人数2.7亿人次，全年实现旅游总收入5.40万亿元，全年全国旅游业对GDP的综合贡献为9.13万亿元，占GDP总量的11.04%。所以李克强总理说"中国已经迎来了大众旅游消费的时代"。随着国内花卉休闲产业的迅猛发展，以赏花为主体的旅游方式成为了百姓满足精神需求的一种时尚选择。以牡丹为主题的旅游业和服务业的发展，势必会给当地财政带来丰厚的收益。牡丹旅游将成为越来越盛行的大众生态旅游。

图3-3　游客观赏牡丹

2017年4月10日，第35届中国洛阳牡丹文化节开幕。文化节期间，共接待国内外游客2493.96万人次，旅游收入达到223.5亿元。2017年4月12日，第26届菏泽牡丹文化旅游节开幕。旅游节期间，接待国内外游客877.66万人次，旅游收入达到55.77亿元。

鉴于油用牡丹良好的经济效益以及可持续(生命周期长，一年种植，多年收益)、可推广(抗逆性强，适生范围广，可在全国大面积推广)、可复制(投资少，管理方便，符合广大地区尤其是贫困地区生产力发展现状)的模式特征，山东省菏泽市、山西省长治市、甘肃省平凉市和定西市、陕西省商洛县、宁夏回族自治区同心县、湖北省保康县等很多地方都明确提出要把发展油用牡丹产业作为产业结构调整和产业扶贫的重要抓手，并取得了良好的效果。

作为我国重要的煤炭生产基地，山西潞安矿业(集团)有限责任公司为推动我国现代化建设做出了历史性贡献。近年来，按照国家转变经济增长方式的要求及山西省转型跨越发展的战略部署，潞安集团也进入了转型发展的重要时期。2013年，潞安集团对全国多个现代农(林)业项目进行了调研、筛选和评估，最终选择以油用牡丹产业作为企业转型发展、产业扶贫和生态文明建设的重要抓手。截止到2017年，潞安集团油用牡丹种植面积达20多万亩，育苗总规模达2万亩，当年可出圃优质油用牡丹种苗7亿株，占全国育苗总量的1/3，成为了目前全国规模最大的油用牡丹标准化育苗企业。2016年4月26日，山西省委省政府领导到潞安集团调研时，对油用牡丹产业进行了深入了解，并对潞安集团的工作给予了高度评价和赞赏。2016年5月24日，在山西省脱贫攻坚推进电视电话会议上，省委省政府要求潞安集团作为油用牡丹产业龙头企业，在全省脱贫攻坚过程中充分发挥好龙头带动作用。潞安集团也以此为契机，计划投资100多亿元，在全省种植油用牡丹500万亩，力争实现"地上一桶油（牡丹籽油）、地下一桶油（煤变油）"的转型升级。

图 3-4　潞安集团油用牡丹基地

第三节　助推民生工程

一、维护粮油战略安全

粮油安全作为国家安全的重要组成部分，战略意义深远，历来受到世界各国政府的高度重视。长期以来，党中央、国务院把保障粮油安全、发展粮油生产放在重要位置。习近平总书记多次强调："中国人的饭碗任何时候都要牢牢端在自己手上。我们的饭碗应该主要装中国粮"。目前，我国的粮食自给率已多年稳定在95%以上，达到了《国家粮食安全中长期规划纲要（2008—2020年)》提出的要求。但我国食用油状况却不容乐观。2017年，我国食用油需求总量为3751.5万吨，但利用国产油料的榨油量仅为1168万吨，食用油缺口高达2583.5万吨。同年，我国进口成品食用植物油729.1万吨，进口食用油籽

10200 万 t，花费外汇 500 多亿美元。食用油自给率已从 2000 年的 60% 下降到 2017 年的 31.1%，严重超出了国家战略安全警戒线，并且还有进一步下降的趋势。为保障食用油供给，国家必须每年花费大量外汇进口食用油和食用油籽，利用大面积耕地种植大豆、花生等草本油料作物。随着人口增长和经济发展水平提高，食用油需求量越来越高，而且正向着安全、营养、健康的方向发展。提高食用油产量，保障食用油质量，以保障国民健康、满足社会需求，显得越来越重要和迫切。

相比于大豆、花生等草本食用油料植物，木本食用油料植物具有生态功能强、不占用耕地、管理方便、油质优、营养高、投资少、收益期长等优点，三大效益明显。无论从满足人民群众日益增长的食用油需求看，还是从农业发展战略角度看，实现草本和木本并举，大力开发利用木本食用油料植物都具有十分重要的战略意义。而油用牡丹适应范围广、产量高、油质优，适合我国大面积推广又不与粮争地，是今后我国解决食用油供给矛盾、保障国家粮油安全的重要选择。

表 3-1　油用牡丹与几种油料作物产量、出油率对比表

油料种类	花生	油橄榄	油菜	大豆	油茶	油用牡丹
亩产量（斤）	440	640	300	360	100	400
出油率（%）	42	15	35	16	14	20
产油量（斤/亩）	184.8	96	105	57.6	14	80

目前，我国退耕还林已逾 5 亿亩，如果拿出一半的面积即 2.5 亿亩来发展油用牡丹，以每亩出油 40kg 计算，每年就可生产牡丹籽油 1000 万吨，占到 2017 年我国食用油消费总量的 26.66%。如果上乔下灌，以油用牡丹和文冠果套种为例，按照每亩地产 40kg 牡丹籽油和 30kg 文冠果油计算，2.5 亿亩退耕还林地每年就可生产 1750 万 t 优质食用油，占到 2017 年我国食用油消费总量的 46.65%。再加上我们国土上的油茶、核桃等其他木本食用油和大豆、花生、油菜等草本植物油，就基本可以确保我国食用油自给率稳定在 80% 以上。既促进了粮油生产，缓解了我国食用油对外依存度较大的压力，还能保障我国国民的身体健康。这种利国利民的事业，我们有必要大力发展。

二、维护国民健康

2016 年 8 月 19 日至 20 日全国卫生与健康大会在北京召开，习近平总书记在会议上强调："没有全民健康，就没有全面小康。要把人民健康放在优先发

展的战略地位，以普及健康生活、优化健康服务、完善健康保障、建设健康环境、发展健康产业为重点，加快推进健康中国建设，努力全方位、全周期保障人民健康，为实现'两个一百年'奋斗目标、实现中华民族伟大复兴的中国梦打下坚实健康基础。"在党的十九大报告中，习近平总书记又一次指出："人民健康是民族昌盛和国家富强的重要标志。实施食品安全战略，让人民吃得放心。"

　　随着人们对健康长寿越来越多的关注和追求，对食用油品质的要求也越来越高。近年来，我国食用油质量问题频发，引起了人民群众的广泛担忧。并且我国每年消费的食用油中，有一半以上为转基因食用油。关于转基因食品对人类基因变异、生殖遗传、肿瘤生成等健康问题的影响尚无定论，两种意见还在博弈当中。但欧盟对转基因食品持谨慎态度，法国已明确禁止在国内种植转基因作物，俄罗斯也表示该国政府将禁止使用基因改良技术生产食物。2014年2月24日，习近平总书记在中共中央政治局第十三次集体学习时指出"要认真汲取中华优秀传统文化的思想精华和道德精髓，使中华优秀传统文化成为涵养社会主义核心价值观的重要源泉。"因此，在对待转基因问题的态度上，我们也可以从中国传统文化进行分析和思考。我国古代著名思想家、教育家孔子在2000多年前就曾说过："己所不欲，勿施于人。"《孙子兵法》也曾云："谋定而后动，知止而有得。"因此，在无法确认转基因食品是否有危害之前，我们应持谨慎和保守的态度。

　　目前，国内外营养学界普遍认为食用油中不饱和脂肪酸特别是α-亚麻酸和亚油酸含量的高低是决定食用油品质的重要因素之一。牡丹籽油含不饱和脂肪酸高达90%以上，特别是其中的α-亚麻酸含量达40%以上。α-亚麻酸是构成人体脑细胞和组织细胞的重要成分，是人体不可缺少的自身不能合成又不能替代的多不饱和脂肪酸，又有"血液营养素""维生素F"和"植物脑黄金"之称。世界卫生组织和联合国粮农组织曾经于1993年联合发表声明：鉴于α-亚麻酸对于人体的重要性，决定在全世界专项推广α-亚麻酸。2014年，SCI收录了美国著名学术期刊《食品与化学毒理学》刊登的文章《从营养学、药理学和毒物学角度评价α-亚麻酸》。文章指出：α-亚麻酸是一种人体所必需的脂肪酸，具有保护心血管、抗癌症、保护神经元、抗骨质疏松、抗炎症和抗氧化的功效，可以通过食用富含α-亚麻酸的食物来满足人体需求。并且从现有关于α-亚麻酸毒物方面的数据分析，没有发现其存在严重的负作用，可以作为一种安全的食物材料。中国科学院匡廷云院士表示："牡丹籽油中脂肪酸的分子量较小，容易被吸收，且不饱和脂肪酸占总脂肪酸含量的90%以上，显著高于橄榄油、大豆油、菜籽油和花生油等；尤其值得关注的是，牡丹籽油中 α-亚麻酸含量较为突出，远远高于其他常见植物油，且其亚油酸和 α-亚麻酸的比值小于 0.6，因此是一种十分健康的食用油，极具开发潜力。

无论不饱和脂肪酸含量还是其中的 α-亚麻酸含量，牡丹籽油都远远高于有"液体黄金"之称的橄榄油，是名副其实的高端食用油。烟台大学医学院的科研人员通过实验发现适量摄入牡丹籽油可保护肝细胞免受化学性损伤，同时能诱导 II 相解毒酶活力增加，减少自由基的产生。安徽中医药大学的科研人员通过实验发现牡丹籽油可降低高血脂、高血糖，并对糖耐量有一定的调节作用。

此外，利用油用牡丹其他部分还可加工出多种对改善国民体质、保障人民身体健康的产品。因此，大力发展油用牡丹产业对保障国民身体健康、满足国民对健康产品日益增长需求具有重要意义。这种利国、利民、利企业、利社会、利个人的事我们应大力推广，民族大业，智慧之油，应纳入国家战略认真推广。

三、国家扶贫战略的重要抓手

扶贫工作是党中央、国务院的一项重要战略部署。改革开放以来，我国扶贫战略成效显著，农村贫困人口累计减少逾 7 亿人，贫困地区基础设施明显改善，农村居民生存和温饱问题基本解决，为促进我国经济发展、政治稳定、民族团结、边疆巩固、社会和谐发挥了重要作用，也为推动全球减贫事业发展作出了重大贡献，广受世界赞誉。党的"十八大"报告提出要在 2020 年实现全面建成小康社会的宏伟目标，而全面建成小康社会最艰巨、最繁重的任务在农村，特别是在贫困地区。扶贫工作已进入"啃硬骨头"、攻坚拔寨的冲刺期。2015 年 10 月 16 日，习近平总书记在出席"2015 减贫与发展高层论坛"中指出："全面小康是全体中国人民的小康，不能出现有人掉队。未来 5 年，我们将使中国现有标准下 7000 多万贫困人口全部脱贫。"在 2015 年 11 月召开的中央扶贫工作会议上，习近平总书记指出："脱贫致富终究要靠贫困群众用自己的辛勤劳动来实现。""引导和支持所有有劳动能力的人依靠自己的双手开创美好明天，立足当地资源，实现就地脱贫。"2017 年 10 月，习近平总书记在党的十九大报告中指出："让贫困人口和贫困地区同全国一道进入全面小康社会是我们党的庄严承诺。确保到 2020 年我国现行标准下农村贫困人口实现脱贫，贫困县全部摘帽，解决区域性整体贫困，做到脱真贫、真脱贫。"

土地是农民最主要的生产资料，以种植业为主的第一产业具有最大的减贫效果。大力发展适应贫困地区自然条件、符合贫困地区生产力发展水平和农民技术水平，而且经济价值高、生态效益显著的植物，对于推动今后我国扶贫开发工作、实施"精准扶贫"伟大战略、确保2020年实现全面建成小康社会意义重大。

首先，与种植传统农作物相比，油用牡丹经济价值更高，可有效提高农民收入，帮助贫困地区脱贫致富。提高农民收入水平是扶贫工作的主要任务，也是全面建成小康社会的关键。中国是人口大国、农业大国，长期以来由于传统农产品价格低，效益差，农民增收受到严峻挑战，成为制约农村经济发展、农民收入增加的瓶颈。而山地资源、沙地资源、物种资源特别是木本粮油资源是这些地区的优势资源，是奔康致富的潜力所在。农民种植油用牡丹每亩可收入4000元，比种植传统农作物每亩地多收入几千元。假若一户农民有10亩山岭薄地，每年就有40000元的收入，可谓高效，可谓"精准"，这对于改善老、少、边、贫地区的民生，解决人民群众最关心、最直接、最现实的脱贫致富问题，推动贫困地区尽快改变经济社会面貌，以及加强民族团结、维护社会安定、全面建成小康社会具有极其重要的战略意义。

其次，油用牡丹抗逆性强，适生范围广，可在贫困地区大面积推广种植。我国贫困地区大多分布在山区、丘陵区和高原区，生产生活条件较为恶劣，旱灾、涝灾、荒漠化、水土流失等灾害频发，耕地质量不高。在这种气候条件和地理环境的制约下，农业生产量低而不稳。而油用牡丹耐干旱、耐瘠薄、耐高寒、耐盐碱，在我国北至黑龙江、吉林，南至广东、广西北部，西至云南、新疆、西藏，东至沿海的20多个省、自治区、直辖市都能种植。由此可见，油用牡丹适生范围可基本覆盖我国扶贫的主战场，适宜在贫困地区大面积推广种植，并且可以不与粮争地，不与民争粮，完全符合《中共中央国务院关于加快推进生态文明建设的意见》中强调的"严守资源环境生态红线，确保耕地数量不下降"的要求。

最后，油用牡丹管理方便，符合当前农村生产力发展水平和农民科技水平。当前，我国农村青壮劳力外出打工现象普遍存在，留守在农村的老人、妇女和儿童无法从事重体力劳动，经常出现"种子一埋，肥料一撒，生长由天"的现象，给农民增收带来了较大影响。油用牡丹为多年生灌木，种下后可以30~50年不用换茬，仅需锄草、施肥等一般管理即可，省工、省时、节约成本，更加符合当前农村形势。

距西安市以东70多公里的临潼区毛湾村是个仅有154户的小山村。因为贫穷的原因，这个小山村在方圆几十里很有名，姑娘们都不愿意嫁到这里来，村里已经很多年没有举办过婚礼了。2014 年，这个村在有关单位的帮助下，实施以油用牡丹种植为抓手的精准扶贫，全村 154 户有 137 户种植上了油用牡丹，全村种植油用牡丹 500 多亩。油用牡丹种植让全村人看到了彻底拔掉穷根子的希望，一些在外打工的村民纷纷回村种起了油用牡丹。油用牡丹的种植给这个小山村悄悄地带来了变化，不少农户旧房变成了新房，多年没有举办婚礼已经变成了历史，人们在油用牡丹田里看到了更多的希望。因此，以发展油用牡丹为抓手实施精准扶贫，是消除贫困、改善民生、促进健康、持续发展、实现共同富裕的重要举措，也是落实党的十九大精神、全面建成小康社会、实现中华民族伟大复兴的重要实践。

四、出口创汇

随着全球经济一体化进程不断加快，各国之间的贸易往来也愈加频繁，以油用牡丹为原料加工出的各种产品，不仅在国内市场深受消费者喜爱，其良好的健康保健功效在国际市场上也同样具有很强的竞争力，有能力成为我国出口创汇的又一重要产业。尤其是随着科技的不断发展，"互联网+电商+物流"的商业模式打破了传统销售模式对于时间和空间的限制，成为当今最具活力的经济形态之一。如果通过现代化技术，让世界各地的消费者通过互联终端能亲眼目睹油用牡丹种植、生长繁育到生产加工的一系列过程，让消费者了解油用牡丹及其衍生品所具有的良好保健功效，这样就扩大了油用牡丹深加工产品的宣传，拓宽了产品的销售渠道，既满足了消费者追求健康的需求，也提高了地方和企业的知名度，既能让消费者吃上放心、高质量的食用油，又能省工省时、节约开支。

目前，关于油用牡丹相关产品的出口一是缺少能让世界人民信服的科学、真实的数据，二是缺乏宣传。在中国至少大部分人不知道牡丹还能产油，更何况其他国家和地区的消费者。这也是以后在出口方面主要的工作方向。供给侧结构性改革的不断深入和"一带一路"倡议的实施，为油用牡丹相关产品出口创造了良好的机遇。只要相关政府部门、科研人员和有关企业齐心协力、抢抓机遇、持之以恒、补齐短板，油用牡丹相关产品占领国际市场指日可待。

2013 年 12 月 14 日，山东聊城东正实业有限责任公司赴迪拜参加了第十二届沙迦中国商品交易会暨中国农业产品展。在展览会上，该公司所生产的牡丹籽油和牡丹花蕊茶等产品大受欢迎，前往参观和了解产品的客商络绎不绝，引起了外国友人的极大兴趣。在了解到牡丹籽油和牡丹花蕊茶的内在指标和营养价值后，公司所带展品立刻被抢购一空，并有多家客户达成了海外当地代理商的意向。

2015年12月14日，美国巴拿马万国博览会100周年庆典（1915—2015年）中国颁奖盛典在全国政协礼堂隆重举行。在这个旨在表彰企业和个人优秀产品和作品的大会上，甘肃一家公司生产的牡丹籽油获得"产品精品奖"。可见，牡丹籽油在国际上也享有很高声誉。

图3-5　牡丹籽油荣获美国巴拿马万国博览会100周年庆典产品精品奖

第四节　弘扬牡丹文化

牡丹文化在我国源远流长，长期以来被人们视作富贵吉祥、繁荣兴旺的象征。在我国最古老的诗歌总集《诗经》中就有把牡丹赠给恋人表达爱情的描述，距今已有3000多年。公元604年隋炀帝杨广继位后，传旨称牡丹为隋朝花，可谓人类历史上最早定的国花。唐、宋、明三代均把牡丹誉为国花，清朝更明确钦定牡丹为国花。

在现代，党和国家历代领导人均曾视察牡丹，对牡丹关怀备至。1939年抗日战争之际，毛泽东、周恩来等中央首长，兴致勃勃来到延安宝塔山下的万花山观赏牡丹。1959年，周总理在陪同外宾视察洛阳时说"牡丹是我国的国花，它雍荣华贵、富丽堂皇，是我们中华民族兴旺发达、美好幸福的象征。"1994年，全国人民代表大会责成时任副委员长陈慕华和农业部部长何康主持，由中国花卉协会组织实施了国花评选活动，经过"两上两下"广泛征求社会各界的意见，通过了"一国一花"方案，牡丹以占评选总票数58.06%的优势入选国花，被全国评选为候选"国花"之首。1999年昆明世博会期间出版的参展国国花集锦金牌纪念册上，赫然写着"中国国花——牡丹（暂定）"，虽是暂定，但充分证明牡丹深入人心的国花地位已无花可代。

同为我国的原生物种，大熊猫已成为我国与世界各国友好交往的使者，成为了中国的标志。樱花文化在日本发扬光大，樱花成为了日本的国花。据日本资料记载，樱花最早起源于我国的喜马拉雅山地区，后来被移栽到日本。习近平总书记在庆祝中国共产党成立 95 周年大会上明确提出：中国共产党人"坚持不忘初心、继续前进"，就要坚持"四个自信"即"中国特色社会主义道路自信、理论自信、制度自信、文化自信"。总书记特别强调指出，"文化自信，是更基础、更广泛、更深厚的自信"。大力发展油用牡丹产业，让"国花"遍布于我国 960 万 km^2 的土地上，让油用牡丹产品满足我国人民群众对优质健康产品的需求进而占领国际市场，就是提升我们文化自信，继承和发扬传统牡丹文化的重要表现。

第四章 油用牡丹产业发展条件剖析

第一节 战略与政策

一、发展油用牡丹产业符合我们党全心全意为人民服务的宗旨

改革开放之前，物资短缺，解决温饱问题是广大人民群众最关心、最迫切的事。随着改革开放的不断深入，我国经济社会发展取得了巨大成就，人民群众的物质生活条件得到了很大的改善，人民的消费理念也在发生着越来越深刻的变化——人们对食品的要求不再是填饱肚子，而是更健康、更营养。在食用油方面，人民渴望能吃上优质、放心的食用油，由数量型向质量型转变，由食用型向营养型转变。目前关于转基因食品对人类健康影响尚无定论，两种意见还在争论当中。在这种情况下，人民期盼着能有一种我国本土的、更安全可靠的食用油。油用牡丹这种我国独有的、土生土长的小灌木生产出来的牡丹籽油，产量和质量都优于其他食用油，是名副其实的优质食用油。大力发展油用牡丹产业，让人民群众吃上放心油，对于满足广大人民群众的诉求，强化我国各族同胞的身体素质，具有重要作用。牡丹籽油不饱和脂肪酸含量高达90%以上，特别是其中的α-亚麻酸含量达40%以上，具有较高的营养保健价值。

大力发展油用牡丹产业，对于保障健康优质食用油供给，优化现有食用油消费结构，提高人民整体健康水平，具有战略意义。这是党章的宗旨所决定，是我们党不遗余力地满足广大人民群众需求、全心全意为人民服务的重要体现。

二、发展油用牡丹产业符合国家战略安全的需要

食用油安全是一个事关国家战略安全的重要课题。我国食用油战略安全隐患具体表现为：第一，原材料供应环节上种植面积逐渐减少；第二，生产和加工环节上国际巨头的垄断；第三，高达60%以上的对外依存度；第四，国际市场上"粮油转能源"趋势引发的粮油与能源的原料之争；第五，西方转基因大

豆与食用油浸出工艺对中国食用油质量安全的潜在威胁。这些隐患对保障我国食用油战略安全形成了十分严峻的挑战。我国是世界人口第一大国，也是最大的食用油消费国。长期以来，党中央、国务院把发展粮油生产放在突出位置。

蛋白质、脂肪、碳水化合物是人类所需的三大营养元素，而植物油富含高脂肪和多种营养素，占人体所需营养比重的1/3以上。相关数据表明，中国食用植物油需求不断上升，而种植面积却不断减少，生产自给率越来越低。当前，我国食用植物油形势依然严峻，2017年，我国进口棕榈油、橄榄油、豆油、菜油等成品食用植物油729.1万t，进口大豆、油菜籽等食用油籽10200万t，进口总额达到500多亿美元，食用油对外依存度已达到68.9%，严重超过了战略安全预警线，并且战略储备严重不足。当前，美国政府不顾中国和国际社会反对，坚持搞单边主义和贸易保护主义，悍然挑起中美贸易争端。而我们中国政府毫不示弱，以"同等规模、同等力度"进行了反击。其中一条就是"拟对原产于美国的大豆加征25%的关税"。据了解，中国是美国大豆第一大出口市场，美国大豆出口总量约有62%销往中国，涉及金额124亿美元。虽然我国政府的反击措施大快人心，但也从侧面反映了我国食用油受制于人的无奈现状。假若有朝一日处于垄断地位的国家或集团切断了供应渠道，我们就会措手不及，将给维护国家安全和社会稳定带来极大挑战，所以我们不得不对世界人口第一大国的食用油安全做出考虑和应对。假若我们每年从进口成品食用油和食用油籽的外汇中拿出20%即100亿美元用于发展油用牡丹产业，以每亩地补助300元计算，那么就可补助2.28亿亩油用牡丹地，以每亩地产油40kg计算，1亿亩油用牡丹地每年就可生产牡丹籽油40亿kg，相当于我国每年食用油消费总量的24.31%，这对保障我国粮油安全、维护社会稳定具有重要的战略意义。

三、发展油用牡丹产业符合国家重大决策要求

中国食用油战略安全隐患一方面是因为大豆种植面积减少、跨国巨头控制、对外依存度高等，另一方面，是因为我们长期以来对粮食产业存在的认识误区，以及建立在此认识基础上的产业政策。现在，如果能够把油料作物纳入粮食安全体系中考虑和安排，给予政策扶持，可以极大地保障我国食用油战略安全。中国食用油战略安全根本出路在于立足国内油料作物多元化种植，重点扶持并培育高产量、高产值、高出油率油料品种，扶持国内龙头生产企业，抑制并打破国际巨头垄断格局。

党的十八大报告首次将推进生态文明建设独立成章，形成了中国特色社会

主义事业"五位一体"的总体布局。习近平总书记在党的"十九大"报告中指出："我们要建设的现代化是人与自然和谐共生的现代化，既要创造更多物质财富和精神财富以满足人民日益增长的美好生活需要，也要提供更多优质生态产品以满足人民日益增长的优美生态环境需要。必须坚持节约优先、保护优先、自然恢复为主的方针，形成节约资源和保护环境的空间格局、产业结构、生产方式、生活方式，还自然以宁静、和谐、美丽。"这些重大决策从维护国家安全、提高人民生活水平、改善生态环境、调整产业结构、促进经济社会和谐发展等方面对我国未来发展做出了部署和具体要求。油用牡丹生态效益、经济效益、社会效益显著，大力发展油用牡丹产业正是贯彻和执行国家这一系列决策方针的具体体现，是实现国家强盛、人民富裕、社会稳定的重要实践之一。

四、体制与机制的改革和创新为油用牡丹产业发展增添了强大动力

党的十八届三中全会提出"在坚持和完善最严格的耕地保护制度前提下，赋予农民对承包地占有、使用、收益、流转及承包经营权抵押、担保权能，允许农民以承包经营权入股发展农业产业化经营"。这一改革方案的提出解除了多年来因土地制度的原因不能使种植大户按自己的意愿和规划大量投资、大面积种植的羁绊，在农民自愿的原则基础上，可以实现承包户与种植大户的共赢，这样一来就极大地消除了种植油用牡丹规模经营、科学种植、市场运作、规范生产、标准化加工的运行瓶颈，从体制与机制上为油用牡丹大面积发展开拓了广阔的空间。同时，由于在山岭坡地、沙地上大面积种植油用牡丹，也可以减少在平原农耕地上大量种植油菜、花生、大豆等草本油料作物的面积，置换出来的耕地对粮食生产、粮食安全、粮食总产的增长是个有益的补充。

五、农业供给侧结构性改革要求大力发展油用牡丹产业

2016年和2017年，中央"一号文件"持续关注农业供给侧结构性改革。2017年中央"一号文件"明确要求："推进农业供给侧结构性改革，要在确保国家粮食安全的基础上，紧紧围绕市场需求变化，以增加农民收入、保障有效供给为主要目标，以提高农业供给质量为主攻方向，以体制改革和机制创新为根本途径，优化农业产业体系、生产体系、经营体系，提高土地产出率、资源利用率、劳动生产率，促进农业农村发展由过度依赖资源消耗、主要满足量的需求，向追求绿色生态可持续、更加注重满足质的需求转变。"

"找到优质需求，打造有效供给"是农业供给侧结构性改革的关键。从第一产业讲，发展油用牡丹产业可以有效提高农民收入，帮助贫困地区群众脱贫

致富，对于贯彻落实党的"十八大""十九大"精神、推动我国"精准扶贫"伟大战略、确保 2020 年实现全面建成小康社会具有重要的现实意义；从第二产业讲，发展油用牡丹产业可以缓解我国食用油供需矛盾、满足国民对生态健康产品日益增长的需求，保障国家粮油安全和人民身体健康；从第三产业讲，发展油用牡丹产业可以满足国民对美好事物的追求，推动生态旅游业发展，提升"文化自信"，弘扬传统牡丹文化。因此，大力发展油用牡丹产业是由农业供给侧结构性改革的要求所决定的，是推动农业供给侧结构性改革的重要实践之一。

第二节 自然条件与技术条件

一、种质资源丰富，有利于开展资源培育与推广工作

油用牡丹这种能结籽榨油的小灌木是中国所独有的，其他国家虽然有牡丹，但大多是观赏性的，个别是药用的，并不具备高产油料的功能。牡丹组共有 9 个种 1 个亚种 1 个变种，全部原产于我国。在国家林业和草原局、科技部、财政部的大力支持下，由李育材主持的课题组已经开始在全国各地开展严格的牡丹资源调查、收集与评价工作，利用先进的育种技术培育出结籽量高、含油量高、油质优和抗性强的油用牡丹新品种，把这些精选的、适合当地条件的优良品种提供给广大种植户。目前，课题组已培育出'祥丰''春雨''秦汉紫斑''甘林 4 号''甘二乔''蓝紫托桂''白蝶''粉面桃花'等多个油用牡丹新品种。

现在我国种植和推广的油用牡丹主要有凤丹牡丹和紫斑牡丹两大系列品种。其中，紫斑牡丹品种系列适宜北方半干旱地区，主要选择其中瓣化程度较低、种子产量高及油质好的品种类型，包括'雪海丹心''冰山雪莲'和'书生捧墨'等 20 余个品种。而凤丹系列花量大、结实多、萌蘖少、生态适应性强，在全国 20 多个省（自治区、直辖市）适合种植，以'凤丹白'为代表，此外还有'凤丹粉''凤丹紫''凤丹玉''凤丹绫''凤丹韵'和'凤丹荷'等十余个品种。近年来，山东菏泽等地在良种选育工作中取得了一些成效。2009 年 12 月 31 日"油用牡丹品种筛选及规范化栽培技术"通过山东省科技成果鉴定，选育出的"凤丹 271 号"和"紫斑牡丹 1 号"等油用牡丹良种列入了山东省油料产业振兴规划（2011—2015 年）进行重点推广。

习近平总书记在 2014 年春节期间去内蒙古慰问广大农牧民时指出："要积极探索推进生态文明制度建设，为建设美丽草原、建设美丽中国做出新贡献。

实现绿色发展关键要有平台、技术、手段，绿化只搞'奇花异草'不可持续，盲目引进也不一定适应，要探索一条符合自然规律、符合国情地情的绿色之路。"因此，对油用牡丹的大量培育开发，就是落实总书记指示的具体实践。同时，为避免重蹈东北大豆产业的覆辙，保护我国特有资源，2015年2月，李育材向中央呈交报告，建议有关部门要严格把控牡丹种质资源尤其是具有油用功能的资源流向国外，报告引起了国家领导人和相关部门负责同志的高度重视。

二、我国有大面积适宜种植油用牡丹的土地资源

牡丹作为我国的原生物种，目前已在十几个省（自治区、直辖市）发现了野生资源的分布。根据油用牡丹的生长习性与我国气候带、降水条件、物候条件的适应性，这种植物能在我国北至黑龙江、吉林，南至广东、广西北部，西至云南、新疆、西藏，东至沿海的20多个省（自治区、直辖市）广泛种植。我国现有6亿多亩的宜林地，3亿多亩亟待改造的低产林、残次林，3亿多亩经济林，近5亿亩的退耕还林地块。由于油用牡丹抗逆性强，对土地的选择性不高，大量宜林地，大量低产林、残次林，大量经济林（林下间作套种），大量荒岭薄地，大量可利用的沙地，大量平原农区沟渠路边、房前屋后，大量退耕还林需更新的地块等都可以种植。因此，油用牡丹的生长习性和特点适宜在我国大面积推广种植。据相关统计，全国适宜油用牡丹发展区域的总面积为420万 km²，占我国国土面积的43.75%。

图 4-1　房前屋后和杨树下种植油用牡丹（安徽亳州）

三、传统种植技术与先进科技支撑相结合使油用牡丹产业如虎添翼

我国很多地方尤其是长江、黄河流域具有种植牡丹的传统技术。以山东菏泽为例，该市种植牡丹历史悠久，技术精湛，清朝时期就可以做到四季赏花。全市现有牡丹品种1237个，种植面积达46万亩，每年出口和销往全国各地

图4-2　高寒山地种植油用牡丹（甘肃兰州）

500万株苗木和10万盆催花牡丹。2013年11月26日习近平总书记视察菏泽，对菏泽的油用牡丹产业发展给予了很高的评价。为支持油用牡丹产业发展，国家发改委于2011年在东北林业大学成立了国家级重点实验室——生物资源生态利用国家地方联合工程实验室。5年多过去了，经过广大科研人员的共同努力，已有一批成果获得了国家认定，这些成果有的已经转化成产品推向市场，深受消费者喜爱。2014年，财政部、科技部、国家林业局（现国家林业和草原局）又拨专项科研经费1500多万元，组织8所大学和科研单位、近100位科学家强度攻关，重点解决油用牡丹优良品种的培育、标准化栽培技术和技术推广及产业化加工利用等。相信经过研究人员的共同努力，会有更多、更好的科研成果奉献给广大人民群众。传统种植技术和现代科学相结合，将会结出累累硕果，造福人类。

第三节　政府扶持与群众响应

一、各级政府高度重视油用牡丹产业发展

2013年3月，中央领导同志先后对李育材提交的关于发展油用牡丹产业相关情况的报告作出重要批示，要求主管部门认真研究并提出意见。在此基础上，国家林业和草原局负责同志也分别作出批示，要求有关司局认真落实中央领导批示精神。2013年11月26日，习近平总书记参观了菏泽尧舜牡丹产业园，了解油用牡丹的开发情况。在得知牡丹不仅可以观赏、药用，还能炼出牡丹籽油，开发出茶、精油、食品、保健品时，习近平总书记表示，今天长了见识，令人印象深刻。在随后同菏泽市及各县区主要负责人的座谈会上，习近平总书记指出，一个地方的发展，关键在于找准路子、突出特色。欠发达地区抓发展，更要立足资源禀赋和产业基础，做好特色文章，实现差异竞争、错位发

展。此外，李育材还先后向甘肃、山东、陕西、河南、四川、河北、湖北、安徽、宁夏、天津、重庆等省（自治区、直辖市）多位主要领导同志介绍了油用牡丹产业的相关情况，引起了他们的重视，并分别作出批示，要求当地在适宜地区发展油用牡丹。目前，山东省计划到2020年发展370万亩，仅菏泽市就发展200万亩，并且要把油用牡丹的种植和加工打造成当地的主导产业；陕西省计划到2020年发展200万亩；湖北省计划到2025年发展200万亩；甘肃省计划到2020年发展104万亩。各地对油用牡丹的扶持政策也相继出台。如安徽省就直接将油用牡丹纳入省级工程植树造林树种，省财政按300元/亩给予造林补助。安徽省铜陵市更是在此基础上对20亩以上连片的油用牡丹种植基地每亩额外补助1500元，对10亩以上连片的油用牡丹育苗基地给予每亩1000元补助，并且对油用牡丹加工企业提供优惠的土地政策和税收政策；山东省菏泽市实行"市、县、乡"三级补助政策——市和县对100~500亩连片的油用牡丹每亩分别补助200元，对500亩以上连片的油用牡丹每亩分别补助300元，乡一级也根据自身财政状况对每亩油用牡丹进行100~600元的补助。龙头企业更是一马当先，山西潞安集团准备发展500万亩，全国其他各地的种植大户，也都在积极介入这个产业。星星之火，可以燎原，就目前各省（自治区、直辖市）及企业规划来看，预计到2020年将发展到2000万亩左右，未来10年内，油用牡丹种植面积将达到4000万亩以上。一个为保障我国食用油安全、为我国各族人民吃上安全健康的食用油、农民增收致富的新的产业——油用牡丹产业正在蓬勃兴起。

二、发展油用牡丹产业顺应市场潮流，广大人民群众种植热情不断高涨

随着市场对油用牡丹相关产品的需求不断增长，油用牡丹原料价格也在增长，广大人民群众种植油用牡丹的积极性不断高涨，从以前"要我种"到现在"我要种"，龙头企业、示范户、广大农民都尝到了种植油用牡丹的甜头。聊城市惠农油用牡丹专业合作社成立于2013年6月，在合作社成立之初，由于农民对油用牡丹不够了解，加上前期种植没有收益，影响了部分种植户的积极性。但随着油用牡丹经济效益逐年显现，农民开始踊跃加入合作社。截至目前，已在全国拥有加盟社47家，入社成员5000余人（户），累计签约国内合作种植54000余亩。

油用牡丹前3~4年是营养生长阶段，不结籽，没有经济收益，广大群众就利用这种植物喜半阴的生长特性，创造出了数十种间作套种、适合当地光热

气水肥土条件的新模式、新经验。例如山东东阿县在梨树和杏树下套种油用牡丹，6年之后每亩结籽500斤左右；山东定陶县在油用牡丹地里间作套种白术、玄参、知母等中药材，由于油用牡丹是多年生小灌木，而中药材当年种植当年收获，一年下来，一亩油用牡丹套种中药材也收入2000~3000元，三四年之后，油用牡丹结籽，间作套种随之结束，很好地解决了前几年没有经济收益的问题。

图4-3　油用牡丹与其他植物间作套种

（左：油用牡丹与杏树间作套种，山东东阿）（右：油用牡丹与中药材间作套种，山东定陶）

第五章　油用牡丹产业发展的战略思考和战略措施

第一节　油用牡丹产业发展的战略思考

一、提高认识，把油用牡丹产业做大做强

发展油用牡丹产业具有良好的经济效益、生态效益和社会效益，但是有认识才能有行动。当大家都认识到油用牡丹在当地生根落户、开花结籽以后形成的三大效益，油用牡丹就能成为我国土地上的主要油料作物品种，牡丹籽油就能成为我国广大人民群众食用的主要油料之一，油用牡丹产业就能真正的做大做强。

党政主要领导同志对这项工作的认知程度更是决定当地干与不干、干多干少、干快干慢的关键。我们要带着民族感情来对待和认识油用牡丹产业。现在我们国家的食用油对外依存度已经超过60%，超过了国际安全预警线。如果我们真正大面积的推广油用牡丹，就完全可以保障我国粮油安全和国民身体健康。如山东、陕西、河南、山西、甘肃等地，由于相关主管部门的大量宣传工作，当地老百姓、种植大户、企业家对油用牡丹的三大效益有了深刻的认识，使得这些地方的油用牡丹产业比其他地方发展的步子明显快。

为进一步提高对油用牡丹产业的认识，不断推进油用牡丹产业发展，菏泽市委市政府采取"以点带面，全面推进"的工作思路，多次组织有关干部群众、种植大户、相关企业观摩油用牡丹种植现场及油用牡丹生产加工企业，详细介绍油用牡丹种植的典型经验、做法及种植油用牡丹的经济效益，让观摩者能够身临其境地感受到发展油用牡丹产业带来的益处，增强他们的信心和决心。为发挥典型种植户的示范带动作用，菏泽市电视台举办油用牡丹电视专题节目，主要介绍油用牡丹间作套种中药材、花生、朝天椒等种植模式，以及土地流转经验介绍，播种现场技术讲座，栽植现场技术讲座，油用牡丹栽植技术培训，

油用牡丹收益介绍等。事实表明，推动认识的提高能起到很好的带动作用。

二、搞好宣传，使全社会认识油用牡丹的三大效益

发展油用牡丹产业，需要全社会共同参与。因此，要通过电视、广播、报纸、网络等各种媒体形式广泛宣传，使全社会都充分认识和了解发展油用牡丹产业所带来的三大效益，提高政府和广大人民群众发展油用牡丹产业的积极性，营造全社会共同支持和参与的氛围。要将油用牡丹产业的发展与国计民生结合起来，与我国各族同胞的健康结合起来，与我国的粮油安全结合起来，与我国的生态安全结合起来，与密切党群、干群关系结合起来，特别是与农民的切身利益结合起来。

为了推动油用牡丹产业可持续发展，铜陵市委市政府在宣传上狠下功夫，采取多项措施，让农户、投资者深入了解油用牡丹产业发展的前景，了解政府的支持政策。一是编制牡丹纪念邮册，发送至全市各级部门及相关企业，出版发行《铜陵牡丹》《盛度与御赐牡丹》《牡丹生产与加工》等书籍，发送至基层村镇及种植大户。举办牡丹摄影展及牡丹画展等活动，进行多方位宣传。二是加强与新闻媒体的联动。通过电视、广播、报纸、网络等主流媒体进行广泛宣传，扩大影响，提升牡丹的知名度。三是组织相关领导及专家分赴产区、村镇举办油用牡丹产业政策宣讲活动，把政府的决策、政策措施原原本本地送到基层。除此之外，还邀请油用牡丹专家到市相关部门进行演讲宣传。四是组织油用牡丹企业参加国内外举办的产品展销会，推介油用牡丹产品。近几年，铜陵市有关部门积极动员，鼓励油用牡丹龙头企业参加各类展销活动，学习外地经验，拓展牡丹产品，先后参加国内多个省市及美国、巴西等国际产品展示展销活动。通过产品展销，突出牡丹品牌宣传，扩大油用牡丹的社会影响力。五是注重网络宣传，通过安徽省牡丹协会网站各类栏目对油用牡丹生产技术、市场行情，特别是油用牡丹的由来、产业发展前景、产业模式、企业动态、政策信息等进行更新和滚动宣传。

菏泽市、县两级政府都注重对油用牡丹产业的宣传工作，通过印发宣传单、举办培训班等形式，向基层干部和农民群众宣传发展油用牡丹产业的意义。同时，充分利用广播电视、报刊杂志、互联网等传媒手段，加强对油用牡丹产业的宣传力度。邀请油用牡丹产业方面的专家、学者作专题讲座，加强对领导干部油用牡丹产业方面的专题培训。对典型油用牡丹种植户和生产加工企业进行报道，组织有关干部、种植大户、加工企业到先进地区参观学习，营造全市大力发展油用牡丹产业的浓厚氛围。事实表明，大力宣传油用牡丹产业的

各个环节，让广大干部群众、企业家和农民充分认识到油用牡丹产业的重要意义，对推动油用牡丹产业发展至关重要。

三、精准发力，强化政府服务职能

一是提高政府服务质量，在优良种苗、生产管理、技术支撑、标准化栽培、加工利用、市场信息等广大农户最急需了解的方面提供优质服务；二是改善政府服务方式，加大示范点、示范户与示范基地的建设，使其尽早产生效益，用现实的成果来说服教育，激发种植户的种植热情，使油用牡丹产业发展走上良性循环之路。当前，最重要的是要为社会提供优质壮苗和优良品系的种子以及相关的技术指导等，最大限度地为广大农民兄弟和示范户解决急需的各种问题。

2013年8月安徽省林业厅将油用牡丹认定为省级工程植树造林树种，并给予造林补助。2013年9月，铜陵市政府印发了油用牡丹产业10年发展规划，同时配套出台了发展油用牡丹产业一系列扶持政策。对油用牡丹种苗培育、规模种植予以补助，项目资金倾斜，实施政策性保险，对牡丹籽油加工企业实行土地出让金和税收奖励，强化科技扶持服务等。鼓励牡丹种植农户进行土地流转，在尊重农民意愿的前提下，本着依法、自愿、有偿的原则建立稳定的流转关系。在县农业部门建立了土地流转服务中心，乡镇设立了土地流转服务办公室，通过合同制度，规范土地流转程序。

为加快牡丹产业基地建设的发展，2012年，菏泽市委、市政府专门出台了《关于做好牡丹产业基地建设工作的意见》，在财政十分紧张的情况下，列支600万元专项资金，集中扶持产业基地建设，重点用于牡丹标准化基地建设、标准化生产等，并对牡丹产业化龙头企业和重点工程给予贷款贴息。2013年，菏泽市在已列入1000万元财政预算的基础上，又追加1000万元，以"以奖代补"的方式支持牡丹产业基地建设。2014年，市财政拿出4000万元专项资金用于牡丹产业化工作，市委、市政府专门出台了《关于扶持牡丹产业发展的实施办法》，对牡丹产业基地实行项目化管理，对新发展1000亩以上的牡丹种植基地，经申报核准列为市牡丹产业化重点项目，给予银行贷款三年全额贴息。对新发展1000亩以上不符合贷款条件或不需要贷款的牡丹种植主体，由市财政连续三年按每亩800元的标准予以补贴。同时，对牡丹深加工企业、牡丹出口、牡丹科研、牡丹宣传也设置了专项经费。各县区也高度重视，成立领导小组，制定扶持政策，推动牡丹产业发展。牡丹区政府下发了《2011年牡丹区人民政府关于加快牡丹产业化发展的意见》，规定凡是新增成方连片5亩(含5亩)牡丹以上的农户，以每亩600元的标准给予补贴，种苗繁育基地以每亩

1300 元给予补贴。东明县除县财政每亩补贴 200 元外，乡镇也加大了补贴力度，陆圈镇、三春集镇对种植牡丹成方连片超过 100 亩以上的，每亩给予 400 元的补贴，50~100 亩的每亩补贴 300 元，50 亩以下的每亩补贴 200 元，连续补贴 3 年。曹县对成方连片种植 200 亩以上的每亩补贴 200 元，300 亩以上的每亩补贴 300 元，400 亩以上的每亩补贴 400 元。

事实表明，政策精准发力能有效地撬动油用牡丹产业发展规模和效益的提升。

四、创新科技，加强油用牡丹产前、产中、产后服务

科研单位要重点加大在油用牡丹资源培育、资源管理和资源产业化等方面的科研力度，并着力提高科技成果转化率，把科研成果与农民增收结合起来，将科技创新贯穿于油用牡丹产前、产中、产后的各个环节，全方位为油用牡丹产业服务。例如，培育产量高、出油率高的油用牡丹新品种提供给广大的种植户；改善牡丹籽油加工提纯工艺，提高牡丹籽油产量和质量；充分发掘油用牡丹潜力，综合利用各部位，加快新产品研发等。

铜陵市不断加强油用牡丹应用性研究，建立了与高校科研院所的合作关系。2011 年和 2013 年铜陵市分别与中国科学院植物研究所、上海辰山植物研究中心签订了牡丹产业发展战略合作协议，确定在创建国家级牡丹科技创新基地、共建牡丹应用技术成果转化基地和牡丹科技人才培养体系等方面开展全面战略合作，并由此不断拓宽双方的合作领域，提升双方的合作层面，探索高效的合作形式和合作途径，扎实提高牡丹的科研水平，加速科技成果产业化。目前，铜陵市分别在 4 处建立了油用牡丹试验基地，进一步推动了油用牡丹的基础研究。探索油用牡丹高产栽培模式，推进牡丹深加工系列产品研发，推动牡丹产业跨越式发展。同时，通过引导、推动企业开展产学研合作开发和政策扶持，牡丹产业链不断延伸，先后开发了牡丹养生茶、牡丹花蕊茶、控释型防霉防蛀剂、凝胶基空气清新剂、凤丹气雾剂、牡丹系列化妆品以及牡丹精油、牡丹籽油软胶囊等十几个新产品，并陆续推向市场。

菏泽市统一制定了油用牡丹栽培技术规程，组织各县区业务人员进行集中培训。有关专家、技术人员在《百姓天天看》等电视栏目进行了多期专题讲座，并深入到田间地头进行现场指导。各县区也加大培训力度，搞好技术服务，通过印发手册、现场指导等方式，帮助农民群众搞好牡丹种植。组织技术人员，通过出外考察、技术咨询等方式，探索出了适合本市的多种间作模式，如间作套种中药材、蔬菜、花灌木、豆科作物等，并制定了种植技术规范手册。各县

区也结合实际，探索出了不同的间作模式，取得了很好的效果。

各地的发展现状表明，科技支撑对油用牡丹产业发展起到了非常大的促进作用。

五、多管齐下，增加对油用牡丹产业的资金扶持

发展油用牡丹前期投入较大，并且前三四年基本没有经济收入，如果没有外在扶持，仅靠种植户难以解决经济上的困难，并直接影响农民与企业种植积极性，产业发展就缺乏后劲。因此，各级政府部门要出台一些相关的财政补贴政策和奖励制度，充分调动农民和企业的积极性。目前，山东菏泽、河南洛阳、安徽铜陵等地政府都为油用牡丹资源培育、产业化加工提供了不少财政补贴和相关优惠政策。同时，还要积极引导工商资本和民间资本投入，多管齐下，增加对油用牡丹产业的资金扶持。

2011年3月，原国家卫生部正式批准牡丹籽油为新资源食品，国家林业局将菏泽市列为全国油用牡丹生产基地试点区，3年拨付3000万元专项资金用于试点建设。近年来，菏泽市油用牡丹产业基地建设进度明显加快，种植面积不断扩大，牡丹籽产量逐年提升，对缓解加工原料紧缺起到了一定作用。

鉴于油用牡丹产业的特点，资金扶持会有明显的撬动作用，各级政府及相关部门应高度重视发展油用牡丹产业的资金扶持形式和模式，打好"组合拳"。

六、科学规划，使油用牡丹产业规范有序发展

油用牡丹的种类不同，适生区也有所不同。因此，各地在制定规划时，要根据当地的自然条件、社会条件、人文条件等实际情况，严格遵循科学规律、自然规律、社会发展规律，特别是要按照适地适树、因地制宜的原则制定科学合理的规划，使油用牡丹产业规范有序发展。规划一旦制订，就要换人换届不换思路，不换措施，一张蓝图绘到底，一杆生态大旗打到底，直到大见成效，造福当地百姓。

近年来，甘肃牡丹生产及科研得到了较大发展，栽培面积不断扩大，品种数量不断增多，新品种培育、种质资源的研究和利用方面取得了突破性的进展。甘肃省做出规划，通过项目建设，在全省形成基础设施完善的油用牡丹种苗繁育基地、种植基地和产品深加工基地，实现良种种苗繁育基地专业化和标准化，种植基地规模化和集约化，龙头企业大型化和效益化，产业区农民收入得到提高，生态环境质量得到改善，油用牡丹产业成为甘肃新的经济增长点，带动全省经济快速发展，为全省早日步入小康社会做出贡献。到2015年，全

省建设良种种苗繁育基地 6.4 万亩，建成后年出产优质苗木 4.2 亿株，建设种植示范性基地 12.1 万亩，基本实现全省油用牡丹种苗的优质化和自给自足，基地建设初具规模，为产业发展奠定良好的基础。到 2020 年，种植基地总规模达到 104.4 万亩，建设产品初加工企业 5 处，为产品深加工创造条件，完善市场体系，形成油用牡丹产、供、销良性发展的产业格局。

经验告诉我们，规划是油用牡丹产业可持续发展的重要保障。

七、示范带动，使广大种植户学有榜样，赶有目标

在目前许多地区人民群众对油用牡丹产业认识还不深的情况下，示范基地建设和龙头企业的带动作用非常重要。示范带动以后大家看到种植油用牡丹的效益，然后大家都效仿，这样油用牡丹产业就比较容易推进。种植大户说："人叫人干人不干，效益调动千千万"。所以，示范户的带动作用和示范效应是非常重要的。目前，许多省都涌现出了一大批示范大户和龙头企业，因此要特别注意保护他们的积极性，为他们做好优质的产前、产中、产后服务。榜样的力量是无穷的，要使广大农户学到技术、看到效益、尝到甜头。只有广大农民这个最大的群体真正富裕起来，中华民族才能真正实现"中国梦"，我们伟大的民族才能真正繁荣昌盛起来。

2013 年，聊城市东正惠农油用牡丹专业合作社由东正实业发起成立，是聊城市第一家市级专业合作社，下设县、乡镇分社。经过两年专业化的运作，合作社已签约合同种植面积 50000 余亩，现有入社成员 460 户，发展合作种植面积 24921 亩，签约国内加盟合作社 15 家，并计划发展到 40 万亩。

2014 年，济宁四季园苗木种植有限公司发起成立了济宁市百合苗木种植专业合作社，发展社员 160 多名，在该公司的示范带领下，油用牡丹产业已成为济宁市任城区及周边地区的朝阳产业，带动邹城发展油用牡丹 600 亩，泗水发展油用牡丹 500 亩，辐射周边群众种植油用牡丹 1.2 万亩，成为了当地农民脱贫的致富产业，目前已有 100 多户通过油用牡丹产业脱贫。同时，利用合作社的优势，为社员提供种苗、技术、病虫害防治等服务，免费为贫困户提供技术支持和经验交流，让他们实地观摩，为促进产业健康发展，助推扶贫攻坚做出了应有的贡献。

八、强基固本，加强优质壮苗的培育和扩繁，推动标准化

牡丹组共有 9 个种 1 个亚种 1 个变种，全部原产于我国。因此，一是要认真开展牡丹资源的调查、收集与评价工作，利用先进的育种技术培育出结籽量

高、含油量高、油质优和抗性强的油用牡丹新品种，把这些精选的、适合当地水肥条件的优良品种提供给广大的种植户。二是要利用组培育苗、温室育苗等先进的育苗方式，提高油用牡丹优良苗木的供应量，使油用牡丹育苗的周期越短越好，越省工省时越好，越便利越好，满足对油用牡丹优良苗木日益增长的需求。三是要着手制订各项标准化指标，特别是牡丹籽油及其衍生品标准的制订。2014年11月17日，国家粮食局发布"国粮通【2014】6号"文件，文件通知"牡丹籽油行业标准"将于2015年1月1日起正式实施。

国家粮食局
通 告

国粮通〔2014〕6号

现发布1项推荐性行业标准，其编号和名称如下：
LS/T 3242—2014《牡丹籽油》
LS/T 3242 自2015年1月1日起实施。

特此通告。

—1—

抄送：各省、自治区、直辖市、计划单列市及新疆生产建设兵团粮食局。
本局领导、各司室、直属单位、项目单位、存档。
国家粮食局办公室   2014年11月19日印发

图 5-1 牡丹籽油行业标准

九、破除瓶颈，和国家大型生态工程结合起来

国家实施的一些生态工程项目也为油用牡丹发展提供了契机。例如自1999年起实施的退耕还林工程是我国乃至世界上投资最大、政策性最强、涉及面最广、群众参与程度最高的一项重大生态工程。第一轮退耕还林工程，中央累计投入4056.6亿元，完成退耕地造林1.39亿亩、配套荒山荒地造林和封山育林3.09亿亩，涉及3200万农户、1.24亿农民。2014年，国务院批准实施《新一轮退耕还林还草总体方案》，提出到2020年，将全国具备条件的坡耕地和严重沙化耕地约4240万亩退耕还林还草。

若在退耕还林地块栽植油用牡丹，30年不换茬，并且耐寒、耐旱、耐瘠薄，省工、省时、成本低，种植油用牡丹的农户每年都能有较为可观的收益，既能达到国家"要被子"的目标，又能满足农民"要票子"的需求，巩固退耕还林成果也

有了保障。目前，甘肃、安徽和陕西将油用牡丹的种植和退耕还林工程结合起来，已取得了较好成效。此外，三北防护林建设工程、京津风沙源治理工程等其他国家大型生态工程与油用牡丹都有很多结合点，应认真研究和谋划。目前，油用牡丹产业和国家大型生态工程的结合已经开始进入国家决策层面。

图 5-2　油用牡丹与退耕还林工程结合

(左：甘肃；右：安徽)

十、深度研发，最大限度增加油用牡丹的三大效益

要着力研发油用牡丹深加工技术及产品，科研成果科技含量的多少及市场接受的程度，决定了油用牡丹三大效益的高低和发展前景，综合利用种籽、种皮、果荚和其他剩余物开发出高档化妆品、高档保健品、药物和食品等，提高产业附加值与技术含量，走高科技发展路线，以良好的经济效益来促进生态效益和社会效益的实现，最大限度增加油用牡丹的三大效益。

近年来，菏泽市油用牡丹科研能力不断增强，建成了中国牡丹新品种测试基地和国家牡丹种质资源库(菏泽)，具体承担对全国牡丹新品种的测试和认证工作，组建了油用牡丹科研专家顾问委员会。菏泽尧舜牡丹生物科技有限公司成立了中国牡丹应用研究所、牡丹产业研发中心等。目前，菏泽市牡丹专业科研机构达到 17 个，累计取得科研成果 60 多项，其中"牡丹籽油超临界 CO_2 萃取标准化规模化技术研究""牡丹籽粕提取芍药苷方法研究"两项技术，达国际领先水平。观赏牡丹及油用牡丹新品种选育有明显进展，全市共有 9 大色系，10 个花型，1237 个品种。尧舜牡丹生物科技有限公司十分注重牡丹经济产业链的全方位开发，已把牡丹深加工延伸到食品、医药制品、日用化工、营养保健、食品加工、餐饮服务、工艺美术、畜牧养殖、旅游观光、食用菌等众多领域。在牡丹综合开发的产业链条上，没有废品、废物的产生，各个环节资源化、能源化、废物再利用回收，实施清洁生产，基本实现污染物零排放，进入了牡丹产业的低碳经济阶段。牡丹花、籽、根、枝叶的综合利用，既提高农民种植牡丹的综合收益，又大力推动当地优势产业的发展，展现出巨大的发展空间，对进一步拓展牡丹产业化领域、提升牡丹产业化的行业广度和深度，具有非常积极的意义。

十一、创新种植技术，油用牡丹与其他植物间作套种潜力无穷

利用不同作物生长习性和生长期的不同，将油用牡丹与经济林（如文冠果、梨树、核桃等）、速丰林（如杨树等）、中药材（如玄参、知母等）或其他作物（如辣椒、油葵等）进行间作套种，既可以有效解决种植油用牡丹头几年不结籽、没有经济收入的问题，还可以提高土地利用效率，并且光热气水土肥资源条件共享，增加单位土地的投入产出率。例如：山东东阿在苹果树和枣树下种植的油用牡丹，6年之后结籽250kg左右。山东定陶一带农民在油用牡丹地里间作套种白术、玄参、知母等名贵中药材，当年种植当年收获，一年下来，一亩油用牡丹地里套种中药材也收入3000元左右。

图 5-3　油用牡丹与梨树　　　　图 5-4　油用牡丹与中药材套种（山东定陶）
　　　　套种（山东东阿）

图 5-5　油用牡丹与杨树套种（安徽亳州）

图 5-6　杏树下套种的油用牡丹及其果荚(山东东阿)

图 5-7　油用牡丹与美国
红枫套种(江苏常州)

图 5-8　油用牡丹与白蜡套种
(河南漯河)

图 5-9　油用牡丹与金叶
水杉套种(江苏常州)

图 5-10　山坡地上油用牡丹与核桃套种
(河南洛宁)

图 5-11　油用牡丹与元宝枫套种　　　　图 5-12　油用牡丹与海棠
（陕西杨凌）　　　　　　　　　　套种（湖北襄阳）

　　江苏林洋集团和中国科学院植物研究所合作，通过科学合理调整光伏板支架结构和列阵间距，创造出"油用牡丹+光伏"的新型产业跨界联动模式，满足了发展新能源产业和土地综合利用的迫切要求，实现了"农光互补"。目前，该模式已在江苏、安徽、山东、河南等地推广 15000 亩，并在 2016 年 SNCE 国家太阳能光伏工程展览会上荣获了新概念钻石奖。

表 5-1　"油用牡丹+光伏"模式主要技术参数

品种	油用牡丹（两年生凤丹牡丹）
种植密度	70cm×35cm，每亩 2500 株左右
生产成本	第一年 1800 元/亩，第二年 800 元/亩，第三年 800 元/亩，前三年合计 3400 元/亩
目标收入（3 年后）	平均每亩结籽 300 斤，每亩产值 3000 元（第一产业）
技术要点	1. 光伏板下沿高度不低于 2.5m；列阵间距不小于 8m； 2. 种植行避开滴水线

　　这种模式下油用牡丹的受光率达到 50% 左右，既满足了油用牡丹正常生长，还能充分利用土地。并且在光伏板下生长的油用牡丹地块长势明显优于未被光伏板遮阴的地块。

　　协鑫集团计划利用 52 座 5 万余亩农业光伏电站发展油用牡丹。截至 2017 年，已在江苏、安徽、河南和山西 4 个省份建立 13 个牡丹光伏基地，总面积 8000 多亩。

图 5-13 林洋集团牡丹光伏基地(安徽阜阳)

图 5-14 协鑫集团牡丹光伏基地(安徽宿州)

文冠果是一种原产于我国黄土高原地区的木本油料植物，天然分布于北纬32°~46°，东经100°~127°，即北到辽宁西部和吉林西南部，南自安徽北部及河南南部，东至山东，西至甘肃、宁夏的广大地区。文冠果对土壤适应性强、耐干旱、耐瘠薄、耐盐碱、抗寒能力强，目前在内蒙古、陕西、山西、河北、甘肃、辽宁、吉林、河南、山东等地已有一定的种植规模。

从适生范围来看：油用牡丹可以在我国北至黑龙江、吉林，南至广东、广西北部，西至云南、新疆、西藏，东至沿海的20多个省(自治区、直辖市)种植。文冠果可以在我国西北、东北和华北，西起宁夏、甘肃，东北至吉林、辽宁，北起内蒙古，南至河南、山东广泛种植。两种植物在我国都具有广阔的适生范围，尤其是在广阔的西北干旱半干旱地区套种可利用的空间巨大。

从生长习性来看：油用牡丹和文冠果抗逆性较强，对土壤要求不高，在高原、丘陵、山地都能正常生长。油用牡丹耐阴凉，怕烈日直射，在郁闭度0.4~0.6的环境中可以正常生长，而文冠果性喜阳光。因此，油用牡丹和文冠果套种可在炎炎夏日利用文冠果饱满的冠幅和繁茂的枝叶为油用牡丹遮挡烈日，保障油用牡丹正常生长。同时，油用牡丹萌芽开花早，与文冠果生育期错

图 5-15 文冠果的植株与果实

峰搭配。通常在 5 月份，油用牡丹已进入果实发育期，而文冠果还在开花展叶。因此，油用牡丹和文冠果套种不论在炎炎夏日还是枝繁叶茂、鲜花盛开之际，两者能正常生长，而且相得益彰。油用牡丹和文冠果的根，浅根和深根搭配，互不相争而各得其所；两者均为肉质根，耐旱不耐涝，怕水淹，适宜在排水良好的地方种植。我国北方广大的山区、丘陵区和黄土高原地区地形以坡地为主，正好具有不存水的特性，既满足了两种植物生长的需求，也符合国家不与粮争地、不占用基本农田的要求。

图 5-16 油用牡丹与文冠果套种

（图片由陕西杨凌金山农业科技有限公司王拉岐提供）

从光热水土资源共享来看：油用牡丹和文冠果乔灌搭配，充分利用了土地空间，提高了土地利用率；变单作顶部平面用光为分层、分时交替用光，提高了光能利用效率，增加了生物量的积累；油用牡丹和文冠果套种使根系分布更加合理，可以充分利用土壤中各层的养分和水分。

从生物多样性角度来看：油用牡丹与文冠果都是我国的原生物种，在我国都有上千年的栽植历史，不存在外来物种入侵的风险。并且与单一树种构成的纯林相比，油用牡丹和文冠果组成的混交林系统，食物链更长，营养结构更加多样，有利于各种鸟兽昆虫栖息和植物繁衍，对于保护生物多样性有较好的促进作用。同时，不同生物种类相互制约，也可以有效控制病虫害的发生。

从生态效益上来讲：油用牡丹和文冠果间作形成的混交林林冠层次更加丰富，林下枯枝落叶层和腐殖质较厚，林地土壤质地疏松，加上两种植物根系互相交错，提高了土壤的孔隙度，加大了降水向深土层的渗入量，并且雨水被上下不同层次的根系吸收，因此也减少了地表径流和表土的流失，水土保持效益和防风固沙能力较纯林更强。

从经济效益上来讲：文冠果进入丰产期后每亩地每年可结籽 100~300kg，按每亩地结籽 100kg、每千克籽 40 元计算，那么籽的收入每亩地就达到 4000元人民币。因此，油用牡丹和文冠果套种仅第一产业一亩地就可收入近万元。利用文冠果种仁制取的文冠果油目前每千克市价在 300 元人民币左右，按每亩地出油 30kg 计算（每亩地结籽 100kg、出油率 30%），就是 9000 元人民币。文冠果油经水解、甲醇酯化后可转化为生物柴油，其相关烃脂类成分含量高，且无硫、氮等污染环境因子，是一种优良的生产生物柴油的原料；文冠果壳可提取工业用途广泛的糠醛，可制作活性炭，也是生产治疗泌尿系统疾病等药品的主要原料；文冠果枝干是治疗风湿病的特效药物；文冠果叶具有消脂功效，可生产减肥茶等减肥饮品。因此，油用牡丹和文冠果间作在第二产业加工环节的收益更为可观。此外，文冠果树姿秀丽，花朵稠密，花色艳丽，花香浓郁，花期可长达一个月，具有很高的观赏价值。

图 5-17 文冠果果荚与种子

图 5-18　文冠果花

油用牡丹与文冠果套种，不仅可以增加层次感和透视率，具有更高的观赏价值，还可以使两种植物的观赏期延长至近 50 天，既可以因此带来更多的经济收益，又满足了人们对美好事物的追求，提高了当地人民的幸福指数，使人民群众生活在鲜花盛开、赏心悦目的美好环境中。

图 5-19　油用牡丹与文冠果套种的景观效果

（图片由陕西杨凌金山农业科技有限公司王拉岐提供）

从社会效益上来讲：文冠果产量和出油率较高，对于促进粮油生产、保障粮油安全具有重要意义。文冠果油含不饱和脂肪酸高达 90% 以上，特别是其中的亚油酸含量达 40% 以上。亚油酸具有降低血脂、软化血管、降低血压、促进微循环的作用，可预防或减少心血管病的发病率，特别是对高血压、高血脂、心绞痛、冠心病、动脉粥样硬化、老年性肥胖症等的防治极为有利，有"血管清道夫"的美誉。因此，长期食用文冠果油，对改善健康状况具有重要作用。

因此，油用牡丹和文冠果套种，上乔下灌，上阳下阴，上热下凉，可谓天作之合，是最科学合理的配置。牡丹籽油和文冠果油调和后的营养成分对人类健康也是最佳配置。

十二、深挖文化内涵，传统牡丹文化和现代生态文明交相辉映

牡丹文化的起源，从《诗经》牡丹进入诗歌，距今约 3000 年历史。秦汉时期以药用植物将牡丹记入《神农本草经》，牡丹进入药物学。东晋顾恺之的名画《洛神赋图》中出现牡丹形象，南北朝时，北齐杨子华画牡丹，牡丹进入艺术领域。隋朝时，隋炀帝在洛阳辟地周二百里为西苑，牡丹从那时起第一次被人工栽培并且进入皇家园林。到唐代，牡丹诗大量涌现，刘禹锡的"唯有牡丹真国色，花开时节动京城"，脍炙人口；李白的"云想衣裳花想容，春风拂槛露华浓"，千古绝唱描述牡丹盛况。北宋年间，牡丹走出皇宫内院，进入寻常百姓家，形成了牡丹民俗，从而带动大量新品种的出现，以及大批牡丹著作，如欧阳修《洛阳牡丹记》，张峋《洛阳花谱》，陆游《天彭牡丹谱》等。宋代对牡丹推崇备至，不仅游赏牡丹演变成乡风民俗，而且牡丹成为诗文、绘画、瓷器、织绣、雕塑、宗教等领域的主要素材之一，由此而形成的牡丹文化渗透到社会生活的各个方面。明清时期，牡丹的栽培更加广泛，除洛阳外，曹州（今山东省菏泽市）和亳州（今安徽省亳州市）成为两个新的繁育中心，牡丹的繁育技术相当成熟，清·薛凤翔《牡丹八书》对选种、栽植、嫁接、分株、浇灌、养芽、病害防治等技术作了全面论述。李时珍在《本草纲目》中对牡丹的各种医用价值作了全面论述。新中国成立后，牡丹文化逐渐被重视，出现了大批牡丹研究工作者和专家。牡丹文化兼容多门科学，其构成非常广泛，包括哲学、宗教、文学、艺术、教育、风俗、民情等所有文化领域。牡丹文化所蕴含的文化信息，反映出民族文化的基本概貌。在我国传统文化中，牡丹所具有的雍容华贵、宽容大度的品质，成为整个社会各个阶层的共同理想。

近年来，我国牡丹文化进一步兴起，各地组织的国际牡丹花会逐渐成为一项重大文化旅游节庆活动，为发展牡丹文化，弘扬生态文明起到了重要推动作用，也为经济快速发展增添了活力和动力，打响了牡丹文化品牌。各地结合牡丹特点开发了牡丹食品、牡丹化妆品、牡丹礼品、牡丹不凋花等牡丹系列产品，为牡丹文化产业增添了不少增长点。随着系列产品的纷纷面世，牡丹文化品牌越来越亮，推动了各地的生态文明竞争力。每年的国际牡丹花会，大量的国际游客光临中国，在领略大好风光的同时，加深了对中国牡丹文化的深入了解。各地也纷纷到世界各地举办多种形式的牡丹文化节，进一步推动了中国牡丹文化的世界性传播。

上述表明，在当前大力发展生态文明的新形势下，深入挖掘传统牡丹文化资源，进一步推动传统牡丹文化和现代生态文明的深度融合，不仅注重牡丹植

物本身的价值，而且对牡丹文化资源开发做出长远规划，具有重要的现实意义和深远的历史意义。

第二节 油用牡丹产业发展的战略措施

关于油用牡丹产业的发展，目前还存在许多问题。一是技术研究重点大都集中在优良品种的研究、优良种苗的培育等方面，对于其他环节如不同立地条件和气候条件下的成套种植技术、牡丹籽深加工设备和加工技术、牡丹籽油营养价值、健康价值的权威性研究等涉及不多。而且许多大学或者研究机构的研究方向有一定的重复，重复研究导致人财物的浪费，战略时机的丧失。同时，专业科研人才队伍建设有待加强，事业性科研平台有待建立，国有性质的牡丹规范性种植科研基地有待建设等。二是许多地方发展油用牡丹产业的积极性值得肯定，但如果没有一定的规范，不制订科学的规划，容易导致出现一哄而上、求量不求质的不利局面。一旦规模上去而质量没上去，到时候要扭转局面就会比较困难。三是对市场的关注度不够。产业能否持续做下去，关键在于市场的接受程度，产品销路能否畅通，"投入、产出、再投入"的经济循环能否完成。否则，如果效益无法兑现，积极性就会下滑。四是油用牡丹种植集约化、规模化程度不够；产业化经营层次不深，开发档次和深度不够，油用牡丹后延产品的开发潜力亟待挖掘，牡丹应用性研究和产学研合作有待强化，政府部门为油用牡丹加工企业的服务有待加强等。

因此，需要以优良种苗培育为基础，按照"研发、产业、政策"三大块来整体推动油用牡丹产业，三者的基本逻辑关系是：研发促进产业，产业倒逼政策；反过来，政策引导产业，产业推动研发。

一、纳入相关规划

多年来，各地、各相关部门认真贯彻落实《中共中央国务院关于加快林业发展的决定》，深化改革，加大扶持，林业经济发展水平和深度都有了明显的提升。但总体看，林业经济发展基础仍然薄弱，产业化水平偏低。特别是在发展布局上存在重点不突出、结构不合理、优势不明显等问题。近年来，油用牡丹呈现面积和产量双增长的发展趋势，经济效益良好。但现阶段仍存在规模小、品种良种化程度低、加工水平和精度不高、产业化水平滞后等问题。要解决这些问题，需要各地林业部门、相关科研单位对油用牡丹种质资源开展普查工作，以查清资源本底和适生区域。在此基础上，按照种子、种苗特性制定本地区油用牡丹产业发展规划和具体实施方案，确定发展目标和任务，形成正式的地方油用牡丹产业发展战略规划。国务院办公厅发布的《国务院办公厅关于加快木本油料产业发展的意见》提出，力争到 2020 年，建成 800 个油茶、核桃、油用牡丹等木本油料重点县，建立一批标准化、集约化、规模化、产业化示范基地，木本油料种植面积从现有的 1.2 亿亩发展到 2 亿亩，年产木本食用油 150 万吨左右。国家林业局、国家发改委、财政部联合发布的《全国优势特色经济林发展布局规划（2013—2020）》指出，要重点发展油用牡丹等特色木本油料经济林，并在适宜地区发展多个重点基地县。

二、加快优良种苗培育与推广

发展油用牡丹产业，种苗是基础，良种是关键。各地以及相关科研机构要进一步加强良种选育和品种审定工作，强化良种基地、定点苗木基地建设，建立健全种质资源保存和良种生产供应体系。要积极采取有效措施，进一步加强油用牡丹种质资源的保护和研发工作，加强油用牡丹优良品种繁育的研究工作。充分利用已经选出的适应性强、产量稳定、含油率高和抗病虫害的优良品种，繁育优良苗木。在各地适生区和集中分布区，选择立地条件好的地方，建立一批骨干示范苗圃和良种繁育基地。尽快制定油用牡丹苗木培育技术规程、造林技术规程和丰产栽培技术规程，以更好地指导油用牡丹产业的发展。继续加大对牡丹资源收集保存、牡丹新品种选育、繁育及栽培管理技术的专项研究。在牡丹种质资源收集方面，收集保存野生牡丹种质资源，在牡丹育种和遗传改良方面，通过种间自然杂交的方式，筛选出一批牡丹优良新类型，为培育油用牡丹新品种奠定基础。要与国家级林木种质资源库和省级资源库建设相结合，建设高标准、多元化的优良种质资源保存基地，建立品种基因库和种质资源圃，为研发良种、加速品种更新换代奠定基础。

三、强化科技支撑

要有效整合科技资源，组建专家技术团队，创建产业技术创新联盟，形成产学研用紧密结合的机制。要着力建设一批国家级油用牡丹研究实验室和油用牡丹工程技术中心，不断提升自主创新能力和科技成果转化率。需特别重视牡丹籽结果的优化条件，牡丹籽深加工和综合利用、成套设备研制，牡丹籽油营养价值及其对健康的影响等方向的专项研究。在繁育及栽培方面，对牡丹播种、嫁接、分株繁殖方法进行深入实用性研究，建立野生牡丹实生苗繁育技术体系。另一方面，要加强林业科技队伍建设和实用人才培养，重点加大对农民的培训力度，提高农民的实用技术水平。例如，近期以来，山东省成武县根据当前油用牡丹基地建设情况，组织技术服务人员，深入一线开展技术指导。成武县林业局编写印发了《油用牡丹栽培管理手册》和《油用牡丹管理套种及效益》明白纸，各镇、办事处举办油用牡丹栽培技术培训班，到田间现场培训、指导，把新概念、新技术送到田间地头，并开展苗情、病情调查，研究制定具体的技术指导方案，实行分类指导，因苗管理，让种植户进一步了解和掌握油用牡丹的田间管理技术和套种技术。在技术研究方面，菏泽市已经走在前列。近年来，菏泽市组织科研人员与科研院所、高等院校联合，对油用牡丹的综合利用进行了深入研究开发，成功探索出"牡丹全身都是宝"、皆可综合开发利用的发展路线。2010年初，完成"油用牡丹品种筛选及规范化栽培"和"牡丹籽油生产工艺研究"科研项目。2013年5月27日，"牡丹籽油超临界二氧化碳萃取标准化规模化技术研究""牡丹籽粕中提取芍药苷方法的研究"两个科研项目通过山东省专家鉴定，技术水平达到国际领先，并从牡丹中成功提取出了黄酮、芍药苷、牡丹酚等，申报了三项工艺技术专利。围绕产业化，菏泽市已培育出多家龙头加工企业，年产万吨牡丹籽油生产线、牡丹花蕊茶生产线已正式投产。

四、规范产业化运营，完善服务体系，不断创新产业发展模式

《全国优势特色经济林发展布局规划(2013—2020)》提出，按照扶优、扶强、扶大的要求，以提高精深加工为重点，扶持一批类型多样、资源节约、效益良好的龙头企业。引导龙头企业建立现代企业制度，支持符合条件的重点龙头企业上市融资、发行债券。

牡丹产业的规模化发展仅依靠政府扶持是不够的，需要让资本市场逐渐发现油用牡丹这个新资源产业的价值和潜力。因此，研究具体措施，吸引资本市场的战略投资者很重要。只有资本和产业结合起来，才能把油用牡丹产业做大做强。当前，要大力鼓励和支持大中型油用牡丹加工企业在主产区建立原料林基地，支持"企业+专业合作组织+基地+农户"等多种适合当地的林业产业化经营模式，形成利益共享机制。鼓励和支持企业利用新技术和新工艺，大力开发精深加工产品，提高附加值，延长产业链，不断提高企业和农户的经济效益。重点支持培育出几个特大型龙头企业，形成种、产、供、销一体化的现代化产业体系，不断引领全国油用牡丹产业发展。

要制定和完善油用牡丹种植、仓储、加工、销售等生产标准、油用牡丹产品及其副产品的质量标准以及标准的检测方法，确保产品质量和食品卫生安全。要建立健全油用牡丹质量认证体系，推动油用牡丹生态原产地产品保护认

定认证工作，培育品牌。要建立健全油用牡丹企业质量安全监管机制，确保产品绿色、健康、安全、环保，不断提升牡丹油的声誉度，培育消费者兴趣和信心。要加快市场体系建设，大力发展品牌连锁经营、电子商务等现代物流业和新型营销方式。

要加快构建公益性和经营性服务相结合、专业服务和综合服务相协调的新型林业社会化服务体系，为林业经济发展提供高效优质服务。要探索成立多种形式的专业合作组织和中介机构，鼓励投资人、林地经营者、种植大户、专业技术骨干、经纪人等成立专业合作社，成立围绕生产各环节的农资供应、技术指导、疫病防治、市场信息、产品营销等各类社会化服务机构。发挥各类行业协会在行业自律、维护权益、信息咨询、技术服务、对外交流等方面的中介服务作用，形成政府指导、协会组织、市场运作、社会参与的产业良性运行机制。

针对油用牡丹产业周期长、投入大等特点，采取综合措施加大对油用牡丹产业的资本投入支持力度，创新投入模式。可根据不同地区的不同特点，试点运用新的产业发展融资模式。

(1)农民以承包经营权入股。可以大户、企业牵头联合多家农户，集中一定规模面积的承包经营权，以该规模化的承包经营权入股大的龙头企业，以解决散户规模小、资金缺乏、抵御市场风险能力不足的困难。另一角度看，也增加了龙头企业的规模，分摊了运营成本，产生了规模效益，增强了市场竞争力。

(2)产品期权抵押。采用期货交易的经营思路，以将来某一时点固定价格的油用牡丹作为抵押，预先获得收购商的部分购买资金，为油用牡丹栽培获得资金支持。同时，收购商将在某个固定时点获得固定价格的产品，该价格不受市场供需形势的变化而变化。在国际上，这种产品交易模式已经被普遍采用。

(3)规模化优惠政策贴现(如贴息贷款权)。虽然国家已经出台了很多针对农民的优惠政策，但实际上，分散的农户由于对政策不了解，不懂实际操作，从而往往难以真正把政府的许多优惠政策落到实处。如许多贴息贷款政策，单靠一家一户去申请，实际上很难。如果把农户集中起来(可以实际上集中起来，也可以虚拟地把承包权集中起来)，根据当地政府的优惠政策条件，以规模化的申请主体申请优惠政策，或者以该优惠政策作为质押权物去贴现现金，从而补贴分散农户种植油用牡丹时所急需。

(4)设立油用牡丹产业发展基金。政府牵头，联合金融机构以及油用牡丹龙头企业，在某一大区域设立油用牡丹产业发展基金，用以解决基金成员单位临时性流动资金不足，确保油用牡丹大企业经营顺利，不出现大的经营风险。

上述油用牡丹产业资金运营模式，可根据当地实际情况灵活采用。

山西潞安集团在油用牡丹产业发展过程中，不断探索创新合作模式。该集团创造了企业、村委会和当地政府之间新的合作模式，实现了企业、农户、政府三方共赢，值得学习和推广。

首先，该合作模式明确了企业的权利和义务，要求：

（1）企业要无偿向农户提供长年的生产技术服务指导，同时有权要求村委会监督农户按技术要求进行种植和田间管理。

（2）企业提供油用牡丹种苗，由村委会组织农户按照企业的种植技术规范进行种植，有权要求农户将所收获油用牡丹籽全部提供给企业。

（3）企业对农户种植油用牡丹进行补偿，补偿标准为每亩每年400元（其中：土地补偿费200元、田间管理费200元），栽植费100元，补偿期限至油用牡丹结实为止（暂定3年）。

（4）自油用牡丹结实开始，当每亩牡丹籽收益超过1500元时，超出部分用于偿还企业垫付的全部种苗费、土地补偿费、栽植费和田间管理费，还清为止，之后的收益全部归农户所有。

（5）企业是唯一经销商，负责包销农户所生产的合格产品，对产品按市场价收购，实行按质论价，有权拒收不合格产品。

就第一条而言，通过企业提供技术、村委会进行监督的模式实现了油用牡丹的标准化种植与管理，解决了农户种植油用牡丹的技术瓶颈，让农户只要按要求做，就能得到产量高、质量优的牡丹籽，获得较高的经济收益，也保障了企业进行油用牡丹深加工所需原材料的质量和数量。从第二条可以看出，由企业统一向农户发放油用牡丹种苗，可以减少农户前期投资，也可以保障油用牡丹的产量和质量。同时要求农户将所收获油用牡丹籽全部提供给企业，有效避免了"农户有籽无人收、企业加工没原料"的现象，降低了企业和农户的风险，实现了企业和农户的双赢。第三条规定企业在前三年对农户进行补偿，这有效解决了农户前三年没有经济收益的问题，充分调动了农民的积极性。第四条规定在每亩牡丹籽收益超过1500元时，超出部分用于偿还企业垫付的费用，还清后，所有收益全部归农户所有，既保障了油用牡丹种植农户的收入稳定，也激发了农户"多干多得"的热情。第五条"按质论价""拒收不合格产品"的规定，保障了企业加工所需牡丹籽的质量，同时也要求农户必须认真对待油用牡丹的种植和管理，保障牡丹籽的质量，才能获得较为理想的经济收益。

此外，该合作模式还明确了当地政府和村委会的权利与义务，要求当地政府要监督与协调企业、村委会和农户之间的关系，确保协议有效执行，同时还应提供政策支持和相关服务；要求村委会要自愿组织农户种植油用牡丹，并保证农户按企业的技术要求进行种植和管理，保证农户所收获的所有牡丹籽全部提供给企业。

当地政府和村委会的介入，更是保障了协议的有效执行，保障了企业和农户的合法权益。同时，对当地政府来说，也可以从企业加工环节收取税金，提高财政收入；还可以增加农户收入，调整产业结构，促进地方经济社会发展。

最后，协议中还规定了企业收购农户牡丹籽的结算方式，要求补偿费按年结算，并按农户种植油用牡丹成活率进行付款：油用牡丹成活率达到 90% 以上，全额付款；成活率 90% 以下的由农户补栽并承担补栽种苗的费用，直接从补偿费中扣除，种苗由企业提供；收购牡丹籽时，以现金结算或银行转账支付，不拖欠农民的任何款项，不打白条。

农民是善良淳朴、吃苦耐劳的，他们不怕苦、不怕累，就怕付出了艰苦的劳动却拿不到相应的报酬，怕企业拖欠款项、打白条。协议的这项规定可以说是给油用牡丹种植农户吃了"定心丸"，"一年一结""现金结算或银行转账"的结算方式使农户可以"放下包袱干事业"，彻底打消了农户心中的顾虑。

综上所述，潞安集团创造的这种合作模式，充分调动了农户的积极性，使农户可以获得较高的经济收益；保障了企业加工油用牡丹的原料来源和品质，同时省去了土地租赁环节，避免了租赁土地所带来的风险，并为企业节省了大量的资金，可以用于扩大种植规模和产品精深加工的研究；提高了当地政府的财政收入，促进了地方经济社会发展。这种合作模式，利民、利企业、利政府，对于推动油用牡丹产业发展具有重要作用，值得借鉴和推广。

五、促进油用牡丹产业与重大生态建设工程紧密结合

在立地、土壤、气候等条件合适的前提下，油用牡丹栽培可与退耕还林、三北防护林建设、防沙治沙、水土流失治理等国家大型生态工程结合起来。这样做的好处是，既节约了用地面积，节约了成本，又增加了单位面积的产出，使得我国重大生态工程从单纯的公益工程转化为具有一定产出的生态经济工程，从而增加了农民的积极性，反而能进一步巩固生态工程的成果，起到相互促进的作用。

2014 年，国务院批准实施《新一轮退耕还林还草总体方案》，提出到 2020 年，将全国具备条件的坡耕地和严重沙化耕地约 4240 万亩退耕还林还草。2015 年，财政部、国家发改委、国家林业局、国土资源部、农业部、水利部、

环境保护部、国务院扶贫办联合发布了《关于扩大新一轮退耕还林还草规模的通知》。退耕还林工程主要是在陡坡耕地和严重沙化耕地上实施，这些地方大多土地瘠薄、高寒、干旱，立地条件较差，并不适宜农作物生长。油用牡丹耐干旱、耐瘠薄、耐高寒，栽植密度（定植）为每亩 2000 棵左右，种上后可以30~50 年不换茬，有效避免了因种植粮食作物每年翻耕所造成的水土流失现象。同时，油用牡丹根系发达，对保持水土、改善生态环境作用很大。由于油用牡丹耐旱不耐涝、怕积水，根部在水中浸泡几天便会死亡，而 25°以上坡耕地正好具有不存水的特性，因此，油用牡丹的生长特点、生长习性和适应性非常适合在退耕还林地块种植，并且在保持水土、防治土地沙化等方面具有良好的生态效益。

六、加强国内外交流

近年来，以牡丹为内容的牡丹文化、牡丹产业国际交流逐渐发展起来，有效地开拓了牡丹油的国际市场，宣传了中国悠久深厚的牡丹文化，这对全国的油用牡丹产业发展是个重要的拉动和补充，需要重视和行动起来。如，菏泽牡丹远销日本、美国、韩国、俄罗斯、法国、荷兰、澳大利亚等 30 多个国家和地区。已经成为当今中国牡丹最大的出口基地，世界上最大的牡丹生产、繁育、科研、观赏基地。菏泽尧舜牡丹生物科技有限公司与美国皮科公司合作，组建了"中美牡丹生物科技研究院"，并签署了牡丹日化产品战略合作发展协议；与日本三井物产、曾田香料株式会社签署了牡丹产业项目合作协议。2014年，河南洛阳在美国西雅图成功举办了西雅图洛阳牡丹文化节以及西雅图洛阳牡丹插花展，美国牡丹艺术文化协会以及微软、波音等知名公司高管等 200 多人参加活动。聊城市东正实业有限责任公司重视深加工产品国际市场渠道开辟，先后多次参加国际展会，产品成功打入阿联酋迪拜王室及其全国妇女委员会，并在当地建立境外办事处 1 个。另外，公司面向全球招募产品加盟商和代理机构，把牡丹产品、牡丹文化和中国元素有机结合起来，讲好中国的"牡丹故事"，为国增光。

中 篇

油用牡丹资源的培育

第六章　油用牡丹生长发育习性及影响因子

第一节　油用牡丹生长发育习性

一、生命周期与年周期

油用牡丹无论实生植株从种子萌芽起，还是营养繁殖植株从营养器官开始繁殖起，在其一生的生命活动中，均需经历生长、开花、结实、衰老、更新和死亡，这一过程称之为生命周期，亦称大发育周期。

就实生植株而言，油用牡丹的生命周期可以分为种子期、幼年期、成年期、衰老期、更新期。其中种子期一般 1~3 年，幼年期 3~5 年(野生居群可长达 6~7 年)，成年期 20~30 年或更长，因不同品种及不同栽培管理条件而有较大差异。营养繁殖植株没有种子期和幼年期，直接进入成年期，经历一段营养生长期后，又进入衰老期。紫斑牡丹幼年期生长缓慢，实生苗需要 4~5 年才能开花。紫斑牡丹成年期生长强壮，开花繁茂，是最佳开花结实期，为 60~100 年或者更长，然后进入老年期，长势衰弱，需要更新复壮。

年周期是指一年当中油用牡丹植株随着气候节律的变化而表现出的生长期与休眠期的交替变化规律。油用牡丹的年周期包括春发芽、夏打盹、秋长根、冬休眠，从萌动到开花，物候可分为 12 个过程：萌动期、显蕾期、翘蕾期、立蕾期、小风铃期、大风铃期、圆桃期、平桃期、绽蕾期、初开期、盛开期、谢花期。油用牡丹的物候过程有一些普遍性的规律：一是物候期的进行有一定顺序性，每一个物候期只有在前一物候期通过后才能进行，同时又为下一物候奠定基础；二是所有物候的变化都受一定外界环境条件的综合影响，而温度是其影响的主导因素；三是在各种物候现象的观测中，宜以植物开花始期为主，因为开花始期观测一般比较准确，有利于物候预测；四是各地地理位置、海拔高低不同，同一物候出现的时间各有差异；同一地区受气候波动影响，各地物候出现日期有较大变幅，尤以春季鳞芽萌动和秋季枝叶变色幅度大，花期变幅相对小些；五是牡丹的花期一般由南向北、由东向西减短。凤丹牡丹在河南洛阳(东经 112°26'、北纬 34°43'、海拔 140~180m)在 2 月中旬到 3 月上旬开始萌动,3 月下旬到 4 月上旬展叶,4 月中旬到 5 月上旬开花,10 月下旬到 11 月中旬枯叶;随着纬度北移,物候相应推迟,南移则提前;同样随着海拔高度的升高而推迟,降低则提前。如在山东菏泽市,物候期要比河南洛阳市推迟一个星期左右。紫斑牡丹在甘肃各地一般在 3 月下旬到 4 月上旬萌动,5 月底到 6 月初开花,10 月中旬到 11 月上旬枯叶,其生长期较短。

油用牡丹在其整个生长发育过程中,表现为缓慢生长、快速生长、缓慢生长、停止生长 4 个阶段。油用牡丹当年生枝长在显叶期缓慢生长,展叶期至风铃期快速生长,透色期生长渐缓,谢花后基本停止生长;当年生枝在显叶期至展叶期快速增粗,展叶期缓慢增粗;复叶长在显叶期缓慢生长,展叶期至透色期快速生长,开花期至谢花后一段时间缓慢生长,逐渐趋于停止;牡丹复叶宽在展叶期至开花期快速生长,谢花后缓慢生长并趋于停止;花蕾高在展叶期缓慢生长,风铃期至透色期快速生长;花蕾直径在显叶期缓慢生长,展叶期至透色期快速生长。在整个生长发育过程中,牡丹枝、叶、蕾协同生长,基本在展叶期至风铃期处于快速生长期,这与温度有密切关系,展叶期开始时,气温波动较小,并逐渐升高,有效积温积累快,生长发育速度加快,这个时期叶片光合制造的碳水化合物的多少直接影响牡丹当年开花和翌年花芽的质量。

(一)芽的生长发育

根据芽的着生位置不同,油用牡丹的芽可分为顶芽、腋芽和不定芽;根据其性质可分为叶芽和花芽。油用牡丹实生幼年植株在未开花之前主要形成叶芽。油用牡丹成年植株上的芽大多为花芽,基部一年生萌蘖枝上的芽多为叶芽,但能很快分化为花芽。

油用牡丹的基本生命活动是芽的生长发育。油用牡丹成年植株的芽主要为花芽,属于典型的混合芽。油用牡丹混合芽从芽原基发生到最后开花结实需要经历 3 个年周期:第 1 个年周期是从母代芽产生子一代腋芽原基;第 2 个年周期是由营养生长向生殖生长的转化,在产生芽鳞原基、叶原基后,继续花芽分化,依次形成苞片原基、花萼、花瓣以及雄蕊、雌蕊原基,奠定下年开花结实的基础;第 3 个年周期主要是花丝、花药、柱头进一步分化完成,开花传粉及种子果实的成熟。以处于第 2 个年周期的混合芽作母代芽,其顶端分生组织在这一年内主要是产生叶原基、子一代混合芽原基与花原基。子一代混合芽原基下一年的发育又处在第 2 个年周期,又在叶原基腋内产生子二代芽的原始体;子二代芽的原始体又在它的第 2 个年周期中产生子三代芽的原始体;如此循环进行,直至牡丹植株死亡。总体上,油用牡丹混合芽发育要经过营养生长和生殖生长两个阶段，从腋芽原始体分生组织产生，到叶原基产生结束为质变的临界点，此时如果营养条件和成花激素都适宜，就会由营养生长转变为生殖生长而形成花原基，发育成混合芽；否则，发育就终止在叶原基形成阶段，只能形成叶芽，所以并不是所有的叶芽原基都能形成混合芽。

油用牡丹的移栽以9~10月效果最好，此时母代混合芽已分化出花原基，幼蕾的雏形已经形成，移栽成活后，来年春天就能开花结实。但是由于此时子一代芽原基正处在第2个年周期，因移栽损伤根系，影响下一代芽原基，使其发育终止在叶原基阶段而形成叶芽（郑国生，2003）。根据混合芽的生长发育规律，通过施肥、浇水等栽培管理促进壮苗、壮芽的形成，以达到最好的开花结果。

（二）枝叶的生长发育

油用牡丹的枝条分为营养枝和花枝。由叶芽形成的枝条是营养枝，由花芽形成的枝条是花枝。油用牡丹成年植株的枝条主要为花枝，萌动后枝叶同放，同步生长，保证了花蕾的正常发育和开花。如果在风铃期温度偏高，叶片徒长，可抑制花蕾的正常发育并导致花蕾败育；如果叶片不能伸展，会形成有花无叶的"枯枝牡丹"。油用牡丹的叶片在风铃期才完全伸展开，随之叶面积迅速增大，在开花前主要以自身的生长发育为主，常常还与花蕾竞争营养或生长调节物质，导致花蕾败育或花发育不良等现象；而在花期之后，叶片光合作用则是植株生长发育的主要营养来源。

油用牡丹枝条生长发育具有"枯枝退梢"特点。油用牡丹当年生花枝只有基部3~4个有芽眼的节位能够木质化，中部以上无芽眼的节位在秋冬季逐渐枯死，因此当年实际生长量仅为当年生长量的1/3~1/4，故有"长一尺退八寸"之说，是牡丹亚灌木特性的明显表现。

油用牡丹可以自我更新。在株龄不断增长的同时，根茎处不断有不定芽萌发，产生根蘖条，从而启动了自然更新的进程。

（三）根系的生长发育

油用牡丹的实生苗幼年期具有明显的主根，是典型的直根系。随着株龄的增长，由于侧根大量生成和不断生长，逐渐使主根变得不明显。到成年期时，形成庞大的肉质根系。通过分株、压条等营养繁殖手段生产的种苗，需经2~3年才能建立完整的根系，一般没有明显的主根。

在年周期内，油用牡丹根系也有活跃期和停滞期的交替，但与地上器官的活动不完全同步。生长期中根有两个生长活跃高峰期。第1个生长活跃高峰期是在早春，当20cm土层温度稳定在4~5℃时，根系开始活动，萌发新根，并随气温升高，生长趋于旺盛。这个时期与地上部分芽的萌动基本同步。夏季高温时节，根系处于半休眠状态。入秋后随着气温下降，根系进入第2个生长高峰期，不仅在次生根中贮藏大量的营养物质，而且会产生大量新根。根系在秋季比在春季生长的更多，更重要。冬季随地温的下降，根系停止生长。因此油用牡丹繁殖栽植最好在秋季根系生长之前进行。

二、开花结实习性

(一)花芽分化的过程与特点

开花是植物发育过程中的一个重要的质变过程。花器官的分化和发育是高等植物从营养生长转向生殖生长、实现世代交替的关键环节。油用牡丹花芽分化一年一次，属于夏秋分化型。在花期过后，枝条基部的腋芽开始花芽分化前的准备过程，以苞片原基的出现为进入花芽分化的临界期，在苞片分化完成后开始花的第一轮花器官(萼片原基)的分化。油用牡丹花芽分化的起始时间和分化进度因各地生态条件和品种的不同存在很大的差异。几乎所有的油用牡丹品种在6月初至7月中旬内都可以进入花芽分化阶段，即一般形态分化约在花后40~60天内开始。油用牡丹花芽分化的顺序基本相同，依次为花原基—苞片原基—萼片原基—花瓣原基—雄蕊原基—雌蕊原基。雄蕊原基的产生标志着花器官的各部分均已产生，具备开花的基本条件。紫斑牡丹在开花后1个月左右，即6月上旬起开始花芽的分化，在腋芽原基的基础上依次产生苞片原基、萼片原基、雄蕊原基和雌蕊原基，10月中下旬逐渐进入休眠。

油用牡丹大多是单瓣品种，分化速度快，只需要2个月的时间，如凤丹。油用牡丹花芽分化过程中芽的外观形态和顶端分生组织形态都是不断变化的，营养生长阶段芽比较瘦小，顶端分生组织突起；生殖分化阶段，芽的体积会显著增加，在萼片发生晚期和花瓣产生早期芽的直径会迅速增大。油用牡丹花芽形成与否可以根据芽体大小，尤其是芽宽来判断，凡芽大于0.5cm×0.3cm者多已形成花芽，凡小于该值者则仍处于叶芽状态。由于芽在枝条上的着生部位不同，分化早晚与分化程度存在差异，同一枝条上最上面的芽先分化，顶端优势明显。

(二)开花过程与特点

油用牡丹开花结实需要3个年周期才能完成，第1个年周期产生腋芽原基，第2个年周期产生叶原基和花原基，第3个年周期开花结实。其中处于第

2 个年周期的芽，当体内营养物质积累和成花激素适宜时，将完成从营养生长到生殖生长的转变，形成花芽。如花芽萌动后，从花蕾显现直到开花需 50~60 天。按照花蕾发育状况可分为 9 个阶段：①萌动期：混合芽开始膨大，芽鳞开始松动；②显蕾期：芽鳞开裂，显出幼叶和顶蕾；③翘蕾期：顶蕾凸起高出幼叶尖端；④立蕾期：花蕾高出叶片 5~6cm，此时叶序已经很明显，但叶片尚未展开；⑤风铃期：立蕾后 1 周，花蕾外苞片向外伸张。花蕾大小约为 2.0cm×1.0cm，此时为小风铃期，此时期对低温比较敏感，若遇 0℃ 以下低温，易遭冻害而不开花；小风铃期后 1 周，花蕾外苞片完全张开，花蕾开始增大，此时为大风铃期；⑥圆桃期：大风铃期后 7~10 天，花蕾迅速增大，形似棉桃，但顶端仍尖；⑦平桃期：圆桃期过后 4~5 天，花蕾顶部钝圆，开始发宣；⑧破绽期：平桃期后 4~5 天，花蕾破绽露色。⑨开花期：花蕾破绽后 1~2 天，花瓣微微张开为初花期，随后进入盛花期、谢花期，完成开花过程。

| 1 萌动期 | 2 显蕾期 | 3 翘蕾期 | 4 立蕾期 | 5 风铃期 |

| 6 圆桃期 | 7 平桃期 | 8 破绽期 | 9 开花期 |

图 6-1　油用牡丹凤丹的开花过程

另外，根据不同时期叶片的发育形态及花蕾的发育，可以将油用牡丹开花过程划分为 8 个连续的时期：①萌动期：芽体膨大，芽鳞上色；②萌发期：芽鳞松口，叶端显露；③显叶期：叶片完全显露出来，但小叶仍然拳卷，叶柄簇抱着茎，能看到叶柄是一个重要形态特征；④张叶期：叶柄向外开张，小叶仍然处于拳卷状态，花蕾增大，败育花蕾能从花部解剖结构上观察到；⑤展叶期：从茎基部叶开始向上，小叶逐渐开展，花蕾继续增大；⑥风铃期：该期随着最上部叶的展开而开始，包括茎、叶和花蕾都迅速生长，正在增大的花蕾直立于花梗顶端或像风铃一样下垂；⑦透色期：花蕾顶端变松、变软，可以看到花瓣的颜色；⑧开花期：包含初花期、盛花期和谢花期。油用牡丹的整个开花过程需50~60天，一般开花温度为16~22℃，在此温度下，一朵花的花期为4~5天，单株花期为6~10天，早、中、晚品种的群体花期约20天。花期早晚与当年春季气温密切相关，春暖或春寒可使花期提前或延后7~10天。而开花期间的温度对花期的影响更为直接，高温天气可使花期大大缩短。海拔高度和纬度对油用牡丹的花期也有明显影响，一般随海拔和纬度的增高，花期延迟。例如，紫斑牡丹在甘肃兰州市区(海拔1550m)盛花期在5月初，而在其南侧皋兰山顶(海拔2100m)盛花期在5月下旬。在相同条件下，花期早晚、长短因品种不同而异。紫斑牡丹的品种群中，中花品种占绝大多数，群体花期一般20~25天。

油用牡丹花蕾的发育要求适中的温度，随着花蕾的增大，耐低温的程度降低。如花蕾直径1~3cm，可以忍耐短期的-1~3℃的霜冻，不致产生冻害而正常开花。

此外，油用牡丹开花还具有大小年现象，原因一是花期气候不正常，二是栽培管理不善，导致树体营养代谢失调，进而影响花芽形成与分化，产生大小年现象。

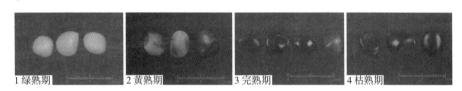

图6-2　油用牡丹凤丹的种子成熟过程

油用牡丹开花后果实迅速生长，与二次花芽分化同期进行，争夺营养，结实率很高，这种矛盾尤为突出。因此，油用牡丹需要周年开花，应在谢花后立即剪除残花，勿令结实，以减少养分的消耗。研究发现，油用牡丹种子体积的增大在花后60天内基本完成，干质量在花后第110天达到最高；果皮在花后100天内为绿色，100~110天果皮颜色由绿色逐渐变为黄绿色，110~120天由黄绿色逐渐变成蟹黄色，120~130天果皮逐渐开裂；种皮的颜色在花后100天时均为黄白色，100~110天由黄白色变为褐色，110~130天种皮颜色呈深褐色或黑色。按照果皮和种皮的形态变化，油用牡丹的种子成熟过程可分为4个时期：①绿熟期，花后60~100天，蓇葖果为绿色，种子为黄白色，体积生长基本完成，含水率较高；②黄熟期，花后100~110天，果皮颜色由绿色逐渐转变为黄绿色，部分种皮颜色开始由黄白色变为棕色；③完熟期，花后 110~120天，果皮颜色由黄绿色逐渐转变为蟹黄色，种皮颜色完全变成深褐色或黑色，种子变硬；④枯熟期，花后 120~130 天，蓇葖果充分成熟，种子变为深褐色或黑色，常随蓇葖果腹缝线开裂而脱落。按照脂肪酸的积累模式，油用牡丹的种子成熟过程可以分为脂肪酸积累初期、脂肪酸迅速积累期、脂肪酸含量降低期等 3 个阶段。完熟期是油用牡丹种子的适宜采收期。

第二节 油用牡丹生长发育的影响因子

一、温度对油用牡丹生长发育的影响

温度是影响油用牡丹正常生长发育的主导因素。油用牡丹在平均气温 12~15℃之间的黄河中下游地区栽培，生长良好。

油用牡丹具有一定的抗热性，能通过一系列保护性的生理生化反应适应一定程度的高温胁迫。高温胁迫下，油用牡丹叶片的电导率和游离脯氨酸、丙二醛含量增大，过氧化物酶活性升高，并且随着高温胁迫的增强而具有上升的趋势。在安徽铜陵凤凰山高温干旱期，叶片温度是凤丹光合作用的最主要限制因素。当叶片温度达到 31℃ 时，叶片呼吸速率受到抑制；当温度达到 32℃ 时，气孔导度和光合速率被逆转；温度达到 33℃，会出现生理性损伤（张衷华等，2014）。油用牡丹在 30℃ 以上高温时电解质渗透率上升明显，而叶片温度达到 35℃时，叶片开始失水下垂，40℃ 以上高温则叶尖端和叶缘会出现褐色焦枯色块。因此，叶片温度 31℃ 是油用牡丹正常生理活动的临界值，33℃ 会出现生理损伤，35℃ 会出现高温损伤。

油用牡丹还具有一定的抗冻性，在休眠期内可以经受-28~-30℃，甚至更低的低温。冻害常见于多风的早春和蕾期"倒春寒"对幼蕾的伤害。

另外，温度对油用牡丹开花影响较大。首先温度高低可加速或推迟花期。油用牡丹开花物候变化的过程，实质上是随温度积累，体内开花物质积累的过程，当体内物质积累到一定量时发生质变，出现了不同的物候现象。有效积温对油用牡丹开花的早晚起着决定性作用。不同品种间、同一品种不同发育阶段对有效积温要求也不同，晚花品种及花瓣较多的品种所需积温较多，同一品种经历自然低温处理时间越长，达到开花所需有效积温越少，而且牡丹枝叶与花蕾的生长发育之间存在着一定的差异，通常枝叶比花蕾所需低温量要大些。刘克长等（1991）认为山东泰安地区中花油用牡丹的生物学起点温度为 3.8℃，有

效积温为 382.5℃。赵孝知（1996）认为菏泽地区油用牡丹以 4℃ 为生物学起点温度，该地早、中、晚花品种开花所需积温分别为 420~440℃、450~470℃ 和 480~500℃。其次，温度还影响油用牡丹的开花质量。牡丹生长的 12 个物候期中显蕾期、翘蕾期、立蕾期、小风铃期受温度影响最为明显；翘蕾期和小风铃期是开花成败的关键，这两个时期遇到极端气温可导致花蕾败育。翘蕾期正是花瓣原基分化完成后的加速生长期，营养物质快速供应才可保证花蕾正常生长，低温环境下质体内营养流动减弱。小风铃期内花茎细嫩，低温导致皮下细胞水分运输受阻，花蕾内的心皮原基发育所需水分缺乏，症状表现为花茎软化，花蕾外包皮出现斑点或线性条纹，花萼卷曲，萼尖颜色变深。自大风铃期后的各个时期，表现雄蕊发育旺盛、雌蕊退化，最终结果为不开花甚至败育。油用牡丹催花栽培期间，温度较高，植株开花早但开花质量差；温度较低，植株开花虽然晚但花朵质量大大提高。催花后期油用牡丹花朵开放期间，温度控制在 10℃ 左右，并保持室内相对湿度为 70%~80%，花期可维持 15~20 天。预定花期的 15 天内是油用牡丹花期调控的最关键时期，如果花期偏早，只要在花蕾破绽时放入室温 10℃ 以下的环境中就可延迟开花，花期前 3~4 天再放入温室中促其开放；反之，可以通过升温（28℃ 以下）等促其生长和开花。夏季的高温会减缓牡丹花芽发育，抑制花芽萌发。因此在炎热的夏季，要对其进行遮阴处理，减少光照强度，降低温度，这样有利于牡丹花芽发育，加快花芽分化进程，从而提高促成栽培的成花质量。

总体看来，油用牡丹生长发育与温度密切相关，两者基本关系是：温高长叶，适温开花，适度变温，协调生长，花大叶茂相得益彰。温度对油用牡丹花期有很大的影响，开花前期温度适宜，则盛花期长；而到后期温度偏高，则盛花期短，花瓣较早地产生离层而凋谢。

二、光照对油用牡丹生长发育的影响

油用牡丹为典型的长日照植物，花芽在长日照下形成，中长日照下开花。

光照强度会影响油用牡丹叶片的光合作用及抗氧化活性。当温度大于 25℃ 时，油用牡丹不喜欢强光环境。当长期生长于强光环境下时，叶片会发生膜脂过氧化作用，光合作用的光抑制明显发生，光合速率、蒸腾速率及气孔导度等显著下降。同时，油用牡丹叶片活性氧积累，细胞膜脂过氧化程度加剧，同时抗氧化系统酶活性增强，抗氧化物质含量增加。而长期处于低光环境下时，植株的生长发育受到的影响不明显。另外，油用牡丹叶片形态结构受光照强度影响较大，在遮阴条件下叶面积增大，叶色深绿，叶片厚度及栅栏组织和海绵组织厚度小，维管束不发达，同时叶片的叶绿素含量和净光合速率较高。同时，油用牡丹叶绿体基粒片层结构较多，且排列不紧密，有利于提高利用弱光及散射光的能力。因此夏季遮阴处理能减轻光抑制，改善光合作用以增加光合产物积累，并能延长油用牡丹叶片绿色期 15 天左右，并且叶片的膜脂过氧化程度降低，抗氧化酶活性降低。光照强度会影响牡丹的开花时间和开花质量。春季天气晴朗、光照充足能促进植株生长发育使花期提前；光照不足则延迟花期。油用牡丹花芽分化期间若遇长时间的阴雨天气，将推迟成花过程，甚至引起花朵畸形或盲花。在夏季光照强度不大的情况下，延长日照时数有利于提高成花率，但对花芽形成和开花质量影响不大。牡丹抑制栽培过程中，冷藏期间植株在芽萌动前增加光照，在萌芽后和开花前不加光，可有效抑制混合芽的萌发，达到花期延迟的目的。

三、水分对油用牡丹生长发育的影响

水分是植物光合作用的必需要素，因此水分会直接影响油用牡丹的光合作用，进而影响油用牡丹的生长发育。油用牡丹在干旱及涝害胁迫下株高生长量比当年生枝粗及叶面积生长量受到的抑制程度大，胁迫程度越大则受到的抑制程度也越大，并且叶片相对含水量逐渐降低，叶片中可溶性糖、可溶性蛋白和脯氨酸含量均呈逐渐升高趋势。油用牡丹在土壤相对含水量为 70%~75% 时叶片的净光合速率、表观量子效率、羧化效率等指标最佳。在土壤水分胁迫条件下，油用牡丹的光合作用受到明显抑制影响。随着土壤水分胁迫程度的增加，光合速率、蒸腾速率、气孔导度逐渐下降，表观量子效率、CO_2 羧化效率、光饱和点降低；光补偿点及 CO_2 补偿点升高。轻度干旱胁迫下（土壤相对含水量 55%~40%），气孔限制是光合速率下降的主要原因，而严重干旱胁迫下（土壤相对含水量 20%）非气孔限制是光合速率下降的主要原因。在干旱胁迫过程中，油用牡丹的超氧化物歧化酶和过氧化氢酶活性均呈先上升后下降的趋势，过氧化物酶活性均呈逐渐上升趋势；随着水分胁迫程度的增加，可溶性蛋白含量呈先升高后降低的趋势，可溶性糖、脯氨酸和丙二醛含量均呈逐渐升高的趋势；净光合速率、气孔导度、胞间 CO_2 浓度、蒸腾速率和水分利用效率均呈逐渐下降的趋势。这一系列的生理变化在一定程度上提高了油用牡丹的抗旱能力。增加 CO_2 浓度也可提高干旱胁迫下油用牡丹叶片的净光合速率，在一定程度上弥补了干旱胁迫对油用牡丹叶片光合作用的影响。紫斑牡丹的光合作用也明显受到水分条件的限制，空气相对湿度显著影响其光合作用特性，决定其光饱和点发育、气孔导度、蒸腾速率和水分利用效率。

土壤水分胁迫还会影响油用牡丹开花质量。油用牡丹随着干旱胁迫程度的加剧，花朵直径呈下降趋势，而花期呈逐渐上升趋势，表明水分不足会明显影响花朵的大小和花期长短。干旱胁迫越严重，花朵直径和花朵高度越小，花期越长。另外，花瓣中的花色素苷含量随着干旱胁迫程度增加呈现先上升后下降的趋势，进而也影响了花瓣的着色程度及观赏性。因此在生长期维持70%左右的土壤相对含水量对提高油用牡丹的光能利用率，促进油用牡丹健壮生长非常重要。'凤丹'的耐水涝能力较强，是适合在江南地区栽培的首选牡丹品种之一。

四、矿质元素对油用牡丹生长发育的影响

油用牡丹生长发育的年周期可以分为生长期和休眠期。从春季萌动开始，贮存的养分迅速聚集到混合芽中，N、P、K、Fe等元素在混合芽中大量积累。在盛花期，混合芽中的养分已被用于花器官和幼嫩营养器官的生长，同时根系自土壤中大量吸收养分，随着新叶片的展开，叶片中的养分含量达到最高水平。土壤的pH值可直接或间接影响油用牡丹的生长发育。油用牡丹在土壤pH6.5~7.5范围内的生长、生理指标综合表现最佳，其次是pH8.5弱碱土壤环境下生长良好，pH4.5、5.5酸性土壤环境已严重影响到了牡丹的生长状况，强碱土壤环境也对牡丹造成了较大伤害。因此油用牡丹适宜生长在中至弱碱性土壤环境中，不适宜在酸性土壤上生长。另外发现凤丹牡丹具有一定的耐铜能力，在300mg/kg和600mg/kg铜浓度处理下对生长具有一定促进作用，仅在1200mg/kg铜处理时根系细胞膜结构受损，但对其他矿质元素的吸收几乎不受影响，可用于铜污染较轻土壤的植物修复。

油用牡丹开花不仅需要N、P、K、Ca、Mg、S等大量元素，而且需要Fe、Mn、Cu、Zn等微量元素，因此，油用牡丹开花前后矿质元素的含量变化应作为牡丹施肥的重要依据。油用牡丹花期内，Mg和P元素的含量在花托和叶片中最高，其次是花瓣、新茎、叶柄，在根和老茎中的含量最低；K元素在叶柄和花瓣中的含量最高，其次是新茎、花托、叶片，在根和老茎中的含量最低；N元素在花瓣和花托中的含量最高，其次是叶片、新茎、叶柄，在根和老茎中的含量最低；Ca元素在根和老茎中的含量最高，而在花瓣中的含量最低；Fe元素在老茎和根中的含量最高，而在花瓣和叶柄中积累很少；Na元素在根和老茎中积累最多，而在叶片和新茎中的积累最少。这说明Mg、P、K元素多分布在代谢旺盛的部位，而Ca、Fe、Mn等元素在植物体内呈难溶解的稳定化合物，多分布在老龄器官中。因此催花期间可进行适当的肥水补施：包括基肥、

花前肥、花后肥(尤为重要)和根外肥,应加强磷钾肥的供给。在缺 Ca 条件下增加 Ca 营养可延长牡丹花期。高 Ca 条件下牡丹群体的花期也会延长,具体表现为个体开花延迟,降低成花率,降低观赏性。这可能是高 Ca 使花蕾失去最佳的吸收营养的时机,从而因营养缺乏而不能开花。研究还发现在风铃期和圆桃期施钙延长了整体花期,提高了成花率。总花期随着钙浓度的增大,呈增长趋势,但过高的浓度也会影响成花率。

五、生长调节剂对油用牡丹生长发育的影响

油用牡丹的生长发育受内源激素和外源生长调节剂的调节。PP_{333}、B_9 均能抑制赤霉素的生物合成,打破顶端优势。IBA 能阻碍生长素和 GA 的运输,并与生长素竞争作用位点。PP_{333} 抑制油用牡丹枝条生长,以 25mg/L 和 50mg/L浓度抑制效果最好。B_9 对油用牡丹新枝生长有一定的抑制作用,对成花有显著的促进作用,并使花期延长,其中小风铃期处理效果较好,延长花期大约 9天。6-BA 和 GA_3 可以显著提高油用牡丹叶片中的可溶性糖和可溶性蛋白含量,延缓叶片的衰老,更有利于油用牡丹的生长发育。

植物激素和植物生长调节剂在油用牡丹花期调控过程中起重要作用。B_9、PP_{333}、水杨酸能明显延长油用牡丹花期,抑制新枝生长;丁醇类似提取物也明显抑制新梢生长,但能促进花展叶。

B_9 处理对油用牡丹花期的延迟、延长效果较好,从油用牡丹小风铃期开始处理,不但提高了成花率,而且显著延长了整株花期,延迟了末花期,提高了观赏价值。弓德强(2003)发现在小风铃期施用 B_9 效果最好,大约延长花期 9天,对花径大小影响不显著。在油用牡丹生命周期的较晚时期和在一定的浓度范围内喷施大浓度 B_9 才可以有效的延长、延迟花期,否则会对植株造成伤害,影响花朵质量和花期的延迟。

PP_{333} 主要通过抑制 GA_3 的生物合成,降低内源 GA_3 的含量来抑制植物生长。李高锋(2005)发现春施浓度为 200mg/L 的 B_9 效果最好,显著延长了花期8.5 天,同时还发现春施 B_9 和 PP_{333} 复合制剂(2:3 或 3:2)显著延迟、延长了花期,600mg/L B_9 和 400mg/L PP_{333} 复合制剂分别延迟初花期和末花期 6.7 天和 8.3 天,80mg/L B_9 和 420mg/L PP_{333} 复合制剂分别延迟初花期和末花期 6.3天和 5.6 天。春施 PP_{333} 可显著延迟花期,提高成花率,但对花径大小影响不明显,100mg/L PP_{333} 可显著延迟初花期和末花期 4.2 天和 3.5 天,秋施 PP_{333}能延迟花期 1~2 天,但抑制了油用牡丹新枝的生长。刘娜等(2014)发现喷施75mg/L 的 PP_{333} 延长油用牡丹花期较好,成花率下降,但花径均增大。

水杨酸常用于鲜切花的保鲜，是一种肉桂酸的衍生物，能抑制乙烯释放。低浓度水杨酸较高浓度水杨酸处理可明显提前初花期，延长总花期和单花寿命，增大花径。而弓德强（2003）发现高浓度的水杨酸（1000mg/L）较低浓度的水杨酸（500mg/L）处理稍有延长单花寿命、延迟花期的效果。

在生长期内，可采用乙烯利催落叶片后，用赤霉素抹芽以促使花芽萌发。任小林等（2004）和李高峰（2005）发现秋季对油用牡丹植株施用乙烯利可延缓油用牡丹的花芽分化和发育，延迟萌芽期和开花期，但减小了花径，降低了开花率，提前了落叶期。但是，任小林等（2004）试验还发现施用乙烯利显著增加了畸形花的比例。王忠敏（1992）认为赤霉素在露地催花中，提高了花萌发的整齐度（萌发率高达 96.4%）。赵海军等（2000）认为赤霉素在牡丹春季催花中的作用主要是解除休眠，促进茎伸长，叶片扩大，提前花期等。任小林等（2004）研究发现秋施 GA_3 可使油用牡丹落叶延迟，萌芽期和开花期提前，并提高油用牡丹的开花率，增大了花径，且最好在 9 月上旬至 10 月上旬进行处理，其浓度控制在 50～200mg/L，不能过高否则易造成"秋发现象"。陈新露等（2000）研究认为 GA_3 可能与花器官发育关系密切。但目前来看，如果使用赤霉素的时间及浓度不适，则会起到相反的作用。

植物生长调节剂在调节油用牡丹开花结实中起到的作用效果与油用牡丹品种、种植密度和植株状态有关，还与调节剂的使用浓度、次数、混合调节剂的比例以及使用时期有关，此外与所处的试验环境也有一定关系。

综上所述，油用牡丹的生物学特性是合理栽培管理油用牡丹、实现高产优质的理论基础。目前关于牡丹的生长发育规律了解得相当透彻，但关于生态因子和植物生长调节剂对油用牡丹籽油品质的影响的相关研究仍较少，因此更深入地研究牡丹籽油品质在不同生态因子和植物生长调节剂处理下的差异，对制定关于油用牡丹更合理的丰产优质栽培管理措施具有重要意义。

第七章　油用牡丹品种选育

优良品种的选育是油用牡丹产量和油用品质提高的最主要途径。目前可以用于油用牡丹品种选育的方法主要有引种驯化、实生选种、杂交育种。今后，油用牡丹的倍性育种、分子辅助育种技术也将受到关注。

第一节　引种驯化

植物引种驯化是人类社会的一项技术经济活动，其历史已超过万年，引种驯化理论的研究大约始于 2500 年前，可分为古代、近代和现代三个时期，我国是最早开展这项工作的国家之一。近代的引种驯化理论研究则始于达尔文的生物进化说。从 20 世纪开始，现代引种驯化理论的研究进入了一个空前活跃的阶段，前苏联和我国是这一时期的重要代表。

在学术文献中关于引种驯化的解释是指野生的和外来的物种在新的生境条件下利用其变异性，通过人为作用的影响进行选择和定向培育达到变野生为栽培种类的目的。植物引种是人类为了满足自己的需要，把外地植物的种类品种引入到新的地区，扩大其分布范围的实践活动。它不仅是古老农业中不可缺少的组成部分，而且对农业生产的发展和栽培植物的进化都起到了重大作用，在现代化农业中引种仍然是潜力很大的领域。

凡是从外地或外国引进栽培植物或由本地、外地或外国引入野生植物，使它们在本地栽培，这项工作就叫引种。引进来的植物种或品种，有的表现很好，可以直接利用，有的表现不好，常常有水土不服的现象，需要采用一些技术措施，使其改变遗传性，慢慢适应新环境的过程，这就叫做驯化。

引种与驯化不可分割，前者是跨越地理空间的变化，后者是穿越时间的长期过程。

一、引种驯化的意义

引种驯化是迅速而经济地丰富油用牡丹种类和育种原始材料的捷径，也是油用牡丹品种改良的基础工作。与实生选种、杂交育种等其他育种方法比较起来，它所需要的时间短、见效快、节省人力物力，所以在油用牡丹育种的时候，首先要考虑引种驯化的可能性。中国国内以及日本、欧美各国对中国牡丹有过较长时间的引种栽培和驯化改良的历史，其中以各地对中国中原牡丹的引种所做的工作最多，时间最长，成就最大。日本牡丹品种群、欧洲牡丹品种群的形成就是对中原牡丹的引种和长期驯化改良的结果。

二、引种驯化的原理

（一）遗传学原理

变异与适应是植物引种与驯化的重要基础。生物体的表现型是基因型与环境条件相互作用的结果。引种是植物在其基因型适应范围内迁移，这种适应范围受到基因型的严格制约。不同植物种类，其适应范围相差很大，同一植物种类的不同品种间在适应性上也存在差异；品种自身调节能力与品种基因型的杂合性程度有关；$P=G+E$（P：引种效果；G：植物适应性的反应规范；E：原产地与引种地生态环境的差异）。生物体的基因只有在适宜的环境条件下才能得以表达，植物的异地栽培是在植物具有潜在适应基因的条件下获得成功的。适宜的环境条件可以激活一些基因表达，因此原产地没有表达出来的性状有可能在异地条件下表达出来。

引种驯化的遗传学原理就在于植物对环境条件的适应性大小及其遗传。如果引种植物的适应性较宽，环境条件的变化在植物适应性反应规范之内，就是"简单引种"。反之，就是"驯化引种"。

（二）生态学原理

原产地与引种地之间，影响植物生长发育的主要因素应尽可能相似，以保证植物品种引种成功的可能性。

20世纪初期德国慕尼黑大学迈依尔所提出的"气候相似论"可作为参考，他认为"木本植物引种成功的最大可能性是在于树种原产地和新栽培区气候条件有相似性的地方"。气候条件是指光温、水湿，这就是植物个体生态的适应要求。这也就是后来所发展的"气候相似法""自然分布区气候因素确定法"和"植物类型相似确定"等。其实，能反映气候相似还有很多方法。用美国生态学家克里门茨（F. E. Clements）制订的"平行指示植物法"去指导植物的引种就是建立在植物个体生态研究的基础上。"区系发生法"也是与植物的个体生态有关，是以区系成分及其形成历史和自然生态的形成去表述。我国古代对于植物引种驯化实践所总结的"相其阴阳，观其源泉，度其隰原"的"土宜论"（《诗经·大雅》)和"顺天时、量地利"的"风土论"(《齐民要术》)等均是以植物个体生态为基础。

生态环境中的主要因子有三种。气候生态因子：温度、日照、雨量、湿度；土壤生态因子：土质、水分、pH、盐分、其他离子；生物生态因子：病虫及它们的小种和生物型、杂草。

生态因子有主导因子、有害因子、限制因子等。油用牡丹生长发育的某阶段或全过程，一个或几个因子起主要作用，这个因子的改变常会引起其他生态因子发生明显变化或使油用牡丹的生长发育发生明显变化，比如油用牡丹向纬度较高地区引种时温度因子就是主导因子。所以，在油用牡丹引种时除对植物原产地生态环境进行综合分析外，还应对影响油用牡丹生长发育的主导因子进行分析。油用牡丹生长发育具有一定的阶段性，这种阶段性形成是由于生态因子规律变化的结果，如季节性物候、昼夜温差等生态因子的规律性变化，导致了油用牡丹生长发育的阶段性。每一个生态因子对油用牡丹不同生长发育阶段的作用是不同的。在众多环境因子中，那些对油用牡丹的生长、发育、繁殖、数量和分布起限制作用的关键性因子叫限制因子。

在油用牡丹生长发育过程中，虽然生态因子不是等价的，即所需要的量不同，但却具有同等重要性。如果缺少某因子，便会影响其正常生长发育，甚至致病死亡，且任何一种因子都具有不可代替性和同等重要性。此外，在一定条件下，某一因子在量上的不足可由相近生态因子的增加或加强而得到补偿，且可获得相似生态效应，如增加 CO_2 的浓度，可补偿由于光照减弱所引起的光合强度降低的效应，即生态因子的可调剂性或补偿作用；如降雨量、湿度补偿温度；湿度补偿土壤酸度。

有些生态因子，如光、温、水、土壤养分等，直接影响或参与油用牡丹新陈代谢；另一些生态因子，如海拔、坡向、纬度、经度等，通过影响光、温、水、土壤等因子，间接作用于油用牡丹的生长发育。

达尔文的遗传变异学说中提到，植物具有适应风土的能力，新的环境下能产生遗传变异适应新环境。外界环境的改变、器官运动、有性或无性杂交是植物变异的源泉。在自然界或人工引种条件下，通过自然选择或人工选择都可以保持、发展植物有利的变异、促进植物驯化。驯化是植物对新环境的适应，选择是人类驯化植物的基本途径。同一种植物分布于不同地区的不同个体，会产生多样性的变异或地理小种或类型，引种时应注意植物地理分布与不同分布区种以下的分类单位。

米丘林的风土驯化中提到利用遗传不稳定、易动摇的幼龄植物即实生苗使其在新的环境下，逐渐改变原来本性，适应新的环境条件，达到驯化效果。采用逐步迁移播种的方法，使其逐渐移向与引种地相接近的地方，接近适应预定的栽培条件。两地差异在植物可忍受范围内，可引种大苗或无性系苗木，加快引种速度。

如果引种的油用牡丹品种在引种地与原产地比较近，不需要特殊的保护措施，能够安全越冬或越夏，且生长良好，没有降低原来的经济价值(结实性)和观赏价值，能够用原来的繁殖方法(有性或无性繁殖方法)进行正常的繁殖，没有明显或致命的病虫害，则说明这个油用牡丹品种引种驯化成功。

三、驯化的影响因子

(一)温度

年均温度、季节温度、最高温、最低温。年均温度不一定是主导因素，当年均温度适宜时，但当地的最高、最低温不适宜，或季节温度即季节交替时的温度不适宜，仍然会成为油用牡丹驯化的限制因子。

(二)光照

纬度由高到低，生长季所需光照由长变短，反之纬度由低到高，所需光照由短变长。

(三)水分

引种地区的湿度主要与当地降水量相关，纬度不同降水量不同、季节不同降水量不同。

(四)土壤

土壤的酸碱度、通透性均影响油用牡丹的生长。

(五)生物因子

生物之间的寄生、共生以及和其花粉携带者的关系也会影响引种。

四、引种驯化的方法

引种驯化应坚持"既积极又慎重"的原则。在认真分析和选择引种品种的基础上，应进行引种试验，采取少量引种、边引种边试验和中间繁殖到大面积推广的步骤，尽可能避免因盲目引种带来的不必要的损失。

(一)利用遗传动摇、可塑性大的材料进行引种驯化

用油用牡丹实生苗来进行驯化时，种子最好采自幼龄牡丹植株的果实，如

果进行整个牡丹植株的引种驯化时，最好选择幼龄牡丹植株。因为幼龄牡丹植株的遗传可塑性较大，容易适应新引入区的自然环境。

（二）在引种驯化中采用逐渐迁移的方法

当新引入地与原产地的气候条件差异太大，超越了油用牡丹幼苗的适应范围，引种驯化很难成功，所以这时不能把这些种类直接引种到与原产地的气候条件差异太大的地区，而应采取逐步迁移的引种方式，即先把它们引种栽培到与原产地气候条件差异不大的地区，栽培一段时间后，再引种到目的地（或许中间还需逐步迁移）。比如对环境条件要求苛刻的大花黄牡丹、狭叶牡丹等就应采取逐步迁移的方式进行引种驯化。

（三）引种驯化栽培技术的研究

引种时必须注意相关栽培技术的配合，因为有时外地牡丹种类或品种虽然可以适应目的地的自然条件，但由于栽培技术没有跟上以致引种失败。栽培技术的研究主要包括播种期或栽植时期、栽植密度、肥水、光照处理、防寒遮阴等。

（四）引种要结合选择来进行

引入的牡丹野生种或栽培品种本来生长于不同的自然条件下，引到目的地后必然有的种类适应，有的不适应，这时必须加以选择，选择适应的种类或生长良好的单株，进行扩大繁殖。

五、引种驯化中应注意的问题

（1）注意原产地与引入地气候、土壤条件的差异，引种与逐步驯化相结合，循序渐进。

（2）苗木引进与采集种子、播种相结合；引种驯化与杂交育种、实生选育相结合，对于有较好适应性的油用牡丹种类直接引进苗木栽植，可大大缩短引种工作进程，但不应忽视近区采种、逐步驯化改良的原则。这对于东北地区抗寒油用牡丹育种和南方的耐湿热油用牡丹育种尤为重要。

（3）注意小气候条件的应用。在油用牡丹苗木生长的第一、二年的冬季要进行防寒保护，如设风障、培土、覆草等；夏季对幼苗进行遮阴，并自夏末起逐步缩短遮阴时间，以达到逐步适应。

第二节　实生选种

实生选种是在牡丹天然授粉所产生的种子播种后形成的实生苗群体中，通过反复评选、比较鉴定等手段而获得新品种的一种育种方法。

一、实生选种概述

实生选种虽然是一个传统的育种方法，却是一个非常实用的育种方法，至今各地仍广为应用。实生选种由于持续时间较长，需要在初开花一二年内尽快进行初选，决定去留。掌握初花时的某些性状表现及其发展趋势，可为初选提供依据。

二、油用牡丹实生繁殖下的遗传与变异

油用牡丹一般以异花授粉为主，在实生繁殖下会产生一定的变异，产生实生群体的遗传多样性。油用牡丹个体间产生变异的原因主要有以下几方面：

（一）重组

基因重组是实生群体遗传变异的重要来源。实生选种中选拔的表现优异的基因型，包括基因重组产生的加性效应和新的非加性效应（基因的互作效应），在无性繁殖下，二者都可以保持和利用，但实生繁殖下只能稳定遗传其加性效应。

（二）突变

突变是产生新基因的重要来源，没有突变造成的基因的多样性，就不可能有基因重组产生实生群体遗传的多样性。

（三）饰变

饰变是由环境条件改变所引起的，个体间的显著差异属于非遗传的变异，但干扰了对基因型优劣的正确选择。通常饰变对质量性状的影响显著小于数量性状。

三、油用牡丹实生选种的原理

自然选择：在于定向地改变牡丹群体的基因频率，促进牡丹不断地进化，产生对自然环境高度适应的油用牡丹新品系、品种。

人工选择：是选择合乎人类需要的结实性能好、油脂品质佳的油用牡丹变异，使其更加符合于油用牡丹产业发展要求。

选择的实质就是造成有差别的生殖率，从而定向地改变群体的遗传组成。选择不能创造变异，但选择可对变异产生创造性的影响。

四、油用牡丹实生选种的方法

实生选种的方法主要有以下两种：

(一)混合选择法

就是从牡丹原始的混杂群体或品种中，选出分枝较多、结实性好的优良植株，然后把它们的种子混合起来种在同一块地里，次年再与标准品种进行鉴定比较。如果对原始群体的选择只进行一次就繁殖推广的，称为一次混合选择，如果对原始群体进行不断地选择之后，再用于繁殖推广的，称为多次混合选择。

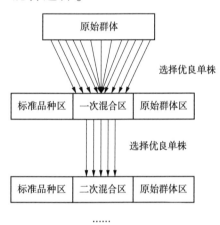

图7-1 混合选择法

混合选择的优点是：手续简便，易于一般种植户掌握，而且不需要很多土地与设备就能迅速从混杂的原始群体中分离出优良的类型；能获得较多的种子或种植材料，便于及早推广；保持遗传性较丰富，以维持和提高品种的种性。

混合选择的缺点是：在选择时由于将当选的优良单株的种子混合繁殖，因而就不能鉴别一个单株后代遗传性的真正优劣，这样就可能使仅在优良环境条件下外在结实性良好而实际上遗传性并不优良的个体也被当选，因而降低了选择的效果。这种缺点在多次混合选择的情况下，会多少得到一定程度的克服。因为那些外在结实性良好而遗传性并不优良的植物后代，在以后的继续选择过程中会逐步被淘汰。其次，在开始进行混合选择时，由于原始群体比较复杂，容易得到显著的效果，但在以后各代环境条件相对不变的情况下，选择的效果就越来越不显著了，此时即可采用单株选择或其他育种措施。

(二)单株选择法

就是把从原始群体中选出的优良单株的种子分别收获、分别保存、分别繁殖的方法。在整个育种过程中如只进行一次以单株为对象的选择，而以后就以各家系为取舍单位的称一次单株选择法。如先进行连续多次的以单株为对象的选择，然后再以各家系为取舍单位的，就称多次单株选择法。

单株选择法的优点是，所选优株分别编号和繁殖，一个优株的后代就成为一个家系，经过几年的连续选择和记载，可以确定各编号的真正优劣，淘汰不良家系，选出真正属遗传性变异（基因型变异）的优良类型。

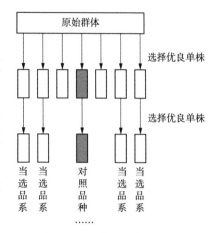

图 7-2　单株选择法

单株选择法的缺点是要求较多的土地和较长的时间。

牡丹实生苗生长缓慢，需要 4~5 年才能正常开花，先从原始群体中初选符合育种目标或基本符合育种目标的变异单株。秋季对选出的单株进行分株、嫁接繁殖，经 3~4 年，植株进入正常开花期。在第 5 年进行复选，淘汰与育种目标不符或性状不稳定的品种。将复选出来的品种植株于秋季再次分株、嫁接繁殖，3~5 年后，对符合育种目标、性状确实稳定的品系，可以正式定为新品种，并加快繁殖。因此培育一个牡丹新品种至少需要 10 年时间。

五、油用牡丹优良品种的评选标准

（一）结实性好

种植油用牡丹的主要目的是为了采收果实和种子，因此，良好的结实性能是优良油用牡丹品种的最基本特征，也是最主要的评选标准。

（二）油用品质佳

优良油用牡丹品种制取的牡丹籽油应该具有较高的不饱和脂肪酸、较高的亚麻酸和亚油酸含量，且比例合适。

（三）抗性强

除了上述特征外，优良油用牡丹品种还应具有一定的抗病虫性等，这样在实际生产中才能得到一定面积的推广应用。

（四）分枝多

牡丹一个花芽开一朵花，形成一个蓇葖果。因此，要获得较多的果实，植株的枝条数量就要较多。

第三节　杂交育种

杂交育种就是以基因型不同的牡丹野生种或品种进行相互授粉，形成杂种，通过培育、选择获得新品种的方法。它是近代植物育种工作最重要的方法之一，也是培育油用牡丹新品种的主要途径。由杂交引起基因重组，后代会出现组合双亲优良性状的基因型，产生加性效应；并利用某些基因互作，形成超亲新个体，为选择提供物质基础。根据参与杂交亲本亲缘关系的远近，杂交育种可分为近缘杂交和远缘杂交。近缘杂交是亲缘关系比较近、分类上属于同一种的不同变种或品种之间的杂交。远缘杂交就是不同种、属或亲缘关系更远的物种之间的杂交。

一、油用牡丹的育种目标

(一)结实性好

这是油用牡丹品种的最主要特性之一，也是其能否作为油用牡丹品种栽培的最重要因素。

(二)出油率高

作为油用牡丹品种，出油率是评定其好坏的一个重要参考指标。

(三)种籽油用品质佳

作为油用牡丹品种，其种子中不饱和脂肪酸及 α-亚麻酸的含量要高，并应含有一定的抗氧化成分。

(四)抗性强

油用牡丹品种还应具有一定的耐寒、耐旱或者耐湿热的能力。

二、育种原始材料

(一)野生牡丹种类

野生牡丹共有9种，全部起源于我国，它们分别是紫斑牡丹、矮牡丹、杨山牡丹、卵叶牡丹、四川牡丹、狭叶牡丹、黄牡丹、紫牡丹、大花黄牡丹。其中紫斑牡丹的栽培主要集中在甘肃境内的渭河、洮河和大夏河流域古丝绸之路经过的广大地区，具有广泛的栽培基础；凤丹在我国栽培历史悠久，栽植管理条件成熟，同时栽植面积广大，因此紫斑和凤丹具有充足的材料资源。同时，这些野生牡丹具有较耐旱、耐寒(比如紫斑牡丹)、耐湿热(比如杨山牡丹)等优良特性。在油用牡丹品种的选育过程中，我们应该很好地利用这些野生牡丹资源。

(二)栽培牡丹品种

据不完全统计，牡丹在中国有1600多年的栽培历史，中国的栽培牡丹至少可划分为中原、西北、江南和西南等四大品种群，现在中国有 1000 多个栽培品种。

它们中的绝大多数仅仅用作观赏，结实性较差。但在这些品种众多的观赏牡丹中，我们发现部分品种具有一定的结实能力，比如凤丹系列和紫斑系列。因此我国有大量的可供选择的授粉品种。我们可以利用这些品种作为杂交亲本，培育结实性更好的油用牡丹新品种。

此外，栽培牡丹具有不同的花色（红、紫、紫红、粉、白、蓝、绿、黄、黑和复色等）、不同的花型（单瓣型、荷花型、皇冠型、楼子型、绣球型等），具有极高的观赏价值，然而，目前主栽品种'凤丹'多为白色，花色单一，观赏性不高，栽培牡丹的优良的观赏性状为改变其花色单一的现状提供了无限的可能。

三、杂交亲本的选择

亲本的选配是杂交育种成败的关键，直接关系到杂交后代能否出现好的变异类型以及好的品种。

育种实践证明，亲本选配得当，后代出现理想的类型多，容易育成优良品种，而且可能在不同地区、不同单位育成多个优良品种。选配亲本的一般原则有：

(一) 双亲具有较多的优点、较少的缺点，在主要性状上优缺点尽可能互补

优缺点互补是指亲本之一在主要目标性状上要表现十分突出，并且遗传力强，以便克服另一个亲本在这一性状上的缺点；反过来说，要针对限制一个亲本产量、品质或抗性进一步提高的制约性缺点来选择另一亲本。双亲可以有共同的优点，但是不宜有共同的缺点。

(二) 亲本之一最好为当地的推广良种

优良品种的首要条件是具有较好的丰产性和对当地自然条件、栽培条件的适应性，这在很大程度上决定于亲本本身的适应性和丰产性。推广品种一般丰产性和适应性均较好，利用其作为亲本可以选出具有大面积推广和发展前途的品种，这已经由育种实践所证明。

(三) 双亲在生态型和亲缘关系上应有较大差异

不同生态型、不同地理来源和不同亲缘的品种，由于亲本间的遗传基础差异大，杂交后代的分离比较广，易于选出性状超越亲本和适应性比较强的新品种。利用外地不同生态类型的品种作为亲本，容易引进新种质，克服用当地推

广品种作亲本的某些局限性或缺点，增加成功的机会。但不能理解为只有生态差异大的才能育出好的品种。相反，如果盲目追求亲缘关系很远的双亲，遗传差异较大，容易造成杂交后代的性状分离变大，分离世代变长，影响育种的效率。

（四）杂交亲本应具有较好的配合力

好亲本一般都是好品种，但好品种不一定是好亲本；一般配合力高的亲本有使优良性状传递于后代的较高能力，在杂种后代中能够产生较多的优良品系；一般配合力的好坏与品种本身性状的好坏有一定关系，但两者并非一回事。一个育种单位应当选定几个当地推广的优良品种或一般配合力好的品种作为核心亲本（骨干亲本），并要有几套具有不同目标性状的常用亲本，同时注意引进新的种质资源，扩大拥有的遗传资源，根据一定的育种目标制定较周密的配组方案。

四、开花授粉习性

（一）开花习性

牡丹花期依栽培地区不同而有较大的差异，即使在同一地区，由于春季气温变化，不同年度间常有较大变化幅度。牡丹单花开花过程可分为初开、盛开、谢花 3 个阶段。花朵初开是指花蕾破绽露色 1~2 天后，花瓣微微张开的过程。单瓣类初开期 1~2 天，重瓣类 3~4 天，此期最明显的特点是雄蕊成熟，初开第一天部分品种已开始散粉，第二天绝大多数品种散粉，少数品种延至第三天。花瓣完全张开标志着进入盛开期，此时花径最大，花型花色充分显现，散发香味，雄蕊干枯，花粉散尽，柱头上分泌大量黏液，时间 3~8 天不等，此时为人工授粉的最佳时期。谢花期是指花瓣凋萎脱落的过程，单瓣类一般从第 5 天开始，重瓣类从第 7~9 天开始。此时，雄蕊脱落，柱头上黏液减少以致硬化，但少数品种此时才开始分泌黏液。

（二）花器构造与传粉特点

牡丹为两性花，花器构造并不复杂。牡丹雌蕊的花柱很短或花柱与柱头分化不明显，柱头呈"鸡冠形"，由大小、形状相同的两部分合生形成，向外呈耳状转曲 90°~360°，从而使授粉面积增大。柱头授粉面为 1mm 左右的狭长带，表面有明显的乳突发育，在进入盛花期时，大量分泌黏液。

牡丹是典型的虫媒花。据观察，传粉昆虫以甲虫类和蜂类为主，蝇类为辅。这些昆虫的活动受天气影响较大，在一天之中随温度升高活动加强，中午达到高峰，此后又逐渐减弱，在阴雨天活动很少甚至停止活动。

牡丹一般为雄蕊先熟。不过按雌雄蕊成熟期的先后，牡丹品种可分为两种类型：第一类为雄先型，即花开后雄蕊随即散粉，而雌蕊成熟滞后。这里又有两种情况：一是花粉散落后第二天柱头随即分泌黏液；另一是花粉散落后 1~3 天，柱头才分泌黏液，大部分品种属后者。第二类是雌雄同熟型，即雄蕊散粉的同时，柱头也开始分泌黏液，不过这类品种较少。

牡丹以异花授粉为主。据观察，紫斑牡丹栽培品种大多有一定的自交结实率(2%~8%)，但都比自然授粉结实率低得多，凤丹自交结实率也比自然授粉结实率低，因此，该品种群是以异花授粉为主，但自交是亲和的，不过育性已大为减弱。而中原牡丹品种的自花及同品种内异花授粉均表现为不育。据观察，牡丹花粉有较强的生活力，在温度 5℃、相对湿度 70% 条件下，可贮藏 80~90 天。牡丹花粉萌发率与雄蕊发育情况有关。实生苗的花粉生命力强于长期营养繁殖植株上的花粉。

五、杂交育种技术与过程

(一)花粉的收集与贮藏

在初花期摘取未开花的牡丹花朵，然后在室内摘下花药放在干燥、无阳光直射的环境中阴干 24 小时。花药开裂后，开始散粉时去杂、收集，装入小瓶中，以小瓶容量的 1/3~1/2 为宜，瓶口扎以纱布，然后贴上标签，注明品种和采集花粉的时间。小瓶置于干燥器内，干燥器底部盛无水氯化钙。将干燥器放于阴凉、黑暗的地方，最好放于冰箱内，冰箱温度保持在 0~2℃。

(二)母株和花朵的选择

根据油用牡丹育种目标的要求，选择生长健壮、分枝性好、结实多的植株作为母株，在母株数量较多时，一般不要选择路旁、人来往较多的地方，以确保杂交工作的安全，去雄的花朵以选择植株的中上部和向阳的花为好。可适当对授粉植株进行疏花疏果，以保证杂种种子的营养。

(三)去雄

牡丹为两性花，杂交之前需将花中的雄蕊去掉，以免自花授粉。去雄方式：于露色期，随机选取刚开始开花的牡丹上部花的花蕾，用镊子轻轻掰开花冠裂片，摘去花药，只留柱头，用硫酸纸袋进行套袋。

去雄和套袋时间都应在雄雌蕊尚未成熟时(一般在花蕾开始变松软，花药呈绿或绿黄色时)进行。但又不要过早，以免影响花蕾的发育。去雄时，可先用手轻轻地剥开花蕾，然后用镊子或尖头小剪刀剔去花中的雄蕊。剔除时，注意不要把花药弄破。剔除要彻底，特别是重瓣花品种，要仔细检查每片花瓣的基部，是否有零星散生的雄蕊。操作时千万不要损伤雌蕊，花瓣也要尽量少伤。在去雄过程中，如工具被花粉污染，必须用酒精(70%或以上)消毒。

(四)套袋

为避免计划外植物花粉的干扰，去雄后立即套上袋子。为使被套的雌花有自然生长的条件，套袋的材料必须能防水、不易破损、透气。一般可采用硫酸纸做套袋。虫媒花可用细纱布或亚麻布做袋子。袋子除用缝纫机缝制外，还可采用与水不亲合的黏合剂，如用蕨粉制成的浆糊黏制，防止雨淋破裂。袋子的大小因种而异，一般以能套住花朵并有适当的空间为宜。袋子两端开口，顶端向下卷折，用回形针夹住，下端应缚在老枝上。因为当年生枝脆易断，必要时在扎缚处裹以棉花，以免因风移动，受机械损伤，并防止昆虫(如蚂蚁)潜入。套袋后挂上纸牌，用铅笔写明去雄日期。

(五)授粉

待柱头分泌黏液而发亮时，即可授粉。为确保授粉成功，最好连续授2~3次。授粉工具和方法应根据具体情况灵活掌握。一般用毛笔、棉花球授粉；特别稀少的花粉，用圆锥形橡皮头授粉；风媒花的花粉多而干燥，可用喷粉器喷粉。使用喷粉器时，可不解除套袋，而在套袋上方钻一小孔喷入。授粉工具授完一种花粉后，必须消毒，才能授第二种花粉。近年来有的国家用蜜蜂棍授粉，一种花粉一根蜜蜂棍，授粉方便，一次可授十余朵花。制作时，在蜂房四周寻找死的蜜蜂，除去头部和胸部，将腹部用一根硬的牙签串起来，利用腹部的刚毛授粉，效果很好。授粉后应立即封好套袋。并在纸牌上注明杂交组合、杂交日期、授粉数等。如柱头萎蔫，说明已经受精，一般授粉5天后可除去套袋。

(六)杂交后的管理

杂交后要细心管理，创造良好的有利于杂种种子发育的条件，并注意观察记录，对套袋的花朵经常进行检查，防止花朵霉坏及套袋开裂，及时防治病虫害和防止人为的破坏。杂交种子成熟随品种而异，有的分批成熟，要分批采收。采收时将种子或果实连同纸牌放入牛皮纸袋中，并注明收获日期，分别脱粒、统计、贮藏。

六、杂交后代的选育

通过杂交获得的杂种种子，仅仅是为我们选育新品种提供了可能性。要把可能性变为现实性，还需要做大量的工作，例如培育、选择、鉴定、推广等等。所以说获得杂种种子还仅仅是选育品种的开始。但是两者又是密切关联的，一般杂种的材料多，选择优良品种的可能性大，所以在人力物力等条件允许时，应尽可能获得较多的杂种材料。有了杂种材料，后代如何进行选育呢？由杂交得到的杂种后代性状并未稳定，还要经过多代选择才能选出优良而稳定的新品种。对牡丹而言，杂种的优良性状（如结实性等）要经过一段时间的生长才能逐步表现出来。所以杂种植物淘汰要慎重，一般需经过3~5年观察比较。为了加速育种过程，尽快形成新品种、新品系，在有条件的地方，可利用温室，创造杂种生长发育所需要的条件，提高育种效率。

七、克服远缘杂交不亲和的方法

（一）蒙导授粉

在受精过程中，如果不亲和性发生在柱头，即花粉粒不能在柱头上萌发，这种情况下使用蒙导授粉方法有可能在一定程度上使不亲和性得以克服。方法是用失活的亲和花粉与不亲和花粉混合授粉，使柱头不能识别不亲和花粉，从而使不亲和花粉管能穿过柱头进入子房，完成受精。

（二）重复授粉

利用同一种花粉对柱头进行多次授粉，以提高授粉的成功率。重复授粉能提高杂交的亲和性，可能是柱头在不同时期对不亲和花粉的反应机制不同，在某个时期更适合花粉的萌发和伸长，也可能是前期的授粉消耗了柱头的识别反应蛋白，使后期授粉后蛋白识别反应减弱，从而有利于花粉在柱头上的萌发和伸长，这其中的反应机理尚未有清晰的研究，但重复授粉是克服远缘杂交不亲和性简单而有效的方法之一。

（三）蕾期授粉

在花朵尚在花蕾期就剥去花瓣进行授粉的一种方法。蕾期授粉能克服远缘杂交不亲和的原因，一般认为是不亲和反应的因素只是在刚开花之前会出现，因此在蕾期未成熟的柱头上进行授粉，不亲和的因素尚未出现，就不会产生不亲和性障碍，花粉管便能顺利的生长以完成受精作用。

（四）切割花柱

不亲和性的一个表现是花粉管萌发后，其伸长量无法穿过花柱到达子房进行受精作用，这种情况下可以采用切割柱头的方法来帮助其完成受精，克服不亲和性的出现，同时切割柱头也可以消除柱头蛋白反应后产生的抑制作用，有利于花粉粒的萌发。但切割柱头也存在一定的弊端，柱头切割后花柱的授粉面积有很大的减少，不利于黏附更多的花粉粒，同时柱头在授粉期会产生大量的黏液，有利于黏附花粉粒，切割后也不利于花粉粒的黏附。

八、油用牡丹杂交育种展望

品种改良和育种工作一直是牡丹生产和科研中的重要内容。其中杂交育种为全世界牡丹的繁荣做出了重要的贡献，并且杂交育种是目前以及今后相当长的时间内，培育牡丹新品种的重要手段。因此杂交育种对于新兴的油料作物——油用牡丹来说，对于其改变花色单一的现状以及进一步发掘油用牡丹的育种潜力，提升其产量、出油率以及改善油用品质具有重要的意义。

我国拥有丰富的牡丹品种资源，这些牡丹品种资源具有不同的优良特性，如结实性好、抗旱、耐寒、耐湿热等，我们应当抓住机遇，充分利用我国的资源优势，广泛开展杂交育种工作，以培育新型油用牡丹新品种。其次，应当充分掌握牡丹的生长发育规律，给予适当的环境条件，以便缩短育种周期，通过远缘杂交以及胚培养技术相结合，加快油用牡丹的育种进程。另外，我们还应当结合现代分子生物技术，多种育种方法相结合，如诱变育种、单倍体育种或多倍体育种以及基因转化辅助育种等手段，促进油用牡丹育种工作更快更准确的进行。

第八章 油用牡丹品种登录、审定与保护

油用牡丹品种的登录、审定与保护是牡丹育种工作的关键环节，也是新品种投入生产或市场化的重要一步。其中品种登录是育种成果在国际品种登录权威机构的发表，品种审定是对新品种特征、特性的鉴定，品种保护主要是保护育种者的权益。三者分别从学术、行政和法律等方面，对品种及其育种者进行制约和保护。

第一节　油用牡丹品种的登录

为了保证品种名称的专一性及其通用性，国际园艺学会(International Society for Horticultural Science)以及其所属国际命名与登录委员会(Commission for Nomenclature and Registration)建立了栽培植物的登录系统并负责品种登录权威(International Cultivar Registration Authority)的审批。品种登录权威负责植物新品种的登录工作(具有认定、命名、发布权)。植物新品种登录权，代表了该种(类)植物品种的改良与分类等方面的世界权威性。油用牡丹作为新兴的油料作物，其新品种的登录对于其保护工作以及提升世界范围内的知名度具有重要意义。

一、品种登录的机构和权威

ISHS 之下设 12 个专业委员会，其中命名与登录委员会负责组织并掌握世界范围内主要观赏及有关栽培植物的命名和登录工作。主要是依靠权威专业部门和权威专家，逐步组织并健全世界性的栽培品种国际登录体系。现在，全世界有 16 个国家(地区)，86 个国际登录权威在正常工作。

目前，牡丹新品种登录的权威机构是由国际性权威组织认定的北美牡丹芍药协会。

二、品种登录的程序

育种者向品种登录权威提出申请，提交品种登录申请。经登录权威审查颁

发登录证书并发表登录结果。

（1）提交图片、文字：由育种者向登录权威提交拟登录品种的文字、图片、育种亲本、育种过程等有关材料，并交纳申报费用。

（2）国际权威机构审定：由登录权威根据申报材料和已登录品种，对拟登录品种名称、特征和特性进行书面审查，在必要时进行实物审查。

（3）颁发证书及在国际刊物上发表：登录权威对符合登录条件的品种，给申请人颁发登录证书，借以鞭策进一步登录工作。将其收录在登录年报中，同时在正式出版物上发表。

而本书探讨的油用牡丹新品种的登录需要向北美牡丹芍药协会（American Peony Society）申请审定，在美国北美牡丹芍药协会的官方网站（www. americanpeonysociety. org）下载申请表填写并发送至指定的官方邮箱。申请时间大约需要 6 个月，具体情况要根据登录权威的反馈时间而定。

申请的新品种应当具有性状独特、生长一致并且遗传稳定等特点，如果不具有这些特点，不应该被命名或注册。

申请表包括以下主要内容：

（一）基本信息登记

（1）名称：申请者为新品种推荐一个名称。并且要对该名称进行解释，如果是以人名命名需要经过本人的许可方可申请。

（2）培育者的姓名以及申请注册者的姓名。

（3）该新品种出自的牡丹园的名称。

（4）第一年开花的时间以及第一年被繁殖的时间，这对于估计花期很重要，后者则可以说明该品种第一次从原始的种子繁殖的时间，只有这样才可以称作新的品种并且命名。

（5）该品种是否申请过专利或者获得商业性保护，如果有需要给出解释。

（6）该品种是否被展览过或者获得过奖项。

（7）标明该新品种的父母本。

（8）标明该品种所属的品种群。

（9）开花的日期，北美牡丹芍药协会根据收集的近 1000 个品种的开花时间将牡丹开花时间分成 7 个时期，每个时期 6~8 天。由于不同地区气候的差异，这个系统并不十分精确，但是可以对牡丹花期进行大致的判断。

（二）花的性状登记

（1）花型：包括单瓣、半重瓣、重瓣等。

（2）每枝上的花朵数量。

（3）花朵的尺寸、花朵的朝向、花朵的香味、花瓣的颜色，以及色斑的形状。

（4）雄蕊是否退化，雄蕊的颜色、形状。

（5）柱头的颜色、形状。

（6）心皮的个数、颜色。

（7）花托以及叶鞘的形状。

（三）植物性状的登记

（1）株高、冠幅。

（2）新叶以及老叶的颜色。

（3）植株的生长环境。

（四）文字描述部分

如果有申请表中未涉及的部分，申请者可以对该品种重要的特点以及区别于其他牡丹品种的特点进行细致的描述。

（五）图片部分

需要按照要求的格式以及尺寸提供图片。可以提供 3 张图片，分别包括花、叶以及整个植株。

三、品种登录的作用

植物新品种的国际登录是园艺研究学术界的一个体系，是发展中外园林事业中一项重要的基础研究，对保证观赏植物品种名称的一致性、准确性、稳定性意义重大。尤其对于品种繁多的园林花卉来说，如果没有一个严格的命名法规作为依据和准则来约束，则将会使各种观赏植物品种的名称变得庞杂纷乱，从而不能很好地流通、沟通。因此，开展国际登录工作在世界观赏植物领域中是十分必要的。花卉新品种要经权威审核，确定是新品种，才能在年报中登记它的名字，这类似于身份证登记。

总体来说，可以把品种登录的积极作用归纳为以下几点：

（1）保证品种名称的准确性、一致性和稳定性，并促进园艺植物品种名称规范化、标准化。因为植物品种名称必须严格按照《国际栽培植物命名法规》（International Code of Nomenclature for Cultivated Plants）的规定。

（2）有利于品种的商业化和合法流通。品种登录时要求正式上报植物品种主要性状、来源及有关资料等，建立国际统一的档案，确定正式发表育种者的成果，即确定了育种者(单位或个人)对该品种的命名优先权、知识产权。

(3)有利于国际交流。将不同植物品种名称纳入国际登录体系的管理之下，使不同植物品种各有其统一的、合法的名称，避免植物品种名称中存在大量的同名异物或者同物异名的混乱现象，以促进全球园艺学术、生产、教学等正常发展，在植物品种名称上互相沟通、交流，取得共识。

(4)对其他科研专家或从事育种的工作者而言，品种登录利于他们熟悉现有品种，亦是培育新品种的重要途径。

对于油用牡丹来说，新品种的登录不仅是对育种者权益的一种保护，同时也有利于国际间的学术交流，并且由于油用牡丹刚刚在国内兴起，对于引起广泛的世界关注度有极大的意义。

第二节　油用牡丹品种审定

品种审定是指国家或者省级行政主管部门的品种审定委员会根据申请人的请求，对新育成的品种或者新引进的品种进行区域试验鉴定，按照规定程序进行审查，对其在生产上的利用价值、经济效益、适应地区及其相应的栽培技术进行全面、客观、准确的评价，决定该品种能否推广并确定其推广范围的一种行政管理措施。

牡丹是《中华人民共和国主要林木目录(第一批)》中的林木，按《中华人民共和国种子法》第 15 条规定：主要农作物品种和主要林木品种在推广前应当通过国家级或者省级审定，申请者可以直接申请省级或者国家级审定。

因此，油用牡丹品种审定应按林木品种审定的规范和标准进行。本节将介绍主要林木品种审定的一般方法，为油用牡丹品种审定提供参考。

一、品种审定的条件及标准

(一)品种审定的条件

根据《中华人民共和国种子法》(以下简称《种子法》)的规定，林木品种审定工作应当公正、公开、科学、及时地进行。按照《种子法》规定，申请的林木品种应当具有以下条件：

(1)经区域试验证实，在一定区域内生产上有较高使用价值、性状优良的品种。

(2)优良种源区内的优良林分或者种子生产基地生产的种子。

(3)有特殊使用价值的种源、家系或无性系。

（4）引种驯化成功的树种及其优良种源、家系和无性系。

特殊情况：

（1）在中国没有经常居所或者营业场所的外国人、外国企业或者外国其他组织在中国申请林木品种审定的，应当委托具有法人资格的中国种子科研、生产、经营机构代理，并签订委托书。

（2）县级以上人民政府林业行政主管部门的林木种苗管理机构对选育人不清，但在生产上有较高使用价值、性状优良的林木品种，可以直接向林木品种审定委员会提出审定申请；对选育人不申请审定的林木品种，可以根据与选育人签订的协议，直接向林木品种审定委员会提出审定申请。

（二）品种审定的标准

不同作物的审定标准不同，花卉新品种的审定标准尚未正式制定，但大致包括以下三个方面：①与同类品种相比，有明显的性状差异，并具有较好的观赏性。观花植物以花形、花色、花朵大小、花姿、花期长短为主要指标，观叶植物以叶和茎的变化为主要特征；②主要遗传性状稳定，具有连续 2 年或以上的观察资料；③具有一定的抗病性和抗虫性，尤其是对主要病虫害有较强的抗性。

二、品种审定程序

（一）品种审定申请

1. 品种审定申请材料

申请人应当向林木品种审定委员会提交下列材料：

（1）主要林木品种审定申请表。

（2）林木品种选育报告，内容应当包括：品种的亲本来源及特性、选育过程、区域试验规模与结果、主要技术指标、经济指标、品种特性、繁殖栽培技术要点、主要缺陷、主要用途、抗性、适宜种植范围等，同时提出拟定的品种名称（以品质、特殊使用价值等作为主要申报理由的，应当对品质、特殊使用价值做出详细说明）。

（3）林木品种特征（叶、茎、根、花、果实、种子、整株植物、试验林分）的图像资料或者图谱。

（4）申请审定的林木品种已通过科技成果鉴定或者获得植物新品种权的，应当附相应证书复印件。

（5）申请审定的林木品种已通过省级审定又申请国家级审定的，还应当附省级林木品种审定委员会的审定证书复印件。

(6)代理机构代理申请林木品种审定的，应当附代理机构与委托人签订的代理委托书。

2. 品种审定申请时间

(1)申请人应当在每年3月1日前，向林木品种审定委员会提出审定申请；3月1日以后提出审定申请的，不列入本年度的审定范围。

(2)林木品种审定委员会收到申请材料后，应当对申请者提交的申请材料进行形式审查，并在15日内做出是否受理的决定。

(二)品种审定受理

品种审定委员会办公室在收到申请书2个月内作出受理或不予受理的决定，并通知申请者在1个月内交纳试验费和提供试验种子。对于交纳试验费和提供种子的，由品种审定委员会办公室安排品种试验。逾期不交纳试验费或者不提供试验种子的，视同撤回申请。

(三)品种试验

包括区域试验和生产试验。转基因品种的试验应当在农业转移基因生物安全证书确定的安全种植区域内安排。每一个品种的区域试验在同一生态类型区不少于5个试验点，试验重复不少于3次，试验时间不少于两个生产周期。区域试验应当对品种丰产性、适应性、抗逆性和品质等农艺性状进行鉴定。每一个品种的生产试验在同一生态类型区不少于5个试验点，1个试验点的种植面积不少于$300m^2$，不大于$3000m^2$，试验周期为1个生产周期。生产试验是在接近大田生产的条件下，对品种的丰产性、适应性、抗逆性等进一步验证，同时总结配套栽培技术。抗逆性鉴定、品质检测结果以品种审定委员会指定的测试机构的结果为准。

(四)反馈结果

每一个生产周期结束后3个月内，品种审定委员会办公室应当将品种试验结果及时通知申请者。对于完成品种试验程序的品种，品种审定委员会办公室应当在3个月内汇总结果，并提交品种审定委员会专业委员会或者审定小组初审。

(五)初审

专业委员会(审定小组)应当在2个月内完成初审工作。根据审定标准，采用无记名投票表决，赞成票数超过该专业委员会(审定小组)委员总数1/2以上的品种，通过初审。

(六)通过审定

初审通过的品种，由专业委员会(审定小组)在 1 个月内将初审意见及推荐种植区域意见提交主任委员会审核，审核同意的，通过审定。主任委员会应当在 1 个月内完成审定工作。审定通过的品种，由品种审定委员会编号、颁发证书，同级农业行政主管部门公告。

三、品种审定的作用

以油用牡丹为例，品种审定的主要作用有：

(1)可以保证生产上推广的新品种具有较好的特性，至少在结果量、出油率、油品质、抗性等某个方面具有优势，而在其他方面的表现均不低于对照品种。一方面可以推动新品种的推广，同时也能加速新品种代替原有某些方面表现较弱的品种，宏观上加速科技成果向现实生产力的转化。

(2)对新品种的审定，实际上宣告了新育成的油用牡丹品种是否创新成功。通过审定的品种，表明其跟对照品种相比，在生产上更具有利用价值，并可为生产带来新增的经济效益；而未通过审定的品种，则表明其在产量与其他方面没有超过对照品种，若在生产上推广，不能增加经济效益，甚至会带来农业减产、减收等生产风险。因此，只有通过审定的品种才能投入牡丹油的生产。

(3)通过品种审定的油用牡丹新品种，受到法律保护。育种者的品种知识产权不被侵犯，其劳动成果得到尊重，从而调动育种者的积极性，鼓励其积极投身新品种选育工作中去。

总之，为了保证牡丹籽油生产安全，加速油用牡丹优良新品种的推广，防止盲目引进和任意推广新品种造成的"多、乱、杂"而给生产带来损失，实现品种布局区域化，维护品种选育者、生产者、经营者和使用者的合法权益，必须加强对品种的管理，做好品种审定工作。

油用牡丹品种审定后，为了能大规模推广种植，还需要扩繁种籽。油用牡丹播种繁殖操作简便，能较大数量的繁殖苗木，育苗成本也比较低廉。但由于牡丹从播种、发芽到开花周期较长，五六年生后的油用牡丹所结种籽饱满充实，是选留种的主要对象。

第三节　油用牡丹品种保护

品种保护也称为植物新品种保护，即获得植物新品种权，同专利一样，是一种知识产权保护制度，属于财产权确认范畴。一个植物新品种只能授予一项品种权，品种权完全由植物新品种所有权人自愿申请。品种保护证书授予的是一种受法律保护的智力成果的财产权利证书，是授予育种者的一种财产独占权，品种权可以依法转让或继承。

一、新品种保护授权的条件

新颖性：繁殖材料在中国销售的时间不超过 1 年，在境外销售的藤本、林木、果树和观赏木本未超过 6 年，其他植物未超过 4 年。

特异性：指申请品种权的植物新品种应当明显区别于在递交申请以前已知的植物品种。

一致性：申请品种权的植物新品种经过繁殖，除可以预见的变异外，其相关的特征或者特性一致。

稳定性：指申请品种权的植物新品种经过反复繁殖或者在特定繁殖周期结束时，其相关的特征或者特性保持不变。

具备适当的名称：授予品种权的植物新品种应当具备适当的名称，符合《条例规定》，并与相同或者相近的植物属或者种子中已知品种的名称相区别。该名称经注册登记后即为该植物新品种的通用名称。

二、新品种保护的授权程序

品种保护申请的受理、审查和授权集中在国家一级审批，由国务院农业、林业行政部门的植物新品种保护办公室共同负责。其中，木本观赏花卉的新品种申请由林业部门负责受理。品种保护申请和批准程序主要有以下几点：

品种保护的申请程序：提出申请，受理，缴纳申请费，初步审查，初审合格公告，缴纳审查费，实质审查，授权决定，缴纳年费，授权公告，发证。

（1）提出申请：申请品种权的，应当向审批机关提交符合规定格式要求的请求书、说明书和该品种的照片（申请文件一律使用中文书写）。

（2）受理：对于符合相关条例规定的品种权申请，审批机关应当予以受理，明确申请日、给予申请号，并自收到申请之日起一个月内通知申请人缴纳申请费。

（3）缴费与初审：申请人缴纳申请费后，审批机关对品种权申请进行初步审查，主要审查内容有：①是否属于植物品种保护名录列举的植物属或者种的范围；②是否符合新颖性的规定；③植物新品种的命名是否适当。

（4）初审合格公告：审批机关应当自受理品种权申请之日起 6 个月内完成

初步审查。对经初步审查合格的品种权申请，审批机关予以公告。对经初审不合格的品种权申请，审批机关应当通知申请人在 3 个月内陈述意见或者予以修正；逾期未答复或者修改后仍然不合格的，驳回申请。

（5）缴纳审查费：申请人应在公告发出日起 3 个月内缴纳审查费。申请人未按照规定缴纳审查费的，品种权申请视为撤回。

（6）实质审查：审批机关主要依据申请文件和其他有关书面材料进行实质审查。审批机关认为必要时，可以委托指定的测试机构进行测试或者考察业已完成的种植或者其他试验的结果。

（7）授权决定、授权公告和发证：对经实质审查符合规定的品种权申请，审批机关应当作出授予品种权的决定，颁发品种权证书，并予以登记和公告。

（8）缴纳年费：品种权人应当自被授予品种权的当年开始缴纳年费，并且按照审批机关的要求提供用于检测的该授权品种的繁殖材料。

需要注意的是，品种保护并非无限期有效。在我国，自授权之日起，藤本植物、林木、果树和观赏树木保护期为 20 年，其他植物为 15 年。超过保护期限或者在保护期限内，品种权人不缴纳年费或者主动声明放弃品种权的或者经过品种权审批机关抽检该授权品种同授权时特征性质不一致的，该品种权就自动终止。对于保护期限已满或终止的品种，任何人都可以无偿使用。

三、新品种保护的意义

植物新品种授权保护后，品种权人可以独家生产和销售经过授权的优良新品种，同时，也可以通过实施品种有偿转让或者授权许可，签订使用协议，从中获得经济回报，激发育种工作者的积极性，提高技术创新能力，从而培育出更多更好的优良新品种，使育种工作得到良性循环。

（1）为植物新品种的完成人或单位的利益提供了法律保障，授予品种权人享有新品种的生产、销售和使用的独有权，这样育种工作者也拥有了品种的专利权，品种的授权保护有效地维护了育种者的合法权益。

（2）保护植物新品种育成人或单位的权益，调动和保护了植物新品种育成人或单位的创新性和创造性，对鼓励育种人或单位的育种积极性具有重要意义。由于授权种子的独有性可以使育种工作者看到自己的成果给社会和企业带来的经济效益和社会效益，从而大大激发育种工作者的积极性和创造性，增强育种工作者的后劲，加快优良新品种的选育步伐。

（3）有利于促进植物新品种的宣传、推广和扩大知名度。一般来说，植物新品种的培育会给生产上带来一定程度的进步。一个新品种受到政府的保护，实质是提高了这个新品种的知名度，提高了这个新品种的自身的"身价"。因此，这个新品种容易被人们所接受，也容易在生产中得到广泛的推广。

第四节 我国油用牡丹品种登录、审定与保护的现状及对策

一、油用牡丹新品种登录的现状及对策

虽然，牡丹是我国的传统名花，但是，目前牡丹品种的登录工作相对落后，同物异名、同名异物、品种混杂的现象时有发生。在我国市场经济迅速发展的形势下，一些牡丹、芍药生产、经营者，以假乱真，以劣充优，使"假冒伪劣"品种流入国内外市场，在国际上给我国牡丹、芍药的声誉造成极坏的影响。

我国油用牡丹新品种登录目前存在以下问题：

（1）语言障碍，我国从事牡丹育种的大部分是农民技术员，他们往往英语水平低或基本不懂英语，很难直接使用英文登录表。

（2）品种登录表的填写需要大量的信息，包括照片、形态学等性状描述，这些数据的采集，不仅工作量较大，而且要求申请人（往往是育种者）具备一定的植物学和遗传学等科学素养，才能保证数据的真实、准确和科学性。

（3）由于牡丹品种较多，品种的鉴定变得越来越困难，因此，仅仅依据形态学特征判定一个新品种是否成立还不一定十分可靠，有些情况需要借助分子标记等现代手段辅助鉴定，这对于工作在一线的育种工作者存在很大的困难。

（4）由于栽培条件和管理技术不同，即使同一个品种，在不同的地区，其性状和物候表现差异很大。因此，应该制定一套规范的栽培管理技术指导育种者合理评价新品种，有利于提高数据的真实性和可比较性。

（5）为了使品种数据全球共享，扩大交流，国际牡丹新品种相关数据库或网页有待进一步的完善，以方便全世界的育种者进行交流。

针对油用牡丹新品种登录存在的问题，特提出以下思考。首先，新品种国际登录是一项全球化的公益性工作。为了开展好该项工作，方便广大育种工作者，需要品种登录协会与各国通力合作，积极交流，才能有利于各项工作的正常开展，才能有利于牡丹育种事业的发展。其次，登录负责人还应与育种者主动交流，加强沟通，甚至开展一些必要的培训，以确保登录工作的顺利进行。登录表的修订和完善应该适当考虑育种者的意见，有必要出版一本手册指导申请者如何科学地采集数据以及如何填写登录表。登录表信息中的彩色图片尤其

重要，因此，申请者必须提供有关新品种主要形态特征的一整套照片，才能使品种的鉴定和区别变得更加容易。此外，建设一个以收集、保存和评估油用牡丹新品种资源为目的的国际化的资源圃也有利于登录工作的开展和品种交流。

二、我国油用牡丹新品种审定与保护的现状以及对策

(一)对新品种保护存在认识不足或错误

由于广大育种工作者对植物新品种保护认识不足，甚至缺乏基本的了解，再加上宣传和科普植物新品种保护知识的力度不够，致使许多一线育种工作者以及单位的领导对农(林)业植物新品种保护制度和相关法律知识不太熟悉，认识不太到位，没有把植物新品种保护作为推动农(林)业技术创新的一项重要工作来做。有的地方甚至植物新品种保护工作机构、人员和活动经费至今没有落实。

一些人对植物新品种保护产生错误认识，他们认为农(林)业科研单位育种花的是国家钱，其育种成果所有权应由社会来分享，而不应该实施保护，否则会影响到农(林)业新品种的技术推广。

(二)知识产权意识淡薄

我国实行知识产权制度较晚，这使得广大科研单位和科研人员对植物新品种保护的重要作用没有充分的认识，知识产权意识淡薄。许多科研单位和科研人员由于长期受计划经济体制的影响，没有认识到植物新品种权是科研单位最重要的无形资产，甚至很少将品种育种权作为产权来对待，对植物新品种权的申请和保护缺乏积极性。如此薄弱的知识产权意识，使得他们不懂得运用法律武器来保护自己的智力成果，更谈不上通过植物新品种权的实施来获得经济效益。另外，大多数科研单位也缺少对知识产权法律制度比较熟悉并能够有效运用的人员，许多科研人员并不了解植物新品种保护的申请条件、审查批准程序和应当如何申请等相关知识。

(三)侵权现象严重

植物新品种权的权利核心是保护品种权人对该品种的合法权益。国家保护和支持这种权益的目的是鼓励科研和企业单位自觉运用知识产权保护制度，促进技术创新和自身发展。然而，近年来我国侵犯和假冒品种权的案件却有逐年上升的趋势，这极大地损害了品种权人的合法权益。

侵犯品种权的具体表现是未经品种权人的许可，以赢利为目的擅自生产或者销售品种权人已授权的品种，或者未经品种权人许可为侵权人代繁代育侵权

的亲本和种子。假冒品种权是指未经品种权人的许可，以赢利为目的假冒授权品种的名称、品种权申请号或品种权号，假冒品种权选育单位的名称、商标或者品种权人已注册的标识(包括防伪商标或标识)及包装等。

目前，侵犯和假冒品种权的方式多种多样，又十分隐蔽，不仅使得品种权人维权打假的难度不断增加，同时也损害了广大辛勤育种工作者的权益。

针对我国新品种审定与保护工作中存在的一些现状，提出以下意见：

(一)加强对植物新品种保护知识的宣传与普及

为了提高全社会的植物新品种保护意识，使各级政府及有关部门的领导、农(林)业科研工作者充分认识到植物新品种保护制度在育种创新、公平竞争和实现农(林)业科学技术跨越式发展中的重要作用和地位，必须加强对植物新品种保护知识的宣传与普及力度。积极争取各种新闻媒体的支持和配合，采取多种形式，长期不懈地深入宣传植物新品种保护的重要作用和相关知识，特别是要抓住品种权保护工作的一些重大活动、重大事件和重大案件进行宣传，使全社会都了解植物新品种保护法律、法规，认识到植物新品种权的重要意义。加强对省级农(林)业行政管理部门的执法人员、种子管理站的工作人员、植物新品种保护中介机构的代理人员的重点培训，提高全社会对新品种保护的意识。

(二)制定更加完善的配套政策和激励措施

为制定更加完善的配套政策和激励措施，应当采取多种手段，引导农(林)业科研、教学单位及其他企业及时申请植物新品种权审定与保护，防止无形资产流失。

首先是进一步简化品种申请和授权的程序，加快审批、授权的速度，使申请人的合法权益得到及时的保护。其次是改革现有的农(林)业科技成果管理和鉴定方法，在农(林)业科技成果鉴定之前，要求成果完成单位或者个人提交完整的专利或植物新品种权等知识产权状态的检索报告。

(三)加大力度打击和处理假冒与侵权行为

实施植物新品种保护制度，强化执法体系建设，切实保护品种权人的合法权益不受侵害。我国当前植物新品种侵权和假冒现象比较普遍，品种权人维权也存在一定困难，在这种情况下，须加大打击和处理假冒与侵权行为力度，整顿种子市场秩序。有关执法机构应当密切配合，共同营造有利于植物新品种保护的法治环境。保障品种侵权案件得到公正、及时的处理，制裁各类侵权行为，切实维护育种工作者的合法权益。要充分发挥农(林)业行政主管部门调处品种权纠纷比较快的特点，对品种权纠纷可采取先行政调处再司法诉讼的手段，从而保护育种者的合法权益。

虽然油用牡丹新品种的审定已经取得了开创性的成果，但我国目前的油用牡丹品种依然单一，依然远远满足不了我国油用牡丹产业的发展，因而在全国进行油用牡丹新品种的培育与开发任重而道远。当然，广大育种工作者在抓住时代的机遇，积极培育油用牡丹新品种的同时也要注意自身权益的保护，及时对新品种进行登录、审定与保护，为油用牡丹事业的发展奠定更加坚实的基础。

总而言之，油用牡丹新品种的登录、审定和保护对于整个油用牡丹发展事业影响巨大，除了对牡丹籽油生产行业具有重要推动作用之外，还保护了牡丹育种工作者的知识产权。加强品种保护意识，才能进一步提高我国油用牡丹在国际市场中的竞争力，才能激发培育工作者培育新品种的热情，才能确保油用牡丹遗传资源的安全。

第九章 油用牡丹繁殖

油用牡丹的繁殖分为有性繁殖和无性繁殖。有性繁殖即是种子繁殖；无性繁殖可以采用分株、嫁接、压条、扦插等多种方法，其中以分株、嫁接法最为常用，本章将作为重点具体介绍。

第一节 播种繁殖

播种繁殖方法简单，繁殖系数大，可以在短时间内获得大量苗木。是目前实生品种的主要繁殖方法。

一、种子的采收

(一)采种时间

采种时间为秋季，当蓇葖果呈蟹黄色时即可采收，过早种子不够成熟，过晚则种皮变黑发硬不易出苗。关于这一点，古人已有明确的认识，明·薛凤翔《牡丹八书》中，牡丹籽"喜嫩不喜老……以色黄为时，黑则老矣"；"子嫩者一年即芽，微老者二年，极老者三年出芽"。

(二)采种方法

种子成熟有早有晚，要分批采收。采收时，将蟹黄色的果实摘下后堆放在阴凉通风处，让种子在果壳内继续完成后熟过程，每隔2~3天翻动一次。10~15天后，种子由黄绿色变为褐色到黑色，绝大多数果皮开裂(图9-1)。此时不需将果皮与种子分开，仍存放在原处备用，严禁暴晒使种皮变硬，待下种前5天左右再将种子拣出。

二、播前处理

牡丹种子播种前可用水选法选种，用水将种子浸泡12小时，取水中下沉颗粒饱满的种子，水上浮起的不实种子弃之。播种前用50℃温水浸种24~30小时，使种皮脱胶变软，然后再用3号ABT生根粉(浓度为25mg/kg)浸种2小

图 9-1　成熟的种子

时即可播种。如不能立即播种，可按种子和湿细沙 1：3 的比例拌种放在屋内，也可用湿布盖上以待播种。500mg/L GA_3 处理紫斑牡丹种子后沙藏，可加快生根的速度和提高生根率。

三、播种

(一)播种时间

牡丹种子宜当年采当年播。在 8 月下旬至 9 月中旬播种，播种过迟，当年发根少，翌年春季出苗不旺。牡丹种子具有上胚轴休眠特性，当年秋末播种后，只发出幼根，幼芽需经过冬季低温，完成休眠的生理变化，来春方可萌发。

(二)播种

处理好的种子，便可播在苗床上，苗床分为室内苗床和室外苗床。

1. 室内苗床

浸泡好的种子可以用沙子层积放置于 15℃ 的环境中，注意保持沙子湿润。25~30 天生根，待根长大于 1cm，将种子播于穴盘或托盘中，基质为泥炭土：珍珠岩(2：1)，置于苗床上。

2. 室外苗床

选择向阳通风处做苗床，深翻(18~20cm)，耙平，按 30~50cm 的行距开 4~6cm 深的播种沟，每隔 3~4cm 播一粒种子或在沟内撒播，播后覆土，稍镇压，小水浇透。待地面稍干时，在播种沟上堆土加封 10cm 高，保温越冬(图 9-2)。牡丹具有上胚轴休眠现象，当年只长根不发芽，播种越及时，当年根越长，抗寒能力越强。

四、苗期管理

只要播种适时，土壤湿度适宜，一般播种后 30 天左右即可长出幼根，当

图 9-2 大田机械化育苗(陕西合阳中资国业苗圃)

年长至 10~12cm。次年温度上升到 5℃以上，种子幼芽开始萌动，此时应去掉覆土，浅松表土。幼苗生长主要靠底肥，对 2 年生苗要加强苗圃管理，适时追肥浇水，浇水或雨后及时松土保墒。对于室内温床播种的牡丹，此时主要是注意室内湿度及光照的控制。

五、幼苗移栽

牡丹春栽不易成活，管理好的幼苗可在当年秋季移栽；也可两年后再移栽，移栽可于 9 月间进行。起苗时从畦一头挖 60cm 深的沟，然后用锹垂直入土，用力将土和苗一起松入沟中；将苗拣出，按大小分开，大苗备栽，小苗集中密植在畦内待长大后移栽。移栽地里也需施足底肥，按株行距 40cm×40cm，挖 30cm 深的坑穴，每穴栽 1~2 株，栽好的牡丹顶芽应稍低于地面，然后把苗用碎土或腐熟的畜粪草肥封埋 10cm 高，来年春天拨开覆土，就可转入正常生产管理。

第二节　嫁接繁殖

嫁接是观赏牡丹主要的繁殖方法之一，也是油用牡丹杂交品种的主要繁殖方法。具有成本低、速度快、繁殖系数高、苗木整齐规范等优点。但若生产中操作不当，将导致成活率低。影响嫁接成活的关键因素主要有嫁接时间、砧木、接穗、绑缚和管理等几个方面。

一、嫁接时间

牡丹自8月下旬(处暑)至10月上旬(寒露)期间均可嫁接，但以白露(9月7~8日)至秋分(9月23~24日)为宜，在白露前后嫁接成活率最高。此时气温在20~25℃，地温为18~23℃，相对湿度较大，接口处愈合较快，极易产生愈伤组织，成活率较高。

(一)砧木的选择

牡丹嫁接所用砧木有以下几种。

芍药根砧：芍药根较柔软，嫁接易成活，成活后生长也快，但寿命短、分株少。以粗度在1.5~2cm，长15~20cm以上，带有须根为好。根据湖北等地试验，砧根的年龄对嫁接成活率有明显影响，从1年生到4年生平均嫁接成活率分别为45.0%、88.3%、61.7%、11.7%。此外，砧根太粗(削口处直径3.0cm以上)成活率亦大幅度下降。

牡丹根砧：一般用生长2~3年、须根多的牡丹粗根做砧木，长25~30cm为宜。

牡丹实生苗：用2~3年生、根茎粗1cm以上的凤丹实生苗作砧木，嫁接成活率高，且成活后植株生长旺盛。砧木挖出后晾晒1~2天，失水变软后可进行嫁接，这样不但切口不易劈裂，便于操作，而且短暂失水更有助于水分吸收。

(二)接穗的选择

接穗宜选择健壮植株上一年生粗壮萌蘖枝(俗称土芽)，其髓心充实，接后易成活，也可选植株上部当年生枝。接穗一般长为6~10cm，带有健壮的顶芽和一个或几个小侧芽。接穗要随剪随接，不可久放。

二、嫁接方法

油用牡丹嫁接多以裸根嫁接为主，常称为掘接；但也可以地接(或称居接），俗称"抹头"，抹头多用凤丹或者芍药的二三年生实生苗作砧木。嫁接按照接穗的性质分，有根接法、枝接法与芽接法。按砧木的状况分，有掘接法和地接法。

（一）根接法

兰州一带嫁接时间在8月上中旬至9月初开始。采用大棚沙床增温促进嫁接苗愈合的方法。砧木采用芍药根或牡丹根。接穗选用当年生健壮萌蘖枝，剪成长5~10cm的接穗，带顶芽或1~2个侧芽。最好随剪随接。芍药根挖取后应立即进行根接，不可放置太久。

此法简便灵活，还可利用冬闲时间，先在室内进行嫁接，成活后于翌年秋季栽植露地。先用嫁接刀在已选好的接穗下端对称斜削两刀使成楔形，切口长2~3cm，横断面呈三角状，将接穗衔在口中保持湿润，随即将事先准备好的根砧顶端削平，从切口上的一侧1/3处，由上向下纵切一条长度近似接穗切面的裂

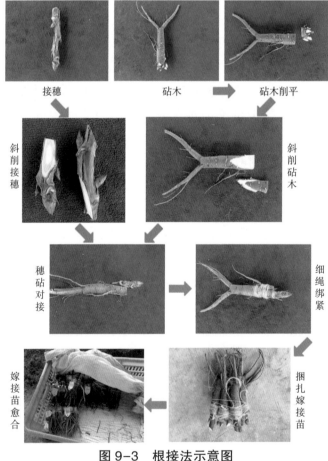

接穗   砧木   砧木削平

斜削接穗   斜削砧木

穗砧对接   细绳绑紧

嫁接苗愈合   捆扎嫁接苗

图9-3　根接法示意图

（照片由中国科学院植物研究所刘政安提供）

缝，用右手拇指在切口对面向切口方向挤，以使砧木切口张开，然后将削好的接穗由上向下插入裂缝中，使双方皮层密接对好，松开拇指，自上而下用麻绳或塑料布条缚紧，并用稀泥浆或接蜡涂抹接口，稍微阴干后即可。如图9-3所示。

（二）枝接法

一般采用较粗的3~4年生凤丹实生苗做砧木，不将砧木挖起，直接就地嫁接。先扒去砧木周围5~10cm深的表土，露出根茎长度3~4cm，将其上面的枝条剪去，下面的隐芽抹去，修平根茎上端面，用嫁接刀将根劈开，然后插入已削好的接穗。接穗削法和操作过程与根接法基本相同，只是外侧枝稍薄，如图9-4所示。枝接的优点是不损伤砧木的根系，嫁接成活率高，苗木生长势强。缺点是操作较费劲，阴雨天不便作业。

A 剪砧3~4年生苗

B 削好的接穗

C 枝接后涂泥或接蜡

D 培土堆覆盖接苗

图9-4 枝接法

（图引自《中国牡丹栽培与鉴赏》，赵兰勇主编）

（三）芽接法

芽接法嫁接期长，但是成活率低，且容易退化。

有贴皮法和换芽法两种芽接方法，芽接在枝条韧皮部能剥离时期进行，以5月上旬到7月上旬最好。这时嫁接，皮层易于分离和愈合，成活率最高。砧木采用实生牡丹，接穗选用当年生枝条充实饱满的芽，若在4~5月份生长旺盛期，也可选用2~3年生枝条上的芽作接穗。

（四）贴皮法

在砧木当年生枝条上连同木质部切掉长方形或盾形切口，再将接穗的叶芽连同木质部削下一大小、形状和砧木上切口相同的芽块，然后迅速将其贴在砧木切口上，用塑料带扎紧。

(五)换芽法

将砧木上嫁接部位的腋芽连同形成层一起取下，保留木质部完整的芽胚；用同样的方法将接穗上的芽剥下，迅速套在砧木的芽胚上，注意二者相互吻合，最后用塑料带扎紧。一个月后，接芽成活时，解开塑料带，去掉砧木上赘芽，使养分集中于接芽，保留砧木上的叶片。

三、嫁接后管理

嫁接后的嫁接苗可培土 10~12cm，为了使嫁接苗容易发芽出土，嫁接后第一年春季松去一部分覆土，但不可全部扒掉，在顶芽之上仍需保留 3~5cm 厚的松土层，让幼芽自然长出。随着温度升高，嫁接苗生长很快，要及时去除从根砧上发出的根蘖，否则将影响接穗的生长，甚至将萌发的接穗抽死，这是栽后管理的关键。在露地生长 2~3 年以后，可进行移栽。利用芍药根砧嫁接，在移栽时，若嫁接苗上牡丹接穗已有自生根，便可将芍药根砧剪除后栽植，否则幼苗生长不旺。接穗上的芽若是花芽，嫁接成活后第一年可开花。但为了避免过多的养分消耗，促使新株正常生长，应该及时摘除花蕾避免其开花。

第三节　分株繁殖

牡丹为典型的小灌木，萌蘖力强。将大株牡丹分成若干个小株进行栽培繁殖的方法称为分株繁殖。分株繁殖是油用牡丹主要的营养繁殖方式，其方法简便易行，可保持品种的优良特性，分株后，植株生长旺盛，分株后第二年就能正常开花，是牡丹最常用的繁殖方式。但仍需 2~3 年才能充分表现出品种特性。分株法繁殖系数低。

一、母株选择

分株繁殖母株的选择很重要，母株应选择生长 3~6 年、枝条数多、品种纯正、生长健壮、无病虫害的植株。母株苗圃地应特殊管理，提前 1~2 年平茬、培土、少抹芽，留足、养好萌蘖芽，保证分株后的子株有一定数量的枝和根。

二、分株时间

分株时间在秋分与寒露之间进行，此时植株叶片部分干枯，牡丹根系也储藏了一定的营养，天气温度已经开始降低，但土壤内部温度还不是很低。此时分株，有利于伤口愈合，减少地上部分的蒸发，而且地下部分还可以旺盛活动，能在冬季来临之前长出10cm以上的新根，提高苗木的成活率和开花率。分株过迟，发根弱或不发生新根，到了来年春季不耐干旱，容易造成植株死亡；也不可分株过早，过早天气还热，容易引起"秋发"。但在较寒冷地区，如甘肃等地由于冬季寒冷漫长，春季分株仍应用较多。

三、分株方法

分株法包括3个步骤：分、剪和种。分即选择4~5年生、生长健壮的母株挖出，去掉附土，视其枝、芽与根系的结构，顺其自然生长纹理，用手掰开。分株的多少，应视母株丛大小、根系多少而定，一般可分2~4株；剪就是分株后，若无萌蘖枝，可保留枝干上潜伏芽或枝条下部的1~2个腋芽，剪去其上部；若有2~3个萌蘖枝，可在根颈上部3~5cm处剪去。分株后为避免病菌侵入，伤口可用1%硫酸铜或0.25%多菌灵浸泡，消毒灭菌。把分株挑选苗按其品种分区栽植，栽植时要使根系在穴内均匀分布，自然舒展，不可卷曲在一起，深度以根颈处与地面平齐或稍低为宜，封土时应分层填土，层层填实，然后浇水，培土越冬。

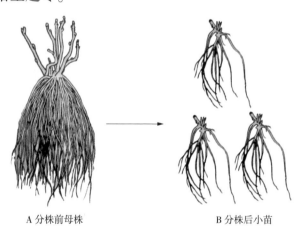

A 分株前母株　　　　　　　　B 分株后小苗

图9-5　分株繁殖示意图

（图引自《中国牡丹栽培与鉴赏》，赵兰勇主编）

四、分株苗生长

"牡丹分株后，瓣自单薄，颜色尽失，必3年而元气始复，丰跌始见"。故分栽牡丹"一年曰弱，二年曰壮，三年曰强，四年、五年、六年、七年、八年曰艾，九年、十年、十一年、十二年曰耆，十三年、十四年、十五年曰老"，耆老过后又得重新分栽。一般牡丹分株后历年生长情况见图9-6。

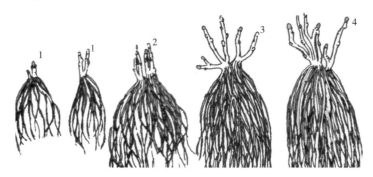

图9-6　分株后历年生长情况(1~4年)

(图引自《中国牡丹栽培与鉴赏》,赵兰勇主编)

第四节　压条繁殖

因压条部位不同可分为地面压条和空中压条。

一、地面压条

压条时间一般在5月底、6月初花期后10天左右枝条半木质化时进行,成活率最高。选健壮的2~3年生枝向下压倒,在当年生枝与多年生枝交接处刻伤后压入土中,并用石块等物压住固定,经常保持土壤湿润,促使萌生新根。若在老枝未压入土的部分也进行刻伤,使枝条呈将断未断状态,则更有利于促发新根。到第二年入冬前须根长多时,即可剪离母体成新的植株。

二、空中压条

一些植株高大和独干型的油用牡丹,不能采用地下压条法繁殖,可采取空中压条法。用该法培育出的苗木,须根发达,植株矮小,适宜盆栽。该法宜用于嫩枝,故也叫嫩枝吊包法,时间在花谢后10天左右,在枝条半木质化时进行成活率最高,过早过迟(即枝条太嫩或太老)均不适宜,具体方法如下:

(1)在当年生嫩枝基部第二或第三片叶的叶腋下0.5~1.0cm处进行刻伤,宽1cm左右。

(2)用IAA(50~70mg/L)、ABT1号生根粉(40~60mg/L)、生根灵(原液用水稀释15倍)等处理。取0.5g脱脂棉浸泡于上述溶液中,取出后捏出多余溶液并拉成宽1.5cm的棉条,缠于环剥部位上方。

(3)吊包。用宽14cm、长18cm的薄膜在环割部位进行吊包,包内装入基质(经粉碎的苔藓 1 份与 0.5mm 的炉渣 10 份按重量比混合)并压实,吊包用竹竿固定。用注射器向包内基质注水适量使其保持湿润。

枝条经处理后 1~2 个月生根,生根前仅需向包内适时注水,愈伤组织较发达时,改为补充由硝铵、磷酸二氢钾及硫酸锌配制的营养液,溶液 pH 值调到 6.0~6.5 之间。从包外能看到萌发的幼根时,及时剪下,移入花盆或苗床(培养土用优质腐殖土)适当深栽。先在半阴条件下培养半个月,然后转入全光照条件培养。每 5~7 天喷一次营养液(白糖 60g+尿素 60g+磷酸二氢钾 40g+水 10kg),共 3~4 次。注意保持土壤湿润。

第五节　扦插繁殖

油用牡丹扦插虽能成活,但生长缓慢,管护困难,生产上一般较少采用。9 月中旬至 11 月上旬,剪取 10~15cm 长的土芽或一年生枝粗而侧芽多的枝条,插在沙土或蛭石作基质的苗床上,喷透水后,用塑料薄膜搭一拱棚,以利保温保湿。春暖时,及时揭开,通风、洒水、去膜。秋季移植,为提高扦插成活率,可在扦插前用吲哚丁酸处理枝条,有利生根。

第六节　组织培养

组织培养是以由德国著名植物生理学家科特利布·哈布兰特(Gottlieb Haberlandt)提出的植物细胞具有全能性的理念为理论基础的。即植物体细胞在适当的条件下,具有不断分裂和分化、发育成完整植株的能力。在无菌环境中,取植物器官或组织(如芽、茎段、根或花药),置于适宜的人工创造的环境中进行培养,这些培养的组织会开始经历脱分化、再分化过程,最终形成完整植株所具备的全部器官,其中培养环境对实现植物全能性有重要意义,只有在合适的光照、温度和湿度的环境中,并提供生长所需的全部营养物质和适宜的激素配比等主要条件下,植物组织才可实现全能性。

组织培养是牡丹繁殖方式的最有效手段之一。周仁超(2001)和曹小勇(2003)分别研究了不同浓度的 6-BA、NAA 组合对紫斑牡丹的胚培养及植株再生影响,陈怡平等(2001)和祁文烈等(2011)以牡丹为研究对象,探讨了不同培养条件和外植体材料对愈伤形成和快繁体系建立的作用和影响,刘会超等和张改娜等(2012)选用'凤丹白'的种胚为实验对象,分别针对层积预处理、培养基类型、添加激素配比等方面,探求较适合的利于'凤丹白'种胚分化的培养条件。成仿云(2008)主要研究了如何打破凤丹牡丹种子休眠，促进种子萌发生长，及其对植株生长质量各个方面影响，刘会超等(2001)选用不同外植体时发现，子叶和胚轴是愈伤诱导的较好材料，NAA 与 2,4-D 组合的培养基诱导率较高，并且通过添加一定量的维生素 C 对试验中出现的褐化问题可以很好的防治。

一、牡丹组织培养技术

(一)外植体选择

牡丹组织培养采用的外植体主要有顶芽、腋芽、萌蘗芽、花芽和萌生条等，其中萌蘗芽的效果最好，分化高，花芽最差。不同取材时期对芽的培养也有影响，12 月至翌年 2 月份取材，外植体污染率低，成活率高，萌发时间早，生长迅速，植物健壮，培养效果最好。这是因为冬天温度低，将土壤以及植株上附着的细菌、病毒等生物冻死，减少了污染源；另外，低温过程导致植株及芽内的激素含量发生动态变化，促进萌发和生长的 IAA、GA_3 增多，抑制萌发和生长的 ABA 减少，从而改善了芽外植体的培养效果。

(二)外植体灭菌

牡丹芽体上或芽体内的菌类物质是外植体消毒困难的主要原因。常用的消毒剂有酒精、升汞($HgCl_2$)、次氯酸盐、酒精和升汞混合液等。消毒剂的浓度和处理时间因品种、外植体类型、取材时期不同有一定的差异。

有研究以牡丹顶芽为外植体，选用 0.1% $HgCl_2$ 消毒剂，研究了不同消毒处理时间 4min、6min、8min、10min、12min 对顶芽污染率、褐化率及存活率的影响，实验结果表明：用 0.1% $HgCl_2$ 处理牡丹顶芽，8min 为最理想的消毒处理时间。其中，随着消毒时间的延长，污染率呈由高到低的趋势，而褐化率却呈由低到高的趋势，存活率则是先升高，再下降。

(三)培养基选择

牡丹的组织培养主要采用 MS 培养基，附加不同的生长调节物质。但该培养基无机盐浓度过高，可能引起酚类外溢物质的大量产生而导致褐化，于是人们将 MS 培养基成分减半，形成 1/2MS 培养基，并被大量使用。蔗糖作为碳源也经常被添加到培养基中，浓度多在 2%~3% 的范围内。

在牡丹组织培养中，植物生长调节剂用量虽少，但却发挥着重要的调节作用。一般认为，生长素能促使细胞进入持续分裂增殖状态，提高增殖倍数，而细胞分裂素促使细胞进入分化状态。常用的生长素有萘乙酸(NAA 0.1~

1.0mg/L)、吲哚乙酸(IAA 0.1~2.0mg/L)、吲哚丁酸(IBA 1.0~2.0mg/L),被采用的频率依次递减。除此之外,有研究表明在初代培养中对愈伤组织增殖最有效的是2,4-D,但它同时也是一种器官发生抑制剂,不能用于启动根和芽的分化。在细胞分裂素中,6-BA使用最频繁,浓度范围0.2~2.0mg/L。

在牡丹组织培养过程中严重的褐化现象在很大程度上抑制了培养材料的再生、降低了增殖系数。为此,一些抗氧化剂与吸附剂也被加入培养基中。何松林等通过研究得出,1000~1500mg/L聚乙烯吡咯烷酮(PVP)对褐化的抑制效果最好。此外,还有硫代硫酸钠、维生素C、活性炭能够清除培养材料在代谢过程中产生的有毒副物质、调节激素供应,因此也有利于褐化的抑制,用量为0.3%~0.5%。

(四)培养条件

研究表明,牡丹组培所需温度以24~26℃最为适宜,超过26℃就会刺激玻璃化苗的产生,温度较低则会降低光合作用,抑制试管苗的生长。同时,在组培过程中,亦应注意昼夜温差的控制。昼夜无温差会导致物质积累减少,叶绿素含量减少,酶功能失调,蛋白质含量降低,从而导致玻璃化苗的产生。通过变温处理,加大昼夜温差会使该现象消失。

此外,在光照条件下,牡丹组织培养适宜条件为2000lx、10h/d。但在"凤丹"组织培养中,叶侠清等发现在29℃、黑暗条件下培养可显著提高牡丹根皮愈伤组织的增长倍数和丹皮酚含量。

湿度方面,一般认为采用通透性较好的棉塞等材料封口,有利于培养材料的光合干物质积累,降低湿度,减少玻璃化苗的发生。

(五)生根培养与移栽

牡丹组培苗生根培养中常用到的培养基有MS、1/2MS。IBA有较好的促进植物生根的作用,此外也有使用NAA或IAA诱导生根的报道。IBA作为生根诱导剂,使用方法有3种:一步生根法,即将未生根的组培苗接种在含IBA的培养基中,进行长时间的培养;速蘸法,即将用于生根的组培苗的基部在一定浓度的IBA溶液中浸泡一段时间,然后接种在含有活性炭而不含有生长素的培养基中培养生根;二步生根法,即先将未生根的组培苗接种在含一定浓度IBA的培养基中进行一段时间诱导,然后转入含有活性炭而不含生长素的生根培养基中培养。实验表明,两步生根法效果最好。唐豆豆(2016)对凤丹牡丹组织培养生根过程进行了研究。如图9-7,是其对凤丹牡丹生根过程的拍照记录。

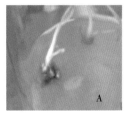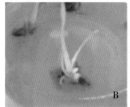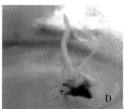

A–D：凤丹苗在最适生根培养基上培养15天(A)，20天(B)，35天(C和D)

图9-7 凤丹牡丹苗生根过程

牡丹组培苗根长3~4cm时，从培养室取出，置于4℃进行低温处理，之后在散射光下封闭瓶口炼苗，并逐渐去掉封口材料。炼苗时间的长短对生根苗移栽成活率有很大影响，适当延长炼苗时间，可以提高移栽成活率。生根苗移栽应选择凉爽的季节，以春季和秋季为好，此时温度适宜，昼夜温差较大，有利于移栽苗的生长。有研究表明，在腐殖土上的移栽成活率为48%，而蛭石作基质时的移栽成活率为33%，相比之下，腐殖土较好。

二、牡丹不同组织培养方法

在植物组织培养过程中，依据外植体来源不同，植物组织培养可以分为愈伤组织培养、器官培养、花药和花粉培养、胚培养、细胞培养、原生质体培养。

（一）牡丹愈伤组织培养

在凤丹组培中，张子学等采用种子、种胚以及由此产生的子叶、叶柄、叶片和愈伤组织等作为外植体进行芽的诱导，发现采用胚培养可以打破胚轴休眠，缩短初代培养周期。叶侠清等在牡丹愈伤组织诱导方面得出结论，在胚、上胚轴、腋芽、顶芽、土芽、叶片、叶柄、心皮、花药等外植体中，土芽的诱导率最高。Margherit Beruto等经过进一步研究表明，带有展开叶片的芽比仅具有幼叶原基的芽更容易启动组培过程。分析认为土芽的组织分化程度最低，最容易脱分化产生愈伤组织，是最理想的外植体材料。

牡丹组培中，诱导产生愈伤组织比较容易，而由愈伤组织分化不定芽却比较困难，不定芽分化率一般比较低。李玉龙等人诱导牡丹嫩叶和叶柄产生愈伤组织，并分化成不定芽，实现了少量的植株再生；他得出叶柄的愈伤诱导率及愈伤分化率都显著高于嫩叶。李艳敏诱导'紫瑶台'叶片愈伤组织的不定芽分化率最高仅为10.0%。可见，牡丹组织培养中，由愈伤组织再生植株的途径还需要深入研究。

（二）花药和花粉培养

芍药属植物具有多核或多细胞花粉的现象，表明其具有较明显的体胚发生潜能，为进行体胚发生研究创造了条件。1975 年 Zenktleler 等研究了 *P. suffruticosa* 和 *P. lutea* 花药的离体培养，在培养基 MS+3% 蔗糖+500mg/L 水解酪蛋白+1mg/L KT+1mg/L IAA 中培养 3 周后，观察到多细胞和多核的花粉粒；6 周后，2%~3% 的花粉形成了多细胞的胚状体，但它们始终包被着花粉外壁，没有完成器官分化。Roberts 和 Sunder-land 在不添加碳和琼脂的 MS 液体培养基中，成功获得了 *P. delavayi* 的花粉胚。但是，由花粉分化出器官，从而完成植株再生的过程在牡丹方面尚未有研究结果公布。

（三）胚培养与体细胞培养

为了改变牡丹种子休眠的习性，国外学者进行了胚培养的研究。胚培养技术是指将植物的种胚接种在无菌的条件下进行培养，使之生长发育成幼苗的技术。1976 年 Zillis 和 Meyer 报道，胚的离体培养可以将萌发时间由 8 个月缩至 12~14 周，大大加快了育种进程。黄守印和周仁超研究了不同基因型的牡丹成熟胚的胚培养，通过丛生芽和不定芽的产生，获得了较高的增殖率。周仁超将丛生芽切分成单芽，诱导生根，生根率达 90% 以上，大大提高了成苗率。何桂梅等对几种日本牡丹的幼胚（65 天）进行培养，发现启动培养基、基因型与胚的发育时期是影响幼胚立体生长的重要因素；但幼胚培养成苗率低，只有 10% 左右。而紫斑牡丹和杨山牡丹近成熟胚（花后 90 天）的离体培养，分别获得了 71.6% 和 63.6% 的成苗率。说明幼胚不是牡丹胚培养的理想材料，发育后期的材料适合用作胚培养。

体细胞胚发生是细胞全能性表达最完全的一种方式，与诱导器官分化相比，体细胞胚遗传性相对稳定，不容易发生突变，在适宜的条件下很容易长成独立植株，成苗率较高，可加快繁殖优良种质并保持其遗传性。近年来，分子生物技术的迅猛发展和广泛应用，使体细胞胚发生的研究进入一个崭新的阶段。牡丹方面，何桂梅以两种日本牡丹的幼胚、杨山牡丹和紫斑牡丹近成熟胚为外植体，首次成功诱导出牡丹的体细胞胚，在 1/2MS+BAP0.5mg/L+CH 500mg/L+蔗糖 10% 的培养基中，4 种牡丹的体胚诱导效果均较好，分别达 27.3%、23.1%、20.0% 和 10.0%，将诱导出的体胚分割下来单独培养，紫斑牡丹的体胚 5.8% 能再生成苗。该项研究填补了牡丹体胚发生方面的空白，为牡丹的分子育种奠定了一些基础。唐豆豆（2016）研究了 GA_3 和 NAA 对凤丹牡丹种胚生长影响，结果表明，GA_3 结合 NAA 的培养基比单独使用 GA_3 的培养基对种胚的诱导效果要好，添加 NAA 后种胚子叶萌动和胚根长出所需时间明显减少，随着 NAA 浓度的增加，子叶萌动和胚根长出时间也提前。其中 GA₃ 对种胚生长有较好促进作用，培养一段时间后，胚轴生长较快，且较细弱；NAA 有利于种胚生长质量，添加一定浓度 NAA 后种胚质量提高了，子叶变得肥硕，且子叶颜色正常(图9-8)。

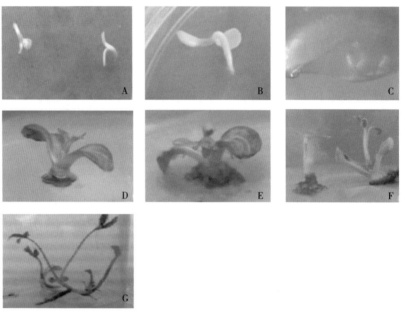

A：种胚接种1.5 mg/L GA₃+0.1 mg/L NAA 到培养基生长3天；
B：种胚接种1.5 mg/L GA₃+0.1 mg/L NAA 到培养基生长5天；
C：种胚接种1.5 mg/L GA₃+0.1 mg/L NAA 到培养基生长10天，胚轴伸长生长；
D：种胚接种1.5 mg/L GA₃+0.1 mg/L NAA 到培养基生长20天，子叶肥厚变绿；
E：种胚接种1.5 mg/L GA₃+0.1 mg/L NAA 到培养基生长25天，茎叶伸长，基部形成不定根凸起；
F：种胚接种1.5 mg/L GA₃+0.1 mg/L NAA 到培养基生长30天，不定根伸长；
G：种胚接种2.0 mg/L GA₃+0.1 mg/L NAA 培养基上培养40天后，形成2~3条不定根

图9-8 GA₃和 NAA 对凤丹牡丹种胚生长影响

三、影响牡丹组织培养的因素

牡丹的育种和繁殖一直是生产和科研的主要内容，也是牡丹走向商品化和产业化的重要前提。组织培养及生物技术的发展将为牡丹育种和繁殖提供重要的技术基础。虽然目前对凤丹牡丹的组织培养研究进行得较为深入，但多数还只停留在实验室研究阶段，牡丹组培研究尚未建立起高效离体再生系统。究其原因，在牡丹组织培养中存在以下几大障碍。

(一)外植体的选择

牡丹组织培养常用的外植体为种胚、花药、花瓣、叶片、茎段等。在对不同外植体诱导愈伤组织的研究中，陈怡平等以紫斑牡丹为材料，诱导愈伤组织

难易大小为：芽最易，地下芽次之，花药最难形成愈伤组织。李玉龙等实验发现，叶柄愈伤诱导数量和分化率都较叶片高。孔祥生、张桂花等研究发现，相同材料，取得时间不同，实验效果也有很大差异，选用2月份左右的外植体材料，消毒方便，不易污染，且后期外植体生长势较快。相反，若用8~10月份的休眠芽材料，不仅极易污染，生长缓慢，后期也容易出现褐化死亡。

针对牡丹不同外植体，实验时需采用不同消毒方法。在建立无菌体系时，外植体材料的消毒灭菌处理是植物组织体系建立工作中的首要环节。这一过程在将外植体表面的微生物全部消灭的同时，又要减少对外植体表面组织的伤害。试验中，最常用消毒材料为乙醇、次氯酸盐、吐温、升汞等。一般的灭菌程序是对外植体表面基本消毒，再根据不同外植体材料用 0.1% $HgCl_2$ 灭菌 3~15min，最后用无菌水冲洗 3~6 次。有的外植体材料消毒困难，会有二次灭菌或多次灭菌。

（二）培养基和激素

基本培养基和激素对于体细胞胚胎发生研究起着很大的作用。最常用的基本培养基有 LP、DCR、LM、SH、GD 以及各种改良的 MS 培养基。查阅相关牡丹组培文献可知，通常用的为 MS 和 1/2MS 培养基。培养基中还需要无机盐和有机营养物，生长素和细胞分裂素是必不可少的，针对不同材料，二者的比例配合是组培关键。常用的生长素有 NAA、IAA、IBA 等，细胞分裂素为 2,4-D、6-BA 等。在组织培养时，选用的生长素和细胞分裂素的种类及其浓度，根据物种而定。

一般来说，采用 2,4-D 或 NAA 和 KT、BA 对于体细胞诱导有一定作用。其中 2,4-D 有重要作用，2,4-D 可有效诱导胚性愈伤组织的产生，同时，抑制体细胞胚进一步发育，促使其分化。在对不同种胚诱导愈伤生成和分化时，2,4-D 浓度是有较大差别的，有的需要较高的浓度，有的需要较低浓度。此外，也可采用 NAA 代替 2,4-D 更有利于体细胞胚的发生。

（三）褐化现象

国内外研究学者对牡丹展开了全方位的试验研究，牡丹的组织培养快繁技术也取得一定成果。但试验中出现严重的褐化现象，这不仅严重影响了牡丹外植体后期的正常生长，也影响胚性愈伤组织获得，以及愈伤分化。褐化的产生机理是当外植体或无菌苗在被切割后，伤害了植物组织细胞，体内产生的酚类物质向外分泌，当底物与外界氧气发生酶促氧化反应，生成伤口处分泌的多酚物质氧化后变成醌类物质，这些褐色的醌类化合物使得伤口处立刻变为深褐色，然后进一步扩散到培养基中，对其他酶的活性有抑制，阻碍了植株吸收营养物质，植株生长质量较差，特别在愈伤生长时，愈伤组织逐渐变黑死亡，后期生成的继代小芽生长明显受到影响，因无法较好的吸收到养分，较短时间内，小芽会出现萎蔫，最终死亡。同时，在继代增殖时，母株被切伤后，3天内会立刻分泌褐化物质，影响植株生长。

　　试验中，常用到的抗氧化剂是硝酸银、PVP、活性炭、植物凝胶、$Na_2S_2O_3$、维生素 C 等。李萍和成仿云等（2008）试验发现，活性炭在牡丹组培苗培养时可以有效控制褐化。唐豆豆（2016）进行了硝酸银对'凤丹'褐化防治的实验，结果表明硝酸银对牡丹褐化有显著的抑制作用（如图9-9）。而有的学者从防止

A

B

C

D

E

F

A：'凤丹'鳞芽在未添加任何防褐剂培养基上培养2天；
B：'凤丹'鳞芽在未添加任何防褐剂培养基上培养5天后；
C：'凤丹'鳞芽在未添加任何防褐剂培养基上培养7~10天后；
D：表示'凤丹'鳞芽在添加硝酸银2mg/L培养基上培养7~10天后；
E：表示'凤丹'鳞芽在添加硝酸银3mg/L培养基上培养7~10天后；
F：表示'凤丹'鳞芽在添加硝酸银4mg/L培养基上培养7~10天后

图9-9　硝酸银对'凤丹'褐化的防治

褐化的角度进行研究，得出幼茎在组培过程中褐化的可能性最小，最适宜作为外植体。另外，接种或转接初期进行 5~7 天的暗培养，然后转入正常培养环境中，可以减轻组培苗的褐化程度，而不影响组培苗的生长和增殖。

（四）愈伤组织异质性

目前，常用的牡丹愈伤诱导材料为种胚、叶片、茎段、花药、花粉、花瓣。其中在以牡丹种胚为外植体诱导愈伤时，愈伤诱导率较高。并且选用种胚的不同部位，诱导愈伤数量也存在差异。牡丹愈伤存在高度异质性。朱向涛等在以牡丹品种'凤丹'花瓣为材料研究诱导的愈伤组织时，采用电镜扫描的方法观察到，处在不同培养时间的愈伤表面是不同的，有很大差异。即便是在同一块愈伤组织可以同时存在不同的发育时期的愈伤组织细胞，而且若继代的时间不同，愈伤组织的表面结构也会有较大差异。

选用外植体材料诱导愈伤组织时，需要进行激素筛选试验，即生长素与细胞分裂素筛选。因为，植物生长素可以有效促进愈伤组织形成，植物细胞分裂素则促进这些愈伤组织分化，形成不定根和增殖芽。常用的植物生长素为 IBA、NAA 等，植物细胞分裂素是 6-BA、2,4-D、CTK 等，试验中需要针对不同的外植体材料，选出合适的激素配比。

（五）生根困难

牡丹的生根问题主要包括两大方面，一是指牡丹生根率较低，二是指所生的不定根质量较弱，这严重影响着牡丹离体快繁体系的建立。研究过程中，有些品种没有获得生根苗，或者获得的不定根质量差，获得不定根是从基部愈伤中分化出来的，不定根和植株茎段是分离的，培养一段时间后，植株生长变弱，后期移植到室外培养时，植株极易萎蔫死亡，严重影响了后期移栽工作的进行等。这些因素严重影响以牡丹组织培养为扩繁途径的研究进程。只有有效解决牡丹生根问题，才可以建立相应的快繁体系。

本章介绍了油用牡丹的几种繁殖方法，其中播种、嫁接和分株繁殖方法在实践中已得到广泛使用，压条和扦插繁殖一般不常用。随着油用牡丹产业的迅速发展，对油用牡丹优质种苗的需求越来越大，同时对其繁殖技术要求也会越高。因此，相对传统的繁殖方法，油用牡丹繁殖应推广使用组培快繁技术，而目前油用牡丹组培繁殖技术还不成熟，许多问题需要进一步的研究。希望将来在油用牡丹组培技术上取得新的突破和进展，为油用牡丹快速繁殖提供技术依据。

第十章 标准化栽培技术

为了促进油用牡丹优质丰产，优化油用牡丹产业结构，提升牡丹籽油品质，油用牡丹大田种植应采取标准化栽培技术。而所谓标准化栽培技术，也就是因地制宜，根据当地的综合条件并科学合理地确定油用牡丹栽培品种、方式、密度等，利用现代化先进技术对油用牡丹园进行管理养护，以求取得更高的收益。依据油用牡丹生长发育规律及产量建立"因地制宜、优质高效"的标准化丰产栽培技术。标准化丰产栽培技术包括：品种选择、种子处理及培育壮苗、园地选择、整地、苗木移栽及定植、整形修剪、土肥水管理、中耕除草、花果管理、病虫害防治、适时采收等几部分。

第一节 建园技术

一、建园原则

规划应以建设环境优美、设施先进、技术领先、品种优新、高效开放的时代理念为指导，遵循以下基本原则：

(一) 坚持现代化与产业化原则

在生产中，用现代工业装备、用现代科学技术改造、用现代管理方法管理，建立高产优质高效生产体系，大幅度提高综合生产能力、不断增加有效供给和收入。

(二) 坚持可持续发展的生态循环原则

牡丹示范园建设应坚持可持续发展理念，以环境容量为约束，以"保护第一，永续利用"为前提，实现现代农业生产持续发展，资源开发合理利用、资源保护、生态环境质量提高相协调，使经济效益、社会效益和生态效益三者达到最优化和持续化。

(三) 坚持因地制宜和区域特色原则

立足国内市场，把市场需求和地域优势结合起来，以生态条件和经济技术条件为依托，发展区域比较优势，注重发展既有区域特色又有市场竞争力的油用牡丹品种，做到因地制宜，合理布局，规模经营，形成特色产品，提高示范园生产和创新能力。

（四）坚持生产示范和旅游观光相结合原则

园区以油用牡丹生产为主，但又与旅游观光相结合，在规划上既要考虑品种的适应性和先进性，确保优质高效，又要考虑花期，充分体现其旅游观赏的价值和功能，创造田园风情的人文环境，实现人与自然的完美结合。

二、良种选择

以结籽量大、出油率高、适应性强、生长势强的凤丹和紫斑牡丹为主。辅以栽培牡丹中结实性能好的品种。目前国内牡丹主要分为中原牡丹品种群、西北牡丹品种群、西南牡丹品种群、江南牡丹品种群、国外引进品种等。除了大家熟悉的凤丹外，每个品种群中都有结实率高，适合油用栽培的品种，原则上各品种群中的单瓣型结实性较强，荷花型、菊花型、蔷薇型品种基本都有一定的结实能力。

三、园地选择

通常，园地的选择包括两种含义：选择生态条件最适宜的地区，如园址已定，应选择最适宜当地的品种建园。对于选择新址建园来说，应从影响牡丹生长发育的角度考虑，主要影响方面包括气候、土壤与水源。从牡丹园经营管理角度考虑，还需要注意交通运输、劳动力以及其他社会资源的配置情况等。

（一）气候条件

不同种类和品种群的牡丹对气候条件要求不同，应本着适地适栽的原则。通常要从无霜期长短、冬季最低气温、冷温需要量、降水量与水量分布、生长季节日照时数等因素考虑。

（二）土壤的选择

选择土壤时主要考虑的因素包括：土壤质地、pH 值、有机质含量、地下水位等。牡丹是肉质深根系植物，在选地时应选地势高、干燥、易排水的地块。土壤以肥沃的沙质壤土为好，忌黏重、盐碱、低洼地块。要求土壤疏松透气，适宜 pH 6.5~8.0，总盐含量在 0.3% 以下。要求有一定的排灌条件。

四、苗木培育

(一)种苗供应能力概算

根据最新种苗繁育方法,两年移栽到地的油用牡丹在精心管理下,育苗基地每亩可培植15万株定植苗。根据育苗基地的实际面积可预算出苗量,从而估计种苗的供应能力。

(二)播种前圃地准备

1. 提前除草

苗圃地应在播种前两三个月内选定。对其中杂草较多的地块,应在夏秋之交,草籽尚未成熟前予以根除。除草方法:一是土地的人工深翻,把草种子压在下层,不再发芽。二是浅锄浅耕,让地表草籽充分萌发,10~15天一次性把杂草消灭在萌芽中,大大减少杂草种子残留量。三是使用草甘膦等除草剂,或者三者结合使用。除草剂一般使用一次即可,局部杂草严重或有多年生禾本科杂草地块可酌情使用两次。

2. 深耕翻晒

苗圃地应提前一个月深耕翻晒,深度30~50cm。要在晴天翻耕,通过暴晒促进土壤熟化,以杀灭病菌和虫卵及消灭杂草。

翻地前每亩施用800~1500kg有机肥,40~50kg复合肥(15∶15∶15或18∶18∶18)做底肥,同时施入土壤杀虫、杀菌剂。

3. 整地作畦

播种前再次整理土地,浅耕耙细整平,然后作成高畦。畦宽以120cm为适宜,畦面做成弧形,以利排水。畦间步道(兼排水沟)深30cm、宽50cm。

(三)播种技术

1. 适时播种

油用牡丹的播种期一般宜选在8~10月,8月最佳。地温≥15℃(土表下5~30cm位置测量)。当播种期偏晚,地温低于10℃时,播种后必须覆盖地膜,否则当年不能萌动生根。

2. 种子处理

播种前用常温清水浸种48~72小时,每天换水一次。充分吸水膨胀的种子,播种时用敌克松、多菌灵等药剂进行拌种后,即可用于播种。

3. 播种方法

播种时土壤中要有适宜的墒情,墒情差时要补水造墒后方可播种。

采用条播方法，在做好的高畦上开沟播种。按 25~30cm 的行距开沟。沟深约 5cm，播幅 10~15cm，将种子均匀撒在沟内，然后覆土 3~5cm，稍加镇压。种子用量每亩 60~80kg。

(四)苗木出圃

1. 出圃时间

油用牡丹可在苗圃内生长 1~3 年，普遍采用 2~3 年生苗出圃定植，出圃定植多在秋季。

2. 苗木分级

油用牡丹各年龄段的苗木因土质、水、肥、密度、管理等因素，同龄苗也不尽相同。移植时一定要选择植株健壮、无病虫害并且根系发达的牡丹种苗。对那些老苗、弱苗、须根少，特别是根系有病虫害的植株，一定不能选，保证苗木质量，确保定植苗生长整齐一致。如图 10-1。

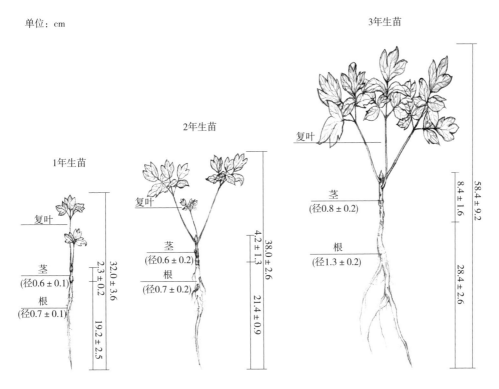

图 10-1　苗木分级(西北农林科技大学牡丹课题组)

(1)公共指标

一级为整批外观整齐、均匀，苗木枝条色泽正常，株型完好，枝条充分木质化，芽饱满，根系完整，不带泥土，无检疫对象，无明显病虫危害、无机械损伤，无失水风干现象，无枯枝残叶、病根、撕裂根，无泥土。

二级为整批外观整齐、均匀，苗木枝条色泽正常，株型完好，枝条充分木质化，芽饱满，根系完整，不带泥土，无检疫对象，可稍有机械损伤，无失水风干现象，无枯枝残叶、病根、撕裂根，无泥土。

（2）油用牡丹实生苗质量等级指标

油用牡丹实生苗质量指标应符合表 10-1 规定。

表 10-1　牡丹实生苗质量指标

项目			等级	
			一级	二级
1 年生	枝条	数量/支	≥1	≥1
		实存长度/cm	≥5	≥4
		粗度/cm	≥0.35	≥0.25
	根	数量/条	≥1	≥1
		长度/cm	≥15	≥12
		粗度/cm	≥0.5	≥0.4
	芽	数量	每枝条上至少有一个主芽	
		饱满度	饱满	
2 年生	枝条	数量/支	≥1	≥1
		实存长度/cm	≥8	≥6
		粗度/cm	≥0.5	≥0.4
	根	数量/条	≥1	≥1
		长度/cm	≥20	≥18
		粗度/cm	≥1.0	≥0.8
	芽	数量	每枝条上至少有一个主芽	
		饱满度	饱满	
3 年生	枝条	数量/支	≥2	≥1
		实存长度/cm	≥12	≥8
		粗度/cm	≥0.7	≥0.5
	根	数量/条	≥2	≥1
		长度/cm	≥25	≥22
		粗度/cm	≥1.2	≥1.0
	芽	数量	每枝条上至少有一个主芽	
		饱满度	饱满	

苗木包装及保护，苗木选择完毕之后，按一定株数捆扎，然后送往栽植地。也可用纸箱或塑料编织袋包装，不能及时运走的苗木应加以覆盖，放在阴凉处，为避免根系干燥，应适量喷洒清水，保持湿润。一般情况下，两年生苗木，起苗4~5天内定植最好，3年生苗木起苗2~3天内定植最好。

五、牡丹栽植

油用牡丹栽植一般包括油用牡丹栽植规模、栽植前准备、栽植密度和方式、栽植技术等4个方面的内容。

（一）栽植规模

按照集中连片开发的模式，规划建立规模化、标准化优质高产油用牡丹种植基地。根据实际情况，可选用全程机械化栽培、半机械化栽培和人工化栽培技术，并确定栽培的规模和期限。如图10-2是河北省柏乡县油用牡丹种植示范基地，已经形成了一定的种植规模。

图10-2　油用牡丹种植示范基地

（二）栽植前准备

1. 提前除草

提前除草是控制草害发生的关键环节。对其中杂草较多的地块，应在夏秋之交，草籽尚未成熟前予以根除。除草方法：一是土地的人工深翻。把草种子压在下层，不再发芽。二是浅锄浅耕，让地表草籽充分萌发，10~15天一次性把杂草消灭在萌芽中，大大减少杂草种子残留量。三是使用草甘膦等除草剂，或者三者结合使用。除草剂一般使用一次即可，局部杂草严重或有多年生禾本科杂草地块可酌情使用两次。

2. 深耕翻晒

油用牡丹预移栽地应提前一个月深耕翻晒，深度30～50cm。要在晴天翻耕，通过暴晒促进土壤熟化，以杀灭病菌和虫卵及消灭杂草。

翻地前每亩施用800～1500kg腐熟厩肥，40～50kg复合肥做底肥，同时施入土壤杀虫、杀菌剂。

3. 整地作垄

栽种前再次整理土地，浅耕耙细整平，然后作成垄，垄面做成弧形，以利于排水。凤丹行间距为100cm，紫斑牡丹行间距为120cm。一般垄高30cm左右，垄基底宽50cm，垄顶宽30cm。垄间步道（兼作排水沟）深、宽各50cm左右。如图10-3。

图 10-3　整地作垄

（三）栽植密度与方式

西北农林科技大学牡丹课题组根据油用牡丹与自然环境、地形地貌、自然资源等因素的关系，确定了不同降水量区域牡丹的栽植方式与密度，并绘制了模型图，具体如下：

1. 我国秦岭以南地区（降水量在800mm水线以上地区）

此区域多为丘陵地，平地较少。栽植油用牡丹面临的主要问题是田间排水，牡丹防涝。

栽植方式：手扶机械种植与小型机械种植相结合，采用"双行+机械模式"，进行垄上栽植，设置排水沟，便于排水。如图10-4。

图 10-4　垄上栽植示意图

栽植密度：双行牡丹栽植带：带内凤丹行距 50cm，双行宽 100cm；紫斑行距 60cm，双行宽 120cm。如图 10-5。

图 10-5　双行牡丹栽植示意图

机械通道：手扶机械通道宽 80cm，小型机械宽度 120cm。

手扶机械种植：凤丹以 50cm×180cm 株行距栽植；紫斑以 50cm×200cm 株行距栽植。

小型机械种植：凤丹以 50cm×220cm 株行距栽植；紫斑以 50cm×240cm 株行距栽植。

2. 我国暖温带地区（降水量在 800~400mm 之间地区）

此地区多为平原农田，便于机械化栽植。栽植油用牡丹面临的主要问题还是田间排水，牡丹防涝。

栽植方式：小型机械种植，采用"双行+机械模式"，进行垄上栽植，设置排水沟，便于排水。如图 10-4。

栽植密度：双行牡丹种植带：带内凤丹行距 50cm，双行宽 100cm；紫斑行距 60cm，双行宽 120cm。如图 10-5。

机械通道：手扶机械通道宽 80cm，小型机械宽度 120cm。

小型机械种植：凤丹以 50cm×220cm 株行距栽植；紫斑以 50cm×240cm 株行距栽植。

3. 我国暖温带地区（降水量在 400mm 以下地区）

此地区用地较平坦，部分已有节水灌溉设施，便于机械化栽植。栽植油用牡丹面临的主要问题是田间保水抗旱，栽植与节水灌溉衔接，全程机械化等。

栽植方式：全程机械化种植，后期小型机械化养护；采用"宽窄行"栽植模式，机械开沟——覆膜栽植。如图 10-6，为宁夏回族自治区同心县油用牡丹种植基地全程机械化栽植图。

栽植密度：牡丹种植带（窄行）：2 行宽 120cm，带内行距 60cm，株距 50cm。机械通道（宽行）：宽度 130cm，宽窄行宽度：250cm。如图 10-7 和图 10-8 所示，是同心县油用牡丹机械化栽植示意图。

图 10-6　宁夏回族自治区同心县机械化整地

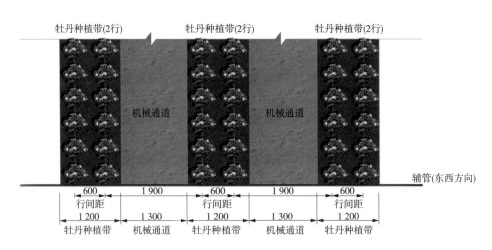

图 10-7　同心县机械化栽植平面图

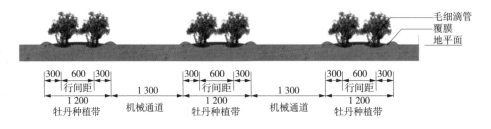

图 10-8　同心县机械化栽植剖面图

(四)栽植技术

适时栽植凤丹牡丹入秋以后有一个根系生长高峰,适时栽植可以使凤丹牡丹的根系在栽植当年得以生长并恢复,一般新根能长到20cm左右,对第二年的生长十分有利。

1. 栽植时间

以9月中旬至10月下旬为宜。其他时间栽植生长不旺,或成活率低下。

2. 栽植方法

挖深30cm的栽植穴或开30cm宽50cm深的种植沟,施足底肥覆土后,将苗木置入穴内,并使根系舒展;穴内添土后将苗木轻轻上提,使根颈部低于地面2cm左右,然后踏实封土(详见种植示意图)。苗木宜直栽,不宜斜栽。如图10-9所示。

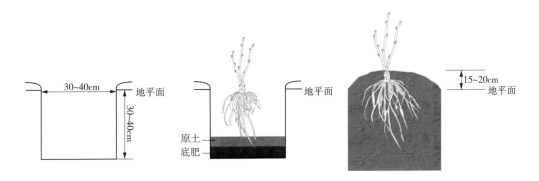

图10-9 油用牡丹种植立面示意图

六、间作套种

目前我国提倡的套种模式是油用牡丹与其他木本油料作物进行套种,同是油料作物,可以优势互补,综合发展。如油用牡丹与文冠果、元宝枫套种,既体现了良好的生态效益,也具有很高的经济效益。同时,元宝枫和文冠果有一定的遮阴效果,为油用牡丹更好地生长提供适宜的环境。

(一)间作套种的目的

凤丹栽植后,一般需要2~3年才能见到效益。因此,根据市场需求及经营水平,因地制宜搞好凤丹的栽培间作套种,可以提高土地利用率及生产效益。

选择不同的植物进行间作套种,还可以起到控制杂草的滋生,或者产生一定的蔽荫作用,这对凤丹生长也是有利的。

（二）间作套种的原则

（1）尽量避开高杆和匍匐型作物，如玉米、地瓜、红花等，以直立的矮秆作物为最好。

（2）应选择病虫害较少的作物。

（3）应选择生长特性较近的作物。

（4）所选间套作物旺盛生长期应尽量避开牡丹的旺盛生长期，以便合理调配它们之间的营养时空关系。

（三）间作套种的模式

目前可供选用的间作套种模式主要有：

（1）与一年生中草药间作套种，如丹参、板蓝根、知母、天南星等。

（2）与蔬菜间作套种，如油菜、菠菜、大蒜、洋葱等。

（3）与豆类、芝麻等粮油作物间作套种，如大豆、芝麻等。

（4）与经济林、果树、绿化苗木间作套种，如油茶树、文冠果、海棠、紫叶李、桂花、元宝枫、毛叶山桐子、白蜡、女贞等。

综合考虑立地条件、市场需求，以及有利于园区总体发展需要，确定与油用牡丹套种的模式。套种可选择具有经济价值和较高观赏价值、与油用牡丹优势互补的园林树种，以实现土地的充分利用，提高经济效益。

（四）间作套种的密度

油用牡丹间作套种密度（间距）与接受光照多少有关。不同光照条件下油用牡丹产量也有所不同。经西北农林科技大学牡丹课题组研究得知，25%的遮阴条件下，油用牡丹亩产量最高。

当采取人工化栽植油用牡丹时，建议套种树种株行距为 3m×6m，每亩可种植 37 株。如图 10-10 所示。当采取机械化栽植油用牡丹时，建议套种树种株行距为 3m×7.5m，每亩可种植 30 株。如图 10-11 所示。

此外，油用牡丹种植后前 3 年基本上没有产量，在前期发展油用牡丹时可考虑与中药材套种，以弥补前期无经济收入的空缺。油用牡丹种植的株行距也可按实际情况做合理适当的调整。

七、园区道路

种植田道路规划主要是以农机具正常工作为依据，进行合理的道路组织。

（1）田间生产路：主要供生产使用，可在道路两侧设置防护林绿化带，既有防护作用又能美化田园。

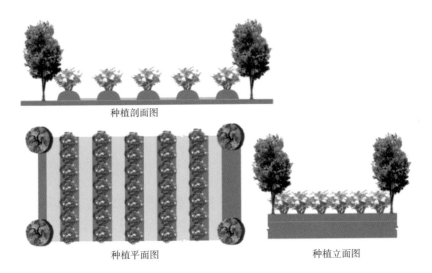

种植剖面图

种植平面图　　　种植立面图

图 10-10　油用牡丹间作套种示意图（人工化）

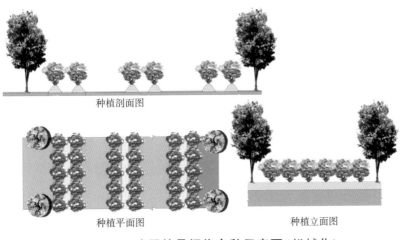

种植剖面图

种植平面图　　　种植立面图

图 10-11　油用牡丹间作套种示意图（机械化）

（2）种植田道路：主要是车行道路和机械通道，在种植田道路规划的同时，考虑田间灌溉系统的布置以及排水设施的规划。

综上，介绍了油用牡丹栽植园地的建设内容，分别说明了油用牡丹苗木培育、牡丹栽植和间作套种的相关技术要求。目前，绝大多数是人工化栽植油用牡丹，只有少部分进行机械化栽植。油用牡丹产业发展还处于初级阶段，要实现全程机械化作业还需要一个发展过程。随着科技发展，在以后的油用牡丹栽植过程中，可结合信息化、智能化技术，全程自动化机械化栽植油用牡丹。而栽植技术只是保证油用牡丹优质高产的重要条件之一，其重点还是油用牡丹栽植后期管理与养护。只有进行科学合理的园区管理，才能获得较高的效益。

第二节 管理技术

油用牡丹田间栽培管理技术直接影响牡丹籽油产量和品质。科学的管理技术要因地制宜，成本低、收益高。田间管理技术主要包括土壤管理、水肥管理、中耕除草和修剪管理等。

一、土壤管理

牡丹根系发达，入土深，水分过多容易造成根系腐烂，所以牡丹种植一定要选址在土质疏松深厚，不积水，透气性好的地块，以沙壤土为宜。如果土壤板结，透气性差，可以通过掺河沙、煤渣、尾矿等进行改良，酸性地块可以通过生石灰调整。牡丹最佳定植时间是 10 月，所以定植牡丹的地块应在 9 月预留出来，及时清理地表的枯叶、杂草，深翻 60cm 左右，除去地里的植物断根，以防腐烂发生病虫害。若当年夏季深翻晾晒过土地，更有利于减少病虫害。定植牡丹时，宜将种植地提前整高畦，做好排水沟，沟宽一般为 40~50cm，深20~30cm。

二、施肥管理

牡丹喜肥，植株营养状况直接影响到其生长发育，特别是其开花的数量和种子产量及种子品质。所以要充分了解油用牡丹对各营养元素的需求。

（一）油用牡丹对营养元素的需求

油用牡丹同其他植物一样，在生长发育过程中所需要的营养元素有 16 种，即碳、氢、氧、氮、磷、硫、钾、钙、镁、铁、锰、锌、铜、钼、硼和氯。人们将这 16 种元素称为必要元素。它们之所以被称为必要元素，是因为缺少了其中任何一种，植物的生长发育就不会正常，而且每一种元素不能互相取代，也不能由化学性质非常相近的元素代替。植物所必需的 16 种元素中，碳、氢、氧主要来自空气和水中，其余 13 种元素主要靠土壤提供。根据油用牡丹对不同营养元素需求量的多少，可将 13 种元素分为三组，氮、磷、钾 3 种元素，植物吸收量多，称为大量元素；硫、钙、镁 3 种元素，植物吸收量较多，称为中量元素；铁、锰、锌、铜、钼、硼和氯等 7 种元素，植物吸收量少，称为微量元素。其中，油用牡丹对氮、磷、钾 3 种元素的需求量远远大于其他 10 种元素，必须定期向土壤补充，这 3 种元素并称为肥料三要素。

西北农林科技大学牡丹课题组进行了各类矿物质元素对油用牡丹光合速率

的影响研究，其结果可指导油用牡丹生产。具体叙述如下：

1. 大量元素对油用牡丹生长发育的影响

氮磷钾不同种类的肥料对油料作物种子的形成、种子中活性物质含量及油品质有不同的作用和影响。

氮是牡丹植物体内许多重要有机化合物的成分，在多方面影响着牡丹的代谢过程和生长发育。具体表现为促进牡丹的营养生长，增加叶绿素的产生，使花朵增多，使种子丰富。牡丹植株如果缺氮，植株会长得弱小，如果过量，则造成牡丹植株异常高大，花期推迟，果实品质降低，抗病能力变差。

磷是牡丹植物体内许多有机化合物的组成成分，又以多种方式参与牡丹体内的各种代谢过程，在牡丹生长发育中起着重要的作用。具体表现为促进牡丹种子的发芽，使牡丹提早开花结实，使牡丹的根发育坚韧，不易倒伏，提高牡丹的抗逆性和适应外界环境条件的能力。牡丹如果缺磷，会发育不良，花朵减少，种子干瘪不育。

钾不是牡丹等植物体内有机化合物的成分，主要呈离子状态存在于牡丹植物的细胞液中。它是牡丹植物体内多种酶的活化剂，在代谢过程中起着重要作用。它不仅可促进牡丹叶子的光合作用；还可以促进牡丹体内的氮代谢，可以提高牡丹对氮的吸收和利用；使牡丹生长健壮；还具有抗倒伏的作用；促进牡丹体内叶绿素的形成和光合作用；促进牡丹根系的扩大。牡丹生长过程中如果缺钾，会使牡丹发育不良，叶子干枯脱落，牡丹种子减少，且牡丹籽的品质降低。

通过对比和筛选不同拟合方程推算出的推荐施肥量，我们发现当施肥量为纯氮（N）335.44kg/hm²，纯磷（P_2O_5）110.62kg/hm²，纯钾（K_2O）261.84kg/hm²时，可以获得最高产量。当施肥量为纯氮332.94kg/hm²，纯磷109.73kg/hm²，纯钾248.37kg/hm²时，可以获得最佳产量，即最佳经济产量。换算成亩施肥量和亩产量为：当每亩施用尿素48.61kg、重过磷酸钙16.03kg、硫酸钾32.33kg时，每亩可获得最高产量97.42kg种子；当每亩施用尿素48.25kg、重过磷酸钙15.90kg、硫酸钾30.66kg时可获得最佳经济产量。

2. 中量元素钙对油用牡丹生长发育的影响

钙元素不仅是植物生长的必需元素之一，钙离子也是植物细胞信号转导中重要的第二信使之一。钙元素从多方面影响植物的光合作用进程。钙元素可以有效提高作物的产量。较高钙素含量的土壤可以促进花生栽培过程中蛋白质等营养物质向籽仁中运转，减少空壳并提高荚果的饱满程度。在土壤中施入800mg/kg钙元素可使花生产量提高52%；增施硫酸钙可使大豆亩产量增加

31.68%；施入四水硝酸钙可以使油菜产量提高 17.2%。从根本上讲，作物产量的高低由其叶片的光合能力和光合速率的高低决定，而作物生长的目标即是最大程度地提高光合速率，增加干物质积累，进而提高产量。钙对油用牡丹光合特性的影响如下：

通过对钙元素与油用牡丹的净光合速率的影响研究，结果发现(图 10-12)：

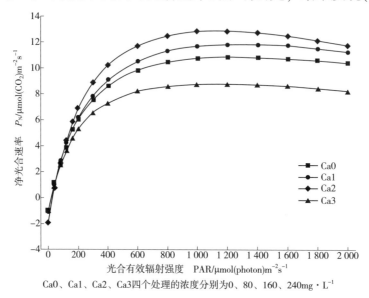

Ca0、Ca1、Ca2、Ca3四个处理的浓度分别为0、80、160、240mg·L^{-1}

图 10-12 '凤丹白'净光合速率对光合有效辐射的响应值

4 个处理下'凤丹白'叶片最大光合速率在 PAR 为 0~800μmol(photon) m^{-2} s^{-1}的范围内逐渐增大，在 800~2000μmol(photon) m^{-2} s^{-1}的范围内维持在较稳定的水平，此时 Ca2 的最大光合速率值最大。本试验中'凤丹白'的最大光合速率为 8.83~12.63μmol(CO$_2$) m^{-2} s^{-1}，叶片最大光合速率越大表明植株的光合潜力越大，Ca2 比 Ca1、CaO、Ca3 分别大 6.49%、15.77% 和 43.04%，平均高 21.77%。Ca2 和 Ca1 之间差异不显著，CaO 和 Ca3 之间差异显著(P<0.01)。

株高和生物量积累直观表现了植株的生长态势，冬季休眠期(2014 年 11 月)4 个处理下'凤丹白'的株高和干物质量基本相同，进入生长期(2015 年 2 月)后各处理的株高和生物量积累迅速升高，且 Ca2 开始高于其他 3 个处理。在以后的几个时间段，Ca2 的株高和生物量均显著高于其他 3 个处理。到 2015 年 6 月，CaO~Ca3 株高增高量分别为 18.9cm、22.6cm、33.9cm 和 22.2cm，CaO~Ca3 各时期平均增长率分别为 25.69%、28.77%、37.18% 和 28.45%(图 10-13A)，生物量增长分别为 10.21g、13.68g、19.52g 和 13.12g(图 10-13B)，各时期的平均增长率分别为 66.45%、70.09%、86.81% 和 73.24%。Ca2 的株高和生物量的增长量及增长率均显著高于其他 3 个处理。

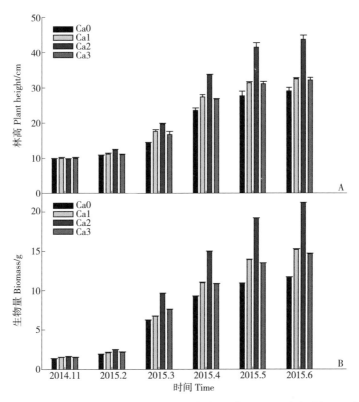

图 10-13 四种钙浓度处理下'凤丹白'叶片株高(A)和生物量(B)变化对比

3. 微量元素对油用牡丹生长发育的影响

微量元素在植物体内含量非常少，但是起着非常重要的作用，是其他大量元素所不能替代的。微量元素一般多为酶或辅酶的组成成分，与光合作用和碳水化合物的运转、积累有着密不可分的联系，缺乏微量元素会导致植物不能正常发育而出现生长不良和缺素症状，严重时有可能会导致植株死亡，如玉米缺锌会得花白叶病、花纹条叶病；油菜缺硼会导致"花而不实"；甜菜缺硼会得"心腐病"；棉花缺硼会导致"蕾而不花"。在微量元素缺乏的土壤上施用微肥除了能提高产量外，还有改善产品品质的作用。如有研究表明棉花施硼肥可使纤维长度增加 0.3mm，改善纤维质量；桑树、花生施用锌肥，能提高桑叶和花生果仁的蛋白含量；柑橘、葡萄等果树施用硼、锌微肥，可提高果品的含糖量；油菜作物施用硼肥可增加油菜籽的脂肪含量。此外，施用微肥还能增加作物对病害、低温、高温和干旱等的抗性，但土壤中微量元素含量过高或微肥施用量过量，均可严重降低作物的产量和品质。因此合理施用微量元素肥料对植株的生长发育、作物的丰产稳产有着很重要的意义。

铁是首例确认的植物微量元素，对植物有着重要的生理作用，它是固氮系统中铁氧还蛋白和铝铁氧还蛋白的重要组分，影响着生物的固氮作用。铁元素虽然不是叶绿素的组成成分，但是叶绿素的合成需要有铁的存在。铁参与植物细胞内氧化还原反应和电子传递，影响作物的光合作用，还可形成铁蛋白与叶绿体相结合进行光合作用，缺铁时，叶绿体的片层结构发生改变，严重缺乏时叶绿体发生崩解，在很大程度上影响植物光合作用和碳水化合物的形成。同时，铁在植物体内还以各种形式与蛋白质结合，作为重要的电子传递体或催化剂，参与许多生命活动。铁在植物体内流动性比较弱，使得老叶片中的铁不能向新生组织中转移，因此作物缺铁首先出现幼叶上失绿，叶脉保持绿色，叶脉间失绿，严重缺铁幼叶全部变为黄白色而老叶仍为绿色。

当喷施硫酸亚铁浓度在一定范围内时最大净光合速率、光饱和点、光补偿点和暗呼吸速率均有所提高。当硫酸亚铁喷施浓度为 0.8% 时，最大净光合速率有最大值为 $12.63\mu molm^{-2}s^{-1}$，显著高于其他浓度处理的最大净光合速率，在此浓度下，光饱和点为 1389.30lx，也显著高于其他浓度处理和空白对照组。当喷施浓度超过一定范围时，会抑制凤丹的光合作用，使其最大净光合速率、光饱和点、光补偿点和暗呼吸速率有所下降。当喷施硫酸亚铁浓度 1.6% 以上时最大净光合速率和光饱和点较对照组开始下降。喷施不同浓度的硫酸亚铁对其暗呼吸速率影响不显著（图 10-14）。

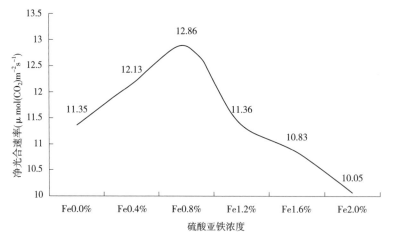

图 10-14 不同浓度硫酸亚铁处理凤丹平均净光合速率

钼元素在植物体内的含量非常少，仅为几百万分之一，但钼的作用是多方面的，钼是植物体内固氮酶和硝酸还原酶的重要组成成分，影响着固氮菌发挥作用，它可以促进生物固氮，促进氮素代谢；对作物繁殖器官、光合作用和呼吸作用有重要影响；有利于提高叶绿素的含量与稳定性，保证光合作用的正常进行；有利于糖类的形成与转化；增强抗旱、抗寒、抗病能力。钼对十字花科和豆科作物的影响较大，喷施适宜浓度的钼肥能够大幅度的增产。研究表明钼在植物体内转移能力较强，因此当植物缺钼时首先表现在老叶和茎中部叶片并逐渐向幼叶及生长点发展，叶片易出现黄色或橙黄色大小不一的斑点，叶片瘦长畸形叶片变厚，边缘发生焦枯，并向内卷曲，组织失水而萎蔫，植株矮小，生长缓慢。

从图 10-15 可以看出：当喷施钼酸铵浓度在一定范围内时，随着钼酸铵浓度的增加，最大净光合速率、光饱和点、光补偿点和暗呼吸速率均有所提高，当钼酸铵喷施浓度为 0.08% 时最大净光合速率有最大值为 $13.65\mu molm^{-2}s^{-1}$，显著高于其他浓度处理的最大净光合速率，在此浓度下，光饱和点为 1453.24lx，也显著高于其他浓度处理和空白对照组。当喷施浓度超过一定范围时，会抑制凤丹的光合作用，使其最大净光合速率、光饱和点、光补偿点和暗呼吸速率有所下降，当喷施钼酸铵浓度为 0.20% 以上时最大净光合速率和光饱和点较对照组开始下降。喷施不同浓度的硫酸亚铁对其暗呼吸速率影响不显著。

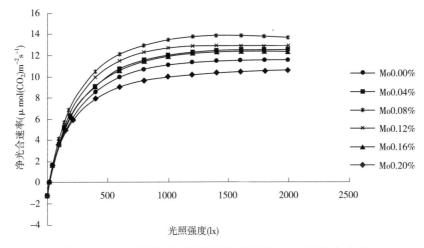

图 10-15　不同浓度钼酸铵处理凤丹光响应拟合曲线

硼对作物生理过程有三大作用：一是促进作用，硼能促进碳水化合物的运转，植物体内含硼量适宜，能改善作物各器官的有机物供应，使作物正常生长，提高结实率和坐果率。二是特殊作用，硼对受精过程有特殊作用。它在花粉中的量，以柱头和子房含量最多，能刺激花粉的萌发和花粉管的伸长，使授粉能顺利进行。作物缺硼时，花药和花丝萎缩，花粉不能形成，表现出"花而不实"的病症。三是调节作用，硼在植物体内能调节有机酸的形成和运转。缺硼时，有机酸在根中积累，根尖分生组织的细胞分化和伸长受到抑制，发生木栓化，引起根部坏死。硼还能增强作物的抗旱、抗病能力和促进作物早熟。

喷微量元素硼对凤丹油用牡丹产量和千粒重的影响，研究结果如下（表 10-2）：

表 10-2　硼对凤丹产量及千粒重的影响

处理	全株角数 （个）	每角粒数 （粒）	亩产量 （kg）	增产 （%）	千粒重 （g）	增加 （%）
0	2.58	59.1	127.17	0	307.41	0
0.10%	2.45	55.3	143.08	12.60	330.41	7.35
0.20%	2.30	62.4	138.29	8.66	328.07	6.72
0.30%	2.67	66.2	134.38	5.51	343.21	11.65
0.40%	2.90	59.5	150.16	18.11	353.62	15.03
0.50%	3.16	63.2	130.35	2.36	361.70	17.66

　　根据表 10-2，全株角数随喷施硼肥的浓度的递增呈现出略微的递增趋势。每角粒数随着喷施浓度的递增呈现出先增加后减少的趋势，并在喷施 0.3%的硼肥时达到最大值。相比不喷施硼肥喷清水的对照组，喷施硼肥能够显著增加油用牡丹的亩产量，随喷施浓度的增加呈现出先增后减的趋势，并在喷施 0.4%的硼肥时达到最大值。牡丹种子千粒重随喷施硼肥浓度的递增呈现出持续增加的趋势，并且喷施浓度越大，种子千粒重数值越大。

　　喷施微量元素硼对凤丹牡丹籽油品质的影响，研究结果如下（表 10-3）：

表 10-3　硼对油用牡丹油质的影响　　　　　单位:%

处理	棕榈酸	硬脂酸	油酸	亚油酸	亚麻酸	总量
0	5.27	1.61	22.27	21.70	39.06	89.91
0.10%	5.06	1.34	22.93	22.75	40.88	92.96
0.20%	5.43	1.59	23.78	23.73	40.86	95.39
0.30%	5.40	1.56	24.11	23.78	42.93	96.77
0.40%	5.37	1.60	22.91	23.50	41.52	94.90
0.50%	5.38	1.67	24.09	22.58	40.62	94.34

　　硼对油用牡丹籽油各种脂肪酸都有影响，不同浓度对各种脂肪酸的影响不完全一致。整体来讲，当硼肥浓度为 0.3%时脂肪酸总含量最高 96.77%，α-亚麻酸含量也最高 42.93%，油用牡丹籽油品质最好。

（二）油用牡丹施肥计划

　　牡丹喜肥，植株营养状况如何，直接影响到其开花的数量和种子产量及种子品质。适时追肥是使其花大色艳、种实饱满和品质优良的一项重要措施。施肥应与牡丹的年生长发育规律很好地结合起来，春季牡丹从花芽萌动到开花是大量消耗养分的时期，花谢后花芽分化以及果实生长都需要充足的养分。充足养分有利于培养牡丹的开花和结实，如果长时间得不到养分的补充，会因为营养不足而长势衰弱，容易发生病害，所以应根据植株生长需要适时追肥。

油用牡丹土肥管理要求严格，需重基肥，多追肥。种植前结合整平土地应每亩地施入发酵好的豆饼 75kg 作为基肥（使用前伴药杀灭地下害虫）。一般栽植第一年不需要追肥。第二年开始，每年追肥 3 次。追肥方法通常有穴施、沟施和撒施三种，施肥位置离根系 10cm 以上，以防灼伤根部，造成植株坏死。

第一次施肥时间是春分前后，在牡丹开花前 15~25 天，一般是在 3 月下旬到 4 月上旬之间，这时叶子还未充分展开，同化作用不强，但枝叶花蕾生长旺盛，需要大量的养分促进生长。追施花前肥，每亩施用 40~50kg 复合肥（多用 $N:P:K=15:5:10$），施后配合灌水，或以速效氮肥为主，这次施肥主要是补充养分以利于开花，也叫"花肥"；第二次在花开后半个月内进行追肥，这时正是枝叶生长旺盛和花芽开始分化的时候，施肥有利于牡丹恢复健壮生长及利于花芽的分化和形成，为来年开花打下基础。牡丹有"舍命不舍花"的说法，牡丹花大，开花时消耗养分多，因此，花后追肥非常关键。花后追肥一般在 5 月中上旬（在立夏和小满之间），每亩施用以磷钾肥为主的复合肥 10~15kg（多用 $N:P:K=20:10:20$），这次施肥有利于当年种子的生长和牡丹花芽分化的进行；第三次施肥是在牡丹种子采收后，也就是在秋冬之季施用，这时施肥主要是增强牡丹苗木素质，保证其安全越冬，提高翌年植株的生长势。肥料种类以有机肥为好，每亩施用 150~200kg 充分腐熟的有机肥或饼肥，或 40~50kg 全元素肥。小苗可不施花后肥。展叶之后，追肥也可以结合病虫害防治进行叶面喷肥，每 15~20 天喷一次 0.2%~0.5%磷酸二氢钾或其他叶面喷肥，连续喷 3~5 次。牡丹于 7~8 月高温酷暑进入半休眠状态（夏打盹），12 月至翌年 2 月进入休眠期，在半休眠或休眠情况下不宜施肥。

三、水分管理

牡丹为肉质根，稍耐旱，最怕积水，尤其在幼苗期、雨季要避免积水烂根。在油用牡丹水肥管理方面：北方气候干旱，在牡丹栽培过程中根据情况注意灌溉；南方湿润地区降雨多，注意排涝。

（一）灌水

应根据天气干旱、基质情况，适时适量浇水。浇水要以既保持土壤湿润，又不可过湿，更不能积水为原则，宁干勿湿。一年内有三次水要保证：第一次是春季萌动后。早春干旱时要注意适时浇水，浇春水宜早不宜迟。早浇春水可以有效降低地温，延缓植物萌芽，可以避免牡丹遭受晚霜和倒春寒的危害。如果浇水过晚，不仅起不到防寒、防冻的作用，还会影响开花质量。牡丹花期应控制浇水，如浇水过多会缩短花期，使花朵过早凋谢。第二次是在结实期。天气特别干旱时需要浇水。牡丹结实期，应保证充足的水分。常言说"干花湿果"，就是这个道理。雨季少浇水，并注意排水。第三次是越冬前浇水。入冬前如土地干旱应浇越冬水。浇水或雨后要及时松土保墒。夏季浇水需要早晚适量浇水，灌水应开沟渗灌，提倡采用滴管、微喷等节水灌溉措施。

（二）防涝

在南方雨水多的地区，要特别注意排涝，因牡丹为肉质根，不耐积水。积水影响土壤通气，牡丹肉质根系积水很容易腐烂死亡，进而引起牡丹死亡。

选址新建基地时，应充分考虑场地地势状况，配套完善排水防涝设施。整地一定要平整，避免低洼地在下雨时积水。如果水淹后土壤板结，易引起根系缺氧，要适时松土。

四、杂草防除

油用牡丹种植最难处理的问题就是除草问题。为了有效地清除油用牡丹田间杂草，提高油用牡丹产量，我们可以通过常规的中耕除草措施、生草技术、黑地膜技术以及生物技术(养鹅、养鸡等措施)减少田间杂草生长机会，并提高土壤肥力，以达到油用牡丹增产。

（一）锄草

中耕锄草，清沟培土，也是不可忽视的增产措施，应保持地中无杂草，不板结。特别是夏秋季不能有草荒的现象出现，否则不但影响种子产量，而且还影响种子质量。每次雨后地干时要及时清沟培土，切勿造成排水不畅。

中耕一般结合施肥、浇水进行，每浇一次水后都要中耕松土保墒。春天中耕宜深，以保墒防旱，深度应达 10cm 以上，夏天锄地主要是除草和排湿透气，故应浅锄，中耕深度在 5cm 左右，要锄细，不留生地。不管是深锄或是浅锄，以不伤根系为原则。另外，松土结合除草，有草即锄，保持田间无杂草，以减少水肥消耗，防止病虫滋生蔓延。幼苗裸露地多，容易滋生杂草，这时要勤除草。生长季节应及时中耕，拔除杂草，避免病虫害的发生。秋冬，对两年生以上的地块实施翻耕。随着牡丹的生长，杂草也不断变大。及时中耕除草既可以减少土壤养分消耗，也可以防旱、保墒，提高土壤温度，增加土壤通气等作用，促进苗木健康生长。

（二）生草

生草是在牡丹行间空地上种植草种的土壤管理方法。牡丹喜肥，牡丹田里可以种植豆科植物，一方面减少杂草生长机会，另一方面改善土壤结构，还是增加土壤肥力的好办法。一般在土壤肥水条件好的地区可以用生草方法。在年降水量小于500mm又无灌溉条件的地区，一般不用生草。牡丹种植密度高的田间不适宜生草。生草的方法步骤如下：

1. 生草种类

牡丹田间生草要求植株低矮或匍匐生长、适应性强、耐阴、耐践踏、无病虫害。适合生草的种类有紫花苜蓿、绿豆、黑豆、毛苕子、多变小冠花、百脉根、扁茎黄芪等。北方干旱区可以种植百脉根、扁茎黄芪、绿豆、黑豆等。

2. 种草时间

于3~4月地温稳定在15℃以上或秋季8月下旬至9月份为宜。3~4月播种，草被可在6~7月份田间草荒前形成；9月播种，可避免田间草荒的影响。

3. 播种方法

直接套种在牡丹行间，如果是宽窄行，只在宽行种植，便于操作。

4. 生草的管护

生草最初几个月不要刈割，当草长到一定高度或开花结实前，选择晴天的上午刈割，刈割高度10cm左右，刈割部分放到牡丹根部或放到没有生草的行间晒蔫，然后空行或窄行开沟15~20cm深埋，压实覆土盖严，同时将割后的根茬深翻整平。

5. 油用牡丹生草实例

陕西省镇安县宏法牡丹公司在油用牡丹中套种毛苕子，一方面减少了杂草生长，同时也肥沃了土地。2014年，引种毛苕子，平均每亩产鲜草1250~1500kg，凡绿肥压青地块，牡丹生长健壮，开花较多，果荚较大，籽粒饱满，增产显著。绿肥压青地块平均开花96%，有效结籽45粒，百粒重24g；较施化肥开花81%、结籽39粒、百粒重18g，分别增长15.7%、35.6%和25%。

技术要点：适时播种。毛苕子播种一般在8月下旬至9月中旬进行。播种密度。在牡丹行间套种毛苕子，每亩播种量1kg左右，即行距1.2m，株距0.4m，每亩1300穴，每穴10~15粒，亩基本苗15000株左右。田间管理。毛苕子出苗后，结合牡丹田间管理搞好除草，次年，随着气温回升，毛苕子生长较快，当毛苕子蔓接近牡丹时或开花前，选择晴天的上午，用镰刀距地面5cm高割掉苕蔓堆放牡丹行间，再在空行中挖15~20cm深沟，将苕蔓晒蔫后放入沟中，用脚踩实覆土盖严，同时，将毛苕子割后的根茬用锄深翻整平。

主要好处：利用牡丹在9月至次年2月停止生长的季节，在牡丹行间套种毛苕子绿肥，促进毛苕子正常生长，提高了绿肥产草量和土地利用率。种植毛苫子增加地面覆盖，有利于土壤抗旱保墒和抑制杂草生长，促进土壤生态平衡。

（三）养鹅除草

山东省济宁市四季园苗木种植有限公司，女贞树下种油用牡丹，牡丹园里养殖大量白鹅（图10-16）、芦花鸡等。经过两年的林下养鹅观察，鹅不吃牡丹芽、花、叶、根，正好解决了牡丹地里的除草问题，鹅不仅吃杂草，还刨食土里的害虫，给地松土，排泄的粪便也是很好的肥料，一举四得。

图10-16　牡丹园养鹅除草

每亩地里能养10只成年鹅，每只鹅每天至少吃掉1.5~2kg草。最好采用圈养方式进行养殖，也就是说把地块分成若干块，把鹅进行循环制养殖，除草效果更好。油用牡丹怕水，所以每块地都有排水沟，正好解决了鹅的喝水问题。

油用牡丹地里养鹅的最大优点就是解决了除草问题，省下了人工和农药费，降低了管理费用。养鹅除草的利润非常可观，经济效益已经显现。

按保守估算，一年下来每亩地可节约除草用的人工、农药费用200元左右。同时，鹅粪作为最好的天然有机肥直接排泄在林地里，每亩还可以节省120元左右的肥料成本。

（四）油用牡丹黑地膜除草技术

甘肃漳县盛世油用牡丹产业有限公司用黑地膜除草技术，取得了较好的效果（图10-17）。选用合适宽度地膜，顺行带可铺条形膜或树盘铺方形膜，膜宽80~100cm。铺膜前修整树行，使其成两边稍高、中间稍低的槽形，宽度依据所采用膜宽而定。严格按技术规范铺膜。铺膜时，膜面尽量要平、要宽，树冠下靠近根颈处要低于四周，并且一定要用土压严膜边缘，以防跑墒；另外要用土压严根颈部渗水孔，以防膜内高湿热气烧伤树体。

图 10-17　黑地膜除草技术

用黑地膜覆盖的土壤，因土温变化平稳，有机质也就处于正常循环状态中，测定表明：黑膜覆盖栽培作物下土壤中的全氮、有机质、速效钾、碱解氮等营养指标，比覆盖透明膜都有不同程度提高。保水性较好，黑地膜覆盖后地下 5cm 含水量，不论在覆盖后两天或覆盖后 35 天，都比透明膜高 4% ~ 10%。抑制杂草能力强，采用透明膜覆盖时草害是个严重问题，改用农用黑地膜覆盖后，地面杂草因光照条件不足而难以生长。测定表明，覆盖透光率为 5% 的黑膜后，一个月后土壤几乎不见杂草。使用透光率 10% 的农用黑地膜覆盖时，土壤虽生出杂草，但生长力很弱，不会成灾，人工除草的重复率大大降低，有效节约了生产成本。

黑地膜透光率低，辐射热透过少，所以能使被覆盖土壤的土温日变化幅度小。据试验测定，黑膜覆盖的土壤，在植株生长盛期，土温比用透明膜低 1 ~ 3℃。由于增温幅度小，有利于促进作物根系的正常生长，牡丹 3 年生种苗基本能够适应，长势稍慢，但根系发育完整，当年秋季平茬后，来年春季需清除，有利于提高牡丹春季的发芽率。黑地膜升温没有白色地膜快，目前生产技术有待改良，且有部分杂草生长得不到抑制，如冰草等。

五、花果管理

通过疏花疏果等措施调节产量，保证高产稳产。根据树龄、果型大小、枝条壮弱决定留果量。

第三节　整形修剪

油用牡丹生长势强，枝叶繁茂，为了保持良好的通风透光，减少病虫害的发生，达到高产稳产、优质和高效的目的，应在定植后对植株进行合理的整形修剪。根据定植后的密度、植株大小、枝条强弱在春季和秋季灵活掌握修剪方法。

一、整形修剪方法

平茬定干：对定植 1~3 年的苗，进行秋季平茬，剪除顶端芽体或从近地面 3~5cm 处的腋芽上留 1cm 平剪（见图 10-18），以促进萌芽、产生分枝，增加开花量，提高产量。

图 10-18　3 年生牡丹苗平茬后的情况

疏枝整形：定植 3 年以后的油用牡丹进入旺盛生长期，地上部逐渐郁闭，要优先考虑通风透光、枝条密度、开花数量，采取春季抹芽、秋季剪枝，在一级枝上留 2 个芽，次年二级枝上留 2 个芽，使每株保持留枝 7~10 条，保证每株结果 16~20 个，保持丰产稳产，避免大小年产生。

回缩修剪：对 10 年生以上的植株，通过回缩修剪更新结果枝条，降低结果部位，保持丰产稳产。

除芽（抹芽）：把多余的芽除掉称为除芽或抹芽。此措施可以改善其他留存芽的养分供应状况而增强生长势。牡丹萌蘖能力很强，为避免萌蘖枝分流营养影响株形和通风条件，应除去萌蘖枝。俗称的"芍药梳头，牡丹洗脚"，"牡丹洗脚"指的就是疏除牡丹植株基部的萌蘖枝，属于除芽的一部分。

二、修剪时期

（一）春季修剪

1. 合理抹芽

春季修剪主要是抹芽，除去植物根茎上长出的多余的芽。抹芽可以避免枝叶长得太茂密而影响开花结实。牡丹植株茎部每年萌发很多分蘖，通常除了保留更新枝外，其他应全部除去，萌蘖枝生长势很强，常会与主枝争夺养分，促使株丛衰老，故除萌要连续进行 2~3 次。新种植的牡丹第一年不需要修枝抹芽，保留全部，任由其自然生长，第二年春季再进行修剪。时间在 3 月下旬至 4 月上旬之间，以后便要年年进行。

2. 合理修枝

修枝的目的在于保持牡丹地上部分与地下部分的生长平衡，至于每株留多少枝，依不同品种而定。一般而言，每株留 7~10 枝，春天地上冒新芽时，要有选择的剔除，以免日后枝干太多，影响养分，从而影响油用牡丹的开花结实。修枝可以使牡丹充分透光，增强光合作用。

（二）秋季修剪

此期间修剪较重，首先将枯死枝、病虫枝疏除，同时将内向的冗长枝、交叉枝及并行枝剪去，然后每个枝条在其饱满芽上方短截，截留长度以 2~4 个芽为宜，最后根据植株的强弱和分枝情况确定留芽量，如果有足够的花枝，则每枝留一芽即可，如果株丛不够整齐，需多留分枝，每枝留 2 个芽。

如果花枝还密，应将低矮的花枝疏剪掉，使花枝稠稀适度。否则留枝过多，既破坏株形，又分散营养，使花朵变小，较弱的枝条，可不让其开花，摘除所有的花芽，以待植株强壮后开花结实。

（三）夏季修剪

夏季修剪主要是指果实成熟采收时，结合机械化采收剪掉果实和果梗及少部分叶片，对第二年油用牡丹的生长不会有太大影响，因为这次修剪的部分就是俗称"牡丹长一尺，退八寸"中"退八寸"的部分。

三、修剪技术

新栽植牡丹要平茬，2~5 年生牡丹要定枝，5~10 年生牡丹要壮枝，老牡丹要惜枝。生产用牡丹的土芽枝可以保留，只将过密枝、并生枝、交叉枝、内向枝及病虫枝等剪除。牡丹春长枝、秋发根，开花会消耗掉大量养分，打蕾会促使牡丹多发枝、长壮枝，较快生长成商品苗。其实牡丹有不定芽，即着生在根茎上出土后抽生为萌蘖枝，俗称"土芽"，不定芽的萌发力很强，平茬后来年春季生长旺盛但不会开花，秋季发育分化形成花芽，翌年开花。

2~5 年生牡丹要定枝，从栽植第 2 年起，应根据长势定枝，春天新芽长至 10cm 左右时，挑选 7~10 个生长健壮、分布均匀的保留下来，作为主要枝干（俗称定枝），其余全部剪掉。以后每年秋季视株形、长势选留土芽枝作为枝干培养，使植株逐年壮大、丰满。

5~10 年生牡丹要壮枝，栽种 5 年以上的牡丹长势强劲，主要通过修剪控制枝条的数量，使植株健壮、株形圆整。秋季根据株形选留土芽枝，留壮去弱，剪掉弱枝、病枝、枯枝，并及时清园，减少病虫害的发生。

老牡丹要惜枝。只要修剪得当、管理到位，栽种多年的牡丹仍会保持较好的长势。注意保护枝条，避免意外伤害，修剪时老枝干上的萌芽枝要剪掉，否则会造成上部老枝条衰退，根部的土芽枝除更新复壮时一般不保留。

建立适合当地的油用牡丹高产稳产标准化栽培技术体系，不仅增加油用牡丹籽油产量，提高牡丹籽油品质，而且节约成本，从而达到农民增收、企业增效的目的。

第十一章　油用牡丹的病虫害防治

随着油用牡丹规模化的栽培兴起，油用牡丹病虫害的发生也越来越严重，成为油用牡丹发展中面临的重要隐患问题。充分依据生态和环境保护的需求，本着预防为主的指导思想和安全、有效、经济、简易的原则，在掌握其主要病虫害发生和发展规律的基础上，准确地预测预报病虫发生期、发生量和危害损失具有重要意义。因地制宜，合理运用农业、生物、物理、化学等技术方法，把病虫害控制在不足以形成危害的水平，成为实现油用牡丹高产、优质、无公害的重要目标。

第一节　主要病害及其防治

病害是油用牡丹在其生长发育和越冬过程中，受到病原微生物的侵染或不良环境条件的影响，使其从生理机制到形态结构发生一系列病变。现将油用牡丹叶部、茎部以及根部的常见病害予以介绍，以便识别与进行防治。

一、叶部病害及防治

植物叶片细胞中的各种水溶性物质都可被淋溶到叶（顺）片表面，从而影响叶围微生物的群落组成及数量。叶片气孔排出的水分也起到吸引具有向水性的病菌芽管的作用。在生长季节中，叶面凝结的露水，更是许多具有快速萌发特性的病菌完成侵入程序的有利条件。叶部病害的发展具有明显的年周期性。主要叶部病害有以下几种：

（一）红斑病

牡丹红斑病也叫霉病、轮斑病，是牡丹上发生最为普遍的病害之一（图 11-1）。在山东、吉林、河南、陕西、河北、山西、浙江、江苏等地均有发生。

图 11-1　牡丹红斑病病症

1. 症状

主要危害叶片，还可危害绿色茎、叶柄、萼片、花瓣、果实甚至种子。叶片初期症状为新叶背面现绿色针头状小点，后扩展成直径 3~5mm 的紫褐色近圆形的小斑，边缘不明显。扩大后有淡褐色轮纹，成为直径达 7~12mm 的不规则形大斑，中央淡黄褐色，边缘暗紫褐色，有时相连成片，严重时整叶焦枯。在潮湿气候条件下，病部背面会出现暗绿色霉层，似绒毛状。叶缘发病时，会使叶片有些粗曲。绿色茎上感病时，产生紫褐色长圆形小点，有些突起。病斑扩展缓慢，长径仅 3~5mm。中间开裂并下陷，严重时茎上病斑也可相连成片。叶柄感病后，症状与绿色茎相同。萼片上初发病时为褐色突出小点，严重时边缘焦枯，墨绿色霉层比较稀疏。

2. 病原

病原菌为芍药枝孢霉菌（*Cladosporium paeoniae* Pass），属丝孢纲丝孢目。分生孢子梗 3~7 簇生，黄褐色，线形，隔膜 3~7 个，大小为 27~73μm×4~5μm；分生孢子纺锤形或卵形，一至多个细胞，黄褐色，大小为 10~13μm×4.0~4.5μm。

3. 发生规律

牡丹红斑病菌以菌丝在病组织上及地面枯枝上越冬，翌年春季产生分生孢子并再次侵染危害。下部叶片最先受害，开花后逐渐明显和加重。潮湿天气有利于病害的快速扩展。

4. 防治方法

（1）冬季整枝时必须将病枝清除，表土挖去 10cm 左右，重新垫上新土。

（2）早春植株萌动前喷波美 3~5 度的石硫合剂一次。

（3）初见病后及时摘除病叶，喷洒药液进行全面防治。喷药时特别注意叶片背面，并且喷洒均匀、周到。常用药有：60%防霉宝超微粉剂 600 倍液；50%多菌灵可湿性粉剂 500 倍液；70%甲基托布津可湿性粉剂 800~1000 倍液；75%百菌清可湿性粉剂 600 倍液；50%多硫悬浮剂 800 倍液，或 2%BO-10（武夷霉素）水剂 150 倍液等，每七八天喷一次，连喷 2~3 次。

（4）傍晚时喷撒粉尘剂或释放烟雾剂防治叶霉病（适用于温室）。常用粉尘剂有：5%百菌清粉尘剂，7%叶面净粉尘剂及 10%敌托粉尘剂等，每次每亩用量 250~300g。粉尘施药或释放烟雾剂后，封闭大棚、温室过夜。烟熏法、粉尘法最好与药液喷雾交替使用。

（二）灰霉病

灰霉病是油用牡丹常见病害，洛阳、彭州、恩施等地危害严重。

1. 症状

主要危害叶、叶柄、茎、花蕾及花。叶片染病初在叶尖或叶缘处生近圆形至不规则水渍状斑，后病部扩展，病斑褐色至灰褐色或紫褐色，有的产生轮纹。后期在病部长出灰色霉层。叶柄和茎部染病生水渍状暗绿色长条斑，后凹陷褐变软腐，造成病部以上倒折并腐烂。花蕾发病后，初期坏死，后期整个花蕾长满灰色霉层。花染病后花瓣变褐腐烂，产生灰色霉层，在病组织里形成黑色小菌核。

图 11-2　牡丹灰霉病病症

2. 病原

病原菌属半知菌亚门丝孢菌纲丛梗孢目葡萄孢属，常见的有两种：(1)牡丹葡萄孢(*Botrytis paeoniae* Oudem)，寄主范围较窄，危害牡丹和芍药。(2)灰葡萄孢(*Botrytis cinerea* Pers. ex Fr.)，可危害牡丹、菊花、芍药、仙客来等。分生孢子梗丛生，其顶端为枝状分枝；分生孢子葡萄状，聚生。该病原菌寄主范围广，腐生能力强。

3. 发生规律

病菌以菌核随病残体或在土壤中越冬，翌年3月下旬至4月初萌发，产生分生孢子，分生孢子借助风雨传播进行初侵染，以后病部又产生大量的孢子进行再侵染。高温和多雨的条件有利于分生孢子大量形成和传播。牡丹植株的幼嫩组织极易感病，随着气温的增高，在初夏病害的再侵染发生严重。直到牡丹植株相对老化，该病害的发生程度逐渐减轻。零星栽植、向阳、栽植密度较小的基地发病较轻。栽培规模较大、光照不足、密度大、通透性差的基地发病较严重，病害发生的严重程度与海拔及品种的相关性不显著。

4. 防治方法

(1)选择地势开阔、排水良好、通风向阳的地方，为牡丹的生产提供良好的生长环境。

(2)栽培时施足基肥，以磷、钾肥为主；保持适当的栽培密度，以利于通风；对于地势平坦的基地要做好排水工作。

(3)及时中耕除草，以保持良好的通风透气环境。

(4)及时清除病组织残体，以减少翌年的病害初侵染源。发病期间及时摘除病叶、病蕾和病花，可有效减轻病害的发生。

（5）春季牡丹展叶初期，及时喷洒 1：1：100 波尔多液，每隔 10 天喷施 1 次，连续 3 次，全园施药，有一定的保护作用。

（6）在牡丹出现灰霉病症状时，喷施 70%甲基硫菌灵可湿性粉剂 800 倍液或 40%高多醇悬浮剂 1000 倍液，每隔 15 天喷 1 次，连喷 2~3 次。

（三）褐斑病

牡丹褐斑病是牡丹常发的病害。常引起叶片早枯，影响牡丹的生长势。主要在牡丹生育后期发生。

图 11-3　牡丹褐斑病病症

1. 症状

叶表面出现大小不同的苍白色斑点，一般直径为 3~7mm 大小的圆斑。少时 1~2 个病斑，多时可达 30 个。病斑中部逐渐变褐色，正面散生十分细小黑点，放大镜下绒毛状，具数层同心轮纹。相邻病斑合并时形成不规则的大型病斑。发生严重时整个叶面全变为病斑而枯死。叶背面病斑呈暗褐色，轮纹不明显。

2. 病原

病原菌有两种。（1）芍药尾孢菌（*Cercospora paeoniae* Tehon et dan.），该菌的子实层叶两面生，子座有或无；分生孢子梗 2~15 根成束，具分枝，褐色；分生孢子针形至圆筒形，隔膜多，无色。（2）变色尾孢菌（*Cercospora variicolor* Winter），属丝孢纲、丝孢目。分生孢子梗淡色，偶有隔膜或屈曲，不分枝，大小为 10~35μm×2~4μm。分生孢子无色至淡褐色，大小为 40~120μm×2.0~3.5μm。

3. 发生规律

病菌以菌丝体和分生孢子在发病组织和落叶中越冬，成为第二年的侵染来源。以风雨传播，从伤口直接侵入。多在 7~9 月份发病，台风季节雨多时病重。下部叶先发病，后期管理放松，盆土过干、过湿时病重。

4. 防治方法

（1）采收后彻底清除病残株及落叶，集中烧毁。

（2）发病前用 600~800 倍的百菌清预防效果较好。

（3）发病前或者发病初期可用国光英纳 400~600 倍液、国光必鲜（咪鲜胺）600~800 倍液或 80%多菌灵 800 倍液喷施防治。

(四)锈病

牡丹锈病在牡丹生产中是一种重要病害，分布广泛，在牡丹种植区都有发生，危害严重时，常使牡丹叶片早枯。

图 11-4　牡丹锈病病症

1. 症状

牡丹感染锈病后，叶片褪绿，表面出现黄褐色至赤褐色的小病斑，病斑背面出现淡橙色至橙黄色的夏孢子堆，夏孢子可在草本寄主上重复侵染。生长后期，病叶背面长出褐色柱形毛状物，即病菌冬孢子柱，散生或聚生。

2. 病原

松芍柱锈菌(*Cronratium flaccidium*)。夏孢子堆椭圆形，淡黄色；冬孢子堆圆柱形。冬孢子平滑，椭圆形，黄色至淡黄褐色。

3. 发生规律

松芍柱锈菌为转主寄生菌，木本寄主为牡丹、松树，草本寄主为芍药、凤仙花等。松树上锈菌在 4~6 月产生性孢子和锈孢子，锈孢子借风雨传播到草本植株上，草本植株受侵染后，夏孢子可在草本寄主上重复侵染。生长后期产生冬孢子，冬孢子萌发产生出担孢子。担孢子侵染松树，在其上越冬。

4. 防治方法

(1)栽植时远离松科植物，防止病菌的传播。

(2)加强栽培管理，选择地势较高的地块栽培，雨后及时排水，保持适当温湿度，清理病残体，减少菌源。

(3)栽植前用 70% 托布津 500 倍液浸根 10 分钟。发病初期即 5 月上旬，喷洒 80% 代森锌可湿性粉剂 500 倍液或 20% 粉锈宁乳油 4000 倍液等，10~15 天喷 1 次，连喷 2 次。

(五)炭疽病

牡丹炭疽病是我国牡丹常见的病害之一，分布广泛，北京、南京、上海、无锡、郑州、西安等地发病较多。美国、日本等国也有报道。

1. 症状

主要危害叶片、花梗、叶柄及嫩枝。叶片染病时，叶面出现褐色小斑点，逐渐扩大成圆形至不规则形大斑，大小一般为 4~25mm，发生在叶缘的为半圆

图 11-5　牡丹炭疽病病症

形，病斑扩展受主脉及大侧脉限制，病斑多为褐色，有些品种叶斑中央灰白色，边缘黄褐色，后期病斑中央开裂，有时呈穿孔状，7、8 月病斑上长出轮状排列的黑色小粒点，即病原菌的分生孢子盘，湿度大时分生孢子盘内溢出红褐色黏孢子团，成为识别该病的特征病状。嫩茎、花柄、花梗染病产生梭形稍凹陷的条斑，红褐色，大小 3～7mm，后期灰褐色，边缘红褐色。

2. 病原

炭疽菌（*Colletotrichum* sp.），属真菌半知菌亚门炭疽菌属。

3. 发生规律

病原菌以菌丝体在病株中越冬，次年环境适宜时越冬的菌丝产生分生孢子盘和分生孢子；在雨露下，分生孢子传播和萌发；高温多雨年份发病较严重，通常以 8、9 月降雨多时为发病高峰。

4. 防治方法

（1）及时清除病残体，深埋或烧毁。

（2）注意通风和雨季及时排水。

（3）发病初期可喷 70% 代森锰锌 500 倍液，或 80% 炭疽福美 500 倍液，每 10～15 天喷 1 次，连续喷 2 次。

（六）白粉病

此病在牡丹、芍药上均有发生，见于洛阳等地。

1. 症状

发病初期在叶片正面形成一层白色粉状斑，后期叶片两面和叶柄上都出现污白色粉层，并在其中散生许多小黑点，此为病菌的闭囊壳。

2. 病原

为芍药白粉菌（*Erysiphe paeoniae* Zheng Chen），属真菌门中子囊菌亚门核菌纲白粉菌目白粉菌属。其分生孢子单生，圆形或长方形，表面粗糙，无色。闭囊壳散生，黑褐色，球形或扁球形，壳壁细胞多角形，附属丝状，中下部淡褐色，有隔膜或无。子囊 5～8 个，内含子囊孢子 4～5 个。

3. 发生规律

洛阳等地一般从 5 月上旬开始发生，以后逐渐加重。8 月下旬时为发病高峰，以后病叶逐渐枯死脱落。

4. 防治方法

于初发期喷 20% 粉锈宁 1500 倍液，每半月一次，连续 2 次。

（七）病毒病

牡丹病毒病害有多种，常见以下两种。

1. 牡丹（芍药）环斑病（Peony ringspot）

该病亦称牡丹花叶病、牡丹褪绿斑病，见于菏泽、上海等地。

（1）症状

牡丹病株在叶片上有各种环状或线状斑、各种变色区和斑纹，有的形成同心环病斑，随着病情的发展产生小型坏死斑。有些品种则形成深绿色、浅绿色相间的同心轮纹环斑。

（2）病原

该病由牡丹环斑病毒（Peony ringspot virus，即 PRV）引起，病毒粒子为 27nm 的球状病毒。

（3）发生规律

该病难以通过汁液接种，可以由蚜虫传播。

（4）防治方法

烧毁病株。以无毒植株作为繁殖材料。建立无病毒繁殖基地。

2. 牡丹病毒病（Peony virus disease）

该病分布于山东菏泽、上海、杭州以及南京等地。

（1）症状

叶片上开始出现淡黄色褪绿斑，最后形成大小不等的环斑或轮纹斑，有时也呈不规则状。染病植株矮小。

（2）病原

该病由烟草脆裂病毒（Tobacco rattle virus，即 TRV）引起。病原体有两种粒子：长度为 190nm（长）和 45~115nm（短）。

（3）发生规律

该病毒可通过汁液传播。据报道，线虫、菟丝子和牡丹种子均可传毒。该病毒除危害牡丹外，亦危害风信子、水仙、郁金香等花卉。

（4）防治方法

同牡丹（芍药）环斑病。对严重发病地区的土壤或盆土应进行消毒。由于种子可以传毒，必要时进行种子消毒。注意清除栽培地四周的 TRV 毒源植物。

二、茎部病害及防治

植株的茎部是地上部分的骨干，茎部发病对牡丹亦具有一定的危害性，茎部发病后，症状表现较晚，初期植株外观无明显变化，直到病枝接近枯死时，症状才表现出来。该类病害发病较轻者，抽枝较晚，花蕾较小；发病较重者不能抽枝或抽枝后不能开花，造成单株茎干凋零稀疏；发病重者整株死亡。通常能够引起牡丹叶部病害的部分病原真菌亦能引起茎部发病，叶部受害严重的植株，茎部亦较严重，且会受到多个病原的混合侵染。油用牡丹常见的茎部病害有以下两种：

图 11-6　牡丹枯萎病病症

（一）枯萎病

也称牡丹疫病。症状与牡丹灰霉病相似，但此病不产生霉层。

1. 症状

危害植物的茎、叶、芽。茎受害最初出现灰绿色似油浸的斑点，后变为暗褐色至黑色，进而形成数厘米长的黑斑。病斑边缘色渐浅，病斑与正常组织间没有明显的界限。近地面幼茎受害，整个枝条变黑，扩展成大的溃疡，溃疡上部茎枯萎死亡。根茎也能被侵染腐烂，引起全株死亡。叶部病斑多发生于下部叶片，形状不规则，水渍状，呈浅褐色至黑褐色大斑，叶片逐渐枯死，此病症状与灰霉病相似，区别是此病不产生霉层。

2. 病原

为恶疫霉菌 [*Phytophthota cactorum*（Leb. et Cohn）Schrot]。该菌属鞭毛菌亚门卵菌纲霜霉目。菌丝寄生在寄主细胞内。无性态产生孢子囊。一枝孢囊梗上可产生多个孢子囊。孢子囊成熟后产生游动孢子。有性态是经过异形的雄器和藏卵器交配，在藏卵器内形成卵孢子。

3. 发病规律

病菌随病株残体在土壤中存活，地温 20~26℃ 最适于该菌的发展和传播。生长期遇有大雨之后，就能出现一个侵染及发病高峰，连阴雨多、降水量大的年份易发病，雨后高温或湿气滞留发病重。

4. 防治方法

（1）选择干燥地块或起垄栽培，浇地时应开沟渗浇，防止茎基部淹水。

（2）发病初期可及时喷洒绿亨 2 号可湿性粉剂 800 倍液，72% 杜邦克露 600 倍液，64% 杀毒矾可湿性粉剂 500 倍液，25% 甲霜灵可湿性粉剂 200 倍液。疫病对铜素敏感，1% 波尔多液或 0.1%~0.2% 硫酸铜液喷雾均有效，其他还有 600 倍瑞素霉，300 倍乙磷铝，600 倍百菌清等。结合喷雾也可浇泼表土，以杀灭土中病原。

（二）茎腐病

为牡丹、芍药常见病害之一。

1. 症状

发病时，先在茎基部产生水渍状褐色腐烂，进而植株灰白色枯萎。病菌侵染的茎干有白色菌丝体和大型黑色菌核。茎腐病较少侵染上部枝条。

2. 病原

为核盘菌属的一种真菌［*Sclerotinia sclerotiorum*（Lib.）e Bary］。

3. 发病规律

病原菌以菌核侵染到死的有病植株上保留在土壤中，从夏到冬没有明显的休眠期。当土壤湿润时，菌核开始萌发产生子囊盘。子囊孢子可被风传到千米之外。当子囊孢子遇到老弱寄主时，它们就会进入寄主并释放一种酶分解细胞或薄壁组织，形成菌丝并产生坏死组织。

4. 防治方法

（1）病株在菌核形成前即应除去，并注意清除落在土中的菌粒，收集后深埋；病原菌寄主广泛，注意不要与蔬菜轮作。严重时进行土壤消毒。雨季注意排水。

（2）发病期可喷施 70% 甲基托布津或 50% 苯来特 1000 倍液进行防治。

三、根部病害及防治

牡丹的根为深根性肉质根，中心木质化，根部遭受病害后，对地上部分亦造成严重影响，通常导致植株长势减弱、分蘖及花芽减少、花色衰退、丹皮产量低、品质下降，造成重大经济损失。油用牡丹常见的根部病害主要有以下几种：

（一）白绢病

主要危害根颈部，严重时可导致植株萎蔫，逐渐枯死。

图11-7　牡丹白绢病病症

1. 症状

各种感病植物的症状大致相似。病害主要发生在苗木近地面的茎基部。初发生时，病部表皮层变褐，逐渐向周围发展，并在病部产生白色绢丝状的菌丝，菌丝作扇形扩展，蔓延至附近的土表上，以后在病苗的基部表面或土表的菌丝层上形成油菜籽状的茶褐色菌核。苗木发病后，茎基部及根部皮层腐烂，植株的水分和养分输送被阻断，叶片变黄枯萎，全株枯死。

2. 病原

为齐整小核菌（*Sclerotium rolfsii* Sacc.）。齐整小核菌属半衔菌亚门丝孢纲无孢目。此菌不产生无性孢子，也很少产生有性孢子，菌丝初为白色，后稍带褐色，直径3~9μm，后期菌丝可密集在一起，形成油菜籽状菌核。

3. 发生规律

病菌一般以成熟菌核在土壤、被害杂草或病株残体上越冬。通过雨水进行传播。菌核在土壤中可存活4~5年。在适宜的温湿度条件下菌核萌发产生菌丝，侵入植物体。在长江流域，病害一般在6月上旬开始发生，7~8月是病害盛发期，9月以后基本停止发生。在18~28℃和高湿的条件下，从菌核萌发至新菌核再形成仅需8~9天，菌核从形成到成熟约需9天。病菌喜高温多湿，生长最适温度为30~35℃，高于40℃则停止发展。土壤pH 5~7适于病害发生，在碱性土壤中发病很少。土壤腐殖质丰富，含氮量高，土壤黏重以及比较偏酸的园地，发病率高。

4. 防治方法

（1）为了预防苗期发病，可用40%五氯硝基苯粉剂处理土壤，每亩用2~5kg，混合均匀后，撒在播种或扦插沟内，然后进行播种或扦插。

（2）发病初期，在苗圃内可撒施40%五氯硝基苯粉剂处理土壤，每亩用2~5kg，施药后松土，使药粉均匀混入土中；亦可用30%恶霉灵水剂稀释1000倍液+80%代森锰锌800倍液，浇灌苗根部，可控制病害的蔓延。

（3）树体地上部分出现症状后，将树干基部主根附近土扒开晾晒，可抑制病害的发展。晾根时间从早春3月开始到秋天落叶为止均可进行，雨季来临前可填平树穴以防发生不良影响。晾根时还应注意在穴的四周筑土埂，以防水流入穴内。

（4）调运苗木时，严格进行检查，剔除病苗，并对健苗进行消毒处理。消毒药剂可选用苗菌灵 200～300 倍液，70%甲基托布津或多菌灵 800～1000 倍液，2%的石灰水，0.5%硫酸铜液，浸 10～30 分钟，然后栽植。也可在 45℃温水中，浸 20～30 分钟，以杀死根部病菌。

（5）根据树体地上部分的症状确定根部有病后，扒开树干基部的土壤寻找发病部位，确诊是白绢病后，用刀将根颈部病斑彻底刮除，并用抗菌剂 401 的 50 倍液或 1%硫酸液消毒伤口，再外涂波尔多液等保护剂，然后覆盖新土。

（6）在病株外围挖隔离沟，封锁病区。

（二）紫纹羽病

俗称紫色或黑色根腐病或烂根病，是牡丹常见的一种真菌性病害。老株和多年连作的园地发病率较高，除牡丹外还危害林果木和农作物。

1. 症状

主要危害植株根系及根颈部位，首先幼嫩根受侵染，逐渐扩展至侧根、主根及根颈部，发病初期在病部出现黄褐色湿腐状，严重时变为深紫色或黑色，

图 11-8　牡丹紫纹羽病病症

病根表层产生一层似棉絮状的菌丝体，后期病根表层完全腐烂，与木质部分离。此病危害期长，罹病的植株通常经过 3～5 年或更长时间才枯死。受害植株生长势减弱、黄化、叶片变小，呈大小年开花，严重时部分枝干或整株枯死。一旦植株根颈部冒出棉絮状菌丝体，证明地下部已大部分腐烂，植株会很快枯死。

2. 病原

病原为紫卷担子菌[*Helicobasidium purpureum*（Tul.）Pat.]，属担子菌亚门真菌。子实体膜质，紫色或紫红色。子实层向上、光滑。担子卷曲，担孢子单细胞、肾脏形、无色。

3. 发病规律

病菌以菌索或菌核在土壤中或以菌丝体在病残体中越冬，土壤中的病原菌可存活 3～5 年。条件适宜时，病菌萌发长出营养菌丝，侵入寄主幼根，然后向主根或侧根蔓延。在 5～6 月产生担子和担孢子，担孢子萌发产生菌丝。病

原菌在田间通过灌溉水或雨水、农具等传播。土壤通透性好、持水量在60%～70%、pH 5.2～6.4最适合病菌生长发育。地势低洼、排水不良、土质黏重及土壤有机质含量高的地块发病严重；土壤过于干旱发病也重。每年7～8月雨水偏多，发病较重。

4. 防治方法

(1)严格进行苗木和土壤消毒，苗木用20%的石灰水浸根半小时，或100倍的波尔多液浸根1小时，再用1%硫酸铜溶液浸根3小时。然后用清水洗净，再栽植。土壤消毒，可在翻地前，每亩施2.5%赛力散粉5～7.5kg或五氯硝基苯粉2.5～5kg，或硫黄粉10～20kg，翻入土中。小面积栽植，可进行苗床或树穴消毒，用30%液剂"土菌消"500倍液进行喷洒，每平方米用量3L。

(2)加强土壤水肥管理。造成根腐病的主要原因，多系施用未经充分腐熟发酵的人粪尿等有机肥料，土壤感染所致。

(3)进行灌根治疗。对发病严重的植株，可挖出烧掉，或切除病根经消毒后重新栽植。对初发或病情较轻的植株，可进行开沟灌根治疗。下列药物对根腐病有一定疗效，可选择使用：波美1度石硫合剂(每株2.5～7.5kg)；200～500倍硫酸铜溶液(每株5～7.5kg)；退菌特可湿性粉剂500～800倍液(每株1.5～2.5kg)；70%甲基托布津1000倍液(每株1.5～2.5kg)。于早春或夏末，沿株干周围开挖3～5条放射状沟，长同树冠，宽20～30cm，深30cm左右，将根部暴露出来更好，灌药后封土。

(4)客沙换土。将患病植株根颈周围的土壤挖出来，换入干净的新沙土，半年后再换一次。

(5)晾根和挖沟隔离。将患病植株周围的土扒开，使病根暴露在空气中，经日光暴晒和通风，以减轻和抑制病情的发展，早春至秋末均可进行。另在罹病和健康植株之间视株根分布深度，开挖60～80cm深的沟，以防止和阻断菌丝体延伸造成接触传染。

(6)为防止牡丹根腐病的蔓延和传染，种植基地周围宜栽植松、柏树，不宜栽杨、柳、槐树和白蜡。

(三)根腐病

牡丹根腐病又称烂根病，是牡丹重要病害，各种植区普遍分布，危害严重。

1. 症状

主要危害根部。支根和须根染病后变黑腐烂，且向主根扩展。主根染病初在根皮上产生不规则黑斑，且不断扩展，致大部分根变黑，向木质部扩展，造成全部根腐烂，病株生长衰弱，叶小发黄，植株萎蔫直至枯死。

2. 病原

病原为茄类镰孢 [*Fusarium solani* (Mart.) Sacc.]，属半知菌亚门真菌。菌丝有隔膜。大型分生孢子纺锤形或镰刀状，稍弯，顶端细胞短，具隔膜 2~7

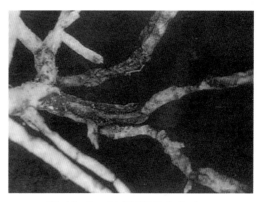

图 11-9　牡丹根腐病病症

个，多为 3~5 个。小型分生孢子多为椭圆形，单细胞，聚生在分生孢子梗顶端呈假头状。厚垣孢子圆形或矩圆形，顶生或间生。菌丝生长、分生孢子萌发适温 25~30℃，分生孢子在 4% 丹皮汁液中萌发率高。

3. 发病规律

病菌以菌核、厚垣孢子在病残根上或土壤中或进入肥料中越冬，病菌经虫伤、机械伤、线虫伤等伤口侵入。采用育苗移栽的植株，机械伤口较多，受害重。连作的牡丹田常出现大面积死苗，地下害虫危害严重的发病亦重。

4. 防治方法

（1）土壤处理：用 40% 拌种霜或 40% 五氯硝基苯（如国光三灭），每平方米用药量 6~8g 撒入播种土拌匀。

（2）发病初期若土壤湿度大，黏重，通透性差，要及时改良并晾晒，再用药。

（3）用 30% 恶霉灵水剂（如国光三抗）1000 倍液或 70% 敌磺钠可溶粉剂（如国光根灵）800~1000 倍液，用药时尽量采用浇灌法，让药液接触到受损的根茎部位，根据病情，可连用 2~3 次，间隔 7~10 天。对于根系受损严重的，配合促根调节剂使用，恢复效果更佳。

（四）立枯病

此病分布在南、北各地，发生于苗期。此菌的寄生范围广，可危害 100 多种植物的播种苗，以嫩枝扦插的含笑、大丽花、翠菊、菊花、吊兰、松叶牡丹等的苗亦极易感病，引起立枯或根腐。

1. 症状

该菌多从上表皮侵入幼苗的茎基部，发病时，先变成褐色，后成暗褐色，受害严重时，韧皮部被破坏，根部成黑褐色腐烂。此时，病株叶片发黄，植株萎蔫、枯死，但不倒伏。此菌也可侵染幼株近地面的潮湿叶片，引起叶枯，边缘产生不规则、水渍状、黄褐色至黑褐色大斑，很快波及全叶和叶柄，造成死腐，病部有时可见褐色菌丝体和附着的小菌核。

2. 病原

为立枯丝核菌（*Rhizoctonia solani* Kuhn.）。属立枯丝核菌属半知菌亚门、丝孢纲、无孢目。菌丝呈蛛网状，围绕寄生的组织，有横隔，粗 8～12μm，初期无色并多油点，呈锐角分枝，小枝与菌体相接处稍内缩，其上往往有横隔，老化后菌丝为黄褐色，并呈直角分枝，小枝与菌体相连处不缢缩。立枯丝核菌在 13～26℃ 之间都能发病，以 20～24℃ 最为适宜。对土壤 pH 适应范围广。

3. 发病规律

病菌以菌丝体在残留的病株上或土壤中越冬或长期生存。带菌土壤是主要侵染来源，病株残体、肥料也有传病可能，还可通过流水、农具、人、畜等传播。天气潮湿适于病害的大规模发生，反之，天气干燥则病害不发生。多年连作地发病常较重。

4. 防治方法

（1）严格控制苗床及扦插床的浇灌水量，注意及时排水；注意通风；晴天要遮阴，以防温度过高，灼伤苗木，造成伤口，使病菌易于侵染。

（2）注意庭园清洁卫生，及时处理病株残余，不使用带病菌的腐熟肥料。

（3）发现病株及时拔除并烧毁。

（4）对被污染的苗床，如继续用于扦插育苗。在扦插前，可用福尔马林进行土壤消毒，每平方米用福尔马林 50mL，加水 8～12kg 浇灌于土壤中，浇灌后隔 1 周以上方可用于播种栽苗；或用 70%五氯硝基苯粉剂与 65%代森锌可湿性粉剂等量混合处理土壤，每平方米用混合粉剂 8～10g，撒施土中，并与土拌均匀。

（5）用 30%恶霉灵水剂（如国光三抗）1000 倍液或 70%敌磺钠可溶性粉剂（如国光根灵）800～1000 倍液，用药时尽量采用浇灌法，让药液接触到受损的根茎部位，根据病情，可连用 2～3 次，间隔 7～10 天。对于根系受损严重的，配合使用促根调节剂，恢复效果更佳。

（五）根结线虫病

根结线虫病是牡丹根部的重要病害之一，其发生范围广，危害大，常使牡丹失去油用价值。

1. 症状

该线虫主要侵害牡丹须根。线虫以卵和幼虫在根瘤和土壤内存活，初春根系生出新须根时，线虫侵入须根危害，在其上产生许多绿豆大小、近圆形的根瘤，其上生出很多小须根。植株地上部长势逐渐衰弱，表现为新生叶片尖缘出现皱缩，变黄白色，并逐渐向叶中央扩展，最后逐渐变枯黄，提早落叶，严重者死亡。若连年发病，影响开花，一般表现为花小，甚至不开花。

2. 病原

病原主要是北方根结线虫（*Meloidogyne* spp. Chitwood），隶属线虫纲、垫刃目、根结线虫属。是根系定居性内生寄生物，繁殖力和适应性都很强。

图 11-10　牡丹根结线虫病病症

3. 发病规律

北方根结线虫一年发生几代，以卵和幼虫在植物根结组织和土壤中存活。幼虫多在 10cm 以下土层中活动，春季当土壤温度升高后，卵孵化为幼虫开始侵染新的须根。线虫借土壤、灌溉水等不断传播，扩大侵染危害。带瘤苗木及植株是该病远距离传播的重要途径。

4. 防治方法

（1）繁殖材料用 40% 甲基异柳磷 800 倍液浸 20 分钟。

（2）土壤处理每亩可撒施 3% 甲基异柳磷颗粒剂或呋喃丹、涕灭威等 10～15kg，也可用溴甲烷、氯化苦、二溴甲烷等进行土壤处理。

（3）在牡丹生长发病期可用 15% 涕灭威、3% 呋喃丹，每株 5～10g，40% 甲基异柳磷每株 2～4mL，或使用磷化铝片，每株 2～4 片，防治效果可达 85% 以上。

第二节　主要虫害及其防治

牡丹老产区由于受其他环境条件的影响，加之根肥味甜，容易遭受地下和地上害虫的危害。现将常见的害虫予以介绍，以便识别与进行防治。

一、介壳虫类

介壳虫又名蚧，危害牡丹的介壳虫有多种，如吹绵蚧（*Icerya purchase* Mask）、粉蚧（*Planococcus sinensis* Borchs）、牡丹网盾蚧［*Pseudaonidia paeoniae*（Cock-erell）］、日本龟蜡蚧（*Ceroplastes ceriferum*）、长白盾蚧（*Lopholecaspis japonica*）、桑白盾蚧（*Pseudaulacaspis pentagona*）等。下面，以吹绵蚧为例，介绍其危害特点、形态特征、发生规律、防治方法等。

（一）危害特点

若虫和雌成虫群集枝、芽、叶上吸食汁液，排泄蜜露诱致煤污病发生，使牡丹植株生长衰弱，枝叶变黄，重者枯死。

（二）形态特征

雌成虫椭圆形，体长 5~7mm，暗红或枯红色，背面生黑短毛被白蜡粉向上隆起，发育到产卵期，腹末分泌出白色卵囊。雄成虫体长 3mm，橘红色，胸背具黑斑，触角 10 节似念珠状，黑色，前翅紫黑色，后翅退化；腹端两突起上各生 4 根长毛，卵长椭圆形，长 0.7mm，橙红色。茧长椭圆形，覆有白蜡粉。

图 11-11　吹绵蚧

1. 孕卵期雌成虫，2. 侧面，3. 雄成虫，4. 卵，5. 第二龄雌成虫，
6. 柑橘被害状，7. 天敌澳洲瓢虫，8. 澳洲瓢虫幼虫

（三）发生规律

受精的雌虫越冬，4 月下旬开始危害，4 月底、5 月初若虫可遍及全株。初孵虫在卵囊内经过一些时间才分散活动，多定居于叶背主脉两侧。2 龄后，移到枝杆阴面集居取食危害。3 龄时，口器退化不再危害，雌虫固定取食后不再移动，后形成卵囊并产卵其中，每个雌虫可产卵数百粒至 2000 粒，产卵期

约1个月，吹绵蚧适宜生活温度为23~24℃，其排泄物易繁殖霉菌，使受害部位变黑。

(四)防治方法

抓住卵的盛孵期喷药，刚孵出的虫体表面尚未被蜡(介壳还未形成)，易被杀死，可喷40%氧化乐果1000~1500倍液，或50%辛硫磷乳剂1000~2000倍液，喷药要均匀，全株都要喷到，在蜡壳形成后喷药无效，用呋喃丹液浇灌根际，植株吸收药剂，虫体吸食植株汁液后毒杀。

二、金龟甲类

金龟甲俗称金龟子，其幼虫即蛴螬，金龟子的成虫和幼虫都危害牡丹。危害牡丹的金龟子有多种，如黑绒金龟(*Serica orientalis* Motschulsky)、华北大黑鳃金龟(*Holotrichia oblita* Fald)、暗黑鳃金龟(*H. parallela* Motsch)、苹毛丽金龟(*Proagopertha lucidula* Fall)、铜绿丽金龟(*Aromala corpulenta* Motsch)，以黑绒金龟为例，介绍其危害特点、形态特征、发生规律、防治方法等。

(一)危害特点

成虫危害牡丹芽、叶及花；幼虫取食牡丹根系，造成的伤口，又为镰刀菌的侵染创造了条件，导致根腐病的发生。

(二)形态特征

成虫体长6~9mm，宽3.5~5.5mm，褐色、棕褐色至黑褐色，密被灰黑色绒毛，略具光泽。头部有背皱和点刻，唇基黑色边缘向上卷，前缘中间稍凹，中央有明显的纵隆起，触角9节鳃叶状，棒状部3节，前胸背板宽短，宽是长的2倍，中部凸起向前倾。小盾片三角形，顶端稍钝。鞘翅上具纵刻点沟9条，密布绒毛，呈天鹅绒状。臀板三角形，宽大具刻点，胸部腹面密被棕褐色长毛，腹部光滑，每一腹板具1排毛。前足胫节外缘2齿，跗节下有刚毛，后足胫节狭厚，具稀疏刻点，跗节下边无刚毛，外侧具纵沟。各足跗节端具1对爪，爪上有齿，卵椭圆形，长径1mm。幼虫体长14~16mm，头宽2.5~2.6mm，触角基膜上方每侧有1个棕褐色的伪单眼，系色斑构成，无晶体。蛹长8~9mm，初黄色，后变黑褐色。

图11-12 黑绒金龟

（三）发生规律

幼虫、成虫均在土中越冬，成虫在 4 月中、下旬以后开始活动，5 月中旬至 6 月中旬为其活动高峰，以 20：00~23：00 活动最盛，取食牡丹叶片、嫩茎。春天当地下 10cm 地温达到 10℃时，蛴螬上移至 20cm 左右土层中取食牡丹根，幼虫一般不移动危害。当冬季 10cm 地温降至 10℃时，幼虫向土壤深处移动，通常在 30~40cm 土层中越冬。

（四）防治方法

1. 成虫防治

金龟子有假死性，可人工振落捕杀；金龟子在夜间有趋光性，可用黑光灯诱杀；5 月中旬至 6 月中旬成虫发生盛期可用 90% 敌百虫、80% 敌敌畏、50% 甲基 1605 等 1000~1500 倍液杀灭；成虫羽化盛期在植株下的地面上喷洒 50% 辛硫磷乳油 500~800 倍液；成虫取食危害时，喷 50% 辛硫磷乳油 1000 倍液。

2. 幼虫防治

施用腐熟的有机肥，施肥时混入杀虫剂；用 30% 呋喃丹颗粒剂、5% 甲基异柳磷颗粒剂或 50% 辛硫磷颗粒剂等，每亩地撒施 10~15kg，然后翻耕土壤；苗木栽植前，用 40% 甲基异柳磷乳剂 1000 倍液，全株浸 3~5 秒，晾干后栽植，可兼治根结线虫病。

三、刺蛾类

危害牡丹的刺蛾主要有桑褐刺蛾（*Setora postornata* Hampson）、扁刺蛾（*Thosea sinensis* Walker）、黄刺蛾（*Cnidocampa flavescens* Walker）、中国绿刺蛾（*Latoia sinica* Moore）等。下面以桑褐刺蛾为例，介绍其危害特点、形态特征、发生规律、防治方法等。

图 11-13　桑褐刺蛾

（一）危害特点

幼虫取食叶肉，仅残留表皮和叶脉。

（二）形态特征

成虫体长 15~18mm，翅展 31~39mm，全体土褐色至灰褐色，前翅前缘近 2/3 处至近肩角和近臀角处，各具一暗褐色弧形横线，两线内侧衬影状带，外横线较垂直，外衬铜斑不清晰，仅在臀角呈梯形。

雌蛾体色、斑纹较雄蛾浅。卵扁圆形，黄色、半透明，幼虫体长35mm，黄色，背线天蓝色，各节在背线前后各具一对黑点，亚背线各节具一对突起，其中后胸及1、5、8、9腹节突起最大。茧灰褐色，椭圆形。

（三）发生规律

以老熟幼虫在树干附近土中结茧越冬，3代成虫分别在5月下旬、7月下旬、9月上旬出现，成虫夜间活动，有趋光性，卵多成块产在叶背，幼虫孵化后在叶背群集并取食叶肉，半个月后分散危害，取食叶片。老熟后入土结茧化蛹。

（四）防治方法

（1）秋冬季摘虫茧或敲碎树干上的虫茧，减少虫源。

（2）利用成虫趋光性设置黑光灯诱捕成蛾。

（3）初孵幼虫有群集性，可摘除虫叶消灭之。

（4）在幼虫盛发期喷洒80%敌敌畏乳油1000~1200倍液或50%辛硫磷乳油1000~1500倍液等。

四、螨类

牡丹常见有朱砂叶螨（*Tetranychus cinnabarinus*）和山楂叶螨（*Tetranychus viennensis Zacher*）危害，是牡丹常见虫害之一。以朱砂叶螨为例，介绍其危害特点、形态特征、发生规律、防治方法等。

（一）危害特点

朱砂叶螨，别名棉红蜘蛛、红叶螨、玫瑰赤叶螨。该螨属于世界性害螨。在我国华南、西北、西南、东北等地发生普遍。该虫用口器刺入叶片内吮吸汁液，使叶绿体受到破坏，叶片呈现灰黄点或斑块，叶片枯黄、脱落，甚至落光。该虫繁殖能力很强，最快约5天就可繁殖一代。此虫喜欢高温干燥环境，因此，在高温干旱的气候条件下，繁殖迅速，危害严重。虫子多群集于牡丹叶片背面吐丝结网危害。

（二）形态特征

成螨体色变化较大，一般呈红色，也有褐绿色等。足4对。雌螨体长0.38~0.48mm，卵圆形。体背两侧有块状或条形深褐色斑纹。斑纹从头胸部开始，一直延伸到腹末后端；有时斑纹分隔成2块，其中前一块大些。雄虫略呈菱形，稍小，体长0.3~0.4mm。腹部瘦小，末端较尖。卵为圆形，直径0.13mm。初产时无色透明，后渐变为橙红色。初孵幼螨体呈近圆形，淡红色，长 0.1~0.2mm，足 3 对。若螨为幼螨蜕一次皮后为第一若螨，比幼螨稍大，略呈椭圆形，体色较深，体侧开始出现较深的斑块，足 4 对，此后雄若螨即老熟，蜕皮变为雄成螨。雌性第一若螨蜕皮后成第二若螨，体比第一若螨大，再次蜕皮才成雌成螨。

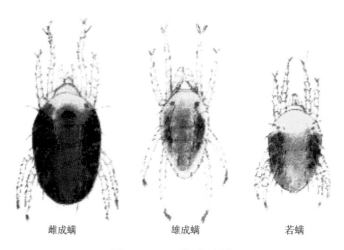

雌成螨　　　　　　　　雄成螨　　　　　　　若螨

图 11-14　朱砂叶螨

(三) 发生规律

该螨发生代数从北向南 10~20 代。长江流域，以受精雌成螨在土块缝隙、树皮裂缝及枯枝落叶等处越冬。越冬螨少数散居。翌年春季，气温 10℃ 以上时开始活动，温室内无越冬现象，喜高温。雌成螨寿命 30 天，越冬期为 5~7 个月。该螨世代重叠，在高温干燥季节易暴发成灾。主要靠爬行和风进行传播。当虫口密度较大时螨成群聚集，吐丝串联下垂，借风吹扩散。主要是以两性生殖，也能孤雌生殖。

(四) 防治方法

(1) 改善栽培环境，使栽培地段通风、凉爽，适时浇水，以减缓繁殖速度。

(2) 在受害地段，消除周围枯枝、落叶及杂草，冬季深翻土地，减少虫源。

(3) 保护和利用天敌。主要有小黑瓢虫、小花蝽、六点蓟马、中华草蛉、拟长毛钝绥螨、智利小植绥螨等。

(4) 化学防治：使用 10% 苯丁哒螨灵乳油 (如国光红杀) 1000 倍液或 10% 苯丁哒螨灵乳油 (如国光红杀) 1000 倍液 + 5.7% 甲维盐乳油 (如国光乐果) 3000 倍液混合后喷雾防治，建议连用 2 次，间隔 7~10 天。

五、蚁类

油用牡丹产区以白蚁危害为主，安徽铜陵和山东菏泽均有报道。常见白蚁有黑翅土白蚁（*Odontotermes formosanus*）、黄胸散白蚁（*Reticulitermes flaviceps* Oshima）和台湾乳白蚁（*Coptotermes formosanus* Shiraki）等。

（一）危害特点

主要危害根颈和枝干，啄食木质纤维。被害植株的茎干上有泥封蚁道。具体危害如下：

（1）破坏韧皮部，如果造成环蚀，这就相当于树干上的树皮被环剥一圈，树的根系将因得不到有机物的供给而死亡，不久后整棵树也将死亡。

（2）破坏形成层，影响树干增粗。

（3）破坏木质部，阻断水分和无机盐向叶运输，从而使叶的光合作用受到影响，导致植物生长缓慢。

（4）破坏木纤维和韧皮纤维，影响树干的强度，在恶劣天气下使树干容易折断。

（二）形态特征

个体扁且柔软，颜色由白色、淡黄色、赤褐色到黑褐色皆有，因种而异。多数白蚁为白色工蚁，兵蚁常为棕色或黑色。眼睛退化，怕光。口器为咀嚼式。触角是念珠状。翅膀则有长翅、短翅和无翅型。有翅类为两对狭长膜质翅，两对翅的大小、形状及翅脉序均相似，且比身体长。短时间飞行后，会自动于其特有横缝脱落。胸腹交接位不明显。

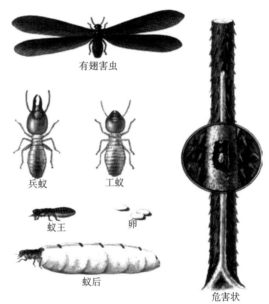

有翅害虫

兵蚁　　工蚁

蚁王　　卵

蚁后

危害状

图 11-15　黑翅土白蚁

（三）发生规律

白蚁是社会性昆虫，有蚁后（雌蚁）、雄蚁、工蚁和兵蚁之分。初产的卵孵化出的均为工蚁，蚁后产卵量大，每年产卵100万粒左右。4~10月份为白蚁活动危害期，当气温达到20℃以上时，白蚁外出觅食危害。5~6月份为分巢期，11月份至翌年3月份为越冬期。

(四)防治方法

(1)土壤处理,处理厚度约与幼苗根系的深度相当。

(2)用诱杀包或者诱饵管引诱法能成功消灭白蚁巢。

(3)化学防治:白蚁防治药物主要有20%天鹰杀白蚁乳油和20%天鹰杀白蚁水乳剂这两种,其有效成分是氰戊菊酯,后者是前者的改进型,且更环保。

第三节 油用牡丹病虫害综合防治

随着油用牡丹种植面积的不断增加,各地危害牡丹的病虫害种类也日趋增多,但真正构成严重危害的种类却十分有限。近年来,各地在病虫害普查并掌握当地牡丹主要病虫害发生规律的基础上,抓住重点防治对象,采取综合防治措施,效果显著。以洛阳和北京地区油用牡丹病虫害综合防治效果最佳,阐述如下:

一、洛阳地区牡丹病虫害综合防治

据调查,洛阳地区对牡丹造成严重危害的有吹绵蚧、蛴螬、根腐病、叶尖枯病、灰霉病、炭疽病、柱隔孢叶斑病等7种。其综合防治措施如下:

(一)移栽前防治

选好栽植地,避免重茬;种植地先撒施呋喃丹或甲基异柳磷颗粒剂,每亩3~5kg,然后翻耕,以防治地下害虫和根结线虫;分株苗剪去病残老根及地上部虫枝,栽植前用甲基异柳磷1000~1500倍和70%甲基托布津600~800倍混合液浸蘸整个植株2~3分钟,消除植株所带病虫,适时栽植。

(二)生长期综合防治

1. 科学管理

(1)适时中耕除草,适度修剪,以利种植地通风透光。

(2)合理施肥浇水。

(3)秋末冬初彻底清园。

2. 化学防治

(1)每年3月下旬,每亩用呋喃丹或甲基异柳磷3~5kg掺细土撒在牡丹根际,防治根腐病。结合中耕防治蛴螬、根结线虫,兼治小地老虎等其他害虫。

(2)11月下旬与翌春牡丹芽萌动前喷3~5度石硫合剂。有介壳虫的先将枝条虫体刮去,再用石硫合剂或速扑杀涂干,消灭越冬虫体。

(3)4月底5月初喷1次等量式波尔多液,防治叶斑病,兼防叶尖枯病。

多年生园加喷 1 次速克灵防治灰霉病。

(4)5 月中旬喷菊酯类杀虫剂加甲基托布津，防治金龟子成虫，兼治叶斑病。此后视病虫害发生情况用药，老园 7~10 天喷 1 次，大田牡丹 10~20 天 1 次。药剂可交替或混合使用。6 月上旬、下旬，7 月上旬、8 月上旬各喷 1 次多量式波尔多液，防治叶尖枯病、叶斑病。其中 7 月中旬喷 1 次甲基托布津，重点防治叶斑病。8 月下旬喷施 1000 倍 1605+多菌灵 800 倍液，防治蟋蟀、杂食性鳞翅目幼虫，兼治叶斑病。有吹绵蚧危害时，用速扑杀或 1605、辛硫磷等，在若虫初孵盛期喷洒。

二、北京地区牡丹病虫害综合防治

据调查，北京地区共发现牡丹炭疽病、褐斑病、轮斑病、白粉病、叶斑病、北方根结线虫病、南方根结线虫病等 7 种主要病虫害。采用以下综合防治措施，防治效果为 60% 以上。

(一)秋季防治

彻底清除牡丹的病残体，分株移栽时摘除虫瘿并用 0.1% 甲基异柳磷药液浸根 20 分钟。

(二)春季防治

覆盖地膜，对田间病株进行挖穴埋药防治。覆膜使早春土温升高较快，同时地表湿度增加，可明显降低牡丹叶部病害的主要侵染来源。每株施用 10~15g 涕灭威对防治根结线虫病效果较好。

(三)夏季防治

清除野生寄主，对叶病进行药物防治。根结线虫的野生寄主种类较多，如紫花地丁、苦荬菜、野艾蒿、香蒿、小车前草、蒲公英等。这些杂草根部亦着生大量虫瘿，应连根清除。叶部病害以防治褐斑病和炭疽病为主，交替喷洒多菌灵和硫黄胶悬液。每年喷 6 次，防治效果可达 70% 以上。

(四)筛选并栽植高抗病品种

表 11-1　牡丹病害名录(参考《中国牡丹全书》)

名称	病原	危害部位
红斑病	牡丹枝孢菌 *Cladosporium paeoniae* Pass	叶片
褐斑病	芍药尾孢 *Cercospora paeoniae* Tehon et Dan.	叶片
	黑座尾孢 *C. variicolor* Wint.	

（续）

名称	病原	危害部位
斑点病	*Mycosphaerella* sp.	叶片
轮纹点斑病	*Pestalotiopsis paeoniae* Serv.	叶片
柱隔孢叶斑病	*Ramularia* sp.	叶片
黄斑病	*Phyllosticta commonsii* Ell. et. Ev.	叶片
轮纹病（黑斑病）	*Alternaria* sp.	叶片
白粉病	芍药白粉菌 *Erysiphe paeoniae* Zheng Chen	叶片
牡丹病毒病	烟草脆裂病毒（TRV）	叶片
牡丹黄化病	牡丹黄化病毒（PYV）	叶片
牡丹环斑病	牡丹环斑病毒（PRV）	叶片
牡丹花叶病	牡丹花叶病毒（PMV）	叶片
牡丹曲叶病	牡丹曲叶病毒	茎、叶
灰霉病	灰葡萄孢 *Botrytis cinerea* Pers. Ex Fr. 牡丹葡萄孢 *B. paeoniae* Oudem	叶、茎、花
茎腐病	核盘菌属真菌 *Sclerotinia sclerotiorum*（Lib.）de Bary	茎、叶、花芽
枯萎病	恶疫霉菌 *Phytophthora cactorum*（Leb. Et Cohn）Schrot	茎、叶、芽
牡丹炭疽病	炭疽菌属 *Colletotrichum* sp.	茎、叶、花芽
白绢病	整齐小核菌 *Sclerotium rolfsii* Succ.	根茎
白纹羽病	褐座坚壳菌 *Rosellinia necatrix*（R. hart.）Berl	根及根茎
紫纹羽病	桑卷担菌 *Helicobasidium mompa* Tanaka	根颈处及根
牡丹根腐病	腐皮镰刀菌 *Fusarium solani* 与 蜜环菌 *Armillariella mellea* 的复合侵染	根系
牡丹立枯病	立枯丝核菌 *Rhizoctonia solani* Kühn，其有性世代为 丝核薄膜革菌 *Pellicularia filamentosa*（Pat.）Roqers	幼苗
根结线虫病	北方根结线虫 *Meliodogyne hapla* Chitwood	根系

表 11-2　牡丹害虫名录（参考《中国牡丹全书》）

名称	危害部位
日本蜡蚧 *Ceroplastes japonicus* Green	枝条
柑橘臀纹粉蚧 *Planococcus citri*（Risso）	枝条
吹绵蚧 *Icerya purchasi* Mask	枝条
牡丹网盾蚧 *Pseudaonidia paeoniae*（Cockerell）	枝条
粉蚧 *Planococcus sinensis* Borchs	枝条
长白盾蚧 *Lopholecaspis japonica* Cockerell	枝条

（续）

名称	危害部位
扁刺蛾 *Thosea sinensis*（Walker）	叶片
黄刺蛾 *Cnidocampa flavescens* Wslker	叶片
盗毒蛾 *Porthesia similis* Fueszly	嫩芽、嫩梢及叶片
桑褐刺蛾 *Setora postornata*（Hampson）	叶片
中国绿刺蛾 *Latoia sinica* Moore	叶片
中华锯花天牛 *Apatophysis sinica*（Semenov-Tian-Shanskii）	根及根茎
桑天牛 *Apriona germari*（Hope）	根、茎
黑绒鳃金龟 *Maladera orientalis* Motsch	根系
华北大黑鳃金龟 *Holotrichia oblita* Fald.	幼虫危害根系
暗黑鳃金龟 *H. parallela* Motsch.	根系
四纹丽金龟 *Popillia quadriguttata* Fab.	根系
苹毛丽金龟 *Proagopertha lucidula* Fald.	根系
铜绿丽金龟 *A. corpulenta* Motsch.	根系
黑皱鳃金龟 *Trematodes tenebrioides* Pallas	根系
黄褐丽金龟 *Anomala exoleta* Fala.	根系
云斑鳃金龟 *Polyphylla chinensis* Fairmaire	根系
桃蚜 *Myzus persicae* Sulzer	嫩梢、花、叶
棉蚜 *Aphis gossypii* Glover	嫩梢、花、叶
亚洲玉米螟 *Ostrinia furnacalis* Güenee	叶
红腹灯蛾 *Spilosoma punctaria* Bramer	叶
棉铃虫（棉铃实夜蛾）*Heliothis armigera*（Hübner）	枝、叶、花、芽
梨剑纹夜蛾 *Acronycta rumicis*（Linnaens）	叶
苹烟尺蠖 *Phthonosema tendinosaria* Bremer	叶
甘蓝夜蛾 *Barathra brassicae*（Linnaeus）	叶
杨扇舟蛾 *Clostera anachoreta*（Fabr.）	叶
斑潜蝇 *Liriomyza* sp.	叶
小地老虎 *Agrotis ypsilon* Rottemberg	根、茎
褐纹金针虫 *Melanotus caudex* Lewis	根
沟金针虫 *Pleonomus canaliculatus* Faldermann	根
细胸金针虫 *Agriotes fuscicollis* Miwa	根
蒙古拟地甲 *Gonocephalum reticulatum* Motsch.	根
网目拟地甲 *Opatrum satartum* Fald.	根
华北蝼蛄 *Gryllotalpa unispina* Saussure	根

（续）

名称	危害部位
东方蝼蛄 *Gryllotalpa orientalis* Burmeister	根
南方油葫芦 *Gryllus testaceus* Walker	根、茎、叶
烟蓟马 *Thrips tabaci* Lind.	叶
橘绿粉虱 *Dialeurodes citri* Ashmeod	叶
刺粉虱 *Alenrocathus spiniferus* Quaintance	叶
温室粉虱 *Thialenrodes vaporariorum*（Westwood）	叶
咖啡豹蠹 *Zenzera coffeae* Nietner	茎
茶袋蛾 *Clania minuscula* Butler	叶
大袋蛾 *Clania variegata* Snellen	叶
芋双线天蛾 *Theretra oldenlandiae* Fabricicus	叶
山楂叶螨 *Tetranychus viennensis* Zacher	叶
花蓟马 *Frankliniella formosae* Moulton	花朵、叶片
家白蚁 *Coptotermes formosanus* Shiraki	根茎、枝干
灰巴蜗牛 *Bradgbaena ravida* Benson	芽、嫩叶
条花蜗牛 *Gathaica fasciola*（Draparnaud）	芽、嫩叶

随着油用牡丹种植地区和面积的日趋扩大，油用牡丹新的病虫害出现、危害加重等趋势将成必然。各地对油用牡丹的病虫害研究和防治要有未雨绸缪的考虑，应当在主要种植区域建立科学的病虫害防治体系，根据有害生物与环境之间的相关联系，充分发挥自然控制因素的作用，因地制宜地协调应用必要的措施，控制有害生物，以获得最佳的经济、生态和社会效益。

第十二章　油用牡丹采收与储藏

油用牡丹果实的采收时间、储藏环境及储藏时间的长短对于牡丹籽油的品质都有很大的影响。同时，牡丹种子因使用目的不同（榨油或育苗），其采收时间、储藏条件等方面存在很大差异。因此，做好油用牡丹种子的采收和储藏工作既是油用牡丹种苗产业的基础，也是牡丹籽油品质保证的关键。

第一节　油用牡丹果实采收

油用牡丹的果实为蓇葖果，从开花到种子成熟一般需要 105～115 天，不同品种、不同地域存在一定差异。

一、采收时间

如果收获的种子是为了繁育牡丹种苗，那么果实的采收时间可适当早些，一般当牡丹蓇葖果变为浅蟹黄色时即可采收（图 12-1）。采收过迟，生根、发芽慢；播种再晚，当年很可能不生根，延迟到第二年才生根，至第三年春才发芽。明代薛凤翔《牡丹八书》中讲：牡丹种籽"喜嫩不喜老……以色黄为时，黑则老矣"，"子嫩者一年即芽，微老者二年，极老者三年出芽"。

图 12-1　繁殖苗木的蓇葖果采收状态

如果收获的种子是为了榨取牡丹籽油，那么果实的采收时间应适当晚些，一般当牡丹蓇葖果变为深蟹黄色时采收（图 12-2），此时种子中的干物质积累与脂肪酸含量均已达到最高。过早采收则种子不够成熟，质嫩水分多，容易腐烂，且影响牡丹籽的出油率和牡丹籽油品质。当然，牡丹果实采收时间也不能太晚，过晚果实开裂，种子掉落，产量降低（图 12-3）。

实地考察证明，种子成熟期因地区不同而存在差异，在黄河下游的洛阳、菏泽一带，种子成熟采收期为7月下旬至8月上旬，黄河上游的兰州等地为8月中下旬至9月上旬，而在长江流域的安徽铜陵地区则为7月下旬。另外，油用牡丹品种不同，成熟期也存在一定差异，采收时应注意因地制宜，分批采收。

图 12-2　作为油料的蓇葖果采收状态

图 12-3　蓇葖果开裂状态

二、采收方法

实际生产中，种子成熟有早有晚，最好分批采收。如果条件不容许，可在第一批种子采收5天后一次性采收。目前，油用牡丹果实的采收主要通过人工采收这一传统的采收方法。采收时一手握住剪刀，一手握住果实，把牡丹果实剪下；或一手握住果实，向一侧用力，把果实从果柄上折下，人工采收比较耗费时间和人力，工作效率较低，适宜小面积及丘陵坡地油用牡丹的果实采收。油用牡丹规范化栽培、整形后，成垄成行，牡丹果实相对集中在一个平面上，即可采用机械化采收果实，但目前适于油用牡丹果实采收的机械尚未面世，科技人员正在加大油用牡丹专用果实采收机械的研发力度。

第二节　油用牡丹种子储藏

油用牡丹种子外围包裹着一层厚厚的果荚，在种子储藏之前必须经过果荚剥离、除杂、晾晒等工作。

一、种子剥离

采下的果实应堆放在阴凉通风、不易返潮的房间地面(粗糙水泥地面)上，使种子完成后熟阶段。堆放厚度不宜超过 20cm，堆放期间每 1~2 天，就要上下翻动一次，以保持种子所受的温湿度一致，防止果实堆积过厚又缺少翻动引起内部发热，产生 40~50℃ 的高温，影响到种子胚的活性。受热后的牡丹种子不仅出苗率低，而且影响牡丹籽油品质。果实储藏 10 天左右，果壳由蟹黄色变为黑色，绝大多数牡丹蓇葖果会自动开裂散出种子。对少数没有自动开裂的果实可用棍棒用力敲打，使果壳开裂。当然我们也可以采用机械剥离果莢，但由于油用牡丹产业处于初级阶段，市场上虽然也出现了一些牡丹果莢剥离机，但这些机械的效果不是非常理想，需要进一步优化。

二、种子除杂

在剥离牡丹果莢的过程中会产生一些果莢碎屑，这些碎屑混入牡丹种子后容易引起牡丹种子在储藏过程中发生霉变，进而影响牡丹籽油的品质，因而必须清除混入牡丹种子中的果莢碎屑。牡丹果莢碎屑一般比较轻，而牡丹种子比较重，可以借助风力进行筛选。目前，市面上有很多利用风力进行种子除杂的机械，效果不错，可以选用。

三、晾晒

除杂后的种子如果是用来繁殖油用牡丹苗木，种子一般不进行晾晒，应及时播种，由于特殊原因不能及时播种时可将种子进行沙藏（种子：沙子 = 1：3）。对于果莢剥离后种子用于榨油的，种子取出后，应置于室内通风处（不要在太阳下暴晒）适当阴干，使牡丹籽含水量降低到 10% 左右再行储藏，以备加工。

四、种子储藏

牡丹籽储藏对于牡丹籽油的加工企业是十分重要的一个环节。牡丹籽在储藏期间，若能采用合理的储藏条件，妥善管理，则能保证牡丹籽不受损失或只有最低程度的损失，为制油过程取得较大的出油率和较高的品质提供保证。

由于牡丹籽有一层坚实外壳，完整的牡丹籽具有良好的抗潮、抗压性能，但在储藏条件中，如水分大，极易发芽、发热、霉变。储藏时牡丹籽水分应该控制在 10% 以内，利用油籽的后熟作用，控制油籽的呼吸，防止酶和微生物的破坏作用。为实现这一油籽储藏的必要条件和上述目的，常用的牡丹籽储藏方式有以下几种：

(一) 干燥储藏法

由于牡丹籽储藏期间影响其发热霉变的主要因素是水分,因此若将油料水分降低到"临界水分"以下,即牡丹籽水分呈结合态,此时牡丹种子处于休眠状态,呼吸作用微弱,微生物及其他害虫的活动受到限制,则牡丹籽储藏的稳定性将大大提高。即确保牡丹籽在安全水分以下的储藏,最简单的方法是晒干或通过热风干燥机烘干。

(二) 通风储藏法

即牡丹籽在储藏期间保持良好的通风状态。当外界空气温度和湿度适宜时,有效的通风可以降低储藏牡丹籽的水分和温度,从而减少虫害和霉菌造成的损失。通风方式有自然通风和机械通风两种,后者对于含水量高的牡丹籽处理尤为有效。

(三) 低温密闭储藏法

在牡丹籽储藏期间,温度是影响害虫繁殖的主要因素。多数害虫在温度为15℃以下即停止繁殖。一般微生物在温度10℃以下发育缓慢或完全被抑制。低温储藏技术是利用自然低温或相应设备,使温度下降至10℃以下,然后再密闭隔热,低温储藏。

(四) 化学保存法

该法常常与上述几种牡丹籽储藏方法配合使用,即在储藏的牡丹籽中加入一定量的钝化酶或杀死害虫的化学药品,以达到安全储藏的目的。

下 篇

油用牡丹资源的利用与加工

第十三章 油用牡丹的原料生产

第一节 油用牡丹果实的形态结构

牡丹的果实为蓇葖果。蓇葖果是果实的一种类型，属于单果，若干枚蓇葖果着生于同一个果蒂上则称为聚合蓇葖果，是聚合果的一种。蓇葖果是由单心皮雌蕊或者离生心皮雌蕊发育而来的，单心皮雌蕊发育成单独的蓇葖果，但这种情况比较少见，更常见的是离生心皮雌蕊发育而成的聚合蓇葖果。蓇葖果形成过程中会沿心皮愈合处形成腹缝线，在腹缝线对侧形成背缝线，果实成熟后会沿腹缝线或背缝线中的一侧开裂弹出种子，与同为单心皮发育而成的荚果不同，成熟的蓇葖果只沿一侧缝线开裂。

牡丹果荚由于蓇葖果内种子多互相挤压而呈多面形。牡丹不同品种的雌蕊数目不同，通常 1~20 枚。油用牡丹凤丹以及紫斑品种系列的果实形态见图 13-1。它们每个果实的果荚数目较为稳定，多为 5 枚，但也存在变异，如田间栽培的凤丹果实的果荚数目可出现 6 枚甚至 7 枚的情况（图 13-2）。

牡丹果实在成熟后，果荚开裂，种子在阳光照射下颜色变深，随后种子从果荚脱落（图 13-3），因此油用牡丹果实的采收必须在适当时间进行。过早采收时种子不成熟，会降低牡丹籽油产量和质量，过晚则种皮坚硬，同时种子脱落会造成产量损失。油用牡丹果实的采收时间因品种和种植地区不同而存在差别，一般来说，南方的采收时间早于北方，凤丹的采收时间早于"紫斑"。铜陵凤丹的采收时间一般为每年 7 月下旬至 8 月上旬，此时果实呈蟹黄色或微变黑，牡丹种子已经成熟。

油用牡丹果实的采收方法可分为两种：人工采收和机械采收，目前生产上普遍应用的是人工采收。人工采收的操作为一手握剪，一手握果，把牡丹果实剪下；或一手握果，向一侧用力，把果实从果柄上折下。如果油用牡丹规范化栽培、整形后，植株成垄成行、牡丹果实相对集中在一个平面上，即可采用机械化采收果实。

图 13-1　油用牡丹果实(左：凤丹果实；右：紫斑果实)

图 13-2　多枚果荚的凤丹果实(左：6 枚果荚；右：7 枚果荚)

图 13-3　开裂的油用牡丹果荚

不同牡丹品种的果实结实力不同，一般来说，单瓣品种要大于重瓣品种。油用牡丹每个果实的种子数少则 10 粒，多则 60 多粒。洛阳市植保植检站的工作人员研究了几种牡丹的结实力（表 13-1），单瓣品种'凤丹白'的每花种粒数明显多于'墨荷莲'等重瓣品种，同时在研究的所有品种中，'凤丹白'的百粒重也高于重瓣品种。

表 13-1　牡丹品种的结实力

品种名称	心皮原基排列（蓇葖果数）	花型	种粒数/（粒/花）	种子大小/cm		百粒重/g
				长	直径	
'凤丹白'	梅花形（5）	单瓣	>60	0.73~1.20（0.85）	0.64~0.80（0.75）	31.10
'墨荷莲'	梅花形（5）	荷花	>40	0.71~1.08（0.83）	0.62~0.81（0.73）	29.00
'俊艳红'	梅花形（5）	蔷薇	>40	0.73~1.15（0.86）	0.63~0.85（0.74）	29.40
'赵粉'	梅花形（5）	皇冠	>50	0.74~1.19（0.89）	0.62~0.81（0.72）	30.00
'胡红'	梅花形（5）	皇冠	>50	0.68~1.12（0.86）	0.56~0.82（0.70）	27.82
'姣容三变'	梅花形（5）	皇冠	>40	0.63~1.03（0.81）	0.50~0.82（0.64）	27.79
'洛阳红'	内向螺旋（>6）	蔷薇	<40	0.60~1.13（0.88）	0.44~0.83（0.69）	26.26
'春燕'	内向螺旋（>6）	蔷薇	<40	0.49~1.03（0.78）	0.45~0.80（0.63）	19.48
'大棕紫'	内向螺旋（>6）	蔷薇	<40	0.66~1.02（0.85）	0.56~0.75（0.67）	20.50

成熟的油用牡丹种子呈椭圆形或卵状球形，黑色或棕黑色，千粒重为 350g 左右，每千克约 3000 粒（图 13-4）。

油用牡丹种子属典型的有胚乳种子（如图 13-5），由种皮、胚和胚乳三部分构成。

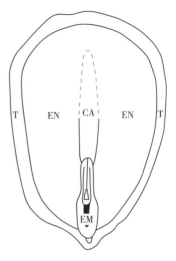

图 13-4　油用牡丹种子

图 13-5　油用牡丹种子纵切面

（T：种皮；EN：胚乳；EM：胚；

CA：胚乳中央的裂腔）

一、油用牡丹的种皮

油用牡丹种皮较厚，坚硬革质，其一端有明显种脐，附近一侧有一种孔。种皮细胞致密有序，壁厚而角质化。凤丹种皮外表面、内表面和断面结构见图 13-6。

图 13-6　凤丹牡丹种皮（a：外表面；b：内表面；c：断面）

二、油用牡丹的胚

油用牡丹种子的胚较小，为琵琶形，高度约为种子的 1/3，位于胚乳中央一端，其圆锥状的胚根伸出胚乳，顶端伸进种孔之中。多数幼胚具有子叶两片，但也有5%～10%的幼胚子叶三片。油用牡丹种子子叶呈卵圆形，它们伸入胚乳中间的裂隙之中，内部的原形成层束十分明显。两片子叶中间有一小的胚芽，胚轴粗短，子叶的宽度明显大于胚轴的直径，但厚度较小。

三、油用牡丹的胚乳

油用牡丹种子的胚乳为圆形或近圆形，由柱状细胞构成，胚乳外有薄层白色膜包被。胚乳占种子的绝大部分，在凤丹种子中，胚和胚乳的比例约为1：200。油用牡丹种子呈半透明状，是脂质性的，正中央有明显的裂隙。

第二节　油用牡丹种子的化学组成

牡丹种子胚乳肥大，富含油脂、糖类、氨基酸、蛋白质和维生素等，并且与观赏牡丹'胡红'相比，油用牡丹'凤丹白'种子中各种营养成分的含量均较高。

表13-2　两种牡丹种子营养成分组成

营养成分	油用牡丹（'凤丹白'）	观赏牡丹（'胡红'）
粗油脂/%	34.31	35.35
淀粉/%	19.42	13.47
可溶性糖/%	12.29	10.04
可溶性氮/%	0.82	0.41
蛋白质氮/%	2.01	1.98
维生素 C/（mg/100g）	3.61	2.28

一、油用牡丹种子的油脂

油用牡丹种子总油脂含量为27%～33%。迄今为止，已有多名研究者对牡丹籽油成分进行了分析。河南科技大学的科研人员以石油醚—乙酸乙酯为溶剂，采用索氏提取法提取牡丹种子油脂，获得的油脂经甲酯化处理后使用 GC-MS 分析其中的脂肪酸（酯）成分。结果发现，这些脂肪酸（酯）碳原子数目为14～24，总相对百分含量为98.08%，其中饱和脂肪酸占14.66%，不饱和脂肪酸占83.42%。使用相同的提取和检测方法，周海梅等从牡丹籽油中检测出17种脂肪酸成分，其主要组分为亚麻酸、油酸、亚油酸，其中不饱和脂肪酸占83.05%，饱和脂肪酸占14.33%。北京林业大学的研究人员利用 GC-MS 对牡丹籽油进行了成分检测，结果共检测出 13 种脂肪酸成分，其中亚麻酸、油酸和亚油酸的相对含量分别为 41.38%、27.51% 和 22.29%。从以上研究中可以看出，虽然不同研究者检测出的牡丹种子油脂成分存在差别，但是可以肯定的是，牡丹种子中油脂的主要成分为亚麻酸、亚油酸和油酸三种不饱和脂肪酸，它们的总量占牡丹种子油脂总量的 80% 以上。

二、油用牡丹种子的蛋白质和氨基酸

油用牡丹种子中粗蛋白占种子总重量的 18% 以上。蛋白质是人体必需的营养物质之一，它在体内经过消化被水解成氨基酸后被吸收，重新合成人体所需蛋白质。构成生物体蛋白质的氨基酸约有 20 种，其中有 12 种非必需氨基酸，8 种必需氨基酸，而必需氨基酸必须从食物中获得，人体不能靠自身合成。河南科技大学等 3 所单位研究人员共同发现牡丹种子中含有 17 种游离氨基酸，其中包括 6 种必需氨基酸(表 13-3)，这些氨基酸不需经过消化就可以被人体吸收利用。联合国粮农组织规定 8 种人体必需氨基酸的比例为：亮氨酸 17.2%、异亮氨酸 12.9%、缬氨酸 14.1%、赖氨酸 12.5%、苏氨酸 10%、蛋氨酸 10.7%、苯丙氨酸 19.5%、色氨酸 3.1%，而牡丹籽中所含 6 种必需氨基酸的比例与此较为一致，说明牡丹籽所含氨基酸是适合人体需求的。

表 13-3 牡丹种子('凤丹白')中游离氨基酸组成

氨基酸	含量（g/100g）	氨基酸	含量（g/100g）
天冬氨酸	2.134	*蛋氨酸	1.500
苏氨酸	0.690	*亮氨酸	1.316
丝氨酸	0.953	*异亮氨酸	0.728
谷氨酸	4.633	酪氨酸	0.545
脯氨酸	0.989	*苯丙氨酸	0.723
甘氨酸	0.968	*赖氨酸	0.660
丙氨酸	0.867	组氨酸	0.402
胱氨酸	0.170	精氨酸	1.387
*缬氨酸	1.008		

* 为人体必需氨基酸。

三、油用牡丹种子的其他物质

除了油脂、蛋白质和氨基酸以外，油用牡丹种子中还含有其他多种具有生物活性的有用物质，包括甾醇类类脂、齐墩果酸、12,13-dehydromicromeric acid、常春藤皂甙元、山奈酚、木犀草素、芹菜素、柯伊利素、反式葡根素、顺式葡根素、β-胡萝卜苷、6'-O-β-D-葡萄糖芍药内酯苷、8-去苯甲酰艾药苷、8-debenzoylpaeonidanin、1-O-β-D-乙基甘露醇苷、1-O-β-D-glucopyr-anosylpaeonisuffrone、蔗糖和苯甲酸等。此外，油用牡丹种子中还含有多种人体需要的矿物质，如钙、钠、铁、钾、锌、镁和铜等。

第三节　牡丹籽油加工的原料标准

一、制定牡丹籽油加工原料标准的意义

随着一种产品加工工业的快速发展，规模化生产企业在加工工艺和设备上的差距会越来越小，产品同质化的趋势也会越来越强，但是企业经营与产品质量之间始终存在差异，这主要是由于没有统一的产品原料质量标准所引起的。与其他产品相同，如果牡丹籽油生产企业使用的加工原料质量不同，那么即使生产设备和工艺保持相同，也将会引起牡丹籽油产品质量的极大不稳定。因此，制定切实可行的牡丹籽油加工原料标准是保证牡丹籽油产品质量的首要前提。目前，导致牡丹种子原料质量存在差异的主要因素包括：

首先，由于油用牡丹种植业的发展还处在初始阶段，进行大规模标准化油用牡丹种植的企业还较少，相当一部分属于中小型企业以及分散农户，这就必将导致所生产的牡丹种子原料的质量产生差异。

其次，虽然国家卫生部批准的可用于生产牡丹籽油的为紫斑和凤丹两个牡丹种，但是经过多年的杂交育种，这两个牡丹种下已经培育出很多的新品种，这些新品种由于引入了其他牡丹种的性状，牡丹种子中油脂等物质的成分和含量也必然有所差异。

再次，在我国，油用牡丹的适生地分布广泛，这些适生地在海拔、降水量、气温、日照以及土壤性状等方面具有很大不同。地域环境对植物种子油脂成分的影响巨大，研究发现乌桕种子油脂成分受地域环境的影响，皮油中棕榈酸含量与纬度呈负相关，而皮油中油酸含量与纬度呈正相关；皮油含量与经度呈正相关；皮油含量、皮油中棕榈酸含量与年积温呈正相关，皮油中油酸含量与年积温呈负相关；皮油含量、皮油中棕榈酸含量与年降水量呈正相关，皮油中油酸含量与年降水量呈负相关。河南洛阳和山东菏泽两地产出的牡丹籽油中油酸、亚油酸、亚麻酸的含量及总不饱和脂肪酸含量也存在明显差别。

二、制定牡丹籽油加工原料标准的原则和依据

牡丹籽油加工原料标准的制定必须按照 GB/T 1《标准化工作导则》、GB/T 20000《标准化工作指南》、GB/T 20001《标准编写规则》等系列标准的规定及相关要求编写，其技术指标的制定还应遵循全面性原则、最简原则、适度原则、可操作性原则和国际化原则。

全面性原则。油用牡丹种子原料标准的制定必须符合全面性，也就是说标准的制定不能出现漏洞，依照标准条目进行的质量检验可以准确反映油用牡丹种子原料的真正质量，这就需要将可能影响牡丹籽油产品产量和主要质量参数的所有指标都囊括进原料标准之中。

最简原则。油用牡丹种子原料标准必须保持最简。多余的检测指标会增加原料检测的工作量和成本，因此应该避免将非必需的检测指标制定进油用牡丹种子的质量标准中。

适度原则。牡丹籽油加工原料标准的制定必须要适度，标准制定太严就会出现原料合格率低，牡丹籽油生产企业得不到其生产需求的原料，从而无谓地增加质量成本；而标准制定太松就会失去标准制定的意义，从而控制不了原料质量，并最终导致产品质量的失控。

可操作性原则。牡丹籽油加工原料标准的制定要考虑所包括的检测指标在实际操作中具有可行性，避免出现需要昂贵大型仪器和超高操作水平甚至在实际操作中无法进行的检测指标的出现。

国际化原则。作为高端食用油，牡丹籽油产品的国外市场不容忽视，而国外市场，特别是发达地区市场对食品原料的质量控制要明显高于国内。因此，在制定牡丹籽油加工原料标准时，也要注意参考国际，特别是发达国家和地区对食用油生产原料质量的控制标准，以期在牡丹籽油产品走向国外时可以避免贸易壁垒的阻碍。

制定牡丹籽油加工原料标准的依据首先应该是国家标准中的相关内容。我国对生产植物食用油脂所用的油料质量具有严格的规定，制定了相关的国家标准——《植物油料卫生标准》（GB 19641—2005）。《植物油料卫生标准》中规定了制取食用植物油脂所需植物油料的卫生指标和检验方法以及包装、标识、储存、运输等，该标准中的主要指标要求包括感官要求、有害有毒菌类及植物种子指标、理化指标三个方面。感官要求中对霉变粒的百分率做了明确规定；有毒有害菌类及植物种子指标中对油料中曼陀罗籽及其他有毒植物种子的数量和对人畜具有严重毒害作用的麦角百分率做了限制规定；理化指标中

则对铅和无机砷两种重金属、黄曲霉素 B_1 以及农药残留的含量进行了限定，其中农药残留的含量按照 GB 2763 的量进行限定。《植物油料卫生标准》是我国油料的强制性标准，因此牡丹籽油加工原料的质量标准必须完全符合或高于这个标准。

全球良好农业规范（GLOBALGAP）又称作全球良好农业操作认证，是在全球市场范围内作为良好农业操作规范的主要参考而建立。GLOBALGAP 认证标准涵盖了对所认证的产品从种植到收获的全过程。农产品作为整个食品供应链的源头，其安全性愈来愈被消费者所关注，而 GLOBALGAP 正是为了从源头上解决食品安全的问题而制定的。GLOBALGAP 认证将消费者对于农产品的需求转化到农业种植中，并迅速在很多国家被认可，截至 2007 年 8 月，GLOBALGAP 已经覆盖 80 多个国家，超过 80000 家种植商已经获得认证。2012 年 2 月，国家认监委与 GLOBALGAP 签署了《中华人民共和国国家认证认可监督管理委员会和 GLOBALG. AP 关于良好农业规范认证体系基准比较的谅解备忘录》，标志着国家认监委批准从事中国良好农业规范（GAP）认证的认证机构颁发的 GAP 证书，将获得 GLOBALGAP 的认可。目前我国出口到欧美等发达国家的多种食品均要求其生产原料必须是经过 GLOBALGAP 认证的，考虑到牡丹籽油将来面临的国际市场，加工原料生产的 GAP 认证也应该是制定其标准的一个重要参考。

三、制定牡丹籽油加工原料标准的指标内容

根据上述制定牡丹籽油加工原料标准的原则和依据，牡丹籽油加工原料标准的指标内容如下：

（一）感官指标

人的感官主要包括视觉、嗅觉和触觉，牡丹籽油加工原料的感官指标也应该从这三个方面进行检查。牡丹种子可以利用感官进行准确检测的内容主要包括种子坚实度、均匀度、完整性、种子颜色、气味、种仁颜色、是否霉变等。

坚实度和种子颜色是可以准确衡量油用牡丹种子成熟度的重要感官指标，未成熟的种子因其种皮硬化不够，同时晾晒过程中种仁收缩，种仁与种皮间空隙较大，因此种子在用手指用力挤压下会发生明显变形。此外，成熟度好的油用牡丹种子呈深棕黑色或黑色，成熟度差的油用牡丹种子则呈棕色或浅棕色。

均匀度是判断油用牡丹种子质量是否均匀的一个重要指标。均匀度良好表明种子的品种、生长条件、成熟度、采收时间等方面较为一致。同时，均匀度好的种子还可以大大提高牡丹种子的出仁率。均匀度良好的油用牡丹种子是生

产出质量稳定的牡丹籽油的重要前提。

完整性也是油用牡丹种子原料质量的一个重要感官指标。完整性好的种子因为有完整种皮的保护，种仁在晾晒等处理过程中受有害微生物和物质污染的几率非常低，而不完整种子受有害微生物和物质污染的几率则非常高。造成油用牡丹种子不完整的主要原因包括采收、晾晒和脱果荚过程中受到外力，籽粒被虫蛀蚀，或者遭霉菌等破坏。

气味可以很好地判断油用牡丹种子在收获和保存期间是否霉变变质或者在保存中受到具有其他气味物质的污染，具有纯正的油用牡丹种子特有气味的原料才符合牡丹籽油加工原料的标准。

种仁颜色也是表征油用牡丹种子质量不可或缺的检测指标，正常颜色的油用牡丹籽种仁为乳白色或乳黄色，与此颜色不符的种子则可以确定为不合格的加工原料。

（二）有毒、有害菌类及植物种子指标

目前，油用牡丹种子均通过人工种植进行生产，虽然一些有毒或有害杂草、菌类的种子或者其他部分也存在混杂进入油用牡丹种子原料的可能性，但是考虑到牡丹种子采收多采用人工采收的方式，这种情况发生的可能性非常低，而且这些有毒、有害菌类及植物种子较为容易从油用牡丹种子原料中进行辨识并去除，所以此指标不需要单独出现在牡丹籽油加工原料标准中，可以通过限制原料中总杂质含量来进行限定。

（三）理化指标

油用牡丹种子理化指标的检验主要包括种子的水分、有害元素含量测定及农药残留含量测定。

（四）要求

见表 13-4。

表 13-4　油用牡丹种子原料的质量要求

项目		指标
感官要求	色泽	具有黑色种皮，有光泽，无变色；籽仁呈乳白色或乳黄色
	气味	具有正常牡丹籽的气味，无霉味和其他异味
	形状	籽粒饱满，坚实，大小均匀
纯仁率/%		AA 级≥70.0；A 级 65.0~69.9
水分/%		≤10.0

（续）

项目		指标
杂质	一般杂质/%	≤0.5
	有毒有害杂质	不得检出
不完善粒/%	破损粒/%	AA 级≤3.0；A 级≤5.0
	虫蚀粒/%	≤0.5
	未熟粒/%	≤1.0
	出芽粒/%	≤0.5
	霉变粒/%	AA 级≤0.3；A 级 0.3~1.0
	病斑粒/%	≤0.5
砷(以 As 计)/(mg/kg)		≤0.5
铅(以 Pb 计)/(mg/kg)		≤0.2
镉(以 Cd 计)/(mg/kg)		≤0.05
汞(以 Hg 计)/(mg/kg)		≤0.02
铬(以 Cr 计)/(mg/kg)		≤1.0
六六六/(mg/kg)		≤0.05
滴滴涕/(mg/kg)		≤0.05
溴甲烷/(mg/kg)		≤5.0
溴氰菊酯/(mg/kg)		≤0.5
七氯/(mg/kg)		≤0.02
艾氏剂/(mg/kg)		≤0.02
其他农药残留量		按 GB 2763 的规定执行
标签、标识		原料的包装上应有标签，位置适当，字迹清晰；标识标注要完整，易于辨认，不能使用易产生混淆或者其他不良影响的标注方式
包装		包装材质坚固、完整；无霉、无污染、无异味和水渍等；缝口质量完好，无原料外露
运输		运输工具清洁卫生，干燥，防雨防潮，产品不得与有毒、有害、有异味的物品混装运输
储存		原料应储存在清洁、通风干燥，有防鼠、防虫设施的专用场所中。不应与有毒、有害、有异味的物品混存

（五）取样

1. 批的划分

同一报检单、同种类、同质量、品质均匀的产品作为一批。以不超过 1000 件作为一批。超过者应划分为不超过 1000 件的小批取样。

2. 取样件数和样品数量

$$S = \sqrt{N}$$

式中　S——取样件数；

　　　　N——本批总件数。

注：S 值取整数，小数部分进位整数。

每件取样数量应基本一致，全批取得的原始样品总量不得少于 2000g。

(六)检验方法

1. 色泽、气味

打开装有检验样品的塑料袋，立即嗅辨气味是否正常，然后取样品 100～150g 倒入广口瓶内盖严，然后在无炫目光线明亮处鉴定色泽。

2. 形状

目测。

3. 纯仁率

牡丹籽取样 50g，用镊子夹压剥壳或用手剥壳。剥壳时不要损伤籽仁。按规定用量称取试样 (W) 剥壳后，除去无使用价值的籽仁，称取籽仁总重量 (W_1)，再按规定拣出不完善粒，称重 (W_2)。出仁总量和纯仁率按如下公式计算：

$$出仁总量(\%) = \frac{W_1}{W_2} \times 100$$

$$纯仁率(\%) = \frac{W_1 - W_2}{W} \times 100$$

式中　W_1——籽仁总重量，g；

　　　　W_2——不完善粒重量，g；

　　　　W——净试样重量，g。

双试验结果允许差不超过 1.0%，求其平均数，即为检验结果。检验结果取小数点后第一位。

4. 杂质、不完善粒

按质量标准中规定的筛层套好(大孔筛在上，小孔筛在下，套上筛底)，按规定称取试样 150～200g 放入筛上，盖上筛盖，然后将选筛放在玻璃板或光滑的桌面上，用双手以每分钟 110～120 次的速度，按顺时针方向和逆时针方向各筛动 1min，筛后静止片刻，将筛上物和筛下物分别倒入分析盘内。卡在筛孔中间的颗粒属于筛上物。杂质含量按如下公式计算：

$$杂质(\%) = \frac{W_1}{W} \times 100$$

式中　　W_1——杂质重量，g；

　　　　W——样品重量，g。

在检验杂质的同时，按质量标准的规定拣出不完善粒，称重（W_1）。不完善粒含量按如下公式计算：

$$不完善粒(\%) = \frac{W_1}{W} \times 100$$

式中　　W_1——不完善粒重量，g；

　　　　W——试样重量，g。

5. 水分

取待测样品约 30g，平铺于干燥至恒重的扁形称瓶中，精密称定（感量 0.001g）。打开瓶盖并连同瓶盖一起放入预热至 105℃烘箱中层隔板上，离箱壁至少 5cm，保持 105±2℃干燥 2h，取出称量瓶，加盖，移至干燥器内冷却至室温，精密称定重量（感量 0.001g），再放入烘箱内以 105℃干燥 30min，取出冷却，称重，至连续两次称重的差异不超过 5mg 为止。取最小值计算烘失量，根据下面公式计算含水率：

$$P(\%) = \frac{W_1 - W_2}{W_1} \times 100$$

其中　　P——水分含量，%；

　　　　W_1——烘干前样品质量，g；

　　　　W_2——烘干后样品的质量，g。

四、油用牡丹种子农药的测定

随着农业产业化的发展，农产品的生产越来越依赖于农药、抗生素和激素等外源物质。近年来，我国农药在农产品上的使用量居高不下，由于这些物质的不合理使用，导致农产品中农药残留超标，影响了消费者食用安全，严重时会造成消费者致病、发育不正常，甚至直接导致中毒死亡。加强对食品中农药残留检测的力度是控制农药残留对人体的危害最为有效的方法之一。农药残留超标也会影响油用牡丹种子的贸易，因此应对农药残留问题给予高度重视，对油用牡丹种子中农药残留量进行检测，并严格遵守限量标准。

（一）测定方法

目前农药残留的快速检测方法很多，根据其原理可分为两大类：生化测定法和色谱检测法。生化测定法中的酶抑制率法由于具有灵敏、快速、成本低廉、操作简便等特点而被列为国家推荐标准方法(GB/T 5009.199—2003),成为对农药残留进行现场快速定性初筛检测的主流技术之一,并在实践中得到了广泛应用。

当今世界农药残留的检测分析向多残留、快速分析方向发展。要保证高通量的检测方法的准确性,需要有严格的农药残留确证技术。GC-MS法是农药残留分析最广泛使用的方法,使用GC-MS进行农残分析,为了追求更高的灵敏度和准确度,往往选择使用离子模式,依据保留时间和特征离子及离子比例关系对目标物进行确证。在美国,一般要求样品中目标物保留时间和标准品相比偏差小于0.05min,每个目标物至少有3个特征离子,其相对离子比例与标准品相比绝对值在10%以内。同时,还要考虑基质对目标物带来的其他影响,实验回收率一般在70%~120%之间。在欧盟,使用SIM模式要求每个目标物至少有2个大于m/z 200或3个大于m/z 100的特征离子,目标物特征离子比例与标准品相比处于70%~130%即可。日常检测回收率控制在60%~140%,确证分析则需要在70%~110%之间。

但是,传统的GC-MS等农残分析技术检测成本高、时间长,这就给食品安全监管部门对农产品产前、产中、产后的监督工作带来了诸多不便,因此也催生出大量的快速农药残留的检测技术,常见的有化学速测法、免疫分析法、酶抑制法和活体检测法等。

1. 化学速测法

主要根据氧化还原反应,水解产物与检测液作用变色,用于有机磷农药的快速检测,但是其缺点是灵敏度低,使用局限性,且易受还原性物质干扰。

2. 免疫分析法

主要有放射免疫分析和酶联免疫分析,最常用的是酶联免疫分析(ELISA),基于抗原和抗体的特异性识别和结合反应,对于小分子量农药需要制备人工抗原,才能进行免疫分析。

3. 酶抑制法

是研究最成熟、应用最广泛的快速农残检测技术,主要根据有机磷和氨基甲酸酯类农药对乙酰胆碱酶的特异性抑制反应。

4. 活体检测法

主要利用活体生物对农药残留的敏感反应,例如给家蝇喂食样品,观察死亡率来判定农残量。该方法操作简单,但定性粗糙、准确度低,对农药的适用范围窄。

(二)农药残留检测程序

(1)样品采集,包括采样、样品运输和保存。

(2)样品预处理,包括缩分、剔除或粉碎样品,成为检测样品。

(3)样品制备,包括提取和净化两部分。提取:从试样中分离残留农药的过程;净化:提取物中的农药与干扰物质分离的过程。

(4)分析测定。表13-5为采自山东菏泽的油用牡丹种子样品送诺安检测服务有限公司(青岛,送检时其农药残留检测项目为全球检测项目较全的第三方检测单位)检测的403种农药残留量检测结果,未见农残超标。

表 13-5 菏泽油用牡丹种子农药残留量检测结果

Sections 部门	Analytes/Unit 分析物/单位	Method 方法	Rpt Lmt 报告限
TAO_ GC	001 2-(1-Naphthyl) acetamide2-(1-萘)乙酰胺/(mg/kg)	In House Method GC/METH/020 V1.2	0.05
TAO_ GC	002 2-phenyl-phenol 邻苯基苯酚/(mg/kg)	In House Method GC/METH/020 V1.2	0.01
TAO_ LC	003 Abamectin 阿维菌素/(mg/kg)	In House Method SA/SOP/SUM/304LC V3.0	0.01
TAO_ LC	004 Acephate 乙酰甲胺磷/(mg/kg)	In House Method SA/SOP/SUM/304LC V3.0	0.01
TAO_ LC	005 Acetamiprid 啶虫脒/(mg/kg)	In House Method SA/SOP/SUM/304LC V3.0	0.01
TAO_ GC	006 Acetochlor 乙草胺/(mg/kg)	In House Method GC/METH/020 V1.2	0.01
TAO_ GC	007 Acibenzolar-S-Methy 活化酯/(mg/kg)	In House Method GC/METH/020 V1.2	0.01
TAO_ GC	008 Acrinathrin 氟丙菊酯/(mg/kg)	In House Method GC/METH/020 V1.2	0.01
TAO_ LC	009 Alachlor 甲草胺/(mg/kg)	In House Method GC/METH/020 V1.2	0.01
TAO_ LC	010 Aldicarb 涕灭威/(mg/kg)	In House Method SA/SOP/SUM/304LC V3.0	0.01
TAO_ LC	011 Aldicarb-sulfone/Aldoxycarb 涕灭砜威/(mg/kg)	In House Method SA/SOP/SUM/304LC V3.0	0.01
TAO_ GC	012 Aldrin 艾氏剂/(mg/kg)	In House Method GC/METH/020 V1.2	0.01
TAO_ GC	013 Allethrin 烯丙菊酯/(mg/kg)	In House Method GC/METH/020 V1.2	0.2
TAO_ GC	014 Allidochlor 二丙烯草胺/(mg/kg)	In House Method GC/METH/020 V1.2	0.05
TAO_ GC	015 Ametryn 莠灭净/(mg/kg)	In House Method GC/METH/020 V1.2	0.01
TAO_ GC	016 Anilofos 莎稗磷/(mg/kg)	In House Method GC/METH/020 V1.2	0.05
TAO_ GC	017 Atrazine 莠去津/(mg/kg)	In House Method GC/METH/020 V1.2	0.01
TAO_ LC	018 Azaconazole 氧环唑/(mg/kg)	In House Method SA/SOP/SUM/304LC V3.0	0.01
TAO_ LC	019 Azinphos-methyl 保棉磷/(mg/kg)	In House Method SA/SOP/SUM/304LC V3.0	0.01
TAO_ LC	019 Azinphos-methyl 保棉磷/(mg/kg)	In House Method SA/SOP/SUM/304LC V3.0	0.01
TAO_ LC	020 Azoxystrobin 嘧菌酯/(mg/kg)	In House Method SA/SOP/SUM/304LC V3.0	0.01

（续）

Sections 部门	Analytes/Unit 分析物/单位	Method 方法	Rpt Lmt 报告限
TAO_ GC	021 Benalaxyl & Benalaxyl-M 苯霜灵和精苯霜灵/（mg/kg）	In House Method GC/METH/020 V1.2	0.01
TAO_ GC	022 Bendiocarb 噁虫威/（mg/kg）	In House Method GC/METH/020 V1.2	0.01
TAO_ GC	023 Benfluralin 乙丁氟灵/（mg/kg）	In House Method GC/METH/020 V1.2	0.01
TAO_ LC	024 Benfuracarb 丙硫克百威/（mg/kg）	In House Method SA/SOP/SUM/304LC V3.0	0.01
TAO_ GC	025 Benoxacor 解草嗪/（mg/kg）	In House Method GC/METH/020 V1.2	0.01
TAO_ LC	026 Bensulfuron-methyl 苄嘧磺隆/（mg/kg）	In House Method SA/SOP/SUM/304LC V3.0	0.01
TAO_ LC	027 Bensulide 地散磷/（mg/kg）	In House Method SA/SOP/SUM/304LC V3.0	0.01
TAO_ GC	028 alpha-HCH（alpha-BHC）α-六六六/（mg/kg）	In House Method GC/METH/020 V1.2	0.01
TAO_ GC	029 beta-HCH（beta-BHC）β-六六六/（mg/kg）	In House Method GC/METH/020 V1.2	0.01
TAO_ GC	030 gamma-HCH（gamma-BHC or Lindane）γ-六六六（林丹）/（mg/kg）	In House Method GC/METH/020 V1.2	0.01
TAO_ GC	031 delta-HCH（delta-BHC）δ-六六六/（mg/kg）	In House Method GC/METH/020 V1.2	0.01
TAO_ GC	032 Bifenazate 联苯肼酯/（mg/kg）	In House Method GC/METH/020 V1.2	0.05
TAO_ GC	033 Bifenox 甲羧除草醚/（mg/kg）	In House Method GC/METH/020 V1.2	0.01
TAO_ GC	034 Bifenthrin 联苯菊酯/（mg/kg）	In House Method GC/METH/020 V1.2	0.01
TAO_ GC	035 Bioresmethrin 苄呋菊酯/（mg/kg）	In House Method GC/METH/020 V1.2	0.05
TAO_ GC	036 Biphenyl 联苯/（mg/kg）	In House Method GC/METH/020 V1.2	0.2
TAO_ GC	037 Bitertanol 联苯三唑醇/（mg/kg）	In House Method GC/METH/020 V1.2	0.2
TAO_ LC	038 Boscalid 啶酰菌胺/（mg/kg）	In House Method SA/SOP/SUM/304LC V3.0	0.01
TAO_ GC	039 Bromobutide 溴丁酰草胺/（mg/kg）	In House Method GC/METH/020 V1.2	0.01
TAO_ GC	040 Bromophos 溴硫磷/（mg/kg）	In House Method GC/METH/020 V1.2	0.01
TAO_ GC	041 Bromophos-ethyl 乙基溴硫磷/（mg/kg）	In House Method GC/METH/020 V1.2	0.01
TAO_ GC	042 Bromopropylate 溴螨酯/（mg/kg）	In House Method GC/METH/020 V1.2	0.01
TAO_ LC	043 Bupirimate 乙嘧酚磺酸酯/（mg/kg）	In House Method SA/SOP/SUM/304LC V3.0	0.01
TAO_ GC	044 Buprofein 噻嗪酮/（mg/kg）	In House Method GC/METH/020 V1.2	0.01
TAO_ GC	045 Butachlor 丁草胺/（mg/kg）	In House Method GC/METH/020 V1.2	0.01
TAO_ GC	046 Butafenacil 氟丙嘧草酯/（mg/kg）	In House Method GC/METH/020 V1.2	0.01

（续）

Sections 部门	Analytes/Unit 分析物/单位	Method 方法	Rpt Lmt 报告限
TAO_ GC 047	Butamifos 抑草磷/（mg/kg）	In House Method GC/METH/020 V1.2	0.01
TAO_ LC 048	Butocarboxim 丁酮威/（mg/kg）	In House Method SA/SOP/SUM/304LC V3.0	0.01
TAO_ GC 049	Butylate 丁草敌/（mg/kg）	In House Method GC/METH/020 V1.2	0.01
TAO_ GC 050	Cadusafos 硫线磷/（mg/kg）	In House Method GC/METH/020 V1.2	0.01
TAO_ GC 051	Captan 克菌丹/（mg/kg）	In House Method GC/METH/020 V1.2	NR
TAO_ LC 052	Carbaryl 甲萘威/（mg/kg）	In House Method SA/SOP/SUM/304LC V3.0	0.01
TAO_ LC 053	Carbendazim 多菌灵/（mg/kg）	In House Method SA/SOP/SUM/304LC V3.0	0.01
TAO_ LC 054	Carbofuran 克百威/（mg/kg）	In House Method SA/SOP/SUM/304LC V3.0	0.01
TAO_ LC	055 Carbofuran-3-hydroxy3-羟基克克威/（mg/kg）	In House Method SA/SOP/SUM/304LC V3.0	0.01
TAO_ LC 056	Carbosulfan 丁硫克百威/（mg/kg）	In House Method SA/SOP/SUM/304LC V3.0	0.01
TAO_ LC 057	Carboxin 萎锈灵/（mg/kg）	In House Method SA/SOP/SUM/304LC V3.0	0.01
TAO_ GC 058	Carfentrazone-ethyl 唑草酮/（mg/kg）	In House Method GC/METH/020 V1.2	0.01
TAO_ GC 059	Carpropamid 加普胺/（mg/kg）	In House Method GC/METH/020 V1.2	0.2
TAO_ LC 060	Chlorbenzuron 灭幼脲/（mg/kg）	In House Method SA/SOP/SUM/304LC V3.0	0.01
TAO_ GC 061	Chlorbufarn 氯炔灵/（mg/kg）	In House Method GC/METH/020 V1.2	0.01
TAO_ GC 062	Chlordane 氯丹/（mg/kg）	In House Method GC/METH/020 V1.2	0.01
TAO_ GC 063	Chlorfenapyr 虫螨腈/（mg/kg）	In House Method GC/METH/020 V1.2	0.01
TAO_ GC 064	Chlorfenson 杀螨酯/（mg/kg）	In House Method GC/METH/020 V1.2	0.01
TAO_ GC 065	Chlorfenvinphos 毒虫畏/（mg/kg）	In House Method GC/METH/020 V1.2	0.01
TAO_ LC 066	Chlorfluazuron 氟啶脲/（mg/kg）	In House Method SA/SOP/SUM/304LC V3.0	0.01
TAO_ LC 067	Chloridazon 氯草敏/（mg/kg）	In House Method SA/SOP/SUM/304LC V3.0	0.01
TAO_ LC 068	Chlorimuron-ethyl 氯嘧磺隆/（mg/kg）	In House Method SA/SOP/SUM/304LC V3.0	0.01
TAO_ GC 069	Chlorobenzilate 乙酯杀螨醇/（mg/kg）	In House Method GC/METH/020 V1.2	0.01
TAO_ GC 070	Chloroneb 氯苯甲醚/（mg/kg）	In House Method GC/METH/020 V1.2	0.01
TAO_ LC 071	Chloroxuron 枯草隆/（mg/kg）	In House Method SA/SOP/SUM/304LC V3.0	0.01
TAO_ GC 072	Chlorpropham 氯苯胺灵/（mg/kg）	In House Method GC/METH/020 V1.2	0.01
TAO_ GC 073	Chlorpyrifos 毒死蜱/（mg/kg）	In House Method GC/METH/020 V1.2	0.01
TAO_ GC	074 Chlorpyrifos Methyl 甲基毒死蜱/（mg/kg）	In House Method GC/METH/020 V1.2	0.01
TAO_ LC 075	Chlorsulfuron 氯磺隆/（mg/kg）	In House Method SA/SOP/SUM/304LC V3.0	0.01

（续）

Sections 部门	Analytes/Unit 分析物/单位	Method 方法	Rpt Lmt 报告限
TAO_ GC	076 Chlorthal-dimethyl 氯酞酸甲酯/ (mg/kg)	In House Method GC/METH/020 V1.2	0.01
TAO_ GC	077 Chlozolinate 乙菌利/(mg/kg)	In House Method GC/METH/020 V1.2	0.01
TAO_ LC	078 Cinosulfuron 醚磺隆/(mg/kg)	In House Method SA/SOP/SUM/304LC V3.0	0.01
TAO_ LC	078 Cinosulfuron 醚磺隆/(mg/kg)	In House Method SA/SOP/SUM/304LC V3.0	0.01
TAO_ LC	079 Clethodim 烯草酮/(mg/kg)	In House Method SA/SOP/SUM/304LC V3.0	0.01
TAO_ GC	080 Clodinafop-propargyl 炔草酯/(mg/kg)	In House Method GC/METH/020 V1.2	0.01
TAO_ GC	081 Clomazone 异噁草酮/(mg/kg)	In House Method GC/METH/020 V1.2	0.01
TAO_ LC	082 Cloransulam-Methyl 氯酯磺草胺/ (mg/kg)	In House Method SA/SOP/SUM/304LC V3.0	0.01
TAO_ LC	083 Clothianidin 噻虫胺/(mg/kg)	In House Method SA/SOP/SUM/304LC V3.0	0.01
TAO_ LC	084 Cumyluron 二苯隆/(mg/kg)	In House Method SA/SOP/SUM/304LC V3.0	0.01
TAO_ LC	085 Cyanazine 氰草津/(mg/kg)	In House Method SA/SOP/SUM/304LC V3.0	0.01
TAO_ GC	086 Cyanophos 杀螟腈/(mg/kg)	In House Method GC/METH/020 V1.2	0.01
TAO_ LC	087 Cyazofamid 氰霜唑/(mg/kg)	In House Method SA/SOP/SUM/304LC V3.0	0.01
TAO_ GC	088 Cycloate 环草敌/(mg/kg)	In House Method GC/METH/020 V1.2	0.01
TAO_ GC	089 Cyflufenamid 环氟菌胺/(mg/kg)	In House Method GC/METH/020 V1.2	0.01
TAO_ GC	090 Cyfluthrin 氟氯氰菊酯/(mg/kg)	In House Method GC/METH/020 V1.2	0.01
TAO_ LC	091 Cyhalofop-butyl 氰氟草酯/(mg/kg)	In House Method SA/SOP/SUM/304LC V3.0	0.01
TAO_ GC	092 lambda-cyhalothrin 高效氯氟氰菊酯/ (mg/kg)	In House Method GC/METH/020 V1.2	0.01
TAO_ LC	093 Cymoxanil 霜脲氰/(mg/kg)	In House Method SA/SOP/SUM/304LC V3.0	0.01
TAO_ GC	094 Cypermethrin & zeta-Cypermethrin 氯氰菊酯和氯氰菊酯(ζ)/(mg/kg)	In House Method GC/METH/020 V1.2	0.01
TAO_ LC	095 Cyproconazole 环丙唑醇/(mg/kg)	In House Method SA/SOP/SUM/304LC V3.0	0.01
TAO_ LC	096 Cyprodinil 嘧菌环胺 mg/kg)	In House Method SA/SOP/SUM/304LC V3.0	0.01
TAO_ LC	097 Cyromazine 灭蝇胺/(mg/kg)	In House Method SA/SOP/SUM/304LC V3.0	0.01
TAO_ GC	098 DDD(o, p')o, p'-滴滴滴/(mg/kg)	In House Method GC/METH/020 V1.2	0.01
TAO_ GC	099 DDD(p, p')p, p'-滴滴滴/(mg/kg)	In House Method GC/METH/020 V1.2	0.01
TAO_ GC	100 DDE(o, p')o, p'-滴滴伊/(mg/kg)	In House Method GC/METH/020 V1.2	0.01
TAO_ GC	101 DDE(p, p')p, p'-滴滴伊/(mg/kg)	In House Method GC/METH/020 V1.2	0.01
TAO_ GC	102 DDT(o, p')o, p'-滴滴涕/(mg/kg)	In House Method GC/METH/020 V1.2	0.01
TAO_ GC	103 DDT(p, p')p, p'-滴滴涕/(mg/kg)	In House Method GC/METH/020 V1.2	0.01

（续）

Sections 部门	Analytes/Unit 分析物/单位	Method 方法	Rpt Lmt 报告限
TAO_ GC	104 Deltamethrin & Tralomethrin 溴氰菊酯和四溴菊酯/(mg/kg)	In House Method GC/METH/020 V1.2	0.01
TAO_ LC	105 Demeton-S-methyl 甲基内吸磷/(mg/kg)	In House Method SA/SOP/SUM/304LC V3.0	0.01
TAO_ LC	106 Demeton-s-methyl sulphone 砜吸磷/(mg/kg)	In House Method SA/SOP/SUM/304LC V3.0	0.01
TAO_ LC	107 Desmedipham 甜莱安/(mg/kg)	In House Method SA/SOP/SUM/304LC V3.0	0.01
TAO_ GC	108 Di-Allate 燕麦敌/(mg/kg)	In House Method GC/METH/020 V1.2	0.01
TAO_ GC	109 Diazinon 二嗪磷/(mg/kg)	In House Method GC/METH/020 V1.2	0.01
TAO_ GC	110 Dichlobenil 敌草腈/(mg/kg)	In House Method GC/METH/020 V1.2	0.01
TAO_ GC	111 Dichlofenthion 除线磷/(mg/kg)	In House Method GC/METH/020 V1.2	0.01
TAO_ GC	112 Dichlofluanid 苯氟磺胺/(mg/kg)	In House Method GC/METH/020 V1.2	0.01
TAO_ GC	113 Dichlormid 烯丙酰草胺/(mg/kg)	In House Method GC/METH/020 V1.2	0.05
TAO_ GC	114 DIchlorvos 敌敌畏/(mg/kg)	In House Method GC/METH/020 V1.2	0.01
TAO_ LC	115 Diclobutrazol 苄氯三唑醇/(mg/kg)	In House Method SA/SOP/SUM/304LC V3.0	0.01
TAO_ GC	116 Diclofop-methyl 禾草灵/(mg/kg)	In House Method GC/METH/020 V1.2	0.01
TAO_ GC	117 Dicloran 氯硝胺/(mg/kg)	In House Method GC/METH/020 V1.2	0.01
TAO_ LC	118 Diclosularm 双氯磺草胺/(mg/kg)	In House Method SA/SOP/SUM/304LC V3.0	0.01
TAO_ GC	119 Dicofol 三氯杀螨醇/(mg/kg)	In House Method GC/METH/020 V1.2	0.01
TAO_ GC	120 Dicrotophos 百治磷/(mg/kg)	In House Method GC/METH/020 V1.2	NR
TAO_ GC	121 Dieldrin 狄氏剂/(mg/kg)	In House Method GC/METH/020 V1.2	0.05
TAO_ LC	122 Diethofencarb 乙霉威/(mg/kg)	In House Method SA/SOP/SUM/304LC V3.0	0.01
TAO_ LC	123 Difenoconazole 苯醚甲环唑/(mg/kg)	In House Method SA/SOP/SUM/304LC V3.0	0.01
TAO_ LC	124 Diflubenzuron 除虫脲/(mg/kg)	In House Method SA/SOP/SUM/304LC V3.0	0.01
TAO_ LC	125 Diflufenican 吡氟酰草胺/(mg/kg)	In House Method SA/SOP/SUM/304LC V3.0	0.01
TAO_ GC	126 Dimepiperate 哌草丹/(mg/kg)	In House Method GC/METH/020 V1.2	0.01
TAO_ GC	127 Dimethametryn 异戊乙净/(mg/kg)	In House Method GC/METH/020 V1.2	0.01
TAO_ GC	128 Dimethenamid & Dimethenamid-p 二甲吩草胺和二甲吩草胺-P/(mg/kg)	In House Method GC/METH/020 V1.2	0.01
TAO_ LC	129 Dimethirimol 二甲嘧酚/(mg/kg)	In House Method SA/SOP/SUM/304LC V3.0	0.01
TAO_ LC	130 Dimethoate 乐果/(mg/kg)	In House Method SA/SOP/SUM/304LC V3.0	0.01
TAO_ LC	131 Dimethomorph 烯酰吗啉/(mg/kg)	In House Method SA/SOP/SUM/304LC V3.0	0.01
TAO_ GC	132 Dimethylvinphos（Z）甲基毒虫畏（Z）/(mg/kg)	In House Method GC/METH/020 V1.2	0.01

（续）

Sections 部门	Analytes/Unit 分析物/单位	Method 方法	Rpt Lmt 报告限
TAO_ GC	133 Dimethylyinphos（E）甲基毒虫畏（E）/ （mg/kg）	In House Method GC/METH/020 V1.2	0.01
TAO_ LC	134 Einotefuran 呋虫胺/（mg/kg）	In House Method SA/SOP/SUM/304LC V3.0	0.01
TAO_ GC	135 Diofenolan 苯虫醚/（mg/kg）	In House Method GC/METH/020 V1.2	0.01
TAO_ GC	136 Dioxathion 敌噁磷/（mg/kg）	In House Method GC/METH/020 V1.2	0.01
TAO_ GC	137 Diphenarnid 双苯酰草胺/（mg/kg）	In House Method GC/METH/020 V1.2	0.01
TAO_ GC	138 Diphenylamine 联苯二胺/（mg/kg）	In House Method GC/METH/020 V1.2	0.01
TAO_ LC	139 Disulfoton 乙拌磷/（mg/kg）	In House Method SA/SOP/SUM/304LC V3.0	0.01
TAO_ GC	140 Dithiopyr 氟硫草定/（mg/kg）	In House Method GC/METH/020 V1.2	0.01
TAO_ LC	141 Diuron 敌草隆/（mg/kg）	In House Method SA/SOP/SUM/304LC V3.0	0.01
TAO_ LC	142 Edifenphos 敌瘟磷/（mg/kg）	In House Method SA/SOP/SUM/304LC V3.0	0.01
TAO_ LC	143 Emamectin benzoate 甲氨基阿维菌素苯 甲酸盐/（mg/kg）	In House Method SA/SOP/SUM/304LC V3.0	0.01
TAO_ GC	144 beta-endosulfan 硫丹（β）/（mg/kg）	In House Method GC/METH/020 V1.2	0.01
TAO_ GC	145 Endosulfan sulfate 硫丹硫酸酯/（mg/kg）	In House Method GC/METH/020 V1.2	0.01
TAO_ GC	146 alpha-endosulfan 硫丹（α）/（mg/kg）	In House Method GC/METH/020 V1.2	0.01
TAO_ GC	147 Endrin 异狄氏剂/（mg/kg）	In House Method GC/METH/020 V1.2	0.01
TAO_ GC	148 EPN 苯硫磷/（mg/kg）	In House Method GC/METH/020 V1.2	0.01
TAO_ LC	149 Epoxiconazole 氟环唑/（mg/kg）	In House Method SA/SOP/SUM/304LC V3.0	0.01
TAO_ GC	150 EPTC 茵草敌/（mg/kg）	In House Method GC/METH/020 V1.2	0.01
TAO_ GC	151 Esprocarb 戊草丹/（mg/kg）	In House Method GC/METH/020 V1.2	0.01
TAO_ GC	152 Ethalfluralin 乙丁烯氟灵/（mg/kg）	In House Method GC/METH/020 V1.2	0.01
TAO_ LC	153 Ethametsulfuron-methyl 胺苯碘隆/ （mg/kg）	In House Method SA/SOP/SUM/304LC V3.0	0.01
TAO_ LC	154 Ethiofencarb 乙硫苯威/（mg/kg）	In House Method SA/SOP/SUM/304LC V3.0	0.01
TAO_ GC	155 Ethion 乙硫磷/（mg/kg）	In House Method GC/METH/020 V1.2	0.01
TAO_ LC	156 Ethiprole 乙虫腈/（mg/kg）	In House Method SA/SOP/SUM/304LC V3.0	0.01
TAO_ GC	157 Etofenprox 醚菊酯/（mg/kg）	In House Method GC/METH/020 V1.2	0.05
TAO_ GC	158 Ethofumesate 乙氧呋草黄/（mg/kg）	In House Method GC/METH/020 V1.2	0.01
TAO_ GC	159 Ethoprophos 灭线磷/（mg/kg）	In House Method GC/METH/020 V1.2	0.01
TAO_ GC	160 Ethychlozate 吲熟酯/（mg/kg）	In House Method GC/METH/020 V1.2	0.01
TAO_ GC	161 Etoxazole 乙螨唑/（mg/kg）	In House Method GC/METH/020 V1.2	0.01
TAO_ GC	162 Etrimfos 乙嘧硫磷/（mg/kg）	In House Method GC/METH/020 V1.2	0.01

（续）

Sections 部门	Analytes/Unit 分析物/单位	Method 方法	Rpt Lmt 报告限
TAO_ GC	163 Famoxadone 噁唑菌酮/(mg/kg)	In House Method GC/METH/020 V1.2	0.01
TAO_ GC	164 Fenamidone 咪唑菌酮/(mg/kg)	In House Method GC/METH/020 V1.2	0.01
TAO_ LC	165 Fenamiphos 苯线磷/(mg/kg)	In House Method SA/SOP/SUM/304LC V3.0	0.01
TAO_ GC	166 Fenarimol 氯苯嘧啶醇/(mg/kg)	In House Method GC/METH/020 V1.2	0.01
TAO_ LC	167 Fenbuconazole 腈苯唑/(mg/kg)	In House Method SA/SOP/SUM/304LC V3.0	0.01
TAO_ GC	168 Fenchlorphos 皮蝇磷/(mg/kg)	In House Method GC/METH/020 V1.2	0.01
TAO_ LC	169 Fenhexamid 环酰菌胺/(mg/kg)	In House Method SA/SOP/SUM/304LC V3.0	0.01
TAO_ GC	170 Fenitrothion 杀螟硫磷/(mg/kg)	In House Method GC/METH/020 V1.2	0.01
TAO_ GC	171 Fenobucarb 仲丁威/(mg/kg)	In House Method GC/METH/020 V1.2	0.01
TAO_ GC	172 Fenothiocarb 苯硫威/(mg/kg)	In House Method GC/METH/020 V1.2	0.01
TAO_ GC	173 Fenoxanil 稻瘟酰胺/(mg/kg)	In House Method GC/METH/020 V1.2	0.01
TAO_ LC	174 Fenoxaprop-ethyl & Fenoxaprop-p-ethyl 噁禾草灵和精噁唑禾草灵/(mg/kg)	In House Method SA/SOP/SUM/304LC V3.0	0.01
TAO_ LC	175 Fenoxycarb 苯氧威/(mg/kg)	In House Method SA/SOP/SUM/304LC V3.0	0.01
TAO_ GC	176 Fenpropathrin 甲氰菊酯/(mg/kg)	In House Method GC/METH/020 V1.2	0.01
TAO_ LC	177 Fenpropimorph 丁苯吗啉/(mg/kg)	In House Method SA/SOP/SUM/304LC V3.0	0.01
TAO_ LC	178 Fenpyroximate 唑螨酯/(mg/kg)	In House Method SA/SOP/SUM/304LC V3.0	0.01
TAO_ LC	179 Fensulfothion 丰索磷/(mg/kg)	In House Method SA/SOP/SUM/304LC V3.0	0.01
TAO_ GC	180 Fenthion 倍硫磷/(mg/kg)	In House Method GC/METH/020 V1.2	0.01
TAO_ LC	181 Fenthion sulfone 倍硫磷砜/(mg/kg)	In House Method SA/SOP/SUM/304LC V3.0	0.01
TAO_ GC	182 Fenthion sulfoxide 倍硫磷亚砜/(mg/kg)	In House Method GC/METH/020 V1.2	0.01
TAO_ LC	183 Fentrazamide 四唑酰草胺/(mg/kg)	In House Method SA/SOP/SUM/304LC V3.0	0.05
TAO_ GC	184 Fenvalerate & Esfenvalerate 氰戊菊酯和S-氰戊菊酯/(mg/kg)	In House Method GC/METH/020 V1.2	0.01
TAO_ LC	185 Ferimzone 嘧菌腙/(mg/kg)	In House Method SA/SOP/SUM/304LC V3.0	0.01
TAO_ GC	186 Fipronil 氟虫腈/(mg/kg)	In House Method GC/METH/020 V1.2	2
TAO_ GC	187 Flamprop-methyl 麦草氟甲酯/(mg/kg)	In House Method GC/METH/020 V1.2	0.01
TAO_ LC	188 Flazasulfuron 啶嘧磺隆/(mg/kg)	In House Method SA/SOP/SUM/304LC V3.0	0.01
TAO_ GC	189 Fluacrypyrim 嘧螨酯/(mg/kg)	In House Method GC/METH/020 V1.2	0.01
TAO_ GC	190 Fluazifop-butyl & Fluazifop-p butyl 吡氟禾草灵和精吡氟禾草灵/(mg/kg)	In House Method GC/METH/020 V1.2	0.01
TAO_ GC	191 Flucythrinate 氟氰戊菊酯/(mg/kg)	In House Method GC/METH/020 V1.2	0.01

（续）

Sections 部门	Analytes/Unit 分析物/单位	Method 方法	Rpt Lmt 报告限
TAO_ GC	192 Fludioxonil 咯菌腈/（mg/kg）	In House Method GC/METH/020 V1.2	0.01
TAO_ GC	193 Flufenacet 氟噻草胺/（mg/kg）	In House Method GC/METH/020 V1.2	0.01
TAO_ LC	194 Flufenoxuron 氟虫脲/（mg/kg）	In House Method SA/SOP/SUM/304LC V3.0	0.01
TAO_ LC	195 Flumetsulam 唑嘧磺草胺/（mg/kg）	In House Method SA/SOP/SUM/304LC V3.0	0.05
TAO_ GC	196 Flumiclorac-pentyl 氟烯草酸/（mg/kg）	In House Method GC/METH/020 V1.2	0.01
TAO_ LC	197 Fluometuron 氟草隆/（mg/kg）	In House Method SA/SOP/SUM/304LC V3.0	0.01
TAO_ GC	198 Fluquinconazole 氟喹唑/（mg/kg）	In House Method GC/METH/020 V1.2	0.01
TAO_ GC	199 Fluridone 氟啶草酮/（mg/kg）	In House Method GC/METH/020 V1.2	0.05
TAO_ LC	200 Fluroxypyr 氯氟吡氧乙酸/（mg/kg）	In House Method SA/SOP/SUM/304LC V3.0	1.0
TAO_ GC	201 Flusilazole 氟硅唑/（mg/kg）	In House Method GC/METH/020 V1.2	0.01
TAO_ LC	202 Fluthiacet-Methyl 氟噻甲草酯/（mg/kg）	In House Method SA/SOP/SUM/304LC V3.0	0.01
TAO_ GC	203 Flutolanil 氟酰胺/（mg/kg）	In House Method GC/METH/020 V1.2	0.01
TAO_ GC	204 Flutriafol 粉唑醇/（mg/kg）	In House Method GC/METH/020 V1.2	0.05
TAO_ GC	205 Fluvalinate 氟胺氰菊酯/（mg/kg）	In House Method GC/METH/020 V1.2	0.01
TAO_ LC	206 Fomesafen 氟磺胺草醚/（mg/kg）	In House Method SA/SOP/SUM/304LC V3.0	0.01
TAO_ GC	207 Fonofos 地虫硫磷/（mg/kg）	In House Method GC/METH/020 V1.2	0.01
TAO_ GC	208 Fosthiazate 噻唑磷/（mg/kg）	In House Method GC/METH/020 V1.2	0.2
TAO_ LC	209 Furametpyr 福拉比/（mg/kg）	In House Method SA/SOP/SUM/304LC V3.0	0.01
TAO_ LC	210 Furathiocarb 呋线威/（mg/kg）	In House Method SA/SOP/SUM/304LC V3.0	0.01
TAO_ GC	211 Halfenprox 苄螨醚/（mg/kg）	In House Method GC/METH/020 V1.2	0.01
TAO_ LC	212 Halosulfuron Methyl 氯吡嘧磺隆/（mg/kg）	In House Method SA/SOP/SUM/304LC V3.0	0.01
TAO_ GC	213 Heptachlor 七氯/（mg/kg）	In House Method GC/METH/020 V1.2	0.01
TAO_ GC	214 Heptachlor-epoxide A 环氧七氯 A/（mg/kg）	In House Method GC/METH/020 V1.2	0.01
TAO_ GC	215 Heptachlor-epoxide B 环氧七氯 B/（mg/kg）	In House Method GC/METH/020 V1.2	0.01
TAO_ GC	216 Hexaconazole 己唑醇/（mg/kg）	In House Method GC/METH/020 V1.2	0.05
TAO_ LC	217 Hexaflumuron 氟铃脲/（mg/kg）	In House Method SA/SOP/SUM/304LC V3.0	0.01
TAO_ GC	218 Hexazinone 环嗪酮/（mg/kg）	In House Method GC/METH/020 V1.2	0.05
TAO_ LC	219 Hexythiazox 噻螨酮/（mg/kg）	In House Method SA/SOP/SUM/304LC V3.0	0.01
TAO_ LC	220 Imazalil 抑霉唑/（mg/kg）	In House Method SA/SOP/SUM/304LC V3.0	0.01

（续）

Sections 部门	Analytes/Unit 分析物/单位	Method 方法	Rpt Lmt 报告限
TAO_ LC	221 Imazamethabenz Methyl Ester 咪草酸甲酯/(mg/kg)	In House Method SA/SOP/SUM/304LC V3.0	0.01
TAO_ LC	222 Imazaquin 咪唑喹啉酸/(mg/kg)	In House Method SA/SOP/SUM/304LC V3.0	0.05
TAO_ LC	223 Imibenconazole 亚胺唑/(mg/kg)	In House Method SA/SOP/SUM/304LC V3.0	0.01
TAO_ LC	224 Imidacloprid 吡虫啉/(mg/kg)	In House Method SA/SOP/SUM/304LC V3.0	0.01
TAO_ LC	225 Indoxacarb 茚虫威/(mg/kg)	In House Method SA/SOP/SUM/304LC V3.0	0.01
TAO_ LC	226 Iodosulfuron-methyl 甲基碘磺隆/(mg/kg)	In House Method SA/SOP/SUM/304LC V3.0	0.01
TAO_ GC	227 Iprobenfos 异稻瘟净/(mg/kg)	In House Method GC/METH/020 V1.2	0.01
TAO_ GC	228 Iprodione 异菌脲/(mg/kg)	In House Method GC/METH/020 V1.2	0.05
TAO_ LC	229 Iprovalicarb 缬霉威/(mg/kg)	In House Method SA/SOP/SUM/304LC V3.0	0.01
TAO_ GC	230 Isazofos 氯唑磷/(mg/kg)	In House Method GC/METH/020 V1.2	0.01
TAO_ GC	231 Isofenphos 异柳磷/(mg/kg)	In House Method GC/METH/020 V1.2	0.01
TAO_ GC	232 Isoprocarb 异丙威/(mg/kg)	In House Method GC/METH/020 V1.2	0.01
TAO_ GC	233 Isoprothiolane 稻瘟灵/(mg/kg)	In House Method GC/METH/020 V1.2	0.01
TAO_ LC	234 Isoproturon 异丙隆/(mg/kg)	In House Method SA/SOP/SUM/304LC V3.0	0.01
TAO_ LC	235 Isouron 异噁隆/(mg/kg)	In House Method SA/SOP/SUM/304LC V3.0	0.05
TAO_ LC	236 Isoxaflutole 异噁唑草酮/(mg/kg)	In House Method SA/SOP/SUM/304LC V3.0	0.01
TAO_ GC	237 Kresoxim-methyl 醚菌酯/(mg/kg)	In House Method GC/METH/020 V1.2	0.01
TAO_ GC	238 Lactofen 乳氟禾草灵/(mg/kg)	In House Method GC/METH/020 V1.2	0.01
TAO_ LC	239 Lenacil 环草定/(mg/kg)	In House Method SA/SOP/SUM/304LC V3.0	0.01
TAO_ LC	240 Linuron 利谷隆/(mg/kg)	In House Method SA/SOP/SUM/304LC V3.0	0.01
TAO_ LC	241 Lufenuron 虱螨脲/(mg/kg)	In House Method SA/SOP/SUM/304LC V3.0	0.01
TAO_ LC	242 Malaoxon 马拉氧磷/(mg/kg)	In House Method SA/SOP/SUM/304LC V3.0	0.01
TAO_ GC	243 Malathion 马拉硫磷/(mg/kg)	In House Method GC/METH/020 V1.2	0.01
TAO_ GC	244 Mecarbam 灭蚜磷/(mg/kg)	In House Method GC/METH/020 V1.2	0.05
TAO_ LC	245 Mefenacet 苯噻酰草胺/(mg/kg)	In House Method SA/SOP/SUM/304LC V3.0	0.01
TAO_ GC	246 Mefenpyr-Diethy 吡唑解草酯/(mg/kg)	In House Method GC/METH/020 V1.2	0.01
TAO_ LC	247 Mepanipyrim 嘧菌胺/(mg/kg)	In House Method SA/SOP/SUM/304LC V3.0	0.01
TAO_ GC	248 Mepronil 灭锈胺/(mg/kg)	In House Method GC/METH/020 V1.2	0.01
TAO_ GC	249 Metalaxyl & Mefenoxam 甲霜灵和精甲霜灵/(mg/kg)	In House Method GC/METH/020 V1.2	0.01

（续）

Sections 部门	Analytes/Unit 分析物/单位	Method 方法	Rpt Lmt 报告限
TAO_ LC	250 Metamitron 苯嗪草酮/（mg/kg）	In House Method SA/SOP/SUM/304LC V3.0	0.01
TAO_ LC	251 Methabenzthiazuron 甲基苯噻隆/（mg/kg）	In House Method SA/SOP/SUM/304LC V3.0	0.01
TAO_ GC	252 Methacrifos 虫螨畏/（mg/kg）	In House Method GC/METH/020 V1.2	0.01
TAO_ LC	253 Methamidophos 甲胺磷/（mg/kg）	In House Method SA/SOP/SUM/304LC V3.0	0.01
TAO_ GC	254 Methidathion 杀扑磷/（mg/kg）	In House Method GC/METH/020 V1.2	0.01
TAO_ LC	255 Methiocarb 甲硫威/（mg/kg）	In House Method SA/SOP/SUM/304LC V3.0	0.01
TAO_ LC	256 Methomyl 灭多威/（mg/kg）	In House Method SA/SOP/SUM/304LC V3.0	0.01
TAO_ GC	257 Methoprene 烯虫酯/（mg/kg）	In House Method GC/METH/020 V1.2	0.01
TAO_ GC	258 Methoxychlor 甲氧滴滴涕/（mg/kg）	In House Method GC/METH/020 V1.2	0.01
TAO_ LC	259 Methoxyfenozide 甲氧虫酰肼/（mg/kg）	In House Method SA/SOP/SUM/304LC V3.0	0.01
TAO_ LC	260 Metolachlor & S-Metolachlor 异丙甲草胺和精异丙甲草胺/（mg/kg）	In House Method SA/SOP/SUM/304LC V3.0	0.01
TAO_ GC	261 Metominostrobin(E)苯氧菌胺(E)/（mg/kg）	In House Method GC/METH/020 V1.2	0.01
TAO_ GC	262 Metominostrobin（Z）苯氧菌胺（Z）/（mg/kg）	In House Method GC/METH/020 V1.2	0.01
TAO_ GC	263 Metribuzin 嗪草酮/（mg/kg）	In House Method GC/METH/020 V1.2	0.01
TAO_ LC	264 Metsulfuron-methyl 甲横隆/（mg/kg）	In House Method SA/SOP/SUM/304LC V3.0	0.01
TAO_ GC	265 Mevinphos 速灭磷/（mg/kg）	In House Method GC/METH/020 V1.2	0.01
TAO_ GC	266 Molinate 禾草敌/（mg/kg）	In House Method GC/METH/020 V1.2	0.01
TAO_ LC	267 Monocrotophos 久效磷/（mg/kg）	In House Method SA/SOP/SUM/304LC V3.0	0.01
TAO_ LC	268 Monolinuron 绿谷隆/（mg/kg）	In House Method SA/SOP/SUM/304LC V3.0	0.01
TAO_ LC	269 Myclobutanil 腈菌唑/（mg/kg）	In House Method SA/SOP/SUM/304LC V3.0	0.01
TAO_ GC	270 Napropamide 敌草胺/（mg/kg）	In House Method GC/METH/020 V1.2	0.01
TAO_ LC	271 Nicosulfuron 烟嘧磺隆/（mg/kg）	In House Method SA/SOP/SUM/304LC V3.0	0.01
TAO_ GC	272 Nitrothal-isopropyl 酞菌酯/（mg/kg）	In House Method GC/METH/020 V1.2	0.01
TAO_ GC	273 Norflurazon 氟草敏/（mg/kg）	In House Method GC/METH/020 V1.2	0.05
TAO_ GC	274 Novaluron 氟酰脲/（mg/kg）	In House Method GC/METH/020 V1.2	0.01
TAO_ LC	275 Omethoate 氧乐果/（mg/kg）	In House Method SA/SOP/SUM/304LC V3.0	0.01
TAO_ GC	276 Oxadiazon 噁草酮/（mg/kg）	In House Method GC/METH/020 V1.2	0.01
TAO_ GC	277 Oxadixyl 噁霜灵/（mg/kg）	In House Method GC/METH/020 V1.2	0.01

（续）

Sections 部门	Analytes/Unit 分析物/单位	Method 方法	Rpt Lmt 报告限
TAO_ LC	278 Oxpoconazole-Fumarate 富马酸盐/ (mg/kg)	In House Method SA/SOP/SUM/304LC V3.0	0.01
TAO_ LC	279 Oxycarboxin 氧化菱锈灵/(mg/kg)	In House Method SA/SOP/SUM/304LC V3.0	0.01
TAO_ LC	280 Oxydemeton-methyl 亚砜磷/(mg/kg)	In House Method SA/SOP/SUM/304LC V3.0	0.01
TAO_ GC	281 Oxyfluorfen 乙氧氟草醚/(mg/kg)	In House Method GC/METH/020 V1.2	0.01
TAO_ GC	282 Paclobutrazol 多效唑/(mg/kg)	In House Method GC/METH/020 V1.2	0.01
TAO_ GC	283 Parathion 对硫磷/(mg/kg)	In House Method GC/METH/020 V1.2	0.01
TAO_ GC	284 Parathion-methyl 甲基对硫磷/(mg/kg)	In House Method GC/METH/020 V1.2	0.01
TAO_ GC	285 Penconazole 戊菌唑/(mg/kg)	In House Method GC/METH/020 V1.2	0.01
TAO_ LC	286 Pencycuron 戊菌隆/(mg/kg)	In House Method SA/SOP/SUM/304LC V3.0	0.01
TAO_ GC	287 Pendimethalin 二甲戊灵/(mg/kg)	In House Method GC/METH/020 V1.2	0.01
TAO_ LC	288 Pentoxazone 环戊恶草酮/(mg/kg)	In House Method SA/SOP/SUM/304LC V3.0	0.01
TAO_ GC	289 Permethrin 氯菊酯/(mg/kg)	In House Method GC/METH/020 V1.2	0.01
TAO_ GC	290 Phenthoate 稻丰散/(mg/kg)	In House Method GC/METH/020 V1.2	0.01
TAO_ GC	291 Phorate 甲拌磷/(mg/kg)	In House Method GC/METH/020 V1.2	0.01
TAO_ GC	292 Phorate-sulfone 甲拌磷砜/(mg/kg)	In House Method GC/METH/020 V1.2	0.01
TAO_ LC	293 Phorate-sulfoxide 甲拌磷亚砜/(mg/kg)	In House Method SA/SOP/SUM/304LC V3.0	0.01
TAO_ GC	294 Phosalone 伏杀硫磷/(mg/kg)	In House Method GC/METH/020 V1.2	0.01
TAO_ GC	295 Phosmet 亚胺硫磷/(mg/kg)	In House Method GC/METH/020 V1.2	0.01
TAO_ LC	296 Phosphamidon 磷胺/(mg/kg)	In House Method SA/SOP/SUM/304LC V3.0	0.01
TAO_ LC	297 Phoxim 辛硫磷(mg/kg)	In House Method SA/SOP/SUM/304LC V3.0	0.01
TAO_ GC	298 Piperonyl Butoxide 增效醚/(mg/kg)	In House Method GC/METH/020 V1.2	0.01
TAO_ GC	299 Piperophos 哌草磷/(mg/kg)	In House Method GC/METH/020 V1.2	0.01
TAO_ LC	300 Pirimicarb 抗蚜威/(mg/kg)	In House Method SA/SOP/SUM/304LC V3.0	0.01
TAO_ GC	301 Pirimiphos-ethy 嘧啶磷/(mg/kg)	In House Method GC/METH/020 V1.2	0.01
TAO_ GC	302 Pirimiphos-methyl 甲基嘧啶磷/ (mg/kg)	In House Method GC/METH/020 V1.2	0.01
TAO_ GC	303 Pretilachlor 丙草胺/(mg/kg)	In House Method GC/METH/020 V1.2	0.01
TAO_ LC	304 Prochlorac 咪鲜胺/(mg/kg)	In House Method SA/SOP/SUM/304LC V3.0	0.01
TAO_ GC	305 Procymidone 腐霉利/(mg/kg)	In House Method GC/METH/020 V1.2	0.01
TAO_ GC	306 Profenofos 丙溴磷/(mg/kg)	In House Method GC/METH/020 V1.2	0.01
TAO_ LC	307 Promecarb 猛杀威/(mg/kg)	In House Method SA/SOP/SUM/304LC V3.0	0.01

（续）

Sections 部门	Analytes/Unit 分析物/单位	Method 方法	Rpt Lmt 报告限
TAO_ GC	308 Prometryn 扑草净/（mg/kg）	In House Method GC/METH/020 V1. 2	0. 01
TAO_ GC	309 Propachlor 毒草胺/（mg/kg）	In House Method GC/METH/020 V1. 2	0. 01
TAO_ LC	310 Propamocarb 霜霉威/（mg/kg）	In House Method SA/SOP/SUM/304LC V3. 0	0. 01
TAO_ GC	311 Propanil 敌稗/（mg/kg）	In House Method GC/METH/020 V1. 2	0. 01
TAO_ GC	312 Propaphos 丙虫磷/（mg/kg）	In House Method GC/METH/020 V1. 2	0. 01
TAO_ LC	313 Propaquizafop 噁草酸/（mg/kg）	In House Method SA/SOP/SUM/304LC V3. 0	0. 01
TAO_ GC	314 Propargite 炔螨特/（mg/kg）	In House Method GC/METH/020 V1. 2	0. 05
TAO_ GC	315 Propazine 扑灭津/（mg/kg）	In House Method GC/METH/020 V1. 2	0. 01
TAO_ GC	316 Propham 苯胺灵/（mg/kg）	In House Method GC/METH/020 V1. 2	0. 01
TAO_ GC	317 Propiconazole 丙环唑/（mg/kg）	In House Method GC/METH/020 V1. 2	0. 05
TAO_ GC	318 Propoxur 残杀威/（mg/kg）	In House Method GC/METH/020 V1. 2	0. 01
TAO_ GC	319 Propyzamide 炔苯酰草胺/（mg/kg）	In House Method GC/METH/020 V1. 2	0. 01
TAO_ GC	320 Prothiofos 丙硫磷/（mg/kg）	In House Method GC/METH/020 V1. 2	0. 01
TAO_ LC	321 Pymetrozine 吡蚜酮/（mg/kg）	In House Method SA/SOP/SUM/304LC V3. 0	0. 01
TAO_ LC	322 Pyraclofos 吡唑硫磷/（mg/kg）	In House Method SA/SOP/SUM/304LC V3. 0	0. 01
TAO_ LC	323 Pyraclostrobin 吡唑醚菌酯/（mg/kg）	In House Method SA/SOP/SUM/304LC V3. 0	0. 01
TAO_ GC	324 Pyraflufen ethyl 吡草醚/（mg/kg）	In House Method GC/METH/020 V1. 2	0. 01
TAO_ GC	325 Pyrazophos 吡菌磷/（mg/kg）	In House Method GC/METH/020 V1. 2	0. 01
TAO_ LC	326 Pyrazosulfuron-ethyl 吡嘧磺隆/（mg/kg）	In House Method SA/SOP/SUM/304LC V3. 0	0. 01
TAO_ LC	327 Pyrazoxyfen 苄草唑/（mg/kg）	In House Method SA/SOP/SUM/304LC V3. 0	0. 01
TAO_ GC	328 Pyributicarb 稗草丹/（mg/kg）	In House Method GC/METH/020 V1. 2	0. 01
TAO_ GC	329 Pyridaben 哒螨灵/（mg/kg）	In House Method GC/METH/020 V1. 2	0. 05
TAO_ GC	330 Pyridaphenthion 哒嗪硫磷/（mg/kg）	In House Method GC/METH/020 V1. 2	0. 01
TAO_ GC	331 Pyrifenox 啶斑肟/（mg/kg）	In House Method GC/METH/020 V1. 2	0. 05
TAO_ GC	332 Pyriftalid 环酯草醚/（mg/kg）	In House Method GC/METH/020 V1. 2	0. 01
TAO_ LC	333 Pyrimethanil 嘧毒胺/（mg/kg）	In House Method SA/SOP/SUM/304LC V3. 0	0. 01
TAO_ GC	334 Pyrimidifen 嘧螨醚/（mg/kg）	In House Method GC/METH/020 V1. 2	0. 01
TAO_ GC	335 Pyriminobac-methyl（E）嘧草醚（E）/（mg/kg）	In House Method GC/METH/020 V1. 2	0. 01
TAO_ GC	336 Pyriminobac-methyl（Z）嘧草醚（Z）/（mg/kg）	In House Method GC/METH/020 V1. 2	NR

（续）

Sections 部门	Analytes/Unit 分析物/单位	Method 方法	Rpt Lmt 报告限
TAO_ LC	337 Pyrioroxyfen 吡丙醚/(mg/kg)	In House Method SA/SOP/SUM/304LC V3. 0	0. 01
TAO_ GC	338 Pyroquilon 咯喹酮/(mg/kg)	In House Method GC/METH/020 V1. 2	0. 01
TAO_ GC	339 Quinalphos 喹硫磷/(mg/kg)	In House Method GC/METH/020 V1. 2	0. 01
TAO_ GC	340 Quinoxyfen 苯氧喹啉/(mg/kg)	In House Method GC/METH/020 V1. 2	0. 01
TAO_ GC	341 Quintozene 五氯硝基苯/(mg/kg)	In House Method GC/METH/020 V1. 2	0. 01
TAO_ LC	342 Quizalofop－ethyl & Quizalofop－p－ethyl 喹禾灵和精喹禾灵/(mg/kg)	In House Method SA/SOP/SUM/304LC V3. 0	0. 01
TAO_ LC	343 Rimsulfuron 砜嘧磺隆/(mg/kg)	In House Method SA/SOP/SUM/304LC V3. 0	0. 01
TAO_ GC	344 S421 八氯二丙醚联苯二胺/(mg/kg)	In House Method GC/METH/020 V1. 2	0. 01
TAO_ GC	345 Salithion 蔬果磷/(mg/kg)	In House Method GC/METH/020 V1. 2	0. 05
TAO_ GC	346 Silafluofen 硅醚菊酯/(mg/kg)	In House Method GC/METH/020 V1. 2	0. 01
TAO_ GC	347 Simazine 西玛津/(mg/kg)	In House Method GC/METH/020 V1. 2	0. 01
TAO_ GC	348 Simeconazole 硅氟唑/(mg/kg)	In House Method GC/METH/020 V1. 2	0. 05
TAO_ GC	349 Simetryn 西草净/(mg/kg)	In House Method GC/METH/020 V1. 2	0. 01
TAO_ LC	350 Spinosad 多杀霉素/(mg/kg)	In House Method SA/SOP/SUM/304LC V3. 0	0. 01
TAO_ GC	351 Spirodiclofen 螺螨酯/(mg/kg)	In House Method GC/METH/020 V1. 2	0. 01
TAO_ LC	352 Spiroxamine 螺环菌胺/(mg/kg)	In House Method SA/SOP/SUM/304LC V3. 0	0. 01
TAO_ LC	353 Sulfosulfuron 乙黄隆/(mg/kg)	In House Method SA/SOP/SUM/304LC V3. 0	0. 01
TAO_ GC	354 Sulfotep 治螟磷/(mg/kg)	In House Method GC/METH/020 V1. 2	0. 01
TAO_ GC	355 Tebuconazole 戊唑醇/(mg/kg)	In House Method GC/METH/020 V1. 2	0. 01
TAO_ LC	356 Tebufenozide 虫酰肼/(mg/kg)	In House Method SA/SOP/SUM/304LC V3. 0	0. 01
TAO_ GC	357 Tebufenpyrad 吡螨胺/(mg/kg)	In House Method GC/METH/020 V1. 2	0. 01
TAO_ LC	358 Tebuthiuron 丁噻隆/(mg/kg)	In House Method SA/SOP/SUM/304LC V3. 0	0. 01
TAO_ GC	359 Tecnazene 四氯硝基苯/(mg/kg)	In House Method GC/METH/020 V1. 2	0. 01
TAO_ LC	360 Teflubenzuron 氟苯脲/(mg/kg)	In House Method SA/SOP/SUM/304LC V3. 0	0. 01
TAO_ GC	361 Tefluthrin 七氟菊酯/(mg/kg)	In House Method GC/METH/020 V1. 2	0. 01
TAO_ GC	362 Tepraloxydim 吡喃草酮/(mg/kg)	In House Method GC/METH/020 V1. 2	0. 01
TAO_ GC	363 Terbufos 特丁硫磷/(mg/kg)	In House Method GC/METH/020 V1. 2	0. 01
TAO_ GC	364 Terbutryne 特丁净/(mg/kg)	In House Method GC/METH/020 V1. 2	0. 01
TAO_ GC	365 Tetrachlorvinphos 杀虫畏/(mg/kg)	In House Method GC/METH/020 V1. 2	0. 01
TAO_ GC	366 Tetraconazole 四氟醚唑/(mg/kg)	In House Method GC/METH/020 V1. 2	0. 01

（续）

Sections 部门	Analytes/Unit 分析物/单位	Method 方法	Rpt Lmt 报告限
TAO_ GC	367 Tetradifon 三氯杀螨砜/（mg/kg）	In House Method GC/METH/020 V1. 2	0.01
TAO_ LC	368 Thenylchlor 噻吩草胺/（mg/kg）	In House Method SA/SOP/SUM/304LC V3. 0	0.01
TAO_ LC	369 Thiabendazole 乙拌磷/（mg/kg）	In House Method SA/SOP/SUM/304LC V3. 0	0.01
TAO_ LC	370 Thiacloprid 噻虫啉/（mg/kg）	In House Method SA/SOP/SUM/304LC V3. 0	0.01
TAO_ GC	371 Thiamethoxam 噻虫嗪/（mg/kg）	In House Method GC/METH/020 V1. 2	0.01
TAO_ GC	372 Thiazopyr 噻唑烟酸/（mg/kg）	In House Method GC/METH/020 V1. 2	0.01
TAO_ LC	373 Thidiazuron 噻苯隆/（mg/kg）	In House Method SA/SOP/SUM/304LC V3. 0	0.01
TAO_ LC	374 Thifensulfuron-methyl 噻吩磺隆/（mg/kg）	In House Method SA/SOP/SUM/304LC V3. 0	0.01
TAO_ GC	375 Thiobencarb 禾草丹/（mg/kg）	In House Method GC/METH/020 V1. 2	0.01
TAO_ LC	376 Thiodicarb 硫双威/（mg/kg）	In House Method SA/SOP/SUM/304LC V3. 0	0.01
TAO_ LC	377 Thiofanox-sulfone 久效威砜/（mg/kg）	In House Method SA/SOP/SUM/304LC V3. 0	0.01
TAO_ LC	378 Thiofanox-sulfoxide 久效威亚砜/（mg/kg）	In House Method SA/SOP/SUM/304LC V3. 0	0.01
TAO_ LC	379 Thiophanate-methyl 甲基硫菌灵/（mg/kg）	In House Method SA/SOP/SUM/304LC V3. 0	0.01
TAO_ LC	380 Tiadinil 噻酰菌胺/（mg/kg）	In House Method SA/SOP/SUM/304LC V3. 0	0.01
TAO_ GC	381 Tolclofos-methyl 甲基立枯磷/（mg/kg）	In House Method GC/METH/020 V1. 2	0.01
TAO_ GC	382 Tolfenpyrad 唑虫酰胺/（mg/kg）	In House Method GC/METH/020 V1. 2	0.05
TAO_ LC	383 Tralkoxydim 三甲苯草酮/（mg/kg）	In House Method SA/SOP/SUM/304LC V3. 0	0.01
TAO_ GC	384 Triadimefon 三唑酮/（mg/kg）	In House Method GC/METH/020 V1. 2	0.01
TAO_ LC	385 Triadimenol 三唑醇/（mg/kg）	In House Method SA/SOP/SUM/304LC V3. 0	0.01
TAO_ GC	386 Tri-allate 野麦畏/（mg/kg）	In House Method GC/METH/020 V1. 2	0.01
TAO_ LC	387 Triasulfuron 醚苯磺隆/（mg/kg）	In House Method SA/SOP/SUM/304LC V3. 0	0.01
TAO_ GC	388 Triazophos 三唑磷/（mg/kg）	In House Method GC/METH/020 V1. 2	0.01
TAO_ GC	389 Tribuphos（DEF）脱叶磷（DEF）/（mg/kg）	In House Method GC/METH/020 V1. 2	0.01
TAO_ LC	390 Tricyclazole 三环唑/（mg/kg）	In House Method SA/SOP/SUM/304LC V3. 0	0.01
TAO_ LC	391 Tridemorph 十三吗啉/（mg/kg）	In House Method SA/SOP/SUM/304LC V3. 0	0.01
TAO_ GC	392 Tridiphane 灭草环/（mg/kg）	In House Method GC/METH/020 V1. 2	0.05
TAO_ LC	393 Trifloxystrobin 肟菌酯/（mg/kg）	In House Method SA/SOP/SUM/304LC V3. 0	0.01
TAO_ LC	394 Triflumizole 氟菌唑/（mg/kg）	In House Method SA/SOP/SUM/304LC V3. 0	0.01
TAO_ LC	395 Triflumuron 杀铃脲/（mg/kg）	In House Method SA/SOP/SUM/304LC V3. 0	0.01

（续）

Sections 部门	Analytes/Unit 分析物/单位	Method 方法	Rpt Lmt 报告限
TAO_ GC	396 Trifluralin 氟乐灵/（mg/kg）	In House Method GC/METH/020 V1.2	0.01
TAO_ LC	397 Triflusulfuron-methyl 氟胺磺隆/（mg/kg）	In House Method SA/SOP/SUM/304LC V3.0	0.01
TAO_ GC	398 Triticonazole 灭菌唑/（mg/kg）	In House Method GC/METH/020 V1.2	0.2
TAO_ GC	399 Uniconazole & Uniconazole-p 烯效唑/（mg/kg）	In House Method GC/METH/020 V1.2	0.01
TAO_ LC	400 Vamidothion 蚜灭磷/（mg/kg）	In House Method SA/SOP/SUM/304LC V3.0	0.01
TAO_ GC	401 Vinclozolin 乙烯菌核利/（mg/kg）	In House Method GC/METH/020 V1.2	0.01
TAO_ LC	402 XMC 灭除威/（mg/kg）	In House Method SA/SOP/SUM/304LC V3.0	0.01
TAO_ GC	403 Zoxamide 苯酰菌胺/（mg/kg）	In House Method GC/METH/020 V1.2	0.05

五、油用牡丹种子有害元素的测定

目前公认的有害元素主要有铅、砷、汞、镉、铬，这些元素都是重金属元素，在人体内积累并时时刻刻威胁着人们的健康。

（一）铅

铅的原子序数为82，原子量为207，是一个古老的元素。其在人体内无任何生理作用，因此正常血铅水平应是0。它在人体血液内浓度超过$100\mu g/L$被定义为铅中毒，可危害人体多个系统，如血液系统、消化系统、内分泌系统、神经系统，并影响生长发育，其中血液系统和神经系统对铅中毒最敏感。与成人相比较，铅中毒对儿童造成的危害更为严重。

根据美国CDC（疾病控制和预防中心）分级标准，儿童铅中毒分级如下：

Ⅰ级血铅浓度（BPb）<$100\mu g/L$，相对安全水平；

Ⅱ级 $100\mu g/L \leqslant Bpb < 200\mu g/L$，轻度铅中毒；

Ⅲ级 $200\mu g/L \leqslant Bpb < 450\mu g/L$，中度铅中毒；

Ⅳ级 $450\mu g/L \leqslant Bpb < 700\mu g/L$，重度铅中毒；

Ⅴ级 BPb$\geqslant 700\mu g/L$，极重度铅中毒。

成人铅中毒的诊断标准与儿童不同，我国铅中毒诊断标准修订协作组制定的诊断标准为血铅$\geqslant 600\mu g/L$。

环境中的无机铅及其化合物十分稳定，不易代谢和降解。铅对人体的毒害是积累性的。人类能通过食物链摄取铅，也能从被污染的空气中摄取铅。从人体解剖的结果证明，侵入人体的铅70%~90%最后以磷酸铅形式沉积并附着在骨骼组织上，部分取代磷酸钙中的钙，不易排出。

铅对油用牡丹种子可能的污染途径：环境中的铅污染，如大气尘埃污染；含铅杀虫剂污染；储藏及运输工程中使用的容器、包装材料污染。

油用牡丹种子中铅含量测定方法主要包括原子吸收分光光度法和双硫腙比色法。原子吸收分光光度法原理为铅元素经原子化后，在283.3nm处有最大吸收，而且吸光度大小与铅含量成正比。双硫腙比色法分析原理为样品消化后在pH值为8.5~9.0时，铅离子与双硫腙生成红色配合物，溶于三氯甲烷，在波长510nm处有最大吸收。使用双硫腙比色法时需加入柠檬酸铵、氰化钾、盐酸羟胺等，防止铜、铁、锌等离子干扰，与标准比较定量。

（二）砷

砷原子序数为33，原子量75，与氮、磷、锑、铋同族，以砷三价和砷五价形式存在。随着工农业的快速发展，砷矿开采、冶炼、制造及应用也越来越广泛，砷化物对环境的危害也越来越严重，尤其是1905年合成有机砷化物用于抗锥虫的治疗之后，含砷药物医治了多种疾病，还用于生产杀虫剂等。

砷对人体的毒害作用巨大：人在食入砷或经由其他途径大量吸收砷之后造成体液的流失以及低血压；肠胃道的黏膜可能会进一步发炎、坏死造成胃穿孔、出血性肠胃炎、带血腹泻；砷的暴露者会观察到肝脏酵素的上升；慢性砷食入可能会造成非肝硬化引起的门脉高血压；急性且大量砷暴露除了其他毒性可能也会发现急性肾小管坏死，肾丝球坏死而发生蛋白尿。

砷在急性中毒24~72h或慢性中毒时常会发生周边神经轴突的伤害，主要是末端的感觉运动神经，异常部位为类似手套或袜子的分布。中等程度的砷中毒在早期主要影响感觉神经可观察到疼痛、感觉迟钝，而严重的砷中毒则会影响运动神经。慢性砷中毒引起的神经病变需要花也许长达数年的时间来恢复，而且也很少会完全恢复。

砷暴露的人最常看到的皮肤症状是皮肤颜色变深，角质层增厚，皮肤癌变。全身出现一块块色素沉积是慢性砷暴露的指标，较常发生在眼睑、颞、腋下、颈、乳头、阴部，严重砷中毒的人可能在胸、背及腹部都会发现。

油用牡丹种子中砷的来源途径为原材料生长过程中土壤、水和大气等环境污染。

油用牡丹种子中砷含量的测定方法主要有下面3种：

（1）银盐法：样品经消化后，以碘化钾、氯化亚锡将高价砷还原为三价砷，然后与锌粒和酸产生的新生态氢生成砷化氢，经银盐溶液吸收后，形成红色胶态物，与标准系列比较定量。

(2)砷斑法：样品经消化后，以碘化钾、氯化亚锡将高价砷还原为三价砷，然后与锌粒和酸产生的新生态氢生成砷化氢，再与溴化汞试纸生成黄色至橙色的色斑，与标准砷斑比较定量。

(3)硼氢化物还原比色法：样品经消化，其中砷以五价形式存在。当溶液氢离子浓度大于1.0mol/L时，加入碘化钾-硫脲并结合加热，能将五价砷还原为三价砷。在酸性条件下，硼氢化钾将三价砷还原为负三价，形成砷化氢气体，导入吸收液中呈黄色，黄色深浅与溶液中砷含量成正比。与标准系列比较定量。

(三)汞

汞原子序数为80，原子量201，广泛分布于地壳表面、岩石、原始土壤等地。由于自然界的风化作用和人类矿产开发等，使得汞蒸发到大气中，渗入土壤中，流至海洋、湖泊中，然后被动植物吸收。而且，由于含汞农药的使用和与汞有关厂矿排放的废水灌溉农田，导致植物被汞所污染。

汞中毒以慢性为多见，主要发生在生产活动中，长期吸入汞蒸气和汞化合物粉尘所致，以精神—神经异常、齿龈炎、震颤为主要症状。汞是一种可以在生物体内积累的毒物，它很容易被皮肤以及呼吸和消化道吸收。水俣病是汞中毒的一种。长时间暴露在高汞环境中可以导致脑损伤和死亡。尽管汞的沸点很高，但在室内温度下饱和的汞蒸气已经达到了中毒计量的数倍。

油用牡丹种子中汞的来源途径为大气污染，使用的有机汞农药，未经处理的含汞工业废水的直接排放等。

油用牡丹种子中汞含量的测定方法主要包括下面两种：

(1)冷原子吸收测汞仪法：汞蒸气对波长253.7nm的共振线具有强烈的吸收作用。样品经过酸消解或催化酸消解使汞转为离子状态，在强酸性介质中以氯化亚锡还原成元素汞，以氮气或干燥空气作为载体，将元素汞吹入汞测定仪，进行冷原子吸收测定，在一定浓度范围其吸收值与汞含量成正比，与标准系列比较定量。

(2)二硫腙比色法：样品经消化后，汞离子在酸性溶液中可与二硫腙生成橙红色络合物，溶于三氯甲烷。与标准系列比较定量。

(四)镉

镉原子序数48，原子量112，在自然界中分布很广，但其含量很低。据报道，镉在地壳中的含量为0.15~0.20mg/kg；海水中浓度约为0.11μg/kg，河流湖泊的水中为1~10μg/kg，最高可达130μg/kg；空气中镉含量为0.002~

$0.005\mu g/m^3$，土壤中镉含量为 $0.5mg/kg$ 以下，这样低的浓度，不会影响人体健康。由于镉在自然界中主要以硫镉矿形式存在，并常与锌、铅、铜、锰等矿共存，所以在这些金属的精炼过程中都有大量的镉污染环境。环境受到镉污染后，镉可在生物体内富集，通过食物链进入人体，引起慢性中毒。

进入人体的镉，在体内形成镉硫蛋白，通过血液到达全身，并有选择性地蓄积于肾、肝中。肾脏可蓄积吸收量的 $1/3$，是镉中毒的靶器官。此外，在脾、胰、甲状腺、睾丸和毛发也有一定的蓄积。镉的排泄途径主要通过粪便，也有少量从尿中排出。在正常人的血中，镉含量很低，接触镉后会升高，但停止接触后可迅速恢复正常。镉与含羟基、氨基、巯基的蛋白质分子结合，能使许多酶系统受到抑制，从而影响肝、肾器官中酶系统的正常功能。镉还会损伤肾小管，使人出现糖尿、蛋白尿和氨基酸尿等症状，并使尿钙和尿酸的排出量增加。肾功能不全又会影响维生素 D3 的活性，使骨骼的生长代谢受阻碍，从而造成骨质疏松、萎缩、变形等。慢性镉中毒主要影响肾脏，最典型的例子是日本著名的公害病——痛痛病。慢性镉中毒还可引起贫血。急性镉中毒，大多是由于在生产环境中一次吸入或摄入大量镉化物引起。大剂量的镉是一种强的局部刺激剂。含镉气体通过呼吸道会引起呼吸道刺激症状，如出现肺炎、肺水肿、呼吸困难等。镉从消化道进入人体，则会出现呕吐、胃肠痉挛、腹疼、腹泻等症状，甚至可因肝肾综合症死亡。

油用牡丹种子中镉的来源途径为有色金属冶炼产生的含镉废气、废水、废渣排入环境，造成污染，镉比其他重金属更容易被植株所吸附。

油用牡丹种子中镉含量的测定方法：

1. 双硫腙分光光度法

在强碱性介质中，镉离子与双硫腙发生反应，形成红色配合物，采用三氯甲烷萃取分离后，利用分光光度计测定 518nm 的吸光度进行定量。

2. 示波极谱法

称取经粉碎的试样置于消解器中，加入硝酸+高氯酸（4+1），过氧化氢，放置过夜。次日加热消解，至消化液均呈淡黄色或无色，除尽硝酸，用硫酸将试样消解液转移至容量瓶中，精确加入二硫腙–四氯化碳，剧烈振荡 2min，加入硫酸及 1mL 含钴溶液，用硫酸定容，混匀待测。镉的浓度通过使用极谱分析仪测量其二阶导数极谱峰高进行确定。

（五）铬

铬原子序数 24，原子量 52，在自然界中无游离状态的铬，其主要的矿物是铬铁矿。

铬的过量摄入会造成中毒。铬的中毒主要是偶然吸入极限量的铬酸或铬酸盐后，引起肾脏、肝脏、神经系统和血液的广泛病变，导致死亡。也有铬酸钠经灼伤创面吸收引起中毒的事例。长期职业接触、空气污染或接触铬的灰尘，可引起皮肤过敏和溃疡，鼻腔的炎症、坏死，甚至肺癌。经口摄入，可引起胃肠道损伤，循环障碍、肾衰竭。治疗方法在于离开接触，采用螯合剂治疗，高糖摄入也可使铬排泄量增多。

铬有二价、三价和六价三种化合物。引起中毒主要是六价铬，它具有强氧化性，易穿入生物膜而起作用，二价、三价铬在皮肤表层即与蛋白质结合，形成稳定的配合物，不会引起生物效应。

油用牡丹种子中镉的来源途径为工业废水对植株的污染和运输、储藏包装对种子的直接污染。

油用牡丹种子中铬含量的测定方法为原子吸收石墨炉法，其主要测定流程包括：样品经消解后，用去离子水溶解，并定容到一定体积；吸取适量样液于石墨炉原子化器中原子化，在选定的仪器参数下，铬吸收波长为357.9nm的共振线，其吸光度与铬含量成正比。

表13-6为采自山东菏泽油用牡丹种子经诺安检测服务有限公司(青岛)检测的主要有害元素检测结果，未见有害元素超标。

表13-6　菏泽市油用牡丹种子有害元素残留量检测结果

Sections 部门	Analytes/Units 分析物/单位	Methods 方法	Rpt Lmt 报告限	Results 结果
Sample ID 样品编号：LR088697-001				
NGB_ ICP	As 砷/(mg/kg)	In House Method SA/SOP/METH/461/V1.0	0.01	0.066
NGB_ ICP	Cd 镉/(mg/kg)	In House Method SA/SOP/METH/461/V1.0	0.005	0.045
NGB_ ICP	Cr 铬/(mg/kg)	In House Method SA/SOP/METH/461/V1.0	0.05	0.34
NGB_ ICP	Hg 汞/(mg/kg)	In House Method SA/SOP/METH/461/V1.0	0.005	0.005
NGB_ ICP	Pb 铅/(mg/kg)	In House Method SA/SOP/METH/461/V1.0	0.01	0.058
TAO_ LC	293 Phorate-sulfoxide 甲拌磷亚砜/(mg/kg)[※]	In House Method SA/SOP/SUM/304LC V3.0	0.01	0.010
Responsible for test results 检测结果负责人	Belinda 赫秀萍（TAO_ LC），Lucy 王鲁雁（NGB_ ICP），Ellen 魏宗丽（TAO_ GC）			

第十四章 油用牡丹的原料预处理

第一节 油用牡丹原料的清理

油用牡丹籽的预处理，即在取油之前对油料进行的清理、剥壳、脱皮、破碎、软化、轧坯、干燥等一系列的处理，目的是除去牡丹籽原料中的杂质，将其制成具有一定结构性能的物料，以符合取油工艺的要求。根据牡丹籽油不同的生产工艺，所选用的预处理工艺和方法也有一定的差异。

在牡丹籽油生产中，原料预处理对油脂生产有重要影响。这种影响不仅仅在于改善了原料的结构性能，而且提高了出油的速度和得率，还在于对原料中各成分产生作用而影响牡丹籽油及其副产品的质量。

一、清理的意义和要求

牡丹籽出库后，进入的第一道工序为原料预处理，包括从投料至进入独立取油设备前的所有工序。对牡丹籽而言，原料的预处理过程主要包括原料的清理、除杂、软化和轧坯。进行这些预处理的目的是为了得到适于压榨制油或符合溶剂浸出制油各项工序指标要求的原料或坯料。

(一)清理的意义

牡丹籽在收获、晾晒、运输和储藏的过程之中虽然经过了农户初选，但送入油厂的原料里仍然带有一些杂质，一般情况下杂质含量在 1%~7%，因此，必须在制油前进行清理。

牡丹籽原料所含杂质主要有以下三大类：

(1)无机杂质：主要是灰尘、泥土、沙粒、石子、瓦块和金属等；

(2)有机杂质：主要是皮壳、草叶、纤维带和纸屑等；

(3)含油杂质：主要是病虫害粒、不实粒和异种油料等。

对投入加工的牡丹籽原料进行必要的清理对于油脂的生产有着重要的意义：

(1)减少油脂损失，提高牡丹籽油得率。牡丹籽中所含的绝大多数杂质本身不含油，如果不预先除去，在油脂制取过程中不但不出油，反而将吸附一定量的油脂残留在饼粕中，降低牡丹籽的出油率，增加油脂损失。同时，如果泥灰类杂质过多，坯料的可塑性降低，表现为松散不能承受较大压力，或使油路堵塞影响出油，饼粕内残油率增高。所以，应尽量除去杂质，提高牡丹籽出油率。

（2）提高牡丹籽油脂、饼粕和副产品质量。牡丹籽原料中含有的泥土、牡丹茎叶、皮壳等杂质，会造成牡丹籽油色泽加深、沉淀增多、产生异味等不良现象，降低油脂质量，同时也会使籽粕、油脚及磷脂等副产品质量受到不良的影响。

（3）提高设备的生产能力。牡丹籽原料中的杂质会增大生产设备的负荷，设备处理量相对下降。

（4）减轻设备磨损。牡丹籽原料中的沙粒、石子、金属等硬杂质对设备都有较强的摩擦作用，进入生产设备、输送设备将大大增加设备机件的磨损，特别是对高速旋转的生产设备危害更大，将使设备的工作部件磨损和破坏，缩短设备的使用寿命。

（5）避免生产事故，保证生产安全。牡丹籽原料中的草叶、纤维带等杂质，非常容易缠绕在设备的旋转轴上，或者堵塞生产设备的进出料口，影响生产的正常进行、增加动力消耗、造成设备故障。沙粒、石子、金属等进入高速运转设备时容易飞出，造成事故。因此，清除杂质有利于保证生产安全。

（6）改善生产环境。减少和消除生产车间的飞尘，能改善生产操作环境，保障劳动者的健康。

（二）牡丹籽油料清理的要求

对牡丹籽油料清理的要求是尽量除净杂质，清理后的油料愈纯净愈好，且力求清理流程简短，除杂率高。清理后的牡丹籽中不得含有石块、麻纤、铁杂、蒿草等大型杂质。净牡丹籽中含杂质最高限额为总质量的 0.5%。

二、清理的方法

牡丹籽油料清理的方法主要是根据油料与杂质在粒度、比重、形状、表面状态、硬度、磁性、气体动力学等物理性质上的差异，采用筛选、磁选、风选、比重分选、并肩泥清选等方法，将油料中的杂质去除。

（一）筛选

筛选是利用油料和杂质在颗粒大小上的差别，借助含杂油料和筛面的相对运动，通过筛孔将大于或小于油料的杂质清除掉。常用的筛选设备有振动筛、平面回转筛、旋转筛等。

影响筛选效果的因素主要有油料的性质、筛面的选择等方面。

（1）油料的性质主要包括：油料的含杂量、含水量、颗粒大小及均匀度等。

（2）筛面的选择主要包括：筛面的倾斜度、筛面的尺寸及筛孔的形状、大小及排列方式等。

（二）风选

根据油料与杂质在比重和气体动力学性质上的差别，利用风力分离油料中杂质的方法称为风选。风选可用于去除油料中的轻杂质及灰尘，也可用于去除金属、石块等重杂质，还可用于牡丹籽剥壳后的仁壳分离。

油厂所用的风选设备大多与筛选设备联合使用，如吸风平筛、振动清理筛、平面回转筛等都配有风选装置。也有专用的风选除杂和风选仁壳分离的设备，例如风力分选器就是一种专门用于清除油料中重杂质的风选设备。

（三）比重法去石

比重法去石是根据油料与石子的比重及悬浮速度不同，利用具有一定运动特性的倾斜筛面和穿过筛面气流的联合作用达到分级去石的目的。

工作时，油料从进料斗均匀落到筛板上，由于筛面的往复振动，油料产生自动分级，同时因为受到自下而上穿过石机筛孔的气流作用，使得比重较小的油料在筛面上产生悬浮现象，并沿着筛面的倾斜方向向下移动，从筛板的下端淌出。而比重较大的石子下沉紧贴筛面，在筛板上特殊鱼鳞状筛孔的单向推力下，不断沿着筛面向上端运动进入精选室，在精选室中由于倒装鱼鳞筛板的反向气流的作用，使混入石子中的油料返回向下，而石子则顺利向上移动至出石口排出。去石机应装有风量调节机构，以控制风量和风速。去石机上方应用罩壳严格密封，以减少灰尘飞扬并防止气流短路。

目前油脂加工厂常用的为吸风式比重去石机，其特点是工作时去石机内为负压，可有效地防止灰尘外扬，且单机产量大，但需要单独配置吸风除尘系统。而吹式比重去石机自身配有风机，结构简单，仅用于工作条件较差、产量较小的小型油脂加工厂。

（四）磁选

磁选是通过利用磁铁清除油料中含有的金属杂质的方法。金属杂质在油料中的含量虽然不高，但它们的危害非常大，容易造成设备、特别是一些高速运转设备的损坏，甚至可能导致严重的设备事故和安全事故，因此必须清除干净。磁选设备根据磁性获得方法的不同，可分为永久磁铁装置和电磁除铁装置两种。

(五)并肩泥的清选

形状、大小与油料相近或相等，且比重与油料也相差不很显著的泥块，称之为"并肩泥"。并肩泥的清理是利用泥块和油料的机械性能不同，先对含并肩泥的油料进行碾磨或打击将其中的并肩泥粉碎即磨泥，然后将泥灰筛选或风选除去。磨泥使用的设备主要有碾磨机、胶辊磨泥机、立式圆打筛等几种。

(六)除尘

油料中所含灰尘不仅影响油、粕质量，而且会在油料清理和输送过程中飞扬起来，这些飞扬的灰尘污染空气，影响车间的环境卫生，因此必须加以清除。除尘的方法首先是密闭尘源，缩小灰尘的影响范围，然后设置除尘风网，将含尘空气集中起来并将其中的灰尘除去。

第二节　油用牡丹种子的脱壳

牡丹种子的脱壳是在取油之前的一道重要生产工序。

一、牡丹种子的剥壳

剥壳的目的和要求：

牡丹种子剥壳的目的主要包括提高出油率，提高原油的质量，提高饼粕的质量，减轻对设备的磨损，增加设备的有效生产量，有利于饼粕及皮壳的综合利用。

具体来说，牡丹种子的种壳主要是由纤维素和半纤维素组成，含油量极少。牡丹种子带壳量较高，依品种不同在 20%～35% 之间，而且种壳中色素及蜡质含量较高。如果带壳制油，种壳不仅不出油，反而会吸附油脂残留在饼粕中，降低出油率。种壳中的色素等杂质在制油过程中会转移到原油中，使原油的颜色加深，品质降低。带壳制油所得饼粕中种壳含量很高，蛋白质含量低，使牡丹籽粕的利用价值降低。牡丹籽带壳制油，还会造成轧坯效果和料坯质量的降低、设备有效生产能力的降低、能源动力消耗的增加和机械部件的磨损等。牡丹籽油料脱壳后再进行制油，不仅可以提高牡丹籽油生产的工艺效果，而且也利于种壳和籽粕的综合利用。

牡丹种子剥壳的要求为剥壳率高、漏籽少、粉末度小，以利于剥壳后的仁、壳分离。

二、油料剥壳后的壳仁分离

对仁壳分离的要求是通过仁壳分离程度的最佳平衡而达到最高的出油率。若强调过低的仁中含壳率，势必造成壳中含仁增加，导致出油率降低。而仁中含壳太多，同样会由于壳的吸油而造成较高的油损失。油用牡丹种子仁壳分离后，要求牡丹籽仁中含壳率小于5%，壳中含仁率小于5%。

生产上常根据仁、壳大小以及气体动力学性质方面的差别，采用筛选和风选的方法将其分离。大多数剥壳设备本身就带有筛选和风选系统组成联合设备，以简化工艺，同时完成剥壳和仁壳分离过程。

1. 筛选法

筛选法按仁壳混合物各组分的线性大小进行分离。常用的筛选设备有振动筛、旋转筛、螺旋筛等。

2. 风选法

利用混合物各组分悬浮速度的不同，采用风选的方法将其分离。实际生产中常把筛选和风选结合起来进行仁壳的分离，如在仁壳分离筛选设备的出料端加装吸风管以吸去壳屑。也有单独设置的仁壳分离风选设备。

图 14-1　牡丹籽的脱壳（a：牡丹种子，b：牡丹种皮，c：牡丹种仁）

第三节　油用牡丹原料的干燥及破碎

一、原料的干燥

油料干燥是指高水分油料脱水至适宜水分的过程。牡丹籽原料应干燥至含水量5%~8%为宜。

刚收获的油料中含水量较高，只有当油料中的含水量降低到一定程度才能有较好的出油效果，因此选择适当的干燥方式及干燥设备对油脂制备至关重要。为了能使油料的含水量快速及时的达到标准，可以选择的干燥设备有平板烘干机、空心桨叶式干燥机、滚筒式干燥机、流化床烘干机、远红外干燥器等。

二、原料的破碎

将大颗粒的油料或油饼通过破碎设备的处理使其成为适宜加工的油料的工序称为油料的破碎。

在油料制油之前，必须对大颗粒的油料进行破碎。其目的就是通过破碎使油料具有一定的粒度以符合轧坯条件，油料破碎后表面积增大，利于软化时温度和水分的传递，软化效果提高，对于颗粒大的压榨饼块，也必须将其破碎成为较小的饼块，才更有利于浸出取油。

要求油料破碎后粒度均匀，不出油，不成团，少成粉，粒度符合要求。

油料的破碎方法主要是通过对油料的挤压、碾磨和撞击，达到破碎的目的。破碎设备主要有对辊破碎机、圆盘破碎机、锤式破碎机等。

为了达到破碎的要求，必须控制破碎时油料的水分含量。水分含量过高，油料不易破碎，且容易被压扁、出油，还会造成破碎设备不易吃料，产量降低等；水分含量过低，破碎油料的粉末度增大，含油粉末容易黏附在一起形成团。通常牡丹籽适宜破碎水分为 6%～10%。油料的温度也影响破碎效果。热油籽破碎后的粉末度小，而冷油籽破碎后的粉末度大。此外，油料的含杂量及流量，破碎机的工作状态——齿辊的形状、齿辊的磨损、齿辊间距、齿辊的端密封等均会对破碎效果产生影响。

第十五章　油用牡丹的制油工艺

第一节　油用牡丹制油工艺的种类

一、压榨法

压榨法制油，是传统的油脂制取方法，是借助机械外力的作用，将油脂从油料中挤压出来的取油方法。随着取油技术的进步，先后产生了人力压榨、水压机榨、螺旋榨油机压榨三种类型的压榨法制油。当今广泛使用的榨油机械是螺旋榨油机，它是采用较为先进的连续压榨取油设备。它与人力压榨、水压机榨等设备相比，具有加工处理量大、生产连续的优点。

采取压榨法制取牡丹籽油方法适应性强，工艺操作简单，生产设备维修方便，生产规模大小灵活，生产比较安全，尤其适用于需要保持其原有的天然风味和性能特点的牡丹籽油产品。但是压榨法制取牡丹籽油与其他工艺方法相比也存在出油率低、劳动强度大、生产效率低等缺点。

牡丹籽压榨制油生产工艺：牡丹籽生坯→蒸炒→压榨→过滤→机榨牡丹籽毛油。

料坯的蒸炒是将油用牡丹种子的生坯经过湿润、蒸坯、炒坯等处理，使其转变为适于压榨或浸出的熟坯的工艺过程。从本质上讲，蒸炒就是借助于水分和温度的作用，使料坯的微观结构、化学组成及物理状态发生一系列变化的综合过程。

(一)压榨过程

压榨取油的过程，就是借助机械外力的作用，将油脂从榨料中挤压出来的过程。在压榨过程中，主要发生的是物理变化，如物料变形、油脂分离、摩擦发热、水分蒸发等。但由于温度、水分、微生物等的影响，同时也会产生某些生物化学方面的变化，如蛋白质变性、酶的钝化和破坏、某些物质的结合等。压榨时，榨料粒子在压力作用下内外表面相互挤紧，致使其液体部分和凝胶部分分别产生两个不同过程，即油脂从榨料空隙中被挤压出来及榨料粒子变形形成坚硬的油饼。

（二）影响出油效果的条件

榨油的过程，是将处理预备好的熟料坯置于较高的压力条件下，使所含有的油脂被不断挤压出来。反映取油效果的指数叫出油效率，就是指榨出的油脂占油料中总含油量的百分率。影响压榨法出油率的主要条件如下：

（1）榨油机内的压力大小。榨油时，压力愈大，被挤出的油相对就愈多，但同时也要求充分的保持时间。

（2）油黏度的高低。油脂的黏度愈低，压榨时的出油速度就愈快。

（3）料坯孔隙度的大小。压榨时，料坯中孔愈多，隙愈大，油脂愈容易被排挤出来。

（三）压榨法取油的主要工艺控制因素

所谓工艺控制因素，是指榨料进入压榨机压榨过程中，一定要掌握及控制的相关参数、条件和指标，它包括：榨料的入榨条件及其性质、榨膛内的压力、压榨经历时间、料饼厚度、压榨时的温度条件等。

1. 压力

压榨法取油的本质在于对榨料施加压力取出油脂。因此，压力大小、榨料受压状态、施压速度以及变化规律等对压榨效果产生不同影响。

2. 时间

施压时间长，流油充分，出油率就高。要榨取足够多的油，就要保持足够的压榨时间。然而，压榨时间也不宜过长，否则对出油率提高的作用不大，反而降低了设备的处理量。因此，在满足出油率的前提下，压榨工艺应尽可能地缩短压榨时间。

3. 温度

良好的温度保持条件是影响出油快慢的重要因素。因此，必须保持压榨过程中的恒定温度条件，并使温度不要在施压时过度升高或降低。对于静态压榨，由于其本身产生的热量小，压榨的时间长，多数采用加热保温方式；对于动态压榨，其本身产生的热量高于需要量，故以采用冷却或保温为主。

（四）压榨法取油的主要设备

压榨设备的类型和结构在一定程度上影响着榨油工艺条件的确定。要求压榨设备在结构的设计上尽可能地满足多方面的要求，如出油率高，生产能力大，动力消耗少，操作及维护方便等。目前常用的榨油设备一般包括立式液压榨油机、卧式液压榨油机、螺旋榨油机等。

首都师范大学的研究人员采用螺旋式榨油机榨取牡丹籽油，出油率15%，提取率低于有机溶剂萃取法（23.76%）和超临界萃取法（27.06%）。作为一种传统的制油工艺，压榨法制油具有工艺简单、配套设备少、生产灵活、油品质量好、色泽浅、风味纯正等优点。

二、浸出法

浸出法制油是应用固液萃取的原理，选择某种能够溶解油脂的有机溶剂，使其与经过预处理的油料进行接触——浸泡或喷淋，使油料中油脂被溶解出来的一种制油方法。这种方法使溶剂与它所溶解出来的油脂组成一种溶液，这种溶液称之为混合油。利用被选择的溶剂与油脂的沸点不同，对混合油进行蒸发、汽提，蒸出溶剂，留下油脂，得到毛油。被蒸出来的溶剂蒸汽经冷凝回收，再循环使用。

与压榨制油法相比，采用浸出法制取牡丹籽油具有出油率高、粕中残油率低、劳动强度较低、生产效率较高、粕中蛋白质变性程度小、质量较好、容易实现大规模生产和生产自动化等优点。这种方法的缺点是浸提出来的牡丹籽油毛油含非油物质较多，油的色泽较深，质量较差，且浸出制油采用的溶剂主要成分为六碳烷烃和环烷烃，沸点60~90℃，易燃易爆，且具有一定毒性，导致生产的安全性差，同时本方法存在溶剂残留问题。

牡丹籽油浸出制油工艺包括：溶剂浸出→混合油分离→湿粕脱溶烘干→溶剂回收。

（一）浸出法制油的基本原理及要素

浸出法制油是利用能溶解油脂的溶剂，通过润湿渗透、分子扩散和对流扩散的作用，将料坯中的油脂浸提出来，然后把由溶剂和脂肪所组成的混合油进行分离，回收溶剂而得到毛油，同样也要将粕中的溶剂回收，得到浸出粕。这个过程中，基本要素是溶剂和料坯以及决定浸出效果的浸出方式和工艺参数。

1. 理想的浸出溶剂应符合以下基本要求

（1）能在室温或低温下以任何比例溶解油脂。

（2）溶剂的选择性要好，即除油脂外，不溶解其他成分。

（3）化学性质稳定，对光和水具稳定性，经加热、蒸发与冷却不发生化学变化。

（4）要求溶剂沸点低，比热小和汽化潜热小，易从粕和油中分离回收。

（5）溶剂本身无毒性，呈中性，无异味，不污染。

（6）溶剂与油、粕和设备材料均不发生化学反应。

2. 对料坯的要求

原料经过预处理，使其料坯的结构与性质满足浸出工艺要求，才会获得好的浸出效果。因此，对料坯的要求为：

（1）细胞破坏程度越彻底越好。

（2）料坯薄而结实，粉末度小。这样浸出距离短，溶剂与料坯接触面积大，有利于提高浸出效率。

（3）水分适宜，浸出溶剂不溶于水，如果料坯中水分高了，内部空隙充满水分，就会影响到溶剂的渗透和对油脂的溶解作用。

（二）溶剂浸出

溶剂浸出是浸出法制油的主体工序。在浸出工序中，通过浸出装置，以合理的浸出方式，实现溶剂与料坯的充分接触，从而达到充分溶解油脂、提取油脂的目的。良好的浸出效果，又是由正确的浸出方式、合适的浸出工艺条件来保证的。

1. 浸出方式主要有3种

（1）浸泡式：料坯始终浸泡在溶剂中而完成浸取过程。这种方式浸出时间短，混合油量大，但浓度较稀，即混合油中含油脂量少，混合油中含渣较多。

（2）渗滤式：溶剂与料坯接触过程始终为喷淋—渗透状态，浸出后可得到含油脂多的浓混合油，混合油中含渣量也小，但一般浸出时间较长。

（3）浸泡、喷淋混合式：先将料坯浸泡，再进行喷淋渗透，提高了浸出速率和出油效率，又减少了浸出时间。

然而无论哪种浸出方式，都基本采取逆流浸出过程。溶剂浸出过程中料坯中的油分不断地被不同浓度的溶剂提取出来，使粕中残油逐渐降低直到规定指标，而溶剂中含油的浓度则沿着逆向逐渐增浓最后排出回收。

2. 浸出工艺条件

（1）浸出温度与浸出时间。浸出温度的要求与料坯的温度一致，溶剂应先预热。浸出时间从理论上讲，越长效果越好，粕中残油率越低。实际生产中，油脂浸出过程可分成两个阶段，第一阶段主要是由溶剂溶解被破坏的细胞中的油脂，提取量大，且时间短，一般仅 15~30min，即可提取总含油量的 85%~90%；第二阶段，需溶剂渗透到未被破坏的细胞中去，时间长而效率低，应根据实际情况考虑最佳"经济时间"。

（2）溶剂的渗透速率。单位时间内通过单位面积的溶剂量，即渗透速率。

（3）溶剂用量与溶剂比。溶剂用量通常以"溶剂比"来衡量，溶剂比的定义是单位时间内所用溶剂重量与被浸物料重量的比值。溶剂比的大小直接影响到浸出后的混合油浓度以及浸出时料坯内外混合油的浓度差、浸出速率以及残油率等技术指标。

（4）沥干时间与湿粕含溶量。浸出过程结束后，总希望粕中残留溶剂尽量少，以减轻豆粕脱溶的设备负荷。所以应适当延长沥干时间。

3. 浸出设备

油脂浸出制油技术源于欧洲，从 1856 年法国人迪斯（Diss）浸出试验研究伊始，到 1870 年德国莱茵河工业带间歇式生产的实际应用；从 1919 年德国人波尔曼（Bollman）第一台连续式浸出器设计专利的申请，到"二战"后形式各异的浸出器层出不穷，如美国 Blow Knox 公司的平转浸出器、美国 Crown 公司的环型浸出器、比利时 De Smet 公司的履带式浸出器、德国 Lurgi 公司的框式浸出器等。

每种浸出方式的设备又分许多种结构型式，其中的单缶及缶组式因间歇生产、劳动强度大，已日趋淘汰。而平转式、环型拖链式等浸出效率高、工艺先进，已得到普遍应用，其唯一缺点是造价较高。

（三）湿粕脱溶

从浸出器出来的籽粕通常含有 21%~40% 的溶剂，必须经过脱溶与烘干最后回收粕中的溶剂和降低水分，使之达到规定的残留溶剂量指标（500~1000mg/L）与安全储存水分。回收溶剂的过程称之为脱溶，烘干去水的过程称之为烤粕。

脱溶阶段主要是利用直接蒸汽穿过料层，两者经过接触传热后使溶剂沸腾而挥发。直接蒸汽既作为加热溶剂的热源，又有压力带着溶剂一起蒸出来。但同时水蒸气在加热溶剂的同时也会部分凝结成水滴留存于粕中，增加了牡丹籽粕的水分，所以需经烤粕处理去除水分，烤粕一般采用间接蒸汽加热，烤除水分。

脱溶烤粕的基本方法有：高温脱溶法、闪蒸预脱溶（低温脱溶）法、机械预脱溶法。

脱溶烤粕设备主要有：多段卧式烘干机、高料层烘干机、蒸烘冷却器等。

（四）溶剂回收

通过脱溶烤粕和混合油蒸发汽提工序，回收尾气。设备有：冷凝器、分水器、蒸水缶及尾气回收装置等。

三、超临界萃取法

超临界流体萃取法是一种新型的提取分离技术，它利用一种超临界流体，如二氧化碳、乙烯、丙烯、丙烷、水等，使其在临界点附近某区域内与待分离混合物中的溶质具有异常平衡行为和传递性，且对溶质的溶解能力随着压力和温度的改变在相当宽的范围内变动。

超临界流体对溶质的溶解度取决于其密度。在临界点附近，当温度和压力发生微小变化时，密度即发生变化，进而会引起溶解度的变化。因此，使温度或压力适当变化，可使溶解度在一定的范围内变化，因而具有较高的溶解性。通常情况下，超临界流体的密度越大，其溶解能力也就越大，萃取的能力就越强。在恒温条件下随着压力升高，溶质的溶解度增大；在恒压条件下随温度升高，溶质的溶解度减小。萃取后形成的相中既含有被分离出的物质，又含有萃取剂，通过压力的简单变化即可实现萃取剂与目标产物的完全分离。同时超临界二氧化碳流体的高扩散性和流动性则有助于所溶解的各成分彼此分离，达到萃取分离的目的，并能加速溶解平衡，提高萃取的效率。

(一)超临界二氧化碳萃取技术的优点

(1)二氧化碳的超临界温度约为31.1℃，可在接近室温的环境下进行萃取，不会破坏生物活性物质，并能有效地防止热敏性物质的氧化和逸散，所以特别适用于分离、精制低挥发度和热敏性物质。

(2)蒸馏和萃取合二为一。可同时完成蒸馏和萃取两个过程，尤其适用于分离难分离的物质，如有机混合物、同系物的分离精制等。

(3)具有良好的选择性。可通过改变温度或压力来改变密度达到提取分离的目的，操作方便，过程调节灵活。

(4)超临界二氧化碳流体具有极高的扩散系数和较强的溶解能力，有利于快速萃取和分离。

(5)超临界二氧化碳萃取的产品纯度高。选择适当的压力、温度或夹带剂，可提取高纯度的产品，尤其适用于中草药和功能保健品成分的萃取浓缩。

(6)溶剂和溶质分离方便。只需通过改变温度和压力就可达到溶质和溶剂的分离，操作简便。

(7)节省能源。在超临界流体萃取工艺中，一般没有相变的过程，只涉及显热，且溶剂在循环过程中温差小，易于实现热量回收，从而节省能源。

(二)牡丹籽油常用的萃取剂为二氧化碳，其具有诸多的优点

(1)二氧化碳超临界流体萃取可以在较低温度和无氧条件下操作，保证了

油脂和饼粕的质量。

（2）二氧化碳对人体无毒性，且易除去，不会造成污染，食用安全性高。

（3）采用二氧化碳超临界流体分离技术，整个加工过程中，原料不发生相变，有明显的节能效果，并且二氧化碳超临界流体萃取分离效率高。

（4）二氧化碳超临界流体具有良好的渗透性、溶解性和极高的萃取选择性。通过调节温度、压力，可以进行选择性提取。

（5）二氧化碳成本低，不燃，无爆炸性，方便易得。

制备牡丹籽油宜采用二氧化碳作为超临界流体萃取的溶剂，由于二氧化碳来源丰富、使用安全、萃取选择性好，产品油和粕的质量有保证。

（三）超临界流体萃取有3种加工工艺形式

1. 恒压萃取法

从萃取器出来的萃取相在等压条件下，加热升温，进入分离器溶质分离。溶剂经冷却后回到萃取器循环使用。

2. 恒温萃取法

从萃取器出来的萃取相在等温条件下减压、膨胀，进入分离器溶质分离，溶剂经调压装置加压后再回到萃取器中。

3. 吸附萃取法

从萃取器出来的萃取相在等温等压条件下进入分离器，萃取相中的溶质由分离器中吸附剂吸附，溶剂再回到萃取器中循环使用。

四、亚临界萃取法

亚临界萃取是利用亚临界流体作为萃取剂，在密闭、无氧、低压的压力容器内，依据有机物相似相溶的原理，通过萃取物料与萃取剂在浸泡过程中的分子扩散过程，达到固体物料中的脂溶性成分转移到液态的萃取剂中，再通过减压蒸发的过程将萃取剂与目的产物分离，最终得到目的产物的一种新型萃取与分离技术。

（一）亚临界流体萃取技术具有如下优点

（1）萃取设备装置属于中、低压压力容器范围，大幅度降低了装置制造过程的工艺难度和工程造价。

（2）利用亚临界流体沸点较低的特性，通过提高工艺过程的真空度，使萃取溶剂在10~50℃的温度下快速蒸发，提高了萃取溶剂回收率，降低了能源消耗。生产无"三废污染"，属于环保工程。

（3）可根据萃取对象不同，灵活选择不同的亚临界萃取介质。同时也可根据原料目标物质的含量大小，灵活选择多种萃取方式。因此亚临界流体萃取天然植物精油是一种极有前途的方法，可以明显提高萃取率，缩短提取时间，不破坏功效成分，是一种高效、低耗、环保、应用前景广阔的油脂提取新技术。

亚临界流体萃取技术就是利用上述亚临界流体的特殊性质，物料在萃取罐内注入亚临界流体浸泡，在一定的料溶比、萃取温度、萃取时间、萃取压力下进行的萃取过程。萃取混合液经过固液分离后进入蒸发系统，在压缩机和真空泵的作用下，根据减压蒸发的原理将萃取剂由液态转为气态从而得到目标提取物。

（二）亚临界萃取的影响因素

影响亚临界萃取过程的因素有很多，如溶料比、萃取压力、温度、亚临界流体的极性、亚临界流体的流量、物料颗粒大小以及是否加入夹带剂等。这些因素都会对萃取效果（包括萃取速率以及萃取产品的成分与纯度）产生影响。

1. 溶料比

从理论上说，溶料比越大，萃取效率越高。工业化的生产过程由于成本的优化，一般控制在 $1:1\sim1.5:1$ 之间。

2. 搅拌

萃取的过程是分子相对扩散的过程，适度的搅拌可以增加溶剂和物料之间的充分混合，减少萃取中外扩散阻力，有利于固体物料中的脂溶性成分向溶剂扩散。

3. 萃取温度与压力

提高萃取温度能增加分子的运动速度，从而提高扩散的速度。但是，过高的温度又会造成活性成分的灭活，需要将温度控制在一定范围以内。压力与温度呈正相关关系，萃取温度的上升，萃取压力相应提高。压力升高，有助于提高萃取速度。

4. 萃取时间与次数

通过正交或响应面试验可以得出合理的萃取时间和次数，在实际生产过程中通过罐组间的逆流萃取工艺可以提高萃取效率。

5. 萃取剂及夹带剂的选型

加入适量合适的夹带剂可明显提高亚临界流体对被萃取组分的选择性和溶解度。表面活性剂也可以作为夹带剂提高亚临界流体萃取效率，提高的程度与其分子结构有关，分子的脂溶性部分越大，其对亚临界流体的萃取效率提高越多。关于夹带剂的作用原理，有研究认为是夹带剂的加入改变了溶剂密度或内部分子间的相互作用所致。

6. 利用超声波

在亚临界流体萃取过程中，通过超声波的"空化"作用，以达到增加溶媒渗透、溶解、扩散活性，减少萃取的外扩散阻力，缩短萃取时间，从而大大提高萃取的效率，最终实现产量提高，成本降低。实践表明在亚临界萃取过程中引入超声波辅助技术有很大的优势。

第二节 油用牡丹的超临界二氧化碳萃取制油工艺

一、超临界二氧化碳萃取制油设备

普通的超临界二氧化碳萃取设备如图 15-1 所示。

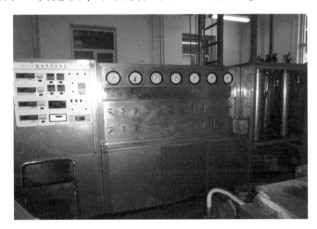

图 15-1 超临界萃取设备

由于牡丹籽油中含有大量的不饱和脂肪酸，极易发生氧化，因此祖柏石等研究人员对设备进行了改进(图 15-2)。二氧化碳储罐内的二氧化碳由截止阀控制进入制冷系统液化，在依次经过高压二氧化碳计量泵、二氧化碳流量计、气液分离器、过滤器、热交换器及截止阀后由下端进入提取釜，对提取釜内的物料进行萃取。液态二氧化碳携带萃取得到的油脂从提取釜上端右侧出口通过管道进入分离釜，在分离釜内由于压力减小，温度升高，二氧化碳气化从而实现与油脂的分离。二氧化碳气体则通过分离釜上端右侧出口的管道返回二氧化碳储罐得以回收利用。分离后的油脂经分离釜下端的截止阀控制由混合器上进口进入混合罐，提前预混好的抗氧化剂置于抗氧化剂预混瓶中，由混合器右进口进入混合罐，两者在混合罐内循环混合，直至混合充分，由混合罐下部管道流出，经过滤器过滤除去杂质，得到纯净的产品。

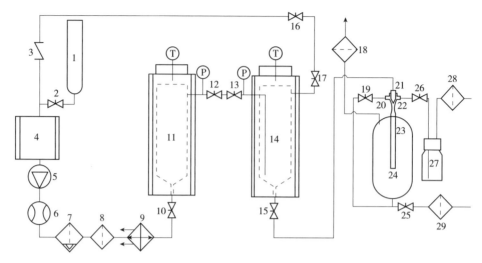

图 15-2　超临界 CO_2 提取易氧化油脂装置图

1-二氧化碳储罐；2-截止阀；3-止回阀；4-制冷设备；5-高压二氧化碳计量泵；6-二氧
　化碳流量计；7-气液分离器；8-过滤器；9-热交换器；10-截止阀；11-提取釜；12-调节
　阀；13-截止阀；14-分离釜；15-截止阀；16-截止阀；17-调节阀；18-过滤器；19-截止
　阀；20-混合器左进口；21-混合器上进口；22-混合器右进口；23-混合器；24-混合罐；
　25-截止阀；26-截止阀；27-抗氧化剂预混瓶；28-过滤器；29-过滤器

改进后的超临界二氧化碳萃取设备能够实现超临界二氧化碳萃取牡丹籽油和脂溶性抗氧化剂同步添加，减少萃取油脂与氧气的接触，只需经过简单的过滤，即可得到口感好、品质高、氧化稳定性较好的牡丹籽油。

二、牡丹籽油超临界二氧化碳萃取工艺

我们对牡丹籽油超临界二氧化碳萃取工艺条件进行了研究，考察了萃取时间、萃取温度、萃取压力对牡丹籽油出油率的影响。

萃取时间对牡丹籽油提取率的影响见图 15-3。随着时间增加，提取率逐渐升高，但达到 1h 后提取率就没有显著的增加。牡丹种子含油量是一定的，因此在相同条件下，达到一定时间后提取率就不会再明显增加。在萃取初期，由于超临界二氧化碳与溶质未达到良好接触，萃取量少，随萃取时间延长，传质达到良好状态，萃取量增大，直至达到最大值。综合考虑，萃取时间以 1h 为佳。

由图 15-4 可见，温度在 30～50℃时，提取率一直升高，50℃时提取率达到最大值，之后随温度的升高提取率下降。温度是影响萃取率的一个重要参数，温度对流体溶解能力的影响比较复杂。在一定的压力下，萃取温度通过影响有机物分子和二氧化碳分子的结合与解离的难易而影响萃取率。萃取温度还

影响到萃取过程的总体热效应，一方面萃取温度越高，二氧化碳流体的密度越小，其对有机物的溶解能力越差，携带物质的能力降低；另一方面萃取温度越高，流体传质速度越快。前者不利于提取，后者有利于提取，综合考虑，40℃为最佳萃取温度。

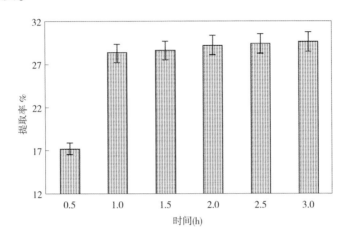

图 15-3　萃取时间对牡丹籽油提取率的影响

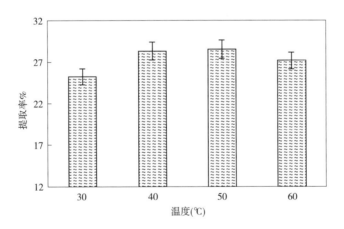

图 15-4　萃取温度对牡丹籽油提取率的影响

由图 15-5 可知，牡丹籽油的萃取率随压力的增加而升高，但当压力达到 30MPa 后，出油率没有明显升高。萃取压力越大，牡丹籽油溶解在二氧化碳中就越多，所以当达到 30MPa 时几乎萃取完全，再增大压力已经没有意义，因此最佳萃取压力为 30MPa。

通过对萃取时间、萃取温度和萃取压力的条件优化实验得出超临界二氧化碳萃取牡丹籽油的最佳提取条件为：萃取时间为 1h，萃取温度为 40℃，萃取压力为 30MPa。在此条件下得到的牡丹籽油为淡黄色，香气浓郁，出油率为 28.3%。

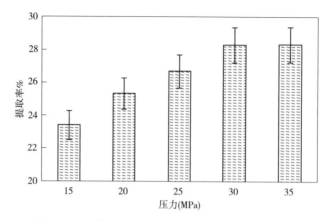

图 15-5　萃取压力对牡丹籽油提取率的影响

此条件下得到牡丹籽油的脂肪酸成分分析结果如图 15-6 所示。

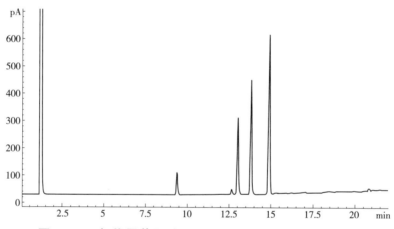

图 15-6　超临界萃取牡丹籽油 GC-MS 总离心流程图

超临界萃取牡丹籽油中共检测到脂肪酸 6 种，亚麻酸含量最大，为 42.38%，总不饱和脂肪酸含量大于 90%。

2009 年，江苏大学食品与生物工程学院的研究人员利用超临界二氧化碳流体萃取技术对牡丹籽油进行提取。采用单因素试验对影响牡丹籽油得率的 5 个影响因素(筛分粒度、二氧化碳流量、压力、温度和时间)进行了考察，确定了超临界二氧化碳萃取牡丹籽油的最佳条件为：筛分粒度 60 目，二氧化碳流量 20L/h，压力 35MPa，温度 45℃，时间 120min。在此优化条件下，牡丹籽油得率可达到 24.22%。

2009 年，北京工商大学植物资源研究与开发北京重点实验室的研究人员采用超临界萃取仪提取牡丹籽中的油脂，分析了单因素对提取率的影响，并利用响应面得到超临界二氧化碳萃取牡丹籽油的最佳提取条件为：萃取时间为 1h，萃取温度为 45℃，萃取压力为 30MPa，原料粒径为 40 目。在此条件下得到的牡丹籽油为淡黄色，香气浓郁，出油率为 25% 左右。

2010 年，河南科技大学的研究人员采用单因素和正交试验法研究超临界二氧化碳萃取洛阳牡丹籽油过程中萃取温度、压力、时间及二氧化碳的流量因素对牡丹籽油脂的萃取率及不饱和萃取液中脂肪酸含量的影响，并采用 GC-MS 技术对油脂成分进行分析。结果表明，采用超临界二氧化碳流体技术可以萃取牡丹籽中的油脂成分，其最佳工艺条件为压力 30MPa、萃取温度 40℃、萃取时间 2.5h、二氧化碳流量 25kg/h。此时油脂的萃取率为 30.7%，萃取液中不饱和脂肪酸的相对含量可达 70.81%。

2013 年，河南科技大学牡丹生物学重点实验室和中山大学生命科学院的科研人员以牡丹籽为原料，利用超临界二氧化碳萃取法提取牡丹籽油。采用单因素试验对影响牡丹籽油萃取率的 3 个因素（温度、压力和时间）进行了考察，以萃取率为响应值，以温度、压力和时间 3 个主要影响因素设计正交试验，对提取条件较为温和、对油脂抗氧化性成分破坏较小的超临界提取工艺进行了优化。结果表明，萃取时间对萃取率影响最大，其次为萃取温度，萃取压力对萃取率影响最小。超临界二氧化碳萃取法提取牡丹籽油的优化工艺条件为：温度 35℃、压力 30MPa、时间 1h，牡丹籽油的萃取率为 28.86%，牡丹籽油的不饱和脂肪酸含量高达 90%。

2015 年，西南林业大学的研究人员以滇牡丹籽为原料，以萃取率为指标，用正交试验法研究超临界二氧化碳萃取过程中萃取时间、萃取温度、萃取压力及二氧化碳流量对滇牡丹籽油萃取率的影响。他们得到的超临界二氧化碳萃取滇牡丹籽油的最佳工艺条件为萃取时间 1h、萃取温度 40℃、萃取压力 45MPa、二氧化碳流量 20kg/h，在此条件下滇牡丹籽油萃取率为 27.34%。

由以上研究结果可以看出，虽然所用油用牡丹原料不同，但是超临界二氧化碳萃取法提取牡丹籽油的最优工艺条件变化不大，一般最佳萃取压力为 30~35MPa，萃取温度为 40~45℃，萃取时间为 1~1.5h，个别研究结果偏离较大，这可能与仪器误差有关。

第三节　油用牡丹的亚临界萃取制油工艺

一、亚临界萃取制油设备

亚临界萃取设备（图 15-7）经 20 年的发展，不仅使亚临界萃取技术有了较大的提高和发展，而且较二氧化碳超临界萃取技术在溶剂的使用上扩大了选择的范围，既可单独萃取，也可夹带其他溶剂或混合溶剂进行萃取。因为亚临界萃取技术中所用萃取压力属于低压，萃取装置单罐可以设计为大容积压力容器。

图 15-7　亚临界萃取设备

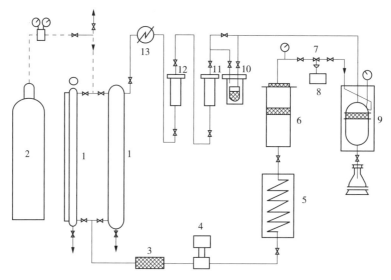

图 15-8　亚临界萃取装置图

1-溶剂罐；2-气瓶；3-溶剂过滤器；4-溶剂；5-预热炉；6-萃取罐；7-压力控制阀；
8-控制系统；9-分离器；10，11，12，13-减压冷凝装置

图 15-8 为亚临界萃取装置图。将粉碎后的物料装入料筒放入萃取罐中，封闭萃取罐，打开真空泵将萃取罐抽到真空状态。注入正丁烷，料溶比为 1.5：1，通过萃取罐夹套进行热水加热丙烷，使萃取过程温度控制在 40±1℃，压力为 0.5MPa，萃取 40min 后将萃取液转入蒸发罐中。每次萃取的萃取液均打入蒸发罐进行蒸发，在蒸发罐底部夹层热水的加热下，萃取液中的正丁烷不断汽化，汽化的正丁烷经压缩机压缩后通过冷凝降温成为液态，回流到溶剂罐循环使用。当蒸发罐中的正丁烷完全汽化后，剩下的就是萃取的目标产物。

二、牡丹籽油亚临界萃取工艺

吉首大学化学化工学院的研究人员采用亚临界流体技术萃取牡丹籽油，当萃取的时间为 25min，萃取的温度为 45℃，压力 0.5MPa 的条件下，萃取次数对牡丹籽出油率的影响结果如图 15-9。由图 15-9 可知随萃取次数增加，牡丹籽出油率逐渐升高，3 次后，出油率增幅趋于平缓，萃取次数继续增加对出油率贡献不大。故萃取 3 次较为适宜。

由图 15-10 可知牡丹籽出油率随萃取温度的升高而升高，当温度升高到 50℃时，出油率达最高值，继续升高温度，出油率略有降低。由于升高温度时油脂的溶解度增大，有利于牡丹籽油的溶出；但温度过高会导致萃取釜中的丁烷汽化，不利于反应进行，故 50℃为适宜温度。

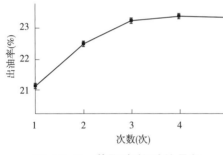

图 15-9　萃取次数对牡丹籽
出油率的影响

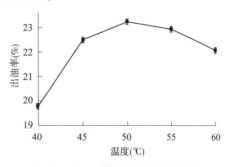

图 15-10　萃取温度对牡丹籽
出油率的影响

在萃取温度为 50℃，萃取次数为 3 次，萃取压力为 0.5MPa 的条件下，考察萃取时间对牡丹籽出油率的影响如图 15-11。随时间延长，牡丹籽出油率明显升高，在 25min 后出油率趋于平稳，再延长萃取时间意义不大，确定萃取时间为 25min。

在萃取温度为 50℃、萃取时间为 25min 的条件下，考察压力对牡丹籽出油率的影响，结果如图 15-12，随着压力的增加，出油率升高，压力为 0.5MPa 时，出油率达 24.07%，超过此压力值后，牡丹籽出油率变化不大。

在单因素的基础上，采用正交试验来优化亚临界流体萃取牡丹籽油的工艺。结果表明，各考察因素对牡丹籽出油率影响顺序为：萃取次数>萃取温度>萃取时间>萃取压力，最优萃取工艺条件为萃取温度 50℃、萃取压强 0.5MPa、每次萃取 30min、萃取 3 次，该条件下牡丹籽出油率达 24.16%。所得牡丹籽油共鉴定出 12 种脂肪酸，已鉴定组分占总量的 99.90%，其中饱和脂肪酸 6 种，以棕榈酸（11.12%）和硬脂酸（3.65%）为主，不饱和脂肪酸含量为 84.54%，以亚麻酸（45.41%）、亚油酸（38.12%）为主。

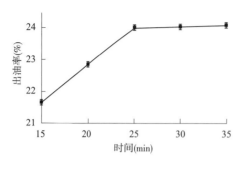

图 15-11 萃取时间对牡丹　　　　图 15-12 萃取压力对牡丹
　　　籽出油率的影响　　　　　　　　籽出油率的影响

　　研究人员对此法所得牡丹籽油的理化性质进行分析，所得牡丹籽油的理化指标为：相对密度 0.9013、折光指数 1.4742、酸值 3.25mgKOH/g、碘值 175gI$_2$/100g、皂化值 176mgKOH/g、色泽 Y20 R1.9、过氧化值 1.48meq/kg，透明度良好，有油脂的芳香味，无异味，但色泽较深，需进行脱色处理。

第四节　牡丹籽油复合提取工艺探索

一、牡丹籽压榨油和浸提油联合生产工艺

　　为了提高牡丹籽油的提取率，得到高品质的油脂以及低残油且未变性的饼粕，重庆工商大学的研究人员将压榨和浸提两种方法联合应用生产牡丹籽油，并分别对两种工艺进行优化，结果如图 15-13 和 15-14 所示。

　　利用液力压榨机对牡丹籽进行压榨出油后，再对压榨后的牡丹籽饼粕进行浸提，这样既可对牡丹籽油进行充分的开发利用，得到高品质的油脂，又可得到低残油、未变性的饼粕。其中液力压榨最优工艺为物料粒度 40 目、物料含水率为 5%、压榨次数 3 次、压榨时间 20min、压榨温度 60℃、压榨压力 55MPa，出油率可达 31.15%。溶剂浸提牡丹籽仁油工艺的最优条件为浸提次数 3 次、料液比 1∶10、浸提温度 50℃、浸提时间 120min，饼粕中出油率可达 4.65%。通过压榨后浸提牡丹籽仁油总得油率高达 98.87%，远高于其他单一工艺提取牡丹籽油的出油率。其中压榨牡丹籽油的不饱和脂肪酸含量(油酸 22.47%、亚油酸 24.48%、α-亚麻酸 44.41%)达到 91.36%，浸提牡丹籽仁油的不饱和脂肪酸含量(油酸 22.42%、亚油酸 24.24%、α-亚麻酸 43.98%)达到 90.64%，均具有较高的营养价值。

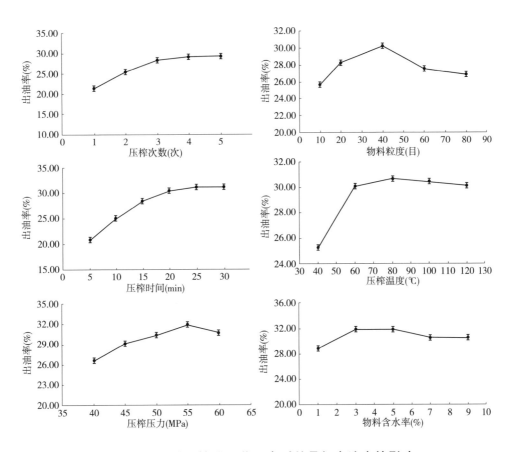

图 15-13 液压榨油工艺因素对牡丹籽出油率的影响

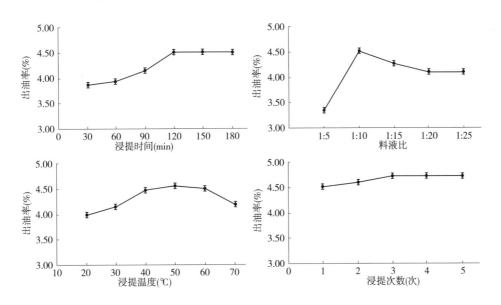

图 15-14 溶剂浸提工艺因素对牡丹籽出油率的影响

二、微波预处理-超临界二氧化碳萃取

长沙理工大学化学与生物工程学院的研究人员将微波预处理与超临界二氧化碳萃取技术联合使用，研究了微波预处理条件和超临界二氧化碳萃取条件对牡丹籽油萃取率的影响，结果如图15-15和图15-16所示。

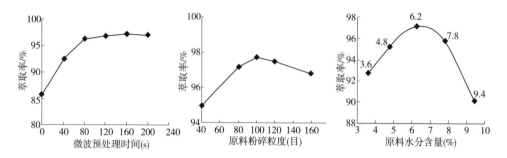

图15-15 微波预处理对萃取率的影响

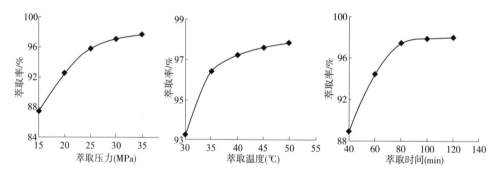

图15-16 超临界萃取条件对萃取率的影响

在单因素试验的基础上，研究人员利用正交试验得到微波预处理牡丹籽最佳条件为：微波预处理时间40s，原料粉碎粒度100目，原料水分含量6.2%。微波预处理后的牡丹籽粉进行超临界二氧化碳萃取，采用响应面优化得到最佳工艺条件为：萃取压力33MPa，萃取温度40℃，萃取时间100min。在此条件下，牡丹籽油萃取率可达98.55%。

微波预处理—超临界二氧化碳萃取与未经微波预处理的超临界二氧化碳萃取的牡丹籽油相比，水分及挥发物含量降低，酸值和过氧化值升高。酸值和过氧化值异常可能与微波预处理有关系，具体原因需进一步试验查证。

第十六章　油用牡丹的油脂精炼

第一节　毛油的组分及其性质

在油脂工业中，以压榨法、浸出法及其他方法制取得到的未经过精炼的植物油脂，称为粗脂肪，俗称毛油。毛油的主要成分是甘油三酸酯，即中性油。此外，毛油中还存在着多种非甘油三酸酯的成分，这些成分被统称为杂质。杂质的种类和含量随着制油原料的品种、产地、油脂制取方法、储藏条件的不同而存在差异。根据杂质在油中的分散状态，可将其分为悬浮杂质、水分、胶溶性杂质、脂溶性杂质几类。

一、悬浮杂质

靠油脂的黏性、悬浮力或机械搅拌湍动力，能以悬浮状态存在于油脂中的杂质称为悬浮杂质，亦称机械杂质，例如泥沙、草秆纤维、饼（粕）碎屑、铁屑等。这些杂质通常不能被石油醚或乙醚溶解。由于其比重及力学性质与油脂有较大的差异，可采用重力沉降法、过滤法、离心分离法从油脂中分离出去。

二、水分

在制油、运输及储藏的过程中，会有一些水分进入毛油中。水在天然油脂中的溶解度很小，但随着油中游离脂肪酸、磷脂等杂质的含量增加以及油脂温度的升高，水在油中的溶解度也随之增加。水分在油脂中分为游离状态和结合状态两种。游离状的水滴与油形成油包水结构悬浮在油中，再加上磷脂、蛋白质、糖类等胶溶性物质的乳化作用则可形成乳化体系；结合状的水是亲水基团吸附的水分，使亲水物膨胀成为乳化胶粒，存在于油中。当油脂中的水分含量超过0.1%时，油脂的透明度就不好；水分的存在还能使解脂酶活化，分解油脂后导致其酸败。

工业上采用常压或减压干燥的方法进行脱水。常压加热脱水容易导致油脂的过氧化值增高，相比之下，减压干燥脱水更有利于油脂的储藏稳定性。

三、胶溶性杂质

胶溶性杂质是指能与油脂形成胶溶性物质的杂质。胶溶性杂质主要包括磷脂、蛋白质、糖类等。

(一)磷脂

磷脂,磷酸甘油脂的简称,也称甘油磷脂。油料中磷脂的含量随植物的品种、产地、成熟程度不同而变化。一般蛋白质含量越丰富的油料,其磷脂含量也越高。毛油中的磷脂含量还随油脂制取方法的不同而不同。

一般植物油料磷脂的组分主要有磷脂酰胆碱(PC)、磷脂酰乙醇胺(PE)和磷脂酰肌醇(PI)。磷脂酰胆碱含量最高,其次是磷脂酰肌醇和磷脂酰乙醇胺。

在常规碱炼或水化脱胶过程中,因为非水化磷脂不能转化为水化磷脂,所以很难除去,仍存在于油脂中。一般的碱炼或水化脱胶过程能够除去80%左右的磷脂,剩余的主要为非水化磷脂。研究表明,一般油脂中约含135mg/L的磷是以非水化磷脂的形式存在的,即使经过16次水洗,非水化磷脂也不能完全脱除。

非水化磷脂的产生与原料的成熟程度、加工条件及储藏运输等有关。在此期间,由于磷脂酶D的活性使磷脂水解成不易水化的磷脂酸。此外,当磷脂酸与金属离子钙、镁结合时就形成非水化磷脂钙、镁复盐。

调节反应体系的pH值可以使非水化磷脂解离后脱除。瑞典早在20世纪50年代就利用磷酸使钙、镁复盐形式的非水化磷脂解离转化,在中和过程中被脱除。该方法不仅能减少精炼损失,且能降低脱胶油中的磷含量和金属离子。

Hayes等人研究利用乙酸酐作为脱胶添加剂,除去非水化磷脂。具体操作方法为:油脂重量0.1%的乙酸酐同大豆油混合15min,然后加入15%的水,混合搅拌30min,进行离心分离和水洗,测得油脂中的磷含量为2~5mg/L。20世纪70年代,Ohlson等人以乙酸、硼酸、草酸和硝酸为脱胶剂对脱胶进行研究,结果显示草酸的效果最好,经草酸处理的脱胶油磷含量低于用磷酸处理的脱胶油磷含量。同时,草酸的使用降低了用磷酸处理时对水的污染。

将脱胶油在不同pH下与含有钙离子反应剂、钙镁复合反应剂、表面活性剂添加剂的缓冲液混合,结果发现:①非水化磷脂可以作为胶束或混合乳化剂,以化学非转化形式除去;②可以通过除去磷脂酸盐中的钙镁离子,使它们转化为解离的形式除去非水化磷脂;③可以通过酸化或加入钙镁离子复合反应剂或钙镁离子沉淀剂来除去非水化磷脂。另外,选用合适的金属离子作为离子交换剂可以将非水化磷脂转化为水化磷脂的形式而除去。

(二)蛋白质、糖类、黏液质

毛油中蛋白质大多是简单蛋白质与磷酸、碳水化合物、色素和脂肪酸结合的磷朊、糖朊、脂朊以及蛋白质的降解产物(如膘类和陈类),其含量取决于油料蛋白质的生物合成及水解程度。

糖类包括多缩戊糖、戊糖胶、硫代葡萄糖甙及糖基甘油酯(单半乳糖酯)等。糖类以游离态存在于油脂中的较少,多数与磷脂、蛋白质、甾醇等组成复合物,分散于油脂中。

黏液质是单糖,如半乳糖、鼠李糖、阿拉伯糖、葡萄糖和半乳糖酸的复杂化合物,其中还可能结合有机元素。

毛油中的蛋白质、糖类含量虽然不多,但因其具有亲水性,容易促使油脂水解酸败,并且具有较高的灰分,会影响油脂的品质及储存稳定性。这类物质亲水,对酸碱不稳定,可用水化、碱炼等方法从油脂中除去。须指出的是,蛋白质、糖类降解后生成新的结合物(如胺基糖)是一种棕黑色色素,使用一般的吸附剂对其脱色无效。实际上,多糖分解为单糖,蛋白质分解为氨基酸,经过一系列反应而生成黑色素。糖类在无水条件下高温受热或在稀酸作用下,发生水解或脱水两种作用,其产物又聚合成为无水糖酐,这种糖酐即是焦糖,是苦味黑色色素。焦糖混入油脂中会导致油脂颜色变深,给脱色带来困难。因此,在制油中的蒸炒、混合油蒸发等工艺过程都要引起注意。

四、脂溶性杂质

脂溶性杂质是指呈真溶液状态存在于油脂内的一类杂质,主要有以下几种。

(一)游离脂肪酸

毛油中游离脂肪酸的来源主要有两个:一个是来源于原料,另一个是由于甘油三酸酯在油脂制取过程中受热或解脂酶的作用分解游离产生。一般毛油中游离脂肪酸含量为 0.5% ~ 5%。油脂中游离脂肪酸含量过高会产生不良气味影响油脂的风味,加速中性油的水解酸败;不饱和脂肪酸对热和氧的稳定性差,促使油脂氧化酸败,妨碍油脂氢化顺利进行并腐蚀设备。游离脂肪酸本身还是油脂、磷脂水解的催化剂,存在于油脂中还会使糖脂、磷脂、蛋白质等胶溶性物质和脂溶性物质在油中的溶解度增加。水在油脂中溶解度也会随油脂中游离脂肪酸含量的增加而增加。总之,游离脂肪酸存在于油脂中会导致油脂的物理化学稳定性削弱，必须尽力除去。

从油脂中除去游离脂肪酸的方法有化学法和物理法两种。化学法即碱中和法，游离脂肪酸与碱反应生成皂，皂脚从油中沉降或在离心力场中与油分离。物理法即用水蒸气蒸馏的方法，使游离脂肪酸随水蒸气挥发逸出。

(二) 甾醇

甾醇，又称类固醇，以环戊多氢菲为骨架，环上带有羟基的即为甾醇。甾醇是天然有机物的一大类，在动、植物组织内皆有存在。植物甾醇中最主要的有谷甾醇、麦角甾醇、豆甾醇、菜籽甾醇及菜油甾醇等。油脂中甾醇的含量与油脂品种有关。

在紫外光作用下，甾醇会转变为维生素 D。例如，麦角甾醇转变为维生素 D，具有生理活性，可用来治疗人的软骨病。植物甾醇在油脂中存在状态较多，可呈游离态，可与脂肪酸生成酯类，也可与其他物质生成配糖体。甾醇通常是无色、无味高熔点晶体，溶于非极性有机溶剂，难溶于乙醇、丙酮，不溶于水、碱和酸，不易皂化，对热和化学试剂都较稳定。油脂碱炼时形成的皂脚能够吸附去除少部分的甾醇，吸附脱色时可除去油脂的大部分甾醇，在高温水蒸气脱臭时也可去除油脂的部分甾醇。

(三) 生育酚

维生素 E 是生育酚的混合物，主要存在于植物油脂中，有的动物油脂也略有一些。维生素 E 对油脂具有抗氧化作用。维生素 E 有 8 种，即 α、β、γ、δ 生育酚及相应 4 种生育三烯酚。

生育酚是淡黄色到无色、无味的油状物质。由于具有较长的侧链，生育酚是脂溶性的，不溶于水，易溶于非极性有机溶剂，难溶于乙醇、丙酮，对酸、碱都比较稳定。α、β-生育酚轻微氧化后其杂环打开并形成不具抗氧化性的生育醌。γ-生育酚在相同的轻微氧化条件下会部分转变为苯并二氢吡喃-5、6-醌，它是一种深红色物质，会使红黄色部分氧化的植物油明显地加深颜色。

生育酚在油脂加工中损失不大，可富集于脱臭馏出物中，可以用分子蒸馏法来制备浓缩生育酚。生育酚在一般的食用油脂精炼过程中应尽力保留。

(四) 色素

油脂中的色素可分为天然色素和加工色素两类。油脂中的天然色素主要是叶绿素、类胡萝卜素(分为烃类的和醇类的)及其他色素。油料在储运、加工过程中产生的新色素，统称为加工色素。

油脂中色素不仅影响油品的外观和食用性能，而且不同的色素对成品油稳定性的影响不同。叶绿素和脱镁叶绿素是光敏物质，能被可见光或近紫外光激活，将能量释放给基态的氧，使氧分子活化成为具有较高能量的单电子结合的氧分子，使油脂不经过自由基的分步反应直接氧化为氢过氧化物，加速了油脂的氧化酸败。目前，人工合成抗氧化剂对油脂的光氧化游离基反应无法终止。而胡萝卜素是单电子氧分子的淬灭剂，从而起抗光氧化作用。另外，胡萝卜素高度不饱和而较油脂更易氧化，在氧化过程中与油争夺氧，从而保护了油脂。但是，当它被氧化到一定程度后，便成为氧的载体，又会促进油脂氧化酸败。

油脂加工企业常用吸附剂对油脂中的色素进行脱除。

(五)烃类

大多数油脂均含有少量的饱和烃或不饱和烃(0.1%～1%)。这些烃类物质与甾醇等化合物一起存在于不皂化物中。其中分布最广、含量较高的是角鲨烯，因首先发现于鲨鱼肝油而得名。角鲨烯是三萜醇及4-甲基甾醇的前体。角鲨烯在油中有抗氧化作用，但它全氧化后又成为助氧剂，并且氧化角鲨烯聚合物是致癌物。

另外，一些油脂具有的特殊气味和滋味，与高碳不饱和烃类的存在有关。这些高碳不饱和烃类在油脂氢化时还能降低催化剂的活性，因此必须去除。烃类的饱和蒸汽压比油脂的高，故工业上一般用减压蒸馏将其脱除。

(六)蜡和脂肪醇

一般的植物油脂中都含有微量的蜡。纯净的蜡在常温下呈结晶固体，种类不同熔点有差异。蜡质的结晶状微粒分散在油中，使油透明度变差，影响油品的外观和质量。

脂肪醇是蜡的主要成分，游离的脂肪醇较少，主要是以酯的形态存在于蜡中。脂肪醇从 C_8～C_{44}，以直链偶碳伯醇为主，也有多种支链醇，一般为带一个甲基的支链醇。此外，还有多种不饱和醇以及少量的二元醇。

脂肪醇和蜡对热、碱较稳定，属难皂化或不皂化的物质，一般采用低温结晶过滤或液—液萃取法除去。

(七)其他油溶性杂质

油脂在制取、储存、运输过程中，产生多种水解产物，除脂肪酸外，还有甘油、甘一酯和甘二酯。油脂氧化后会产生酮、醛、酸、过氧化物等。由于制取设备、环境、包装器具等的污染，使油脂含有微量金属离子。这些物质会影响油脂质量和稳定性，必须在精炼过程中加以脱除。

五、多环芳环烃、黄曲霉素及农药

(一)多环芳烃

多环芳烃(PAH)是指两个以上苯环稠合的或是六碳环与五碳环稠合的一系列芳烃化合物及其衍生物。如苯并蒽、苯并菲、苯并芘、二苯并芘和三苯并芘等。

自然界已发现的多环芳烃有 200 多种，其中很多都具有致癌活性。苯并芘是多环芳烃类化合物中的主要食品污染物。油料植物除在生长过程中，受来自空气、水、土壤等环境中的多环芳烃污染外，加工中也容易受到烟熏和润滑油的污染，或油脂及种籽内的有机物高温下热聚变形成多环芳烃，使得有些毛油中存在着苯并芘，其含量约为 0.001~0.040mg/kg。

苯并芘常温下为固体，一般呈黄色单斜针状或菱形片状结晶，沸点为 312℃/1.33kPa。在水中苯并芘的溶解度很小，微溶于乙醇，能溶于环己烷、甲苯、苯、己烷、丙酮等有机溶剂。

苯并芘等芳烃稠化合物，不易与碱起化学反应，但易与硝酸、过氯酸或氯磺酸等酸起反应，对负电性强的卤素的化学亲和力比较强，也能被带正电荷的吸附剂如活性炭、木炭或氢氧化铁所吸附，但不能被带负电荷的吸附剂吸附。油脂中的多环芳烃化合物一般采用活性炭吸附脱除，或用特殊的蒸馏处理方法脱除。

(二)黄曲霉毒素

黄曲霉毒素的基本结构有二呋喃环和香豆素，是黄曲霉、温特霉和寄生霉的代谢产物。高温高湿地区生产的油料生长期长，很容易因霉烂变质而受到污染。受污染的油料制取的毛油中，含黄曲霉毒素有时高达 1~10mg/kg。黄曲霉毒素属剧毒物，是目前发现的最强的化学致癌物，致癌力是二甲基偶氮苯的 900 倍，比二甲基亚硝胺诱发肝癌的能力大 75 倍。油脂中的黄曲霉毒素含量尽管甚微，但为保障人民身体健康，应根据食用油卫生标准采取适当的工艺加以脱除。

黄曲霉毒素比较耐热，一般烹饪加工的温度下不易被破坏，温度高于 280℃时才会发生裂解。黄曲霉毒素在水中的溶解度较低，易溶于油和氯仿、甲醇等有机溶剂，但不溶于乙醚、石油醚和乙烷。碱性条件下，黄曲霉毒素结构中的内酯环可被破坏而形成香豆素钠盐，该盐能溶于水，在酸性条件下，能发生逆反应，毒性恢复。

碱炼配合水洗工艺可以使油脂中黄曲霉毒素含量降至标准含量以下。黄曲霉毒素可以被活性白土、活性炭等吸附脱除，在紫外光照射下也能解毒，采用溶剂萃取、高温破坏和化学药品破坏等方法均有一定效果，工业上常用的方法为碱炼-水洗和吸附法。

(三)农药

由于作物防治病虫害和除杂草的需要，农药的使用日益增多。油料植物收获后在不同程度上残留一定量的农药。油脂制取、储存、运输等过程中也都有污染农药的可能。食品中残留的农药对人体的肾、肝及神经系统均能产生危害，摄入量较大时会有致癌、致畸作用。为了保障消费者的身体健康，应当把进入油脂中的残留农药脱除干净。毛油精炼后农药残留量极少，特别是经脱臭工序处理后其残留量一般在最低检出量以下。

第二节 油用牡丹油脂精炼的目的和方法

一、油脂精炼的目的

(一)油脂精炼的目的

牡丹油脂精炼主要是指对牡丹籽油毛油进行精制。毛油中杂质的存在不仅影响牡丹籽油的食用价值和安全储藏，还给深加工带来困难。但是，精炼时又不是将牡丹籽油中所有的"杂质"全部去除，而是将其中对食用、储藏、工业生产等过程中有害无益的杂质除去，如蛋白质、水分、黏液、磷脂等；而有益的"杂质"，如生育酚、甾醇等则要尽力保留。因此，根据不同的要求和用途，将有害的和不需要的杂质从牡丹籽油中除去，得到符合一定质量标准的成品油即是油脂精炼的目的。

(二)油脂精炼的意义

油脂精炼工艺的意义主要有以下4个方面：

(1)增强油脂储藏稳定性。

(2)改善油脂风味。

(3)改善油脂色泽。

(4)为油脂深加工制品提供原料。

二、油脂精炼的方法

根据操作特点和所选用的原料，油脂精炼的方法可大致分为机械法、化学法和物理化学法3种。如图16-1所示。

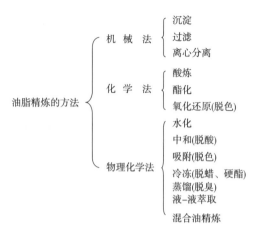

图 16-1　油脂精炼方法

上述精炼方法往往不能截然分开。有时采用一种方法，同时会产生另一种精炼作用。例如碱炼（中和游离脂肪酸）是典型的化学法，然而，中和反应生产的皂脚能吸附部分色素、黏液和蛋白质等，并一起从油中分离出来。由此可见，碱炼时伴有物理化学过程。

油脂精炼是比较复杂而具有灵活性的工作，必须根据油脂精炼的目的，兼顾技术条件和经济效益，选择合适的精炼方法。因化学法和物理化学法会在下面章节中详细介绍，本节仅简要介绍一下机械法中的三种方法。

（一）沉淀

1. 沉淀原理

沉淀是利用油和杂质的不同比重，借助重力的作用，达到自然分离二者的一种方法。

2. 沉淀设备

沉淀设备有油池、油槽、油罐、油箱和油桶等容器。

3. 沉淀方法

沉淀时，将毛油置于沉淀设备内，一般在 20~30℃ 温度下静止，使之自然沉淀。由于很多杂质的颗粒较小，与油的比重差别不大。因此，杂质的自然沉淀速度很慢。另外，因油脂的黏度随着温度升高而降低，所以提高油的温度，可加快某些杂质的沉淀速度。但是，提高温度也会使磷脂等杂质在油中的溶解度增大而造成分离不完全，故应适可而止。

沉淀法的特点是设备简单，操作方便，但其所需的时间很长（有时要十多天），又因水和磷脂等胶体杂质不能完全除去，油脂易产生氧化、水解而增大酸值，影响油脂质量，不仅如此，它还不能满足大规模生产的要求。所以，这种纯粹的沉淀法，只适用于小规模的企业。

(二)过滤

1. 过滤原理

过滤是将毛油在一定压力(或负压)和温度下，通过带有毛细孔的介质(滤布)，使杂质截留在介质上，让净油通过而达到分离油和杂质的一种方法。

2. 过滤设备

箱式压滤机、板框式过滤机、振动排渣过滤机和水平滤叶过滤机。

(三)离心分离

离心分离是利用离心力分离悬浮杂质的一种方法。卧式螺旋卸料沉降式离心机是轻化工业应用已久的一类机械产品，近年来在部分油厂用以分离机榨毛油中的悬浮杂质，取得较好的工艺效果。

三、精炼工艺化验的意义

在油脂精炼的过程中，每一步工艺都离不开对油脂的化验，精炼工艺化验的重要意义主要有如下几个方面：

(一)色泽

油脂色泽的深浅与油料的质量、加工方式、精炼程度、储存时间、油脂质量变化等密切相关。正常情况下，油脂的色泽主要是与油脂中所含脂溶性色素(包括叶绿素、叶红素、叶黄素等)的多少有关；其次，与加工过程中的蒸炒温度、蒸炒时间、抽真空脱溶温度及时间有关。如果油脂加工工艺过程不当、油脂在储藏过程中条件不当、发生油脂酸败、有机物降解、色原体氧化，这些都对油脂的色泽有影响。因此，油脂色泽的测定为加工工艺和安全储藏提供了科学依据。

1. 脱色油色泽

精炼工艺判断白土添加量是否到位及判断白土脱色率的重要依据之一，精炼工艺可以根据脱色油色泽的变化对白土添加量进行及时调整。

2. 脱臭油色泽

精炼油的色泽是消费者所见之第一感观，它是评价油脂的品质及加工水平的重要指标。

(二)酸价

酸价是检验油脂质量的指标之一，其大小不仅仅是衡量毛油、精炼油和色拉油品质的一项重要指标，也是计算酸价炼耗比的依据。

1. 毛油酸价

游离脂肪酸存在于油脂中，会使磷脂、糖脂、蛋白质等胶溶性物质和脂溶性物质在油中的溶解度增加，它本身还是油脂、磷脂水解的催化剂，水在油中溶解度亦随油中含游离脂肪酸的增加而增加，毛油酸价则是精炼车间在碱炼操作过程中计算加碱量的依据。

2. 加酸毛油酸价

是精炼厂判断磷酸添加量正确与否的参考依据。

3. 脱皂油酸价

是精炼厂判断液碱浓度及液碱添加量正确与否的参考依据，当脱皂油游离脂肪酸在 $0.02\% \sim 0.03\%$ 时为最适合的加碱量，若碱量过多，过量的碱液会与中性油产生反应，增加油脂损失量；若碱量过少，则毛油的游离脂肪酸脱除效果不好，直接影响到油品的质量及后续的工艺处理。

4. 中和油游离脂肪酸

在 0.1% 以上时影响脱色工段的后续处理，精炼厂可以根据此化验的结果及时发现生产中的异常情况，及时进行调节。

5. 脱色油酸价

是精炼厂判断脱臭工段炼耗比的依据之一。从精炼中控角度看，若脱色油游离脂肪酸含量低于脱臭油中游离脂肪酸含量，则脱臭塔可能发生水解，脱色油酸价的检测有利于车间分析。

6. 脱臭油酸价

油脂中的游离脂肪酸含量过高，会产生刺激性的气味而影响油脂的风味，进一步加速油脂水解酸败。同时，游离脂肪酸存在于油脂中会导致脱臭油的物理化学稳定性变差，影响精炼油的储藏。在不对生产成本造成影响的前提下，脱臭油游离脂肪酸越低越好。

(三) 灰化含磷

磷脂广泛地存在于油料植物的细胞中，可以作为食品工业中的添加剂。油料种子中的磷脂随着油脂加工过程进入油脂产品中，尽管在精炼工艺中进行了水化脱磷处理，但由于磷脂具有脂溶性和水溶性两种属性，在精炼过程中很难彻底除去。由于磷脂的耐温性能差，高温时容易炭化，使油脂的溢沫变黑，影响其食用品质。同时，当油脂产品中磷脂含量过高时，也会影响油脂储藏的稳定性。因此，化验油脂中磷脂的含量，对于掌握生产操作和保证油脂质量都是不可缺少的。

1. 毛油含磷检测意义

毛油中的磷脂含量是确定磷酸添加量及油脂水化过程中加水量的依据，同时也是计算精炼得率的指标之一。

2. 中和油含磷检测意义

是衡量精炼厂离心机控制得当与否及计算中和工段精炼得率的依据之一，中和油含磷的高低直接影响到后续工艺的处理及脱臭油品质的好坏。

3. 脱色油含磷检测意义

是精炼厂调整白土添加量的依据之一，另一方面，若脱色油含磷过高，则进入脱臭塔后高温产生焦化，影响脱臭塔的加热能力，易损坏设备。

4. 脱臭油含磷检测意义

按经验，脱臭油含磷量大于 5mg/L 时，油脂的储藏稳定性就不好，油脂回色快，品质变化也快。

5. 比浊含磷

为车间生产的变化提供参考依据，若比浊含磷突然升高，则车间可据此变化趋势及时查找原因及做出相应的处理方案。

（四）杂质

杂质含量的多少是评价油脂品质的重要指标之一。如果杂质含量多，不仅仅影响油脂的食用品质，还会加速油脂品质的变化，影响油脂的安全储藏，同时也是油脂以质论价的一项依据。

1. 脱色油杂质测定意义

第一，测定脱色油杂质可以检查过滤网、抛光过滤器及过滤器的过滤效果及完好性；第二，脱色油杂质含量高，容易堵住设备管道；第三，脱色油杂质含量高，容易在脱臭油内壁结垢，容易将填料堵住，影响脂肪酸的分解、吸收、捕集。

2. 脱臭油杂质

是评定精炼油品质的质量指标之一，杂质含量多少关系到油脂的食用品质，杂质含量多，除能加速油品品质的变化外，还影响油脂的储藏。精炼油中若含有残留白土微粒会降低油的氧化稳定性，快速法杂质测定的意义即是及时发现，避免油中白土残留量过多。

（五）烟点

油脂烟点是衡量油品加工质量的主要指标，精炼油烟点的测定，可综合反映毛油经精炼工艺对磷脂、低分子组分及有机杂质的清除效果。精炼厂可根据脱臭油的烟点变化来检查脱臭塔的脱除效果，如脂肪酸及低分子组分的捕集效果等。

（六）水分

当油脂中水分及挥发物含量超过一定限度时，将增强酶的活性，而使油脂的水解作用大大加速，引起油脂的酸败变质，影响油脂的品质和储藏的稳定性，所以检验油脂中水分及挥发物含量，对掌握油脂的品质和保证安全储藏都有一定的意义。

1. 毛油水分

测定毛油水分可判断原油的酸败程度，毛油水分越高，则酸败程度也越高，同时毛油水分的测定为精炼厂油脂水化过程中加水量提供参考，即为精炼得率的计算提供依据之一。

2. 中和油水分

中和油水分的测定为判断中和工段真空干燥的效果提供参考，同时中和油水分也是中和工段及脱色工段油损计算的依据之一。

3. 脱臭油水分

油脂中水分超过 0.1% 时油品的透明度就不好，同时精炼油水分高，容易引起油脂的酸败变质，影响油脂的品质和储藏的稳定性，它也是国标中要求检测的质量指标之一。

4. 皂脚水分

皂脚水分的测定为皂脚得率的计算提供依据。

（七）残皂

油脂中含皂量过大时，对油脂品质特别是透明度有很大影响，对此种油脂进行氢化时，皂含量过高将使催化剂中毒。油脂含皂量是食用植物油质量标准中规定的指标之一，也是衡量油脂碱炼时水化工艺是否达到工艺操作要求的依据。

1. 脱皂油残皂

脱皂油残皂过高会影响到中和工段的后续处理及油品质量；若脱皂油残皂高，则油中含磷量也高；同时，脱皂油残皂过高，排入污水站的水质差，将会造成污水站的处理负荷增大。

2. 中和油残皂

判断离心机离心效果及加水量正确与否的依据。

(八) 含油

是判断精炼厂离心机控制得当与否的依据之一，同时也是控制精炼油损的重要途径之一。

第三节　牡丹籽油的精炼研究

一、牡丹籽油的精炼过程

牡丹籽油的精炼工艺依油脂产品的用途和品质要求而不同，主要精炼流程如下。

(一) 国标一级油工艺流程

毛油 → 过滤 → 碱炼脱酸 → 水洗 →（→ 脱溶 →）→ 真空干燥 → 牡丹籽食用油

(二) 高级食用油脂精炼工艺流程

1. 精制食用油工艺流程

毛油 → 过滤 → 脱胶 → 脱酸 → 真空干燥 → 脱色 → 脱臭 → 过滤（→ 脱蜡 →）→ 精制食用油

2. 精制冷餐油工艺流程

毛油 → 过滤 → 脱胶 → 脱酸 → 真空干燥 → 脱色 → 脱臭 → 脱脂 → 精制冷餐油

二、脱胶

脱除毛油中胶溶性杂质的过程称为脱胶。牡丹油脂中胶溶性杂质不仅会影响油脂的稳定性，而且影响牡丹籽油精炼及深度加工的效果。在脱除的胶质物中，主要是磷脂和与磷脂结合的钙、镁、铁微量金属及其他杂质，它们对牡丹籽油制品风味性和稳定性及使用时与油的起泡现象等均有直接关系。此外，脱胶工艺的效果对其后脱酸、脱色、脱臭等工艺也有一定影响。

脱胶的方法很多，如水化脱胶、酸炼脱胶、吸附脱胶、热聚脱胶及化学试剂脱胶等，油脂工业中应用最普遍的是水化脱胶和酸炼脱胶。

水化脱胶是利用磷脂等脂质分子中所含亲水基，将一定量的水或电解质稀溶液加入到油中，使胶体水溶性脂质吸水膨胀、凝聚，进而采用沉降或离心方式从油中进行分离的一种方法。

(一) 水化脱胶的基本原理

磷脂是一种表面活性剂，分子由亲水的极性基团和疏水的非极性基团组成，根据稳定体系的热力学条件，自由能达到最小时体系最稳定。当磷脂溶于水时，它的疏水基团破坏了水分子之间的氢键，也改变了疏水基附近水的构型，从而使体系的熵降低，自由能增加，结果一些磷脂分子从水中排挤出来并吸附在溶液周围的界面上，亲水基朝向水相，疏水基则远离水相。水分子与表面活性剂的疏水基接触面积越小，则体系的自由能越低，体系就越稳定。因此，在表面活性剂达到一定浓度时，有形成胶态集合体的倾向，这种集合体就称为胶束。在胶束中疏水基团彼此聚集在一起，大大减少了水分和疏水基之间的排斥。胶束是两性分子在溶剂中的集合体，可以在水相和非水相介质中形成。在非水相系中胶束形成是亲油基朝向外部的油或溶剂中，亲水基转向胶束核内部，这种胶束称为逆相胶束，这便是油中磷脂所形成的胶束。

磷脂在油脂中的水化作用和无油时磷脂与水的作用不同。磷脂的甘三酯溶胶与水接触时，由于磷脂的双亲性均强，起乳化和增溶作用，而使水浸入原来难以进入的油相，形成混合脂质双分子层——磷脂分子和甘三酯分子在往复交替排列的双分子层，水分子在两层混合双分子层之间，因此也出现膨胀现象，呈现更显著的胶体性质。

发生水化作用的磷脂吸附油中其他胶质，颗粒增大，再互相聚集而逐渐析出悬浮于油相中，随着吸水量的增加，膨胀程度增加，胶粒吸引力所波及的圆周范围扩大，从而由小胶粒相互吸引絮凝成大的胶团，为重力沉降或离心分离奠定了基础。胶粒越稳定越易与油脂分离，且分离出的油脚含油量低，油脂精炼损耗低。

（二）影响水化脱胶的因素

1. 加水量

水是磷脂水化的必要条件，它在脱胶过程中的主要作用是：润湿磷脂分子，使卵磷脂由内盐式转变成水化式；使磷脂发生水化作用，改变凝聚临界温度；使其他亲水胶质吸水改变极化度；促使胶粒凝聚或絮凝。

水化操作中，适量的水才能形成稳定的水化混合双分子层结构，胶粒才能絮凝良好。水量不足，磷脂水化不完全，胶粒絮凝不好；水量过多，则有可能形成局部的水/油或油/水乳化现象，难以分离。

水化加水量通常与胶质含量和操作温度有一定的关系。操作温度高时，胶体质点布朗运动剧烈，诱导极化度大，故凝聚需要的水量大；反之，需要的水量少。

工业生产中，不同的水化脱胶工艺，其加水量（W）毛油胶质含量（X）一般有如下关系：

加水量约为磷脂含量的 3~3.5 倍。

低温水化(20~30℃)：$W=(0.5~1)X$

中温水化(60~65℃)：$W=(2~3)X$

高温水化(85~95℃)：$W=(3~3.5)X$

2. 操作温度

毛油中胶体分散在外界条件影响下，开始凝聚时的温度，称之为胶体分散相的凝聚临界温度。临界温度与分散相质点粒度有关，质点粒度越大，质点吸引圈也越大，因此，凝聚临界温度也就越高。毛油中胶体分散相的质点粒度，是随水化程度的加深而增大的。因此，胶体分散相吸水越多，凝聚临界温度也就越高。水化脱胶操作温度，一般与临界温度相对应(为了有利于絮凝，一般都是稍高于临界温度)。这样，脱胶加水量便成了操作温度的函数，即脱胶操作温度高，加水量大，反之则小。

毛油胶粒凝聚的过程是可逆的，已凝聚的胶质可在高于凝聚临界温度下重新分散。因此，根据水化作用情况，合理调整操作温度尤为重要。工业生产中往往是先确定工艺操作温度，然后根据油中胶质含量计算加水，最后再根据分散相水化凝聚情况，调整操作的最终温度。但终温要严格控制在水的沸点以下。

3. 混合强度与作用时间

水化脱胶过程中，油相与水相只是在相界面上进行水化作用。对于这种非均态的作用，为了获得足够的接触界面，除了注意加水时喷洒均匀外，往往要借助于机械混合。混合时，要求使物料既能产生足够的分散度，又不使其形成稳定的油/水或水/油乳化状态。特别是当胶质含量大、操作温度低的时候尤应注意。因为低温下胶质水化速度慢，过分激烈的搅拌，会使较快完成水化的那部分胶体质点，有可能在多量水的情况下形成油/水乳化，以致给分离操作带来困难。连续式水化脱胶的混合时间短，混合强度可以适当高些。间歇式水化脱胶的混合强度须密切配合水化操作，添加水时，混合强度一般要高些，搅拌速度以 60~70r/min 为宜，随着水化程度的加深，混合强度应逐渐降低，到水化结束阶段，搅拌速度则应控制在 30r/min 以下，以使胶粒絮凝良好，有利于分离。水化脱胶过程中，由于水化作用发生在相界面上，加之胶体分散相各组分性质上的差异，因此，胶质从开始润湿到完成水化，需要一定的时间，除由小样试验确定外，还可由操作经验加以判断。在加水量与操作温度相应的情况下，如果分离时，重相只见乳浊水，或分离出的油脚呈稀松颗粒状，或色黄并拌有明水，或脱胶油 280℃加热试验不合格时，即表明水化作用时间不足。反之，当分离出的油脚呈褐色黏胶时，则表明水化时间适宜。水化脱胶过程包括水化胶粒的絮凝，因此，当毛油胶体分散相含量较少时，为了使胶粒絮凝良好，应该适当地延长作用时间。

4. 电解质

油中的胶体分散相，除了亲水的磷脂外，由于油料成熟度差、储藏期品质的劣变、生长土质以及加工条件等因素的影响，有时会含有一部分非亲水的磷脂（β-磷脂、钙镁复盐式磷脂、溶血磷脂、N-酰基脑磷脂等），以及蛋白质降解产物（膘、胨）的复杂结合物，个别油品也会含有由单糖基和糖酸组成的黏液质。这些物质有的因其结构的对称性而不亲水，有的则因水合作用，颗粒表面易为水膜所包围（水包分子）而增大电斥性，因此，在水化脱胶中不易被凝聚。对于这类胶体分散相，可根据胶体水合、凝聚的原理，通过添加食盐或明矾、硅酸钠、磷酸、柠檬酸、酸酐、磷酸三钠、氢氧化钠等电解质稀溶液改变水合度，促使其凝聚。

电解质在脱胶过程中的主要作用有：

（1）中和胶体分散相质点的表面电荷，消除（或降低）质点的电位或水合度，促进胶体质点凝聚。

（2）使钙、镁复盐式磷脂转变成亲水性磷脂。

（3）明矾水解出的氢氧化铝以及生成的脂肪酸铝，具有较强的吸附能力，除能包络胶体质点外，还有吸附油中色素等杂质的作用。

（4）钝化并脱除与胶体分散相结合在一起的微量金属离子，有利于精炼油氧化稳定性的提高。

（5）促使胶粒絮凝紧密，降低絮团含油量，加速沉降速度，提高水化得率。

5. 其他因素

水化脱胶过程中，油中胶体分散相的均布程度影响脱胶效果的稳定。因此，水化前毛油一定要充分搅拌，使胶体分散相分布均匀。水化时添加水的温度对脱胶效果也有影响，当水温与油温相差悬殊时，会形成稀松的絮团，甚至产生局部乳化，以致影响水化油得率，因此通常水温应与油温相等或略高于油温。此外，进油流量、沉降分离温度也影响脱胶效果，操作中需要注意。

河南科技大学食品与生物工程学院的研究人员将牡丹籽粉以正己烷于50℃水浴中萃取6h，过滤后滤液经旋转蒸发得到，然后采用水化法对牡丹籽毛油脱胶。在搅拌下加热毛油至50℃，加入油重4%的沸水，快速搅拌15min，升温至80℃，停止搅拌，保温静置6h，分离除去下层水和胶质，得脱胶牡丹籽油。脱胶前毛油的碘值、酸价、过氧化值、磷脂和皂化值分别为：162gI/

100g、1.66mg KOH/g、1.33meq/kg、0.200g/100g、183mg/g；脱胶油的碘值、酸价、过氧化值、磷脂和皂化值分别为：162gI/100g、1.61mg KOH/g、1.78meq/kg、0.017g/100g 和 185mg/g。脱胶过程中水分高，磷脂的吸水能力强、水化速度快、磷脂膨胀充分，不利于贮存而且能耗较大。水化温度也不能过高，否则不仅油脂会氧化影响品质，而且也不利于磷脂沉降，影响操作。水化终温一般不超过80℃，加水温度与油温也应基本相同。

三、脱酸

牡丹籽油中含有一定数量的游离脂肪酸，其含量取决于油料的质量。种子的不成熟性，种子的高破损性等，乃是造成高酸值油脂的原因，尤其在高水分条件下，对油脂保存十分不利，使得游离酸含量升高，油脂的食用品质恶化。油脂脱酸的目的是减少游离脂肪酸含量，提高油脂品质，延长油脂的储存期。脱酸的主要方法为碱炼法和蒸馏法。

碱炼法是用碱中和油脂中的游离脂肪酸，所生成的皂吸附部分其他杂质，而从油中沉降分离的精炼方法。用于中和游离脂肪酸的碱有氢氧化钠(烧碱、火碱)、碳酸钠(纯碱)和氢氧化钙等。油脂工业生产上普遍采用的是烧碱、纯碱，或者是先用纯碱后用烧碱，尤其是烧碱在国内外应用最为广泛。烧碱碱炼分间歇式和连续式。碱炼脱酸过程的主要作用可归纳为以下几点：

第一，烧碱能中和毛油中绝大部分的游离脂肪酸，生成的脂肪酸钠盐(钠皂)在油中不易溶解，成为絮凝状物而沉降。

第二，中和生成的钠皂为表面活性物质，吸附和吸收能力都较强，因此，可将相当数量的其他杂质(如蛋白质、黏液质、色素、磷脂及带有羟基或酚基的物质)也带入沉降物内，甚至悬浮固体杂质也可被絮状皂团挟带下来。因此，碱炼本身具有脱酸、脱胶、脱固体杂质和脱色等综合作用。

第三，烧碱和少量甘三酯的皂化反应引起炼耗的增加。因此，必须选择最佳工艺操作条件，以获得成品油的最高得率。

(一)碱炼的基本原理

1. 化学反应

碱炼过程中的化学反应主要有以下几种类型：

(1)中和

$$RCOOH+NaOH \rightarrow RCOONa+H_2O$$

(2)不完全中和

$$2RCOOH+NaOH \rightarrow RCOONa \cdot RCOOH+H_2O$$

（3）水解

$$\begin{array}{c} CH_2-O-\overset{O}{\overset{\|}{C}}-R_1 \\ | \\ CH-O-\overset{O}{\overset{\|}{C}}-R_2 \\ | \\ CH_2-O-\overset{O}{\overset{\|}{C}}-R_3 \end{array} +H_2O \xrightarrow{NaOH} \begin{array}{c} CH_2-O-\overset{O}{\overset{\|}{C}}-R_1 \\ | \\ CH-O-\overset{O}{\overset{\|}{C}}-R_2 \\ | \\ CH_2-OH \end{array} + R_3COOH$$

（4）皂化

$$\begin{array}{c} CH_2-O-\overset{O}{\overset{\|}{C}}-C-R_1 \\ | \\ CH-O-\overset{O}{\overset{\|}{C}}-C-R_2 \\ | \\ CH_2-O-\overset{O}{\overset{\|}{C}}-R_3 \end{array} +3NaOH \longrightarrow \begin{array}{c} CH_2-OH \\ | \\ CH-OH \\ | \\ CH_2-OH \end{array} + R_1COONa + R_2COONa + R_3COONa$$

2. 影响碱炼反应速度的因素

（1）中和反应速度

中和反应的速度方程式如下：

$$V_1 = K_1 [C_A]^m \times [C_B]^n$$

式中　V_1——化学反应速度，mol/L・min；

　　　K_1——反应速度常数（与反应物性质和温度有关）；

　　　C_A——脂肪酸浓度，mol/L；

　　　C_B——碱液浓度，mol/L；

　　　m——该反应对于反应物 A 来讲是 m 级反应；

　　　n——该反应对于反应物 B 来讲是 n 级反应。

可见中和反应的速度与油中游离脂肪酸的含量和碱液的浓度有关。对于不同种类的油脂，因酸值（或酸价）不同，当用同样浓度的碱液碱炼时，酸值高的比酸值低的油脂易于碱炼；对于同一批的油脂，可通过增大碱液浓度来提高碱炼的速度。但是，碱液浓度并不能任意增大，因为碱液浓度愈高，中性油被皂化的可能性也会增加，同时，碱液分散所形成的碱滴大，表面积小，从而影响界面反应速率。

（2）非均态反应

脂肪酸是具有亲水和疏水基团的两性物质，当其与碱液接触时，虽说不能相互形成均态真溶液，但由于亲水基团的物理化学特性，脂肪酸的亲水基团会定向包围在碱滴的表面，而进行界面化学反应。这种反应属于非均态化学反应，其反应速度取决于脂肪酸与碱液的接触面积，可用下列公式描述。

$$V_2 = K \times F$$

式中　V_2——非均态化学反应速率；

　　　K——反应速度常数；

　　　F——脂肪酸与碱液接触的面积。

由公式可知，碱炼操作时，碱液浓度要适当稀一些，碱滴应分散细一些，使碱滴与脂肪酸有足够大的接触界面，以提高中和反应的速度。

（3）相对运动

碱炼中，中和反应的速度还与游离脂肪酸和碱滴的相对运动速度有着密切的关系。

$$V_3 = K \times V'$$

式中　V'——反应物相对运动速度；

　　　K——反应速度常数。

在静态情况下，这种相对运动仅仅是由于游离脂肪酸中心、碱滴中心分别与接触界面之间的浓度差所引起，其值甚微，似乎意义不大，但在动态情况下，这种相对运动的速度对提高中和反应的速率，却起着重要的作用。因为在动态情况下，除了浓度差推动相对运动外，还有机械搅拌所引起的游离脂肪酸、碱滴的强烈对流，从而增加了它们彼此碰撞的机会，并促使反应产物迅速离开界面，加剧了反应的进行。因此，碱炼中一般都要配合剧烈的混合或搅拌。

（4）扩散作用

中和反应在界面发生时，碱分子自碱滴中心向界面转移的过程属于扩散现象。反应生成的水和皂围包界面形成一层隔离脂肪酸与碱滴的皂膜，膜的厚度称之为扩散距离。该扩散速率同样遵守菲克定律。

$$V_4 = \frac{D \times (C_1 - C_2)}{L}$$

式中　V_4——扩散速度；

　　　D——扩散常数；

　　　C_1——反应物液滴中心的浓度；

　　　C_2——界面上反应物的浓度；

　　　L——扩散距离。

由公式可知：扩散速率与毛油中的胶性杂质的多少有关，因毛油中胶性杂质会被碱炼过程中产生的皂膜吸附形成胶态离子膜，从而增加了反应物分子的扩散距离，减少扩散速率。因此，碱炼前，对于含胶性杂质多的毛油，务需预先脱胶，以保证精炼效果。

（5）皂膜絮凝

碱炼反应过程中如图 16-2 所示，随着单分子皂膜在碱滴表面的形成，碱滴中的部分水分和反应的水分渗透到皂膜内，形成水化皂膜，使游离脂肪酸分子在其周围作定向排列（羟基向内，烃基向外）。被包围在皂膜里的碱滴，受浓度差的影响，不断扩散到水化皂膜的外层，继续与游离脂肪酸反应，使皂膜不断加厚，逐渐形成较稳定的胶态离子膜。同时，皂膜的烃基间分布着中性油分子。

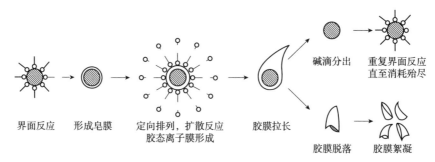

界面反应　　形成皂膜　　定向排列，扩散反应　　胶膜拉长
　　　　　　　　　　　胶态离子膜形成

碱滴分出　　重复界面反应直至消耗殆尽

胶膜脱落　　胶膜絮凝

图 16-2　碱炼脱酸过程示意图

随着中和反应的不断进行，胶态离子膜不断吸收反应所产生的水，而逐渐膨胀扩大，使之结构松散。此时，胶膜里的碱滴因比重大，受重力影响，将胶粒拉长，在此情况下，因机械剪切力的作用而与胶膜分离。分离出来的碱滴又与游离脂肪酸反应形成新的皂膜。如此周而复始地重复进行，直到碱耗完为止。

胶膜是表面活性物质，能吸附毛油中的胶质色素等杂质，并在电解质、温度及搅拌等作用下，相互吸引絮凝成胶团，由小而大，形成皂脚，而从油中分离沉降下来。

沉降分离出的皂脚中带有相当数量的中性油，一般呈 3 种状态：一是中性油胶溶于皂膜中；二是胶膜与碱滴分离时，进入胶膜内而被胶膜包容；三是胶团絮凝沉降时，被机械地包容和吸附。3 种状态中的中性油，第一种不易回收，而后两种较易回收。

碱炼过程是一个典型的胶体化学反应，良好的效果取决于胶态离子膜的结构。胶态离子膜必须易于形成，薄而均匀，并易与碱滴脱离。如果毛油中混有磷脂、蛋白质和黏液质等杂质，胶膜就会吸附它们而形成较厚的稳定结构，搅拌时就不易破裂，挟带在其中的游离碱和中性油也就难以分离出来，从而影响碱炼效果。

综上所述，碱炼操作时，必须力求做到以下两点：

第一，增大碱液与游离脂肪酸的接触面积，缩短碱液与中性油的接触时间，降低中性油的损耗。

第二，调节碱滴在毛油中的下降速度，控制胶膜结构，避免生成厚的胶态离子膜，并使胶膜易于絮凝。

要做到这两点，就必须掌握好碱液浓度、碱量、操作温度及搅拌等影响碱炼的因素。

（二）影响碱炼的因素

油脂碱炼是一个相当复杂的过程。掌握影响碱炼的因素，选择最适宜的操作条件，才能获得良好的碱炼效果。

1. 碱及其用量

（1）碱

油脂脱酸可供应用的中和剂较多，大多数为碱金属的氢氧化物或碳酸盐。常见的有氢氧化钠、氢氧化钾、氢氧化钙以及碳酸钠等。各种碱在碱炼中呈现出不同的工艺效果。

烧碱和苛性钾的碱性强，反应所生成的皂能与油脂较好地分离，脱酸效果好，并且对油脂有较高的脱色能力，但存在皂化中性油的缺点。尤其是当碱液浓度高时，皂化更甚。钾皂性软，而且价格高昂，在工业生产上不及烧碱应用广。市售氢氧化钠有两种工艺制品，一为隔膜法制品；另一为水银电解法制品。为避免残存水银污染，应尽可能选购隔膜法生产的氢氧化钠。

氢氧化钙的碱性较强，反应所生成的钙皂重，很容易与油分离，来源也很广，但它很容易皂化中性油，脱色能力差，且钙皂不便利用，因此，除非当烧碱无来源时，一般很少用它来脱酸。

纯碱的碱性适宜，具有易与游离脂肪酸中和而不皂化中性油的特点，但反应过程中所产生的碳酸气会使皂脚松散而上浮于油面，造成分离时的困难。此外，它与油中其他杂质的作用很弱，脱色能力差。因此，很少单独应用于工业生产。一般多与烧碱配合使用，以克服两者单独使用的缺点。

（2）碱的用量

碱的用量直接影响碱炼效果。碱量不足，游离脂肪酸中和不完全，其他杂质也不能被充分作用，皂膜不能很好地絮凝，致使分离困难，碱炼成品油质量差，得率低。用碱过多，中性油被皂化而引起精炼损耗增大。因此，正确掌握用碱量尤为重要。

碱炼时，耗用的总碱量包括两个部分：一是用于中和游离脂肪酸的碱，通常称为理论碱，可通过计算求得；另一部分则是为了满足工艺要求而额外添加的碱，称之为超量碱。超量碱需综合平衡诸影响因素，通过小样试验来确定。

①理论碱量。理论碱量可按毛油的酸值或游离脂肪酸的百分含量进行计算。当毛油的游离脂肪酸以酸值表示时，则中和所需理论氢氧化钠量为：

$$G_{NaOH} = G_0 \times V_A \times \frac{M_{NaOH}}{M_{KOH}} \times 10^{-3} = 7.13 \times 10^{-4} \times G_0 \times V_A$$

式中　G_{NaOH}——氢氧化钠的理论添加量，kg；

　　　g_0——原油脂的重量，kg；

　　　V_A——原油脂的酸值，mgKOH/g 油；

　　　M_{NaOH}——氢氧化钠的分子量，40.0；

　　　M_{KOH}——氢氧化钾的分子量，56.1。

当毛油的游离脂肪酸以百分含量给出时，则可按如下公式确定理论氢氧化钠量：

$$G_{NaOH} = G_0 \times FFA\% \times \frac{40.0}{\overline{M}}$$

式中　G_{NaOH}——氢氧化钠的理论添加量，kg；

　　　Go——原油脂的重量，kg；

　　　$FFA\%$——原油脂中游离脂肪酸百分含量；

　　　$\overline{M}$——脂肪酸的平均分子量。

②超量碱。碱炼操作中，为了阻止逆向反应，弥补理论碱量在分解和凝聚其他杂质、皂化中性油以及被皂膜包容所引起的消耗，需要超出理论碱量而额外增加一些碱量，这部分超加的碱称为超量碱。超量碱的确定直接影响碱炼效果。同一批毛油，用同一浓度的碱液碱炼时，所得精炼油的色泽和皂脚中的含油量随超量碱的增加而降低。中性油被皂化的量随超量碱的增加而增大。超量碱增大，皂脚絮凝好，沉降分离的速度也会加快。图16-3显示了超量碱与炼耗之间的关系。不同油品和不同的精炼工艺，有不同的曲线，可由试验求得。曲线3的最低点显示出最合适的超碱量。图中的数值为全封闭快混合连续碱炼工艺的最适超碱量。

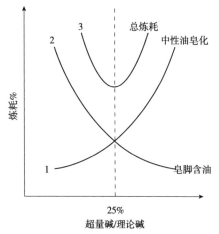

图 16-3　超量碱与炼耗的关系

超量碱的计算有两种方式，对于间歇式碱炼工艺，通常以纯氢氧化钠占毛油量的百分数表示，选择范围一般为油量的 0.05%~0.25%，质量劣变的毛油可控制在 0.5% 以内。对于连续式的碱炼工艺，超量碱则以占理论碱的百分数表示，选择范围一般为 10%~50%。油、碱接触时间长的工艺应偏低选取。

③碱量换算。一般市售的工业用固体烧碱，因有杂质存在，氢氧化钠含量通常只有 94%~98%，故总的用碱量(包括理论碱和超量碱)换算成工业用固体烧碱量时，需考虑氢氧化钠纯度的因素。

当总碱量欲换算成某种浓度的碱溶液时，则可按下列公式来确定碱液量：

$$G_{NaOH} = \frac{G_{NaOH理} + G_{NaOH超}}{C} = \frac{(7.13 \times 10 \times V_A + B) \times G_0}{C}$$

式中　G_{NaOH}——碱液量，kg；

　　　$G_{NaOH理}$——理论碱，kg；

　　　$G_{NaOH超}$——超量碱，kg；

　　　G_0——原油的重量，kg；

　　　V_A——油脂的酸值，mgKOH/g 油；

　　　B——超量碱占油重的百分数；

　　　C——NaOH 溶液的百分比浓度，W/W。

2. 碱液浓度

(1)碱液浓度的确定原则

碱炼时碱液浓度的选择，必须满足：碱滴与游离脂肪酸有较大的接触面积，能保证碱滴在油中有适宜的降速；有一定的脱色能力；使油-皂分离操作方便。

适宜的碱液浓度是碱炼获得较好效果的重要因素之一。碱炼前进行小样试验时，应该用各种浓度不同的碱液作比较试验，以优选最适宜的碱液浓度。

(2)碱液浓度的选择依据

选择碱液浓渡的依据包括毛油的酸值与脂肪酸组成、制油方法、中性油皂化损失、皂脚的稠度、皂脚含油损耗、操作温度、毛油的脱色程度。

综上所述，碱炼时，碱液浓度的选择是受多方面因素影响的，适宜的碱液浓度需综合平衡诸因素，通过小样试验优选确定。

3. 操作温度

碱炼操作温度是影响碱炼的重要因素，其主要影响体现在碱炼的初温、终温和升温速度等方面。所谓初温是指加碱时的毛油温度；终温是指反应后油-皂粒呈现明显分离时，为促进皂粒凝聚加速与油分离而加热所达到的最终操作油温。

碱炼操作温度影响碱炼效果，当其他操作条件相同时，中性油被皂化的概率随操作温度的升高而增加。因此间歇式碱炼工艺一般在低温下进行，以使碱与游离脂肪酸完全中和，并尽量避免中性油的皂化损失。

中和反应过程中，最初产生水-油型乳浊液，为了避免转化成油-水型乳浊液以致形成油-皂不易分离的现象，反应过程中温度必须保持稳定和均匀。

中和反应后，油-皂粒呈现明显分离时，升温的目的在于破坏分散相的状态，释放皂粒的表面亲和力，吸附色素等杂质，从而有利于油-皂分离。

碱炼操作温度是一个与毛油品质、碱炼工艺及用碱浓度等有关联的因素。对于间歇式碱炼工艺，当毛油品质较好，选用低浓度的碱液碱炼时，可采用较高的操作温度；反之，操作温度要低。

4. 操作时间

碱炼操作时间对碱炼效果的影响主要体现在中性油皂化损失和综合脱杂效果上。当其他操作条件相同时，油、碱接触时间愈长，中性油被皂化的概率愈大。间歇式碱炼工艺，由于油、皂分离时间长，故由中性油皂化所致的精炼损耗高于连续式碱炼工艺。

综合脱杂效果是利用皂脚的吸收和吸附能力以及过量碱液对杂质的作用而实现的。在综合平衡中性油皂化损失的前提下，适当地延长碱炼操作时间，有利于其他杂质的脱除和油色的改善。

碱炼操作中，适宜的操作时间需综合碱炼工艺、操作温度、碱量、碱液浓度以及粗、精油质量等因素加以选择。

5. 混合与搅拌

碱炼时，烧碱与游离脂肪酸的反应发生在碱滴的表面上，碱滴分散得愈细，碱液的总表面积愈大，从而增加了碱液与游离脂肪酸的接触机会，加快了反应速度，缩短了碱炼过程，有利于精炼率的提高。混合或搅拌不良时，碱液形不成足够的分散度，甚至会出现分层现象，从而增加中性油皂化的概率。因此，混合或搅拌的作用首先就在于使碱液在油相中造成高度的分散。为达到此目的，加碱时，混合或搅拌的强度必须强烈些。

混合或搅拌的另一个作用是增进碱液与游离脂肪酸的相对运动，提高反应的速率，并使反应生成的皂膜尽快地脱离碱滴。这一过程的混合或搅拌强度要温和些，以免在强烈混合下造成皂膜的过度分散而引起乳化现象。因此，中和阶段的搅拌强度，应以不使已经分散了的碱液重新聚集和引起乳化为度。在间歇式工艺中，中和反应之后，搅拌的目的在于促进皂膜凝聚或絮凝，提高皂脚对色素等杂质的吸附效果。为了避免皂团因搅拌而破裂，搅拌强度更应缓慢些，一般以 15~30r/min 为宜。

6. 杂质的影响

毛油中除游离脂肪酸以外的杂质，特别是一些胶溶性杂质、羟基化合物和色素等，对碱炼的效果也有重要的影响。这些杂质中有的(如磷脂、蛋白质)以影响胶态离子膜的结构而增大炼耗；有的(如甘一酯、甘二酯)以其表面活性而促使碱炼产生持久乳化；有的(如棉酚及其他色素)则由于带给油脂深的色泽，造成因脱色而增大中性油的皂化概率。

此外，碱液中的杂质对碱炼效果的影响也是不容忽视的。它们除了影响碱的计量之外，其中的钙、镁盐类在中和时会产生水不溶性的钙皂或镁皂，给洗涤操作增加困难。因此，配制碱溶液应使用软水。

7. 分离

中和反应后的油—皂分离过程，直接影响碱炼油的得率和质量。对于间歇式工艺，油皂的分离效果取决于皂脚的絮凝情况、皂脚稠度、分离温度和沉降时间等。而在连续式工艺中，油—皂分离效果除上述影响之外，还受分离机性能、物料通量、进料压力以及轻相(油)出口压力或重相出口口径等影响，掌握好这些因素才能保证良好的分离效果。

8. 洗涤与干燥

分离过皂脚的碱炼油，由于碱炼条件的影响或分离效率的限制，其中尚残留部分皂和游离碱，必须通过洗涤降低残留量。影响洗涤效果的因素有温度、水质、水量、电解质以及搅拌(混合)等。操作温度(油温、水温)低、水量少、洗涤水为硬水或不恰当的搅拌(混合)等，都将增大洗涤损耗和影响洗涤效果。洗涤操作温度一般为 85℃左右，添加水量为油量的 10%~15%。淡碱液能与油溶性的镁(或钙)皂作用使其转化为水溶性的钠皂，而降低油中残皂量。同时，反应的另一种产物——氢氧化镁(或氢氧化钙)在沉降过程中对色素具有较强的吸附能力，从而使油品的色泽得以改善。洗涤操作的搅拌或混合程度，取决于碱炼的含皂量。当含皂量较高时，第一遍洗涤用水，建议采用食盐和碱的混合稀溶液，并降低搅拌速度。在间歇式工艺中有时甚至不搅拌，而以喷淋的方式进行洗涤，以防乳化损失。

碱炼油的干燥过程，影响油品的色泽和过氧化值。以机械或气流搅拌的常压干燥方法，是落后的干燥工艺。油脂在高温下长时间接触空气容易氧化变质，引起过氧化值升高，并产生较稳定(不易脱除)的氧化色素。而真空干燥工艺则可避免此类副作用的发生。

(三)碱炼脱酸工艺

碱炼脱酸工艺按作业的连贯性分为间歇式和连续式两种。间歇式工艺适合于生产规模小或油脂品种更换频繁的企业,生产规模大的企业多采用连续式脱酸工艺。

1. 间歇式碱炼脱酸工艺

间歇式碱炼是指毛油中和脱酸、皂脚分离、碱炼油洗涤和干燥等工艺环节,在工艺设备内是分批间歇进行作业的工艺,其通用工艺流程如图16-4所示。

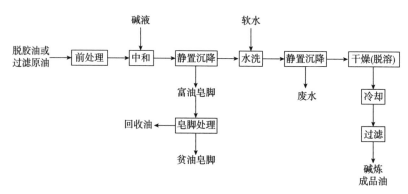

图16-4 间歇式碱炼脱酸工艺流程

间歇式碱炼脱酸操作温度和用碱浓度分有高温淡碱、低温浓碱以及纯碱——烧碱工艺等。

2. 连续式碱炼脱酸工艺

连续式碱炼是一种先进的碱炼工艺,该工艺的全部生产过程是连续进行的。工艺流程中的某些设备能够自动调节,操作简便,具有处理量大、精炼效率高、精炼费用低、环境卫生好、精炼油质量稳定、经济效益显著等优点,是目前国内外大中型企业普遍采用的先进工艺。

(1)长混碱炼工艺

"长混"技术是油脂与碱液在低温下长时间接触。在美国,将长混碱炼过程称为标准过程,常用于加工品质高、游离脂肪酸含量低的油品,如新鲜大豆制备的毛油。另外,在碱炼过程油与碱液混合前,需加入一定量的磷酸进行调制,以便除去油中的非水化磷脂。

(2)短混碱炼工艺

高温下油脂与碱液短时间的混合(1~15s)与反应,可避免因油、碱长时间接触,而造成中性油脂的过多皂化,这对于游离脂肪酸含量高的油脂的碱炼脱酸非常适用。短混碱炼工艺也适宜易乳化油脂的脱酸。另外,对非水化磷脂含量较高的油脂脱磷也有较好的效果。

3. 混合油碱炼

混合油碱炼即是将浸出得到的混合油（油脂与溶剂混合液）通过添加预榨油或预蒸发调整到一定的浓度进行碱炼，然后再进一步完成溶剂蒸脱的精炼工艺。

混合油碱炼，中性油皂化概率低，皂脚夹油少，精炼效果好。由于在混合油蒸发汽提前除去胶杂、FFA以及部分色素，因此，有利于油脂品质的提高。

4. 表面活性剂碱炼

在中和阶段掺进表面活性剂溶液，利用其选择性溶解特性，以降低炼耗提高精炼率的一种碱炼工艺，称之为表面活性剂碱炼。目前应用于生产的比较成熟的表面活性剂是海尔活本，即二甲苯磺酸钠异构体的混合物，其常温下呈粉末或片状，易溶于水，对酸和碱都较稳定。海尔活本要求其中活性物的含量大于93%，硫酸钠含量小于4.5%。海尔活本溶液在碱炼过程中能选择性地溶解皂脚和脂肪酸，减少皂脚包容油的损失。由于皂脚的稀释，故增加搅拌强度也不致出现乳化现象，从而可用增加搅拌强度来代替或减少部分超量碱，减少中性油被皂化的机率，所以，可获得较高的精炼率。此外，海尔活本精炼法获得的皂脚质量高（脂肪酸含量高达93%~94%），对酸值高的毛油（游离脂肪酸含量高达40%）也能获得较好的精炼效果，同时还能简便地连续分解皂脚、回收海尔活本而循环用于生产，排出的废水呈中性，免除了对环境的污染。

5. 泽尼斯碱炼工艺

泽尼斯法碱炼工艺是目前国际上比较先进的碱炼工艺之一，特别适用于低酸值毛油的精炼，具有设备简单、成本低、精炼效率高、无噪音等特点。此工艺与一般碱炼工艺有显著区别，属于O/W型碱炼。它是将含有游离脂肪酸的毛油分散成油珠，通过呈连续相的稀碱液层进行中和的一种工艺，主要由脱胶、脱酸、脱色和皂液处理等工序组成。

(四)碱炼脱酸设备

碱炼脱酸的主要设备，按工艺作用可分为精炼罐（结构同水化罐）、油碱比配机、混合机、洗涤罐、脱水机、皂脚调和罐以及干燥器等。按生产的连贯性又可分为间歇式和连续式设备。

牡丹籽毛油具有较低酸价，在搅拌状态下将牡丹籽脱胶油加热至50℃，以适速将浓度为8%的碱液加入油中，当出现皂脚颗粒，降低搅拌速度，当皂脚颗粒变大，停止搅拌。升温至70℃左右，然后保温静置12h。等皂脚全部沉降，将下层皂脚分离，得上层油。然后以油重10%的温水洗涤两遍，分离去除水分，得脱酸油。脱酸前油的碘值、酸价、过氧化值、磷脂和皂化值分别为：162gI/100g、1.61mg KOH/g、1.78meq/kg、0.017g/100g 和 185mg/g；脱酸油的碘值、酸价、过氧化值、磷脂和皂化值分别为：163gI/100g、0.33mg KOH/g、4.25meq/kg、0.012g/100g 和 182mg/g。

（五）油脂脱酸的其他方法

还有蒸馏脱酸法、液—液萃取法及酯化法等。

1. 蒸馏脱酸法

蒸馏脱酸法亦称物理精炼法，即毛油中的游离脂肪酸不是用碱类进行中和反应，而是借真空水蒸气蒸馏达到脱酸目的的一种精炼方法。物理精炼是近代发展的油脂精炼新技术，它与离心机连续碱炼、混合油碱炼、泽尼斯法并列当今四大先进食用油精炼技术。

目前为止，任何一种以碱类中和脱酸的工艺，尽管各具有一定的优点，但共同的缺点是：耗用辅助剂（碱、食盐、表面活性剂等）；一部分中性油不可避免地被皂化；废水污染环境；从副产品皂脚中回收脂肪酸时，需要经过复杂的加工环节（水解、蒸馏）；特别是用于高酸值毛油的精炼时，油脂炼耗大，经济效果欠佳。因而早在20世纪70年代，就有人提出以物理精炼代替化学精炼的设想。随着工艺及设备等技术关键的突破，物理精炼已成为目前世界上油脂脱酸的几种主要方法之一。物理精炼引起油脂科技工作者和企业家们的如此重视，是由于同碱炼相比，物理精炼具有工艺流程简单，原辅材料省、产量高、经济效益好，避免了中性油皂化损失，精炼效率高，产品稳定性好，可以直接获得高质量的副产品——脂肪酸，以及没有废水污染等优点。特别是对于一些高酸值油脂的脱酸，其优越性更为突出。

毛程鑫通过响应面软件以酸值模型对牡丹籽油分子蒸馏脱酸的工艺条件进行了分析和预测，以较低脱酸油的酸值和反式脂肪酸为指标，考虑到温度过高对牡丹籽油中的甾醇影响较大，选择最优经矫正的实验方案为蒸发温度190℃，刮膜速度235r/min，下料速度2mL/min，3次平行实验脱酸牡丹籽油的酸值为1.21mg/g。

2. 液—液萃取法

液—液萃取脱酸法是根据毛油脂中各种物质的结构和极性不同以及相似相溶的特性，在特定溶剂和操作条件下进行萃取，从而达到脱酸目的的一种精炼方法。

液—液萃取脱酸法损耗低，适宜于高酸值深色油脂的脱酸，也常用于油脂品质的改性。常用的溶剂有丙烷、糠醛、乙醇、异丙醇、己烷等。单一溶剂萃取可应用乙醇或异丙醇（浓度91%~95%）于填料塔中进行逆流萃取。工业规模的液—液萃取工艺中，综合了碱炼与液—液萃取理论，常采用多元溶剂（如己烷、异丙醇、水等）萃取油脂中和过程形成的不同组分，借助密度上的差异进行分离，从而达到脱酸目的。

液—液萃取脱酸法具有设备简单、操作简单、中和损耗低和操作费用低等优点，是一种很有发展前途的脱酸工艺，但由于尚存在操作不够稳定等缺点，目前尚未广泛应用于工业生产。

3. 酯化法

酯化法是应用脂肪酸与甘油的酯化反应而达到脱酸目的的另一种化学脱酸法。酯化反应可视为甘油酯水解的逆反应，因此，只有控制好反应条件，方能使反应按预期的方向进行。

影响酯化反应的因素主要有：操作压力、温度、催化剂、混合程度、反应产物除去速度、甘油及其用量、酯化反应时间、毛油预处理程度。

酯化脱酸法适宜于高酸值油脂的脱酸，具有增产油脂的特点，但由于酯化反应的过程目前尚较难控制，酯化反应后仍需采用其他精炼方法脱除残留游离脂肪酸和过剩甘油。因此，本方法在工业上的应用尚不广泛。

四、脱色

纯净的甘油三酸酯，在液态时是呈现无色的，在固态时是呈现白色的。但是，常见的植物油脂中常带有不同颜色，这主要是由于其中含有不同数量和品种的色素。油脂中的色素成分复杂，主要包括叶绿素、胡萝卜素、黄酮色素、花色素以及某些糖类、蛋白质的分解产物等。虽然绝大部分色素没有毒性，但是会影响油脂的外观。在前面两节的精炼方法中，可以同时除去油脂中的部分色素，但还不能达到令人满意的效果。因此，对于生产较高等级油脂产品，如高级烹调油、色拉油、化妆品用油、人造奶油等用的油脂，颜色要浅，只用前述精炼方法，不能达到要求，必须经过脱色处理，改善油品的色泽。同时，脱色过程中还可以除去油脂中的微量金属、残留的微量皂粒、磷脂等胶质、一些有臭味的物质、多环芳烃和残留农药等，为下一步脱臭工艺提供合格的原料油。

油脂脱色的方法较多，在工业生产中最常用的是吸附脱色法。除此以外还有加热脱色法、氧化脱色法、化学试剂脱色法等。

吸附脱色法原理是利用吸附力强的吸附剂在热油中能吸附色素及其他杂质

的特性，在过滤去除吸附剂的同时也把被吸附的色素及杂质除掉，从而达到脱色净化的目的。

(一) 吸附剂

1. 吸附剂的种类

(1) 漂土

学名膨润土，主要成分是蒙脱土，是一种天然吸附剂，多呈白色或灰白色。天然漂土的脱色系数较低，对叶绿素的脱色能力较差，吸油率也较大，因而逐渐被活性白土替代。

(2) 活性白土

是以膨润土为原料，经过人工化学处理加工而成的一种具有较高活性的吸附剂，在工业上应用十分广泛，对于色素及胶态物质的吸附能力较强，特别是对于一些碱性原子团或极性基团具有更强的吸附能力。

(3) 活性炭

是由木屑、蔗渣、谷壳、硬果壳等物质经化学或物理活化处理而成。具有疏松的孔隙，比表面积大、脱色系数高，并具有疏水性，能吸附高分子物质，对蓝色和绿色色素的脱除特别有效，对气体、农药残毒等也有较强的吸附能力。但其价格昂贵，吸油率较高，常与漂土或活性白土混合使用。

(4) 凹凸棒土

是一种富镁纤维状土，主要成分为二氧化硅。土质细腻，具有较好的脱色效果，吸油率也较低，过滤性能较好。

(5) 沸石

沸石属酸性火山熔岩与碎屑沉积间层的多旋回、多矿层的湖盆沉积，多系火山玻璃的熔解或水解作用而成斜发沸石矿床，经采矿、筛选、碾磨、筛分即得沸石吸附剂。其化学组成主要为二氧化硅，其次是氧化铝。沸石具有较好的脱色效果，脱色时还能降低油脂的酸价和水分，价格比活性白土便宜，是油脂脱色的新材料。

(6) 硅藻土

硅藻土由单细胞类的硅酸钾壳遗骸在自然力作用下演变而成。纯度较好的硅藻土呈白色，一般为浅灰色或淡红褐色，主要化学成分为二氧化硅，对色素有一定的吸附能力，但脱色系数较低，吸油率较高，油脂工业生产中多用作助滤剂。

(7) 硅胶

硅胶的主要成分为二氧化硅(含量为 92%～94%)，其余为水分，呈多孔海绵状结构，具有较强的吸附能力，价格昂贵，一般多充填成硅胶柱进行压滤脱色。

（8）其他吸附剂

应用于油脂脱色的吸附剂还有活性氧化铝以及经亚硫酸处理的氧化铝等。

2. 吸附剂的选择依据

很多吸附剂都具有吸附油脂中色素的能力，但只有少数能应用于工业生产。应用于油脂工业的吸附剂应具备下列条件：

（1）对油脂中色素有强的吸附能力，即用少量吸附剂就能达到吸附脱色的工艺效果。

（2）对油脂中色素有显著的选择吸附作用，即能大量吸附色素而吸油较少。

（3）化学性质稳定，不与油发生化学作用，不使油带上异味。

（4）方便使用，能以简便的方法与油脂分离。

（5）来源广、价格低廉、使用经济。

（二）吸附脱色机理

1. 吸附剂表面的吸附

（1）物理吸附

靠吸附剂和色素分子间的范德华引力，不需要活化能，无选择性，吸附物在吸附剂表面上可以是单分子层，也可以是多分子层。吸附放出的热量较小，吸附速度和解吸速度都较快，易达到吸附平衡状态。一般在低温下进行的吸附，主要是物理吸附。

（2）化学吸附

吸附剂内部的原子(或原子团)所受的引力是对称的，使引力场达到饱和状态，而表面上的原子所受到的引力是不对称的，即表面分子有剩余价力（表面自由能）。剩余价力有吸附某种物质而降低表面能的倾向。这时，吸附物和吸附剂之间发生电子转移或形成共用电子时，就像进行化学反应，称为化学吸附。

当吸附物平衡浓度一定时，吸附量随温度而变化。当温度很低时，主要是物理吸附，由于物理吸附过程是放热的，因此吸附量随温度升高而降低。温度升到一定值后，物理吸附量继续下降，化学吸附加快，总的吸附量是增加的。化学吸附也是放热反应，当温度达到某一数值以后，吸附量反而会下降。

2. 吸附等温线

若固定温度，就得到等温时的吸附量。第一阶段，吸附剂表面还没有或很少已经吸附到色素或其他杂质，基本上还是空白表面。由于表面有剩余价力，接触到吸附物就吸附上去。这些被吸附的分子不停地运动，当被吸附分子的能量足以克服吸附剂表面对它的吸附引力时，它可以重新回到油中去，这种现象称解吸。第一阶段基本上没有解吸，所以吸附量随浓度的增加呈直线上升。第二阶段，随着吸附量的增加，吸附剂表面未被色素等覆盖的空白表面就愈来愈少，色素等分子撞到空白表面的可能性逐渐减少，吸附速度也因此下降，同时解吸速度却逐渐增大，总的吸附量曲线表观为缓慢上升。第三阶段，吸附速度继续下降，解吸速度继续上升，最后吸附速度＝解吸速度，达到了吸附动态平衡，曲线在这一段基本平行于横坐标。

（三）影响吸附脱色的因素

1. 吸附剂

不同的吸附剂有不同的特点，应根据实际要求选用合适的吸附剂。油脂脱色一般多选用活性度高、吸油率低、过滤速度快的白土。

2. 操作压力

吸附脱色过程在吸附作用的同时，往往还伴有热氧化副反应，这种副反应对油脂脱色有利的一方面是部分色素因氧化而褪色，不利的方面是因氧化而使色素固定或产生新的色素以及影响成品的稳定性。负压脱色过程由于操作压力低，热氧化副反应较弱，一般采用负压脱色，真空度为 0.096MPa。

3. 操作温度

吸附脱色中的操作温度决定于油脂的品种、操作压力以及吸附剂的品种和特性等。脱除红色较脱除黄色用的温度高；常压脱色及活性度低的吸附剂需要较高的操作温度；减压脱色及活性度高的吸附剂则适宜在较低的温度下脱色。常用脱色温度为 105℃左右。

4. 操作时间

吸附脱色操作中油脂与吸附剂在最高温度下的接触时间决定于吸附剂与色素间的吸附平衡，只要搅拌效果好，达到吸附平衡并不需要过长时间，过分延长时间，甚至会使色度回升。工业上一般将脱色时间控制在 20~30min。

5. 搅拌

脱色过程中，吸附剂对色素的吸附，是在吸附剂表面进行的，属于非均相物理化学反应。良好的搅拌能使油脂与吸附剂有均匀的接触机会。现实生产中常采用直接蒸汽实现搅拌作用。

6. 毛油品质及前处理

毛油中的天然色素较易脱除，而油料、油脂在加工或储存过程中的新色素或因氧化而固定了的新色素，一般较难脱除。脱色前处理的油脂质量对油脂脱色效率的影响也甚为重要，当脱色油中残留胶质和悬浮物或油溶皂时这部分杂质会占据一部分活性表面，从而降低脱色效率。一般脱色前处理的油脂质量应满足如下条件：$P \leqslant 10mg/L$、残皂$\leqslant 100mg/L$。

其他脱色方法还有：光能脱色法、热能脱色法、空气脱色法、试剂脱色法等。

将脱酸后的牡丹籽油在搅拌状态下加热至50℃，加入活性白土，用量为油重的1%，搅拌15min，继续升温至70℃，再次加入活性白土，用量为油重的3%，搅拌30min，保温静置5h。趁热过滤，即得脱色油。活性白土脱色效果较好，所得脱色油透明澄清、淡黄色。脱色前油的碘值、酸价、过氧化值、磷脂和皂化值分别为163gI/100g、0.33mg KOH/g、4.25meq/kg、0.012g/100g和182mg/g；脱色油的碘值、酸价、过氧化值、磷脂和皂化值分别为140gI/100g、0.31mg KOH/g、1.58meq/kg、0.009g/100g和188mg/g。

五、脱臭

纯净的甘油三酸酯是没有气味的，但用不同制取工艺得到的油脂都具有不同程度的气味，有些为人们所喜爱，有些则不受人们欢迎。通常将油脂中所带的各种气味统称为臭味，这些气味有些是天然的，有些是在制油和加工中新生的。气味成分的含量虽然很少，但有些在几个PPb即可被觉察。

引起油脂臭味的主要组分有低分子的醛、酮、游离脂肪酸、不饱和碳氢化合物等。在油脂制取和加工过程中也会产生新的异味，如焦糊味、溶剂味、漂土味、氢化异味等。

油脂中除了游离脂肪酸外，其余的臭味组分含量很少，仅0.1%左右。经验告诉我们，气味物质与游离脂肪酸之间存在着一定关系。当降低游离脂肪酸的含量时，能相应地降低油中一部分臭味组分。当游离脂肪酸达0.1%时，油仍有气味，当游离脂肪酸降至0.01%~0.03%（过氧化值为0）时，气味即被消除，可见脱臭与脱酸是非常相关的。

牡丹籽油有它本身特有的风味和滋味，经脱酸、脱色处理的油脂中还会有微量的醛类、酮类、烃类、低分子脂肪酸、甘油酯的氧化物以及白土、残留溶剂的气味等，除去这些不良气味有助于改善油脂的风味、稳定度、色度和品质。因为在脱臭的同时，还能脱除游离脂肪酸、过氧化物和一些热敏性色素，除去霉烂油料中蛋白质的挥发性分解物，除去小分子量的多环芳烃及残留农药，使之降至安全程度内。因此，脱臭在油脂产品的生产中备受重视。

油脂脱臭是利用油脂中臭味物质与甘油三酸酯挥发度的差异，在高温和高真空条件下借助水蒸气蒸馏脱除臭味物质的工艺过程。对水蒸气蒸馏脱酸和脱臭时从油脂中分离出的挥发性组分的蒸汽压与温度曲线图进行分析可知：酮类具有最高的蒸汽压，其次是不饱和碳氢化合物，最后为高沸点的高碳链脂肪酸和烃类。在工业脱臭操作温度（250℃）下，高碳链脂肪酸的蒸汽压约为 26～2.6kPa。然而，天然油脂和高碳链脂肪酸相应的甘三脂的蒸汽压却只有 1.3×10^{-9}～1.3×10^{-10}kPa。

天然油脂是含有复杂组分的混甘三酯的混合物，对于热敏性强的油脂而言，当操作温度达到臭味组分汽化点时，油脂往往即会发生氧化分解，从而导致脱臭操作无法进行。为了避免油脂高温下的分解，可采用辅助剂或载体蒸汽。辅助剂或载体蒸汽的耗量与其分子量成正比。因此，从经济效益出发，辅助剂应具有分子量低、惰性、价廉、来源容易以及便于分离等特点，这些便构成了水蒸气蒸馏的基础。

水蒸气蒸馏脱臭的原理：水蒸气通过含有臭味组分的油脂时，汽-液表面相接触，水蒸气被挥发的臭味组分所饱和，并按其分压的比率逸出，从而达到了脱除臭味组分的目的。

（一）影响脱臭的因素

1. 温度

汽提脱臭时，操作温度的高低，直接影响到蒸汽的消耗量和脱臭时间的长短。在真空度一定的情况下，温度增高，则油中游离脂肪酸及臭味组分的蒸汽压也随之增高。但是，温度的升高也有极限，因为过高的温度会引起油脂的分解、聚合和异构化，影响产品的稳定性、营养价值及外观，并增加油脂损耗。因此，工业生产中，一般控制蒸馏温度在 245～255℃。

2. 操作压力

脂肪酸及臭味组分在一定的压力下具有相应的沸点，随着操作压力的降低而降低。操作压力对完成汽提脱臭的时间也有重要的影响，在其他条件相同的情况下压力越低，需要的时间也就越短。蒸馏塔的真空度还与油脂的水解有关联，如果设备真空度高，能有效避免油脂的水解所引起的蒸馏损耗，并保证获得低酸值的油脂产品。生产中操作压力一般为 300～400Pa 的残压。

3. 通汽速率与时间

在汽提脱臭过程中，汽化效率随通入水蒸气的速率而变化。通汽速率增大，则汽化效率也增大。但通汽的速率必须保持在油脂开始产生飞溅现象的限度以下。汽提脱臭操作中，油脂与蒸汽接触的时间直接影响到蒸发效率。因此，欲使游离脂肪酸及臭味组分降低到产品所要求的标准，就需要有一定的通汽时间。但同时应考虑到脱臭过程中油脂发生的油脂聚合和其他热敏组分的分解。

4. 脱臭设备的结构

脱臭常用设备有层板式、填料、离心接触式几种，现车间常用的是层板式塔。

5. 微量金属

油脂中的微量金属离子是加速油脂氧化的催化剂。其氧化机理是金属离子通过变价（电子转移）加速氢过氧化物的分解，引发自由基。因此脱臭前需尽可能脱除油脂内的铁、铜、锰、钙和镁等金属离子。

6. 脱色油品质及脱臭前处理的方法

脱色油的品质及其脱臭前处理方法对脱臭成品油的稳定性具有关键的影响。脱色油在汽提脱臭前的处理包括脱胶、脱酸、去除微量金属离子和热敏性物质。热敏性物质、色素及胶质，如果不在汽提脱臭前除去，会在脱臭过程中受高温而分解，进而影响到精制油的质量。

（二）脱臭工艺

油脂脱臭工艺分间歇式、半连续式和连续式。

1. 间歇式脱臭工艺

间歇式脱臭工艺适合于产量低、加工批量小、油脂品种多的工厂。其主要缺点是汽提水蒸汽的耗用量高及难以进行热量回收利用。

传统的间歇式脱臭器是单壳体立式圆筒形带有上下碟形封头焊接结构的容器，壳体的高度为其直径的 2~3 倍，总的容量至少 2 倍于处理油的容量，以提供足够的顶部空间，减少脱臭过程中由于急剧飞溅而引起油滴自蒸汽出口逸出。这种方法容易清理加热表面。间歇式脱臭器应具有非常好的绝热，脱臭的操作周期通常在 8h 内完成，其中需要在最高温度下维持 4h。

2. 半连续式脱臭工艺

半连续式脱臭主要应用于对精炼的油脂品种作频繁更换的工厂。和连续式相比较，半连续式主要优点是更换原料的时间短，系统中残留油脂少，因为各个分隔室通常有相对较小的容积和表面积。由于没有折流板（在连续系统中需要），油脂能快速地排出。此外，脱臭器外部的油脂管道较少，只有捕集油脂的设备需要清洗。由于每批物料是间歇移动的，也容易监控半连续系统中的油脂。与连续式脱臭器相比较，主要的缺点是热量回收利用率低，设备成本较高。另外，与外部热交换形式相比较，在加热和冷却分隔室中所用搅拌气体的量，使脱臭总的气体消耗量增加了 10%~30%。

3. 连续式脱臭工艺

连续式脱臭工艺比间歇式和半连续式需要的能量较少，适用于不常改变油脂品种的加工厂。大多数设计采用内有层叠的水蒸气搅拌浅盘或分隔室的立式圆筒壳体结构，设置独立分隔室，按照外部加热或冷却及其容量，每个分隔室中油脂的停留时间通常为 10~30min。通过立式折流板隔成通道，避免相互窜流。汽提水蒸气由设置于折流板之间的管分配器或喷射器注入。由于该工艺连续流动，高效的热回收较容易完成。

4. 填料薄膜脱臭工艺

填料薄膜系统主要的目的是在最小压力降下，用最少能量产生最大的油脂表面积比率。将除氧和高温加热的油脂送入塔顶靠重力流过塔填料，并与汽提蒸汽逆流搅拌接触。填料柱高为 4~5m，每米穿过该层油脂的容量大约 10000kg/ $(h \cdot m^2)$ ，每米填料的压力降约为 0.2kPa。

另一种扩大油脂表面积比率的方法是将油脂喷雾喷入真空室。油脂通过一个喷嘴时，增加其动能，这样只需少量的水蒸气即可。

(三)脱臭设备

油脂脱臭设备包括脱臭器以及辅助装置。

脱臭器是油脂脱臭的主要设备，根据生产的连贯性分间歇式脱臭罐、半连续和连续式脱臭塔，即化工中通称的蒸馏釜/蒸馏塔。

对制造脱臭器的材料选择，必须排除碳钢的助氧化影响。在过去，当采用普通的碳钢制作间歇式脱臭器时，需要在容器的内壁涂上一层聚合材料。耐酸钢、不锈钢、碳钢和铜，依次序能增加对油脂氧化的催化活性。铜是一种非常强的助氧化剂，决不能与油脂接触。采用物理精炼工艺的脱臭器，常与腐蚀性的脂肪酸接触。因此，所有材料应选择耐酸腐蚀的不锈钢。

双壳体由于外壳与内层留有块空隙，真空管道连接在外壳上，防止了空气泄漏对油脂的氧化。另外，也避免了回流作用，且保温要求较低。而单壳体比较容易操作和保养，有相对较低的设备成本，对空气泄漏的问题可通过改善制造和装配技术来解决。由于加强了蒸发操作避免了回流的问题。因此，单壳体和部分单壳体结构目前最为常用。

在油脂脱臭工艺过程中，辅助完成油脂脱臭的设备有油脂析气器、换热器、脂肪酸捕集器和屏蔽泵等。

将牡丹种子脱色油装入三口烧瓶中，在 0.1MPa 的真空条件下磁力搅拌，加热至140℃，将少量水蒸气通入油的底部，并调整蒸汽量，使油进行汽提，继续升温至240℃，保温脱臭2h，关闭蒸汽，停止加热，降温，将油冷却至80℃以下，解除真空状态，将油取出，过滤，得脱臭油。经脱臭工艺的牡丹籽油，无异味、颜色澄清透明。脱臭前油的碘值、酸价、过氧化值、磷脂和皂化值分别为：140gI/100g、0.31mg KOH/g、1.58meq/kg、0.009g/100g和188mg/g；脱臭油的碘值、酸价、过氧化值、磷脂和皂化值分别为：144gI/100g、0.29mgKOH/g、1.61meq/kg、0g/100g和181mg/g。

六、精炼过程中脂肪酸组成变化

牡丹籽油精炼过程中不同处理阶段脂肪酸组成成分及含量变化见表16-1。

表 16-1　牡丹籽油精炼过程中脂肪酸组成成分及含量

脂肪酸成分/%	不同处理阶段的油样				
	毛油	脱胶油	脱酸油	脱色油	脱臭油
棕榈酸	7.86	7.77	7.83	7.92	7.97
油酸	24.14	24.12	24.26	25.10	24.18
亚油酸	20.19	20.18	20.26	20.25	20.35
亚麻酸	44.81	44.80	44.59	43.74	44.33
硬脂酸	1.53	1.59	1.58	1.50	1.50
二十碳烯酸	0.65	0.67	0.65	0.63	0.78
芥酸	0.82	0.87	0.83	0.86	0.89

从表16-1可以看出，牡丹籽油中的成分主要是饱和或不饱和脂肪酸，其中饱和脂肪酸在精炼油中占9.47%，不饱和脂肪酸占90.53%。在不饱和脂肪酸中以亚麻酸、油酸和亚油酸为主，亚麻酸含量最高占44.33%，油酸次之占24.18%，亚油酸占20.35%。由表16-1数据分析可知，牡丹籽油精炼过程中，不同处理阶段脂肪酸的组成及含量变化不大。

牡丹籽油精炼过程中，经水化脱胶和碱炼脱酸后，胶体含量和酸价明显降低。经测定脱胶油的磷脂含量为0.017g/100g，脱酸油的酸价为0.33mgKOH/g。酸价和磷脂含量的降低，主要在水化脱胶和碱炼脱酸过程中进行。而过氧化值的降低主要在脱色过程，同时脱色过程也能使磷脂含量降到很低水平。油脂精炼对碘价、皂化价和折光指数影响不大。常规的脱胶、脱酸、脱色及脱臭工序对牡丹籽油中脂肪酸组成及含量影响不大。

第十七章　牡丹籽油的质量控制

第一节　牡丹籽油的质量标准

详见附录5相关标准《牡丹籽油》(LS/T 3242—2014)。

第二节　牡丹籽油储藏加工过程中的氧化劣变与控制

一、牡丹籽油的氧化

在牡丹籽油中含有多种脂肪酸成分,主要为亚麻酸、油酸、亚油酸等,不饱和脂肪酸含量可达90%以上。含不饱和脂肪酸的油脂暴露于空气中,经光、热、湿并在适当催化剂作用或微生物产生的脂肪酶作用下发生氧化过程,产生一种特殊的臭味(哈喇味),这一过程称为油脂的氧化酸败。此过程包含链式反应的引发、传递和终止三个阶段。所谓脂质过氧化的链启动是指完全没有过氧化的不饱和脂肪酸最初过氧化的启动,也就是不饱和脂肪酸被一个反应性足够强的物质进攻,从其亚甲基上抽取一个氢原子的反应,如:

$$—CH_2— + \cdot OH \longrightarrow —\overset{|}{C}H— +H_2O$$

形成的自由基和氧分子结合生成脂过氧自由基,脂过氧自由基从邻近脂分子上抽氢形成一个新的自由基,形成循环反应,这个过程称之为链扩展。

$$—\overset{|}{C}H— +O_2 \longrightarrow —\underset{\underset{\displaystyle O—O\cdot}{|}}{CH}—$$

脂类自由基、脂过氧自由基相互作用生成非自由基的产物(醛类、烷烃类等),达到链终止。

$$—\underset{\underset{\displaystyle O—O\cdot}{|}}{CH}— +RH \longrightarrow —\underset{\underset{\displaystyle O—OH}{|}}{CH}— +R\cdot$$

二、引起牡丹籽油油脂氧化变质的因素

(一)所含油脂的结构

牡丹籽油中含大量不饱和脂肪酸,可达90%以上。油脂中脂肪酸不饱和度越高,越易发生氧化。

(二)空气

牡丹籽油中不饱和脂肪酸的双键与空气中的氧气发生不可逆化学反应,形成过氧化物,再继续氧化分解产生低级的酮、醛、酸等化合物,同时释放出令人不愉快的气味。

(三)光照

在可见光中紫外线不仅加快牡丹籽油中自由基的生成速度,同时激活氧变成臭氧,使之生成臭氧化物。臭氧化物不稳定,在水的作用下进一步分解成醛、酮、酸等物质,使牡丹籽油酸败。

(四)温度

随着温度的升高,牡丹籽油的氧化明显加快。温度每上升10℃,氧化速度增加1倍。

(五)水分

水会导致甘油三酯分子水解为甘油和脂肪酸,因而高水分含量会促使牡丹籽油水解酸败。

(六)金属离子

Cu、Fe、Mn、Zn等金属离子在光照条件下对牡丹籽油氧化起催化作用。

(七)存放时间

牡丹籽油的抗氧化性随存放时间的延长而下降,一旦氧化反应开始,氧化速度会成倍增加。

三、牡丹籽油油脂氧化的控制

(一)抗氧化剂作用机理

抗氧化剂的氧化终止作用可表现为以下两种形式:一种是抗氧化剂向已被氧化脱氢后的脂肪自由基提供氢而使脂肪自由基还原到脂肪原来的状态,从而中止脂肪的继续氧化;

$$AH_2 + \cdot CH_2 - C = C - C \cdots \longrightarrow AH \cdot + CH_3 - C = C - C \cdots$$

抗氧化剂　脂肪自由基　　抗氧化剂自由基　原脂肪分子

另一种是由抗氧化剂向已被氧化形成的过氧化物自由基提供氢而使之成为氢过氧化物，但中止了新的脂肪成为脂肪自由基，从而中断脂肪的氧化过程：

$$AH_2 + \cdot O - O - CH_2 - C = C - C \cdots \longrightarrow AH \cdot + H - O - O - CH_2 - C = C - C \cdots$$

抗氧化剂　过氧化物自由基　　　抗氧化剂自由基　氢过氧化物

$AH \cdot$ 还可以进一步与 $ROO \cdot$ 结合而生成 $ROOH$ 和 $A:$，

$$ROO \cdot + AH \cdot \longrightarrow ROOH + A:$$

(二)油脂氧化的测定

牡丹籽油因含有不饱和双键而极易发生氧化，油脂氧化首先是油脂中的氢过氧化物增加，过氧化物再进一步分解，产生丙二醛等小分子化合物，以致油脂的组成成分、诱导期及氧化期的某些理化性质发生变化。因此，可以通过测定某种指标值的变化情况和某一性质的变化情况来反映油脂的氧化情况。脂质氧化既可以测定氧化初级产物过氧化物的变化情况，也可以测定酮类、醛类、酸类等过氧化物分解产生的次级产物，或者氧化过程中的氧吸收量、脂肪酸减少量等脂质氧化底物的变化情况。此外，还可以测定氧化过程中产生的自由基。

(三)油脂氧化的检验方法

1. 油脂氧化初级产物的检测

氢过氧化物是脂质氧化早期的主要产物，可以通过氧化值法、硫氰酸铁法、活性氧法和二甲酚橙法等化学方法，共轭二氢法和红外光谱等物理方法，气相色谱和高效液相等方法进行检测。

(1)过氧化值的测定

原理是根据试样溶解在乙酸和异辛烷溶液中与碘化钾溶液反应，生成游离碘，用硫代硫酸钠滴定析出的碘，计算过氧化值含量。

试剂准备

饱和碘化钾：14g 碘化钾溶于 10mL 蒸馏水中，贮于棕色瓶中，避光保存；冰乙酸异辛烷混合液：冰乙酸与异辛烷按体积3：2混匀；0.01mol/L 硫代硫酸钠标准溶液；10g/L 淀粉指示液。

测定过程

称取 2.0g(精确至 0.001g) 油样，在装有称好试样的具塞锥形瓶中加三氯甲烷 10mL 溶解试样，然后，加入乙酸 15mL 和碘化钾饱和溶液 1mL，迅速盖好瓶塞，混匀溶液 0.5min，在室温下（15~25℃）避光静置 5min。加入蒸馏水 75mL，以 0.5%淀粉溶液为指示剂，用 0.002mol/L 硫代硫酸钠标准溶液滴定析出的碘，滴定过程用力振摇。空白试验：测定的同时进行空白试验，如果空白试验超过 0.5mL 0.002mol/L 硫代硫酸钠标准溶液，应更换不纯的试剂。过氧化值根据下面的公式进行计算：

$$PV(\text{meq/kg}) = \frac{C \times (V_1 - V_0)}{M} \times 1000$$

式中　V_1——用于测定的硫代硫酸钠标准溶液的体积，mL；

　　　V_0——用于空白的硫代硫酸钠标准溶液的体积，mL；

　　　C——硫代硫酸钠标定浓度，mol/L；

　　　M——试样的质量，g。

（2）硫氰酸铁法

测定原理为亚铁离子在酸性的介质中可以被氢过氧化物氧化成为三价铁离子，其反应式为：$Fe^{2+} + 2H^+ + O \rightarrow Fe^{3+} + H_2O$，然后加入硫氰酸铵与 Fe^{3+} 形成红色的硫氰酸铁，通过比色法可测出氢过氧化物的含量。该法简便易于操作，但溶液中氧气的存在会对测定的结果产生干扰。

（3）活性氧法

测定原理为向油脂样品中不间断地通入 100~150℃ 的空气，定时测定油脂样品的过氧化值。诱导时间为油脂样品过氧化值小于 30μmol/kg 和大于 50μmol/kg 两个试验点之间用插值法计算出来的。油脂越稳定，需要诱导时间越长。对于非纯油脂的其他样品，须先用溶剂萃取出其中所含的脂类，再进行测定。活性氧法是测定油脂稳定性的经典方法，但是耗时较长，对稳定性较高的油脂样品，常需要很长的时间才能达到设定的过氧化值水平。

（4）二甲酚橙法

测定原理为在酸性介质中亚铁离子能被氢过氧化物氧化成为三价铁离子，二甲酚橙染料与三价铁离子形成蓝-紫复合物，该复合物在 550~600nm 处有最大吸光值。这种分光光度法简便快捷灵敏，但需要了解样品中过氧化物的特性并严格控制试验条件。在此方法基础上，提出了两种改良方法，一种改良方法用于水缓冲溶液中低含量过氧化氢的检测；第二种改良方法适用于脂氢过氧化物的检测，已经应用于血浆中低密度脂蛋白及可食用植物油过氧化过程中氢过氧化物的检测。

（5）共轭二烯法

紫外光谱法是测定油脂类氧化程度的常用方法，即共轭二烯氢过氧化物法。不饱和脂肪酸在氧化的过程中会形成共轭双键，这种共轭双键结构可以吸收波长在 230~235nm 的紫外光，在 234nm 处通常有很强的特征吸收，可用紫外分光光度计进行直接测定，方法简单快捷。由于其摩尔消光系数比较大，进行检测前需要稀释，适用于纯脂的过氧化研究，未氧化的脂质成分和非脂质过氧化会干扰检测。此外，共轭二烯反映活泼自由基的数量，而自由基不稳定，在生成的同时也会快速与其他化合物反应生成稳定的物质，因此共轭二烯的量反映的只是氧化早期阶段脂质氧化的程度。

具体操作为：称取 0.02g(精确至 0.001g)油样于 100mL 具塞锥形瓶中，加入 25mL 异辛烷试剂溶解，于 234nm 处测定吸光值。

根据下面的公式进行计算：

$$CD = \frac{A}{C} \times P$$

式中　A——样品在 234nm 的吸光度；

　　　C——样品最终稀释浓度，g/100mL；

　　　P——测量用比色皿的长度，cm。

（6）红外光谱法

近红外的电磁波波长位于 750~2500nm，相应的波数是 12900~4000cm^{-1}。近红外可用于含有在近红外区具有吸收的功能基团化合物(如-CH、-OH、-NH 及其他包含氢原子的化学键等功能团)的常规分析。Takamura 等报道，2084nm 是利用近红外光谱法检测食用油脂过氧化物的重要波长。Li 等也用傅里叶近红外光谱法对过氧化值进行了定量分析。由于可以提供快速的定性、定量的信息，近红外光谱法被用作食品、农业、医药和化学等许多领域的非破坏性分析方法。近红外光谱的范围内，样品不用经过稀释就可直接于常规样品池中测定，此法可用于检测过氧化值在 0~100mmol/kg 的油脂，为自动化控制油脂质量提供了方便。中红外光谱也被应用于检测油脂氧化，Sinelli 等采用中红外光谱，对橄榄油的新鲜程度进行了评价。Guillèn 等用傅里叶变换红外光谱的频率信息评价了可食用油脂的氧化程度。

（7）气相色谱

气相色谱法在许多领域里被用于脂肪酸及其衍生物的微量分析。Antonelli 等通过对不同品种牛奶中游离脂肪酸和脂肪酶的水解活性进行定量分析，来控制牛奶的风味并监控牛奶何时开始酸败。由于脂质氧化的初级产物氢过氧化物不稳定、易分解，上柱前必须进行甲酯化。但是，气相色谱分析前样品的衍生化处理可能会引起不饱和样品物性变化，从而带来检测误差。

（8）液相色谱法

近些年来，高效液相色谱法也被应用于油脂过氧化物的检测。高效液相色谱法操作简单，灵敏度高，与气相色谱法相比，不同挥发性、不同分子质量、不同极性的氢过氧化物都可以用高效液相色谱法进行测定。此外，紫外检测器、电化学检测器、蒸发光散射检测器、二极管阵列检测器等，不同检测系统可以用于不同样品的分析检测。

2. 油脂氧化次级产物的检测方法

（1）酸价

油脂氧化的初级产物氢过氧化物非常不稳定，易分解为醛、酮、酸等，因此酸价也是评价油脂氧化变质程度的一个重要的指标。一般情况下，酸价略有升高时不会对人体健康造成损害。但如变质严重，所产生的醛、酮、酸会破坏脂溶性维生素，并可能对人体健康产生不利的影响。酸价的测定方法有指示剂滴定法、电位滴定法、比色法、试纸法、色谱法、近红外光谱法、伏安法等。

①指示剂滴定法

检测原理为，试样溶解在乙醚和乙醇的混合溶剂中，然后用氢氧化钾-乙醇标准溶液滴定存在于油脂中的游离脂肪酸。

主要试剂包括乙醚与95%乙醇溶剂按体积比1∶1混合液；氢氧化钾95%乙醇标准溶液，浓度为0.1mol/L或0.5mol/L；酚酞指示剂溶液。

称取3.0g（精确至0.001g）油样，置于锥形瓶中，加入中性乙醚-乙醇混合液50mL，振摇使油溶解，温度较低时可置热水中，温热促其溶解。冷却至室温（15~25℃），加入酚酞指示液2~3滴，以0.01mol/L氢氧化钾标准滴定液滴定至初成微红色，且0.5min内不褪色为终点。试样的酸价按下面的公式进行计算：

$$X = \frac{V \times C \times 56.11}{M}$$

式中　X——试样的酸价（以氢氧化钾计），mg/g；

　　　V——试样消耗氢氧化钾滴定液的体积，mL；

　　　C——氢氧化钾滴定液的实际浓度，mol/L；

　　　M——试样质量，g；

　　　56.11——与1.0mL氢氧化钾标准滴定液相当的氢氧化钾的毫克数。

计算结果保留两位有效数字。

②电位滴定法

检测原理为，在无水介质中用氢氧化钾-异丙醇溶液，采用电位滴定法滴定试样中的游离脂肪酸。

主要试剂有甲基异丁基酮溶液，使用前用氢氧化钾-异丙醇溶液准确中和至酚酞指示剂终点呈微红色；氢氧化钾-异丙醇标准溶液，浓度 0.1mol/L 或 0.5mol/L。使用前必须知道溶液的准确浓度，并校正。

称 5~10g(精确至 0.01g)油脂样品，放入烧杯中。用 50mL 甲基异丁基酮溶解试样，插入 pH 计的电极，启动磁性搅拌器，用氢氧化钾-异丙醇溶液滴定至等电点。

(2)硫代巴比妥酸反应物测定法

不饱和油脂过氧化反应的最终产物含有丙二醛(MDA)。丙二醛的性质比较稳定，便于检测。丙二醛含量的测定能在一定程度上反映油脂过氧化损伤的程度，是目前公认的反映脂质过氧化的指标之一。其原理是，在酸性条件下两分子硫代巴比妥酸(TBA)与丙二醛起缩合反应，生成的红色化合物，在 532nm 处有最大吸收峰，其值与丙二醛的含量呈化学计量关系，根据它的大小可以判定油脂是否氧化及氧化程度。此检测法称为硫代巴比妥酸反应物(TRARS)测定法。Hodges 等对原始的 TRARS 测定法进行了修改，从而减少了花色苷及其他干扰物质对植物组织中脂质氧化测定结果的影响。一般说来，只有含 3 个或更多个双键的脂肪酸才能产生足够量与硫代巴比妥酸反应的物质。虽然其他化合物和硫代巴比妥酸试剂反应生成的色素会干扰测定，但是在很多情况下，硫代巴比妥酸检验法仍可用来对一种试样的不同氧化状态进行比较。

称取 2.0g(精确至 0.001g)油样，置于 100mL 三角瓶内，加入三氯乙酸混合液 50mL，振摇 0.5h，如有杂质需要用双层滤纸过滤。准确移取上述滤液 5mL，加入 TBA 液 5mL，混匀，置于 90℃ 水浴内保温 30min，取出，冷却 1h，离心 5min，上清液倾入具塞比色管内，加入三氯甲烷 5mL，摇匀，静止，分层，吸出上清液于 538nm 处测定吸光值，同时做空白试验。

丙二醛标准曲线的制作：分别精密量取丙二醛标准使用液 0.02、0.04、0.06、0.1、0.2、0.3mL 用水稀释至 10mL，即含量分别为 0.02、0.04、0.06、0.1、0.2、0.3μg/mL，然后精密量取 5mL 丙二醛标准液加入 5mL 硫代巴比妥酸液，混匀，置 90℃ 的恒温水浴锅中保温 30min，取出后，冷却 1h，将上清液倾入具塞比色管中，加入三氯甲烷 5mL，摇匀，静止分层，吸出上清液于 538nm 处测定吸光值，同时做空白实验。

$$丙二醛含量(mg/kg) = \frac{C \times 50}{M \times 5}$$

式中 　C——从标准曲线查得丙二醛的微克数，μg；

　　　M——样品质量，g。

（3）茴香胺值法

油脂中醛类化合物含量一般用茴香胺值表示，油脂的劣变程度越严重，茴香胺值数值越大。测定原理是，在醋酸溶液中，使油脂中的醛类化合物和 p-茴香胺反应，然后在 350nm 处测定其吸光度，由此得到 p-茴香胺值。目前国际上常采用总氧化值指标，即 2 倍的过氧化值与茴香胺值之和来评价食用油脂的氧化劣变程度。

称取一定量的油样置于 25mL 容量瓶中，用异辛烷溶解并稀释到刻度成为未反应溶液，用异辛烷溶剂作参比，在 350nm 波长处测定未反应溶液吸光度 A_0。用移液管吸取未反应溶液 5mL 置于 10mL 试管中，另一试管加入 5mL 异辛烷溶剂，分别加入 1mL p-茴香胺冰醋酸溶液，10min 后，在 350nm 处分别测定上述溶液吸光度 A_1 和 A_2。按下式计算 p-茴香胺值：

$$AV = \frac{100 \times Q \times V \times \left[1.2 \times (A_1 - A_2) - A_0 \right]}{M}$$

式中　AV——p-茴香胺值

　　　V——溶解试样的体积，mL；

　　　m——试样的质量，g；

　　　Q——以茴香胺值为表达基础，测定溶液中样品量，g/mL；

　　　A_0——未反应溶液吸光度；

　　　A_1——反应溶液吸光度；

　　　A_2——空白溶剂吸光度。

（4）电导试验法

油脂稳定系数（OSI）测定时，油样中通入一定温度的热空气，加速油脂脂肪酸的氧化，产生挥发性有机酸。空气将挥发性有机酸带入一个导电室，室内的水将挥发性有机酸溶解，电离出离子，从而改变水的导电性，计算机连续测量导电室的电导率，当电导率急剧上升时，表示诱导期终点的到来，在此之前的这段时间称为 OSI 时间。

应用此原理，瑞士 Metrchm 公司研制出 Rancimat 仪，用来测量油脂的诱导期及不同抗氧化剂对油脂的抗氧化效果。需要特别指出的是，Rancimat 仪是通过在高温下往油脂中通入大量氧气进行强制氧化来评价脂质的氧化稳定性，而油脂的氧化机理在高温下会发生变化，随着温度升高氧气的溶解度降低，油脂的氧化速度将依赖于氧气的浓度。

（5）荧光法

荧光法也可用于油脂的氧化分析，脂质过氧化产生的羰基化合物如丙二醛可以和蛋白质、氨基酸反应生成含有 N–C＝C–C＝N 结构并发荧光的烯夫碱。此碱具有典型的荧光激发光谱和发射光（420~470nm）。因此用荧光分光光度计测定其荧光的相对强度，即可间接反映脂质过氧化的水平。此法灵敏度高，并且此法可以反映丙二醛与体内蛋白质的相互作用，具有重要生物学意义。这一检测方法机理复杂，但灵敏度较高，通常需要与标准荧光物质进行比较，以相对荧光强度作为油脂过氧化程度的表示。

（6）气相色谱法

气相色谱是常用的仪器分析手段，可以直接分离测定油脂中醛、烃等挥发性的小分子含量，用以判断油脂氧化的程度。此法可以选择戊烷、己醛、戊醛等单一成分测定其含量，也可以测定总挥发物的含量，该测定值与感官评价有良好的对应关系。该法不仅灵敏度高，还可以反映油脂风味的变化情况。挥发性油脂氧化产物的形成与风味的劣变紧密相关，比如己醛是过氧化物的降解产物，与油脂氧化后产生的不良风味有关，己醛含量越高，油脂的氧化程度越大，风味越差。

3. 油脂氧化底物变化的检测

（1）氧吸收量

以静态法为例，装于密封容器中的油脂样品在一定温度、湿度及光照条件下储存，定期抽取顶孔中的气样，用分子筛填充的不锈钢柱分离后，进行气相色谱分析。顶空中氧气的含量下降越快，说明样品吸收氧量越多，其抗氧化性越差。

（2）脂肪酸含量变化

利用气相色谱可以测定油脂中脂肪酸的含量。氧化使油脂中不饱和脂肪酸的相对含量下降，而饱和脂肪酸的相对含量上升。因此脂肪酸的组成随储存时间变化的快慢可以从一定程度反映油脂的抗氧化能力，油脂抗氧化能力越高，其脂肪酸的组成变化越慢。利用液相色谱法跟踪氧化底物脂肪酸的变化可以减少气相色谱中某些样品衍生化带来的误差。

4. 其他检测方法

（1）重量变化

测定原理是将油脂样品等温地保持在流动的空气流或氧气流中，采用高灵敏度的记录电子天平连续地检测到重量的变化，在氧化期可观测到重量显著的增长。Wanasundara 等用这种方法比较了抗氧化剂对植物油和动物油储存稳定性的影响，实验受温度、样品大小等影响，重复性较差，但节约了仪器成本。

（2）氧化起始温度

用压力差示扫描量热法（PDSC），可观察油脂的氧化稳定性和热稳定性。PDSC图中样品的氧化起始温度可用于预测油脂的氧化稳定性。氧化起始温度越低，油脂越容易降解，其稳定性越差。反之，其稳定性越好。

（四）牡丹籽油氧化控制研究

牡丹籽油中脂肪酸的不饱和程度高，在生产、保存过程中易发生氧化酸败，致使其风味和营养价值遭到破坏。因此控制牡丹籽油在储存过程中的氧化问题是油用牡丹产业化顺利开展的有力保障之一。目前，国内外对油用牡丹种子的研究主要集中在油脂的提取、精制、营养成分分析和功能活性研究等方面，对其氧化稳定性的研究较少。

图17-1为迷迭香抗氧化剂对牡丹籽油过氧化值变化的影响，从图中可以看出，加速氧化条件下，牡丹籽油的过氧化值均随储存时间的延长而上升。60℃下氧化30天时，空白组的过氧化物含量达到最大30.80meq/kg，高于其他处理组。添加迷迭香抗氧化剂的牡丹籽油展现出较好的氧化稳定性，30d时的PV值为14.28meq/kg，与空白组差异显著，氧化抑制率为53.63%。迷迭香提取物的抗氧化活性高于VE，与叔丁基对苯二酚差异不显著。

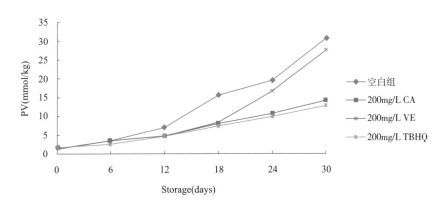

图17-1 迷迭香抗氧化剂对牡丹籽油过氧化值变化的影响

硫代巴比妥酸法是测量脂肪酸、细胞膜和生物组织脂质过氧化的最传统也是应用最多的方法。油脂氧化首先是油脂中的脂肪酸与氧发生反应形成初级氧化产物，然后再分解产生饱和与不饱和的醛、酮、酸等小分子化合物，即次级氧化产物。丙二醛是分解产物中的一种，它生成量越多，油脂发生的氧化越严重，则抗氧化能力越弱，反之则越强。

图17-2可见，空白样品组的硫代巴比妥酸值一直最高，上升速度最快，发生的氧化程度最大；添加的迷迭香提取物起到了明显的抗氧化作用，氧化抑

制率33.59%，证明迷迭香提取物的加入显著提高了牡丹籽油在高温下保持氧化稳定性的能力。

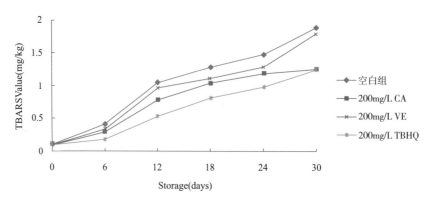

图17-2　迷迭香抗氧化剂对牡丹籽油丙二醛含量变化的影响

酸价是评定油脂中所含游离脂肪酸含量的量度。油脂酸价的大小受很多条件影响，如原料的组成特征，质量好坏，油脂在加工、储藏、运输过程中的含水量，杂质含量，与温度、空气、光照等因素也有关系。由图17-3可以看出，在此实验中，TBHQ和CA表现出较强的抗氧化能力，在整个氧化过程中牡丹籽油酸价上升缓慢，12天时酸价增加量不超过100%，均与空白样品组达到极显著差异（P<0.01）。迷迭香提取物的氧化抑制率28.19%。

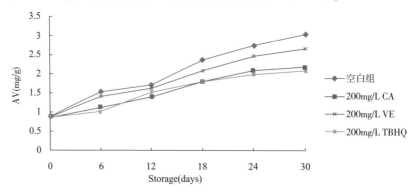

图17-3　迷迭香抗氧化剂对牡丹籽油游离脂肪酸含量变化的影响

迷迭香提取物对牡丹籽油保持稳定性有显著的作用，与VE相比具有更好的抗氧化活性。一些研究表明，迷迭香提取物比从菜籽油中提取的维生素E具有更高的抗氧化活性，而迷迭香提取物中的主要抗氧化活性物质来自其二萜类化合物，如鼠尾草酸。已有不少对迷迭香提取物抗氧化活性的研究表明其延缓物质氧化的能力强于许多其他天然和合成抗氧化剂，如丁基羟基茴香醚（BHA）和二丁基羟基甲苯（BHT）。迷迭香提取物的抗氧化能力比BHA高出4倍，在鼠尾草酸添加到葵花籽油的实验中，其抗氧化能力好于BHT和BHA，但与 TBHQ 相比表现较弱。同时，迷迭香提取物已经被添加到不同的油脂、肉制品、水产品之中进行抗氧化研究，如鱼油、菜籽油、葵花籽油、猪油以及冷鲜肉、香肠制品、鱼肉制品等。

东北林业大学的研究人员在加速氧化条件下，考察了丁化羟基甲苯（BHT）、迷迭香精油、鼠尾草酸、迷迭香酸 4 种抗氧化剂对牡丹籽油氧化稳定性的影响。结果表明，加速氧化条件下，牡丹籽油的过氧化值均随储存时间的延长而上升，并且随着氧化程度的增加牡丹籽油的氧化速度也不断加快。因此，油脂的氧化问题应该及早注意，认真对待，在生产过程中就做好抗氧化的工作。迷迭香 3 种活性成分迷迭香精油、迷迭香酸和鼠尾草酸对牡丹籽油的氧化具有不同程度的抑制作用，抗氧化能力由强到弱依次为：鼠尾草酸>迷迭香酸>迷迭香精油。鼠尾草酸能有效延长牡丹籽油的保质期，预防其酸败变质。

第十八章 油用牡丹加工副产品的综合利用

第一节 油用牡丹种皮的资源化利用

牡丹种皮是牡丹干燥成熟种子的黑色坚硬外壳，约占油用牡丹种子总重的1/3，在生产牡丹籽油之前被脱除，一般作为垃圾处理，不仅造成资源浪费，而且污染环境。为了充分开发利用这一资源，研究人员对牡丹种皮的成分进行了分析，并对部分成分进行了鉴定，为牡丹种皮资源的进一步利用提供了理论依据。

一、油用牡丹种皮的成分化学

(一)脂肪酸

陕西省资源生物重点实验室的研究者对采自陕西省旬阳县的紫斑牡丹种子种皮、种仁中脂肪酸组成进行了检测分析。分别将紫斑牡丹种子的皮、仁分开，置于65℃烘箱中烘干。种皮用粉碎机粉碎，种仁用研钵磨碎后备用。利用索氏提取器分别对紫斑牡丹种皮、种仁的粗脂肪进行提取。称取粗脂肪0.3g，置于10mL容量瓶中，加入石油醚和苯混合溶液4mL，加入氢氧化钾甲醇溶液4mL，摇振后放置5min，加蒸馏水摇匀，静置放置，待溶液分层后取上清液分析。检测条件为：DB-WAX弹性石英毛细管色谱柱(30m×0.25mm，0.25um)。升温程序为：120℃保持5min，然后以5℃/min升温至215℃，保持38min。进样口温度：280℃；检测器温度：280℃；载气(N_2)：49.5mL/min；辅助气(H_2)：40mL/min；空气：500mL/min；进样量：1μL。根据脂肪酸标准品确定样品中脂肪酸的种类，样品中脂肪酸的相对含量采用面积归一化法计算。紫斑牡丹种皮脂肪酸甲酯气相色谱图如图18-1所示，紫斑牡丹种皮和种仁主要脂肪酸相对含量见表18-1。

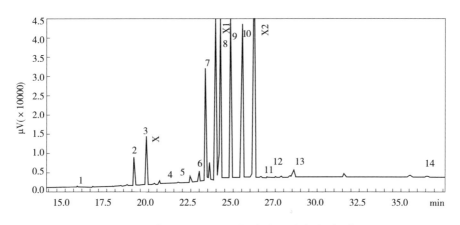

图 18-1 紫斑牡丹种皮脂肪酸甲酯气相色谱图

1-肉豆蔻酸　2-棕榈酸　3-棕榈油酸　4-十七烷酸　5-十七碳一烯酸　6-硬脂酸　7-油酸　8-亚油酸
9-γ-亚麻酸　10-α-亚麻酸　11-花生酸　12-二十碳一烯酸　13-二十碳二烯酸　14-二十二碳二烯酸

表 18-1 紫斑牡丹种皮和种仁主要脂肪酸相对含量

脂肪酸	紫斑牡丹种皮(%)	紫斑牡丹种仁(%)
肉豆蔻酸	—	0.03
豆蔻烯酸	0.04	—
棕榈酸	1.93	3.76
棕榈油酸	0.05	0.06
十七烷酸	0.06	0.07
硬脂酸	0.72	1.38
油酸	7.78	15.22
亚油酸	12.65	21.63
γ-亚麻酸	19.89	7.32
α-亚麻酸	12.32	31.56
花生酸	0.07	0.08
二十碳一烯酸	0.11	0.17

　　检测结果表明，紫斑牡丹种皮、种仁中含有丰富的不饱和脂肪酸，尤其是亚麻酸含量较高。除了表中所列的 12 种脂肪酸外，紫斑牡丹种仁、种皮还有少量的十七碳一烯酸、二十碳二烯酸和二十二碳二烯酸。紫斑牡丹的种仁、种皮具有相似的脂肪酸组成，但构成比例上差异较大。在紫斑牡丹中亚麻酸有α-和γ-两种，种仁中主要为α-亚麻酸，而在种皮中γ-亚麻酸稍高。

(二) 有效的药物成分

经检测发现，牡丹种皮中主要含有丹皮酚、木犀草素、槲皮素等活性成分，含量分别为丹皮酚 0.52mg/g，木犀草素 0.75mg/g、槲皮素 1.13mg/g。

1. 丹皮酚(Paeonol)

丹皮酚作为牡丹的主要有效成分，其结构式如图 18-2 所示：

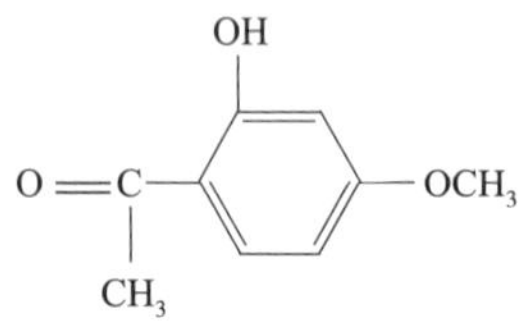

图 18-2 丹皮酚结构式

丹皮酚，2-羟基-4-甲氧基苯乙酮，分子式为 $C_9H_{10}O_3$，分子量 166.18，室温下为白色或微黄色有光泽的针状结晶，熔点 49~51℃，气味特殊，味微辣，易溶于乙醇和甲醇中，溶于乙醚、丙酮、苯、氯仿及二硫化碳中，在热水中溶解，不溶于冷水，能随水蒸气挥发。研究发现丹皮酚是一个药理活性高效、广泛、低毒的单体成分，具有广泛的生物活性和药理作用，具有镇静、催眠、抗菌、消炎、抗氧化、降血压等作用，在心血管疾病和肿瘤疾病方面显示出其良好的药理活性，临床多用于治疗风湿痛、胃痛、心脑血管、肿瘤、炎症、变态反应及免疫系统等疾病。

2. 木犀草素(Luteolin)

木犀草素的化学式：$C_{15}H_{10}O_6$；分子量：286.23；黄色针状结晶；密度：1.654g/cm³；熔点：330℃；微溶于水，具弱酸性，可溶于碱性溶液中，正常条件下稳定，结构式如图 18-3 所示。

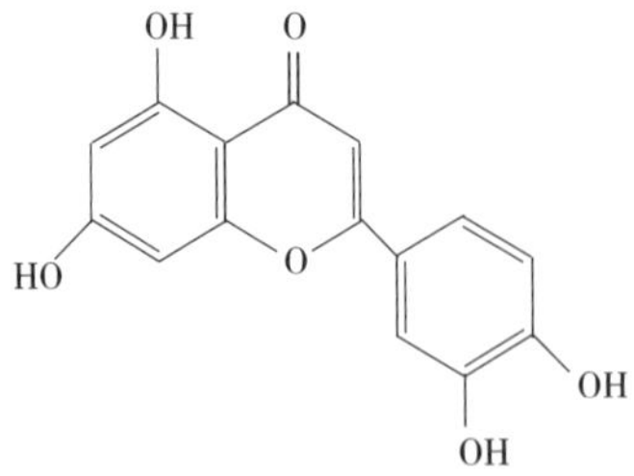

图 18-3 木犀草素结构式

木犀草素存在于多种植物中，具有多种药理活性，如消炎、抗过敏、抗肿瘤、抗菌、抗病毒等，临床主要用于止咳、祛痰、消炎，治疗心血管疾病、肌萎缩性脊髓侧索硬化症、SARS、肝炎等。

3. 槲皮素（Quercetin）

槲皮素，又名栎精、槲皮黄素，化学式为 $C_{15}H_{10}O_7$，分子量302.33，室温下黄色针状结晶，熔点314℃（分解），分子结构如图18-4所示。槲皮素属黄酮类化合物，多以甙的形式存在，易溶于热乙醇，可溶于甲醇、乙酸乙酯、冰醋酸、吡啶、丙酮等，不溶于水、苯、乙醚、氯仿、石油醚等，碱性水溶液呈黄色。

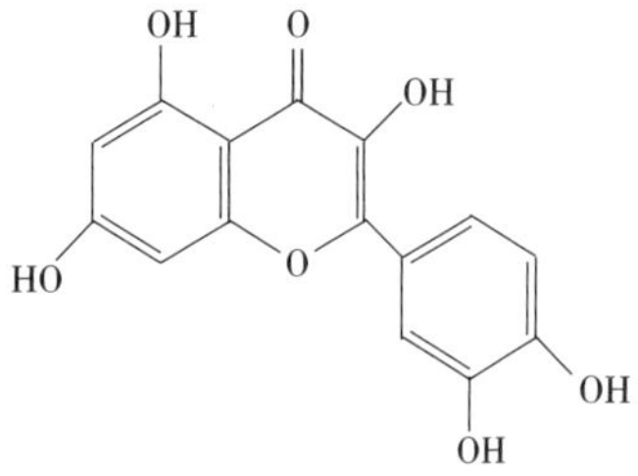

槲皮素能显著抑制促癌剂的作用、抑制离体恶性细胞生长、抑制艾氏腹水癌细胞 DNA、RNA 和蛋白质的合成。槲皮素对缺血再灌性心律失常有保护作用。在再灌前1min至再灌后2min静脉滴注槲皮素，可显著缩短心律失常的持续时间，降低室颤的发生率、再灌注区心肌组织中 MDA 的含量，而对超氧物歧化酶（SOD）具有明显的保护作用。槲皮素还

图18-4　槲皮素结构式

有降低血压、增强毛细血管抵抗力、减少毛细血管脂性、降血脂、扩张冠状动脉、增加冠脉血流量等作用。槲皮素能络合或捕获自由基防止机体脂质过氧化反应，在祛痰、止咳、平喘、抗菌、抗病毒、消炎、防治糖尿病并发症方面也有较强的药理作用。

二、油用牡丹种皮的利用途径

牡丹种皮在牡丹籽油前处理工艺中被脱除掉，其中含有多种脂肪酸和药用有效成分，如果作为垃圾处理，是资源的浪费，甚为可惜。油用牡丹种皮中粗脂肪含量约为10.24%，总黄酮3.24%（以芦丁计）。

近年来，国内外专家学者对于黄酮类化合物的研究日益增多，进行了大量的研究成果报道，表明天然黄酮类化合物具有多种生理活性。

清除自由基及抗氧化作用。自由基化学性质活泼，具有极强的氧化性，对人体危害性极大。自由基主要包括超氧阴离子自由基、羟自由基、脂质过氧化物自由基和烷氧自由基等。人体内含有超氧化物歧化酶和过氧化氢酶可以清除掉过多的自由基，当人体内自由基的产生与清除失去平衡时，自由基大量聚集导致人体内的蛋白质、核酸、脂质和 DNA 氧化性损伤，改变了细胞的结构和功能，从而引起肿瘤、炎症、衰老、动脉硬化、神经紊乱和心血管等疾病。天然黄酮类化合物清除自由基和抗氧化能力非常强，对降低自由基对机体危害及防止疾病有着重要的作用。天然黄酮类化合物清除自由基作用的机理是分别阻断自由基引发的连锁反应、自由基生成和脂质过氧化过程。天然黄酮类化合物

抗氧化作用的机理是将氢原子供给自由基，降低或阻断自由基的氧化性，其黄酮类化合物主要作为自由基的吸收剂，通过抑制和清除自由基来避免氧化损伤，从而起到抗氧化作用，其抗氧化能力的强弱取决于黄酮分子结构中酚-OH的数量和位置。研究表明，多数黄酮类化合物的抗氧化活性远高于维生素 C，同时毒性很低。

对心血管系统的作用。天然黄酮类化合物通过与人体内酶系统及细胞信号系统相互作用来影响人体内酶和细胞因子的调节，也能够影响到血管壁细胞和血小板的功能，进而对人体心血管疾病起到一定的预防和治疗作用。黄酮类化合物具有增强心脏功能、增加冠状血管流量、降血压、降血脂、治疗心绞痛、心肌梗死、扩张冠状血管、调节心律失常、调节心肌收缩和降低毛细血管渗透性等作用。大量研究证明，天然黄酮类化合物能够有效抑制心脏磷酸二酯酶的活性，进而调节心肌收缩，增强心肌舒张，降低血液中血脂含量，起到防止动脉硬化等作用。

抗肿瘤与抗癌的作用。天然黄酮类化合物都具有明显的抗肿瘤与抗癌作用，主要是通过抑制癌细胞增殖和降低致癌因子的活性，直接杀灭肿瘤细胞，促进癌细胞凋亡，阻止癌细胞分裂增殖，及降低致癌因子的毒性，防止肿瘤发生和抑制肿瘤的生长。

抗疲劳的作用。天然黄酮类化合物通过降低小鼠体内血液中的乳酸与尿素氮含量，提高小鼠体内血液中肝糖原含量和肌糖原含量，最终提高小鼠游泳耐力和爬杆时间。

天然黄酮类化合物还具有抗菌与抗病毒作用，具有抗过敏、抗衰老、消炎、降低血糖、抗糖尿病、调节免疫、镇咳祛痰等作用。

牡丹种皮中黄酮类物质含量丰富，可以作为很好的植物药用成分提取原料，既降低了成本又提高了资源利用效率，有利于油用牡丹产业的发展。

三、油用牡丹种皮的利用实例

（一）匀浆法和酶辅助法提取牡丹种皮黄酮工艺的研究

提取黄酮类化合物常采用溶剂法。溶剂提取法是根据待提取物成分的溶解性能，选择合适的溶剂进行提取。提取原理是根据溶剂穿透提取物的细胞膜，溶解溶质，形成细胞内外溶质浓度差，将溶质渗出细胞膜，以达到提取目的。选择溶剂不仅考虑相似相溶的原则，更要最大限度地提取活性成分，最低限度地浸出无效成分和有害物质，不与有效成分和辅助成分发生化学反应，也不影响稳定性。而且保证溶剂的沸点要适中，容易回收，低毒安全。常用的溶剂中，水最容易得到且价格便宜，不过用水提取出的提取液中杂质很多，如无机盐、蛋白质、糖和淀粉等，给进一步分离带来许多麻烦，而且还可能因为泡沫或黏液多，造成进一步浓缩的困难，提取液容易发霉发酵。所以大多数情况下采用有机溶剂，以避免上述这些缺点。乙醇能与水以任意比例混合，又能和大多数亲脂性有机溶剂混合，渗入植物组织细胞能力较强，能溶解大多数黄酮类成分，并对一些亲水性杂质成分如蛋白质、淀粉、黏液质等多糖成分不溶或难溶，因此乙醇提取液中水溶性杂质少。在提取时可以根据各种化学成分亲水性、亲脂性的强弱选择不同浓度的乙醇。提取亲脂性成分选用高浓度的乙醇，提取亲水性成分选用较低浓度的乙醇。乙醇可凝固蛋白质，破坏酶的活性，提取液不易发霉、变质。同时乙醇比其他有机溶剂便宜，大部分可回收使用，所以乙醇是提取时最常用的溶剂。

从经济性和安全性方面考虑，本章采用乙醇-水体系研究匀浆法和酶辅助匀浆法提取牡丹种皮中的黄酮类化合物，重点考察乙醇-水体系匀浆法和酶辅助匀浆法的最佳提取工艺条件，进行不同方法的深入比较，进而提出牡丹种皮黄酮类化合物提取的最佳方法及工艺条件，为牡丹种皮深加工生产提供实验依据。

1. 实验材料与仪器

牡丹成熟干燥的种子，于 2011 年秋采收于山东菏泽。牡丹种籽经脱壳机去皮，收集种皮洗净后于 60℃ 干燥箱烘干过夜，过 40 目筛备用。

主要试剂：芦丁标准品，购于卫生部中国药品生物检定所；乙醇、95%乙醇、亚硝酸钠、$Al(NO_3)_3$、氢氧化钠、冰醋酸等均为分析纯（购于天津市科密欧化学试剂、天津市富宇精细化工有限公司、天津市北辰方正试剂厂）；色谱级乙腈和色谱甲醇（MERK）；自制超纯水。

主要仪器：UV-2550 紫外可见分光光度计（日本岛津公司）；Mill-去离子水制备系统（美国 Millipore 公司）；HL-60 恒温培养箱（上海跃进医疗器械有限公司）；KQ-250DB 型数控超声波清洗器（巩义市予华仪器有限责任公司）；HX-200A 型高速粉碎机（浙江省永康市溪岸五金模具厂）；RE-52AA 型旋转蒸发仪（上海青浦沪西仪器厂）；98-1-B 型电子调温电热套（天津市泰斯特仪器有限公司）；DK-98-I 电子恒温水浴锅（南京泰特化工设备有限公司）；鲜磨匀浆萃取装置（自制）；717 型自动进样高效液相色谱仪，包括 1525 二元泵和2487 型紫外光检测器（美国 WATERS 公司）；美国迪马色谱柱（4.6mm×250mm，5um）；3K-30 超速离心机（美国 Sigma 公司）；SHB-Ⅲ循环水式多用真空泵（郑州长城科工贸有限公司）；BS124 电子天平（北京赛多利斯有限公司）。

2. 实验方法

（1）总黄酮含量测定方法

绘制标准曲线：

称取 10.0mg 芦丁，用 80% 乙醇完全溶解后定容至 100mL 作为标准溶液，精密吸取 0、1、2、3、4、5mL 芦丁标准溶液分别置于 10mL 具塞试管中，分别加入 5% $NaNO_3$ 溶液 0.30mL，摇匀，6min 后再分别加入 10% 硝酸铝水溶液 0.30mL，摇匀放置 6min；然后分别加入 4% 氢氧化钠水溶液 4.00mL，用 80% 乙醇定容至 10mL，摇匀，静置 15min，以试剂为空白，在 510nm 处测定不同浓度下芦丁溶液吸光值。以吸光值 A 为横坐标、芦丁浓度为纵坐标绘制芦丁标准曲线。

重现性实验：

按上述绘制标准曲线的方法，准确量取 0.3mL 芦丁储备液 5 份，按上述操作进行，测定吸光度值，分析重现性。

样品的制备与测定：

准确称取 5.00g 牡丹种皮，加入一定的乙醇溶液，混合均匀后，匀浆几分钟提取一定次数的条件下，匀浆提取牡丹种皮黄酮类化合物。取 0.1mL 上述牡丹种皮黄酮提取液，按标准曲线方法操作测定吸光度值，由标准曲线计算出牡丹种皮总黄酮含量。

加样回收率实验：

分别准确量取已知总黄酮含量为 2.30mg/mL 的 1mL 提取液 5 份，分别加入一定量的芦丁标准品，进行总黄酮含量测定，根据回收率公式计算出加样回收率。

（2）木犀草素 HPLC 分析测定方法

结合牡丹花、牡丹叶和木犀草素等方面的文献报道和前期预实验，主要选择木犀草素作为牡丹种皮黄酮提取物中黄酮类化合物的代表进行定量分析。

HPLC 液相条件：

色谱柱：Diamonsil C18（250mm×4.6mm，5um）；流速 1mL/min，进样量 10μL。流动相：甲醇与 0.4% 磷酸水溶液比例为 52∶48；检测波长 360nm。

标准曲线的制作：

标准品的配制：木犀草素（购于卫生部中国药品生物检定所）分别准确称取 10mg，用甲醇定容至 10mL，使之成为浓度 1mg/mL 的标准储备液，再取 0.5mL 储备液加入 0.5mL 甲醇，依次稀释成 0.5mg/mL、0.25mg/mL、0.125mg/mL、0.0625mg/mL、0.03125mg/mL 不同浓度的标准溶液待测。每样重复 3 次，峰面积取平均值，以标准品浓度为横坐标、峰面积为纵坐标做标准曲线。

样品测定溶液制备：

按照上述最佳酶解辅助匀浆法的工艺条件，提取牡丹种皮总黄酮的溶液，置入 1.5mL 离心管，10000 转离心后，按照上述 HPLC 液相条件，测定木犀草素。

重现性实验：

在以上液相条件下，进样分析标准溶液峰面积，重复分析 5 次，计算出标准偏差，变异系数。

（3）匀浆提取工艺条件优化

乙醇提取溶剂浓度的筛选：

准确称取 5.00g 牡丹种皮，按料液比 1:10（g/mL）加入乙醇溶液，混合均匀后，匀浆 3min 提取一次的条件下，用体积分数分别为 30%、50%、60%、70%、80% 和 95% 乙醇溶液提取牡丹种皮黄酮类化合物，比较得率差异，讨论乙醇浓度对得率的影响。

液料比的筛选：

准确称取 5.00g 牡丹种皮，加入体积分数为 80% 的乙醇溶液，匀浆，混合均匀后，匀浆 3min 提取一次的条件下，按料液比为 1:6、1:8、1:10、1:12、1:15 和 1:20（g/mL），提取牡丹种皮黄酮类化合物，比较得率的差异，讨论牡丹种皮样品与乙醇溶液的料液比对得率的影响。

匀浆时间的筛选：

准确称取 5.00g 牡丹种皮，按料液比 1:10（g/mL）加入 80% 乙醇溶液，匀浆一次，提取时间分别为 1、2、3、4、6 和 8min，提取牡丹种皮黄酮类化合物，比较得率，讨论匀浆时间对得率的影响。

提取次数的筛选：

准确称取 5.00g 牡丹种皮，按料液比 1:10（g/mL）加入乙醇溶液，混合均匀后，匀浆 6min，用体积分数为 80% 的乙醇溶液提取牡丹种皮黄酮类化合物，提取次数分别设为 1、2、3 和 4 次，比较得率差异，讨论匀浆提取次数对牡丹种皮黄酮得率的影响。

（4）酶辅助法提取工艺条件优化

酶解辅助提取黄酮类化合物的影响因素很多，包括底物浓度、酶浓度、反应产物、反应体系的 pH、反应温度、以及抑制剂的种类和数量等。使用酶辅助法提取植物中的生物活性物质，对提取率影响较大的因素包括酶的种类、添加量、反应温度、时间和系统 pH 等，下面就针对这几个因素进行考察。

纤维素酶和果胶酶种类和浓度的筛选：

准确称取 12 份 1g 牡丹种皮，在 45℃、pH4.5 和孵育 180min 条件下进行酶解，每份牡丹种皮中加入醋酸-醋酸钠酶缓冲液 2mL，其中酶浓度分别为 0、0.1mg/mL 纤维素酶、0.2mg/mL 纤维素酶、0.3mg/mL 纤维素酶、0.5mg/mL 纤维素酶、0.01mg/mL 果胶酶、0.05mg/mL 果胶酶和 0.1mg/mL 果胶酶，以及纤维素与果胶酶混合浓度比例分别为 0.2mg/mL：0.05mg/mL、0.1mg/mL：0.05mg/mL、0.2mg/mL：0.1mg/mL 和 0.1mg/mL：0.1mg/mL。取出后在 90℃下灭活 5min，再加入乙醇溶液 8mL 按照匀浆优化条件进行匀浆后，测定牡丹种皮黄酮的含量。

孵育时间的筛选：

准确称取 1g 牡丹种皮 5 份，加入含 0.05mg/mL 果胶酶的醋酸-醋酸钠酶缓冲液 2mL，在 45℃、pH4.5 条件下进行酶解，酶解孵育时间分别为 60min、90min、120min、150min 和 180min。取出后在 90℃下灭活 5min，再加入乙醇溶液 8mL 按照匀浆优化条件进行匀浆后，测定牡丹种皮黄酮的提取率。

孵育温度的筛选：

准确称取 1g 牡丹种皮 4 份，加入含 0.05mg/mL 果胶酶的醋酸-醋酸钠酶缓冲液 2mL，在 pH4.5、时间 150min 条件下进行酶解、温度分别为 40℃、45℃、50℃ 和 55℃。取出后在 90℃下灭活 5min，再加入乙醇溶液 8mL 按照匀浆优化条件进行匀浆后，测定牡丹种皮黄酮的提取率。

孵育 pH 的筛选：

准确称取 1g 牡丹种皮 4 份，加入含 0.05mg/mL 果胶酶的醋酸-醋酸钠酶缓冲液 2mL，在温度为 45℃、时间 150min 条件下进行酶解，pH 分别为 3.5、4、4.5 和 5。取出后在 90℃下灭活 5min，再加入乙醇溶液 8mL 按照匀浆优化条件进行匀浆后，测定牡丹种皮黄酮的提取率。

3. 结果与分析

(1) 牡丹种皮黄酮和木犀草素检测方法的建立

以芦丁标准品浓度为横坐标 X，吸光度为纵坐标 Y，进行线性回归，如图 18-5，得到芦丁浓度与吸光度标准曲线回归方程为：$Y = 14.269X - 0.0248$，相关系数 $R^2 = 0.9985$，相关性良好。

从表 18-2 中可以看出，紫外分光光度计法测定芦丁含量，结果标准偏差和相对标准偏差较小，实验结果重现性较好，所得数据精确。

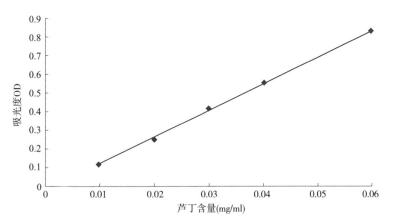

图 18-5　芦丁标准品吸光度-浓度标准曲线

表 18-2　芦丁标准品重现性实验结果

次数	吸光度	平均值	标准偏差 S	相对标准偏差 CV%
1	0.418			
2	0.419			
3	0.419	0.419	0.000793	0.18
4	0.420			
5	0.418			

如表 18-3 表明，芦丁标准品为对照品，紫外分光光度法测定提取液中总黄酮含量，加样回收率为 100.42%，相对标准偏差为 2.94%，回收率较高，偏差较小，所以本方法准确度高。

表 18-3　芦丁标准品回收率实验结果

样品号	样品中总黄酮含量（mg）	芦丁加入量（mg）	测定量（mg）	回收率（%）	平均回收率（%）	相对标准偏差（CV%）
1	2.30	0.11	2.414	103.63		
2	2.30	0.51	2.830	103.92		
3	2.30	1.02	3.290	97.06	100.42	2.94
4	2.30	1.49	3.760	97.99		
5	2.30	1.99	4.280	99.50		

色谱柱：Diamonsil C18（250mm×4.6mm，5um）；流速 1mL/min，进样量 10μL。木犀草素流动相，甲醇与 0.4% 磷酸水溶液比例为 52∶48；检测波长 360nm；检测结果如图 18-6 和图 18-7。

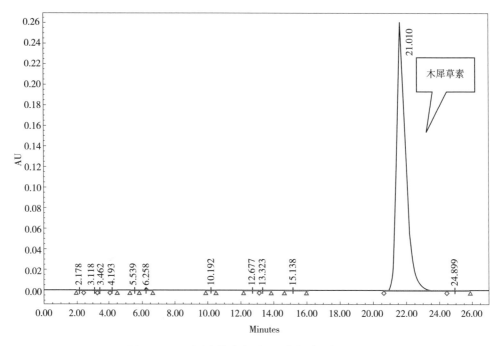

图 18-6　木犀草素标准品液相色谱分析图

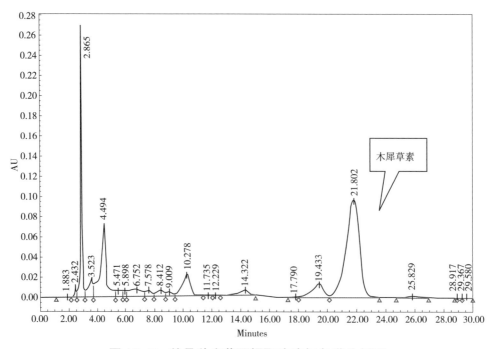

图 18-7　牡丹种皮黄酮提取液液相色谱分析图

以标准品浓度为横坐标 X，峰面积为纵坐标 Y，进行线性回归，如图 18-8，得到木犀草素浓度与峰面积标准曲线回归方程为：$Y = 4 \times 10^7 X + 92733$，相关系数 $R^2 = 0.998$，在 $0.03125 \sim 0.5\text{mg/mL}$ 相关性良好。

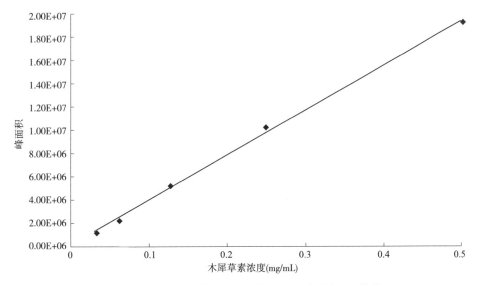

图 18-8　木犀草素标准品峰面积-浓度标准曲线

从表 18-4 中可以看出标准偏差、相对标准偏差均较小，实验结果重复性较好，表明高效液相法分析牡丹种皮黄酮提取物中的木犀草素的定量方法准确、可靠。

表 18-4　木犀草素标准品重现性实验结果

次数	峰面积	平均值	标准偏差 S	相对标准偏差 CV%
1	2179793			
2	2109978			
3	2198979	2159016	47317	2.19
4	2200357			
5	2105976			

（2）牡丹种皮黄酮的最佳匀浆提取工艺筛选

对于总黄酮提取的方法有很多，如有机溶剂提取法、超声提取法、微波提取法和超临界提取法等，这些提取法都有各自的优点，也存在所用提取液量大、溶剂回收率低和成本高等缺点。但针对提取黄酮的原料牡丹种皮来说若使用上述方法，存在一个共同之处是：牡丹种皮需要进行粉碎，此过程产生大量粉尘，在工业生产中影响操作人员的身体健康。而且应用匀浆法提取植物活性成分，可以直接将物料置于匀浆机中，与提取溶剂在匀浆装置中混合匀浆，通过机械及溶液之间力的剪切作用将物料撕碎，使物料破碎和有效成分的提取同步进行，达到种皮中黄酮类物质快速和强化提取的目的。匀浆提取法提取快速，能耗低，目的成分得率高。研究利用匀浆法对牡丹种皮黄酮提取，通过工艺优化，得到良好的结果，为生产应用提供了实验依据。

图 18-9 可以看出：随着乙醇浓度升高，黄酮类化合物和木犀草素的含量升高，当乙醇浓度达到 80% 时，提取效果最好，总黄酮含量为 32.10mg/g，木犀草素含量达到 0.34mg/g，此后随浓度升高，提取率反而下降，因此选择乙醇浓度 80% 为宜。

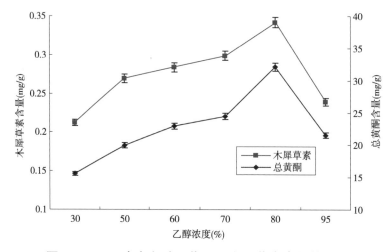

图 18-9　乙醇浓度对总黄酮和木犀草素含量的影响

如图 18-10 所示，随着液料比的增加总黄酮和木犀草素浓度也明显增加，当液料比为 10 时，其总黄酮含量为 27.24mg/g，木犀草素含量为 0.152mg/g，当液料比达 12 时总黄酮含量达到最高，总黄酮含量为 29.34mg/g，木犀草素含量为 0.159mg/g。此后随着液料比增加总黄酮浓度变化不大。从节约能源角度考虑，选择液料比为 10 时最宜提取牡丹种皮总黄酮。

由图 18-11 可以看出牡丹种皮总黄酮类化合物和木犀草素的含量随着匀浆时间的延长而增加，当增加至 4min 以后时上升趋势缓慢，6min 时达最大，总黄酮含量为 49.82mg/g，木犀草素含量为 0.67mg/g，所以选取匀浆时间为 6min 可使总黄酮和木犀草素含量达最高。

由图 18-12 分析可知，匀浆 4 次时牡丹种皮总黄酮和木犀草素含量达到最高，总黄酮含量为 44.94mg/g，木犀草素含量为 0.75mg/g，匀浆 2 次时总黄酮含量为 44.72mg/g，木犀草素含量为 0.7mg/g。综合总黄酮和木犀草素两方面考虑，采用匀浆 2 次比较合理。

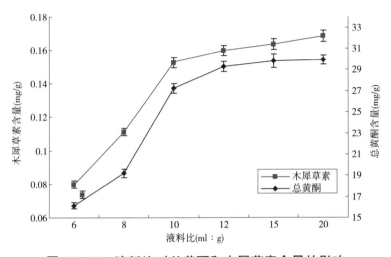

图 18-10　液料比对总黄酮和木犀草素含量的影响

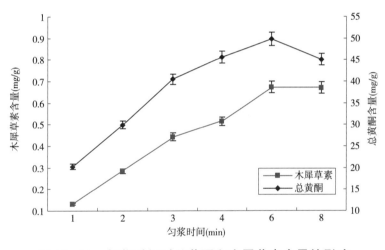

图 18-11　匀浆时间对总黄酮和木犀草素含量的影响

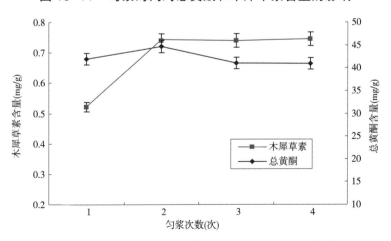

图 18-12　提取次数对总黄酮和木犀草素含量的影响

（3）牡丹种皮黄酮和木犀草素的最佳酶辅助匀浆提取工艺筛选

牡丹种皮黄酮被包裹在细胞壁内，细胞壁是提取黄酮的主要屏障。细胞壁由纤维素、半纤维素、果胶质、木质素等物质构成了致密的结构。在提取黄酮过程中，必须克服细胞壁及细胞间质的阻力，使黄酮成分向提取介质扩散，溶于介质，被提取出来。纤维素酶和果胶酶可以使细胞壁及细胞间质中的纤维素、半纤维素、果胶质等物质降解，破坏细胞壁的致密构造，减小细胞壁、细胞间质等传质屏障对黄酮成分从胞内向提取介质扩散的传质阻力，从而有利于黄酮成分的溶出。酶法提取黄酮过程的实质是通过酶解纤维素、半纤维素和果胶质，强化黄酮的传质过程。

由图18-13表明，经过纤维素酶和果胶酶酶解后，牡丹种皮黄酮和木犀草素含量呈显著增加趋势，其中0.05mg/mL的果胶酶孵育后的牡丹种皮黄酮和木犀草素含量增加最多，总黄酮含量为74.66mg/g，比不加酶单纯匀浆提取的黄酮含量增加了67%，木犀草素含量为3.02mg/g，经0.1mg/mL纤维素酶酶解孵育的样品增加值最低为27%。经两种复合酶孵育的样品中黄酮和木犀草素提取率没有单独果胶酶效果好，所以筛选出单独果胶酶浓度为0.05mg/mL可使牡丹种皮总黄酮和木犀草素提取含量达最高。

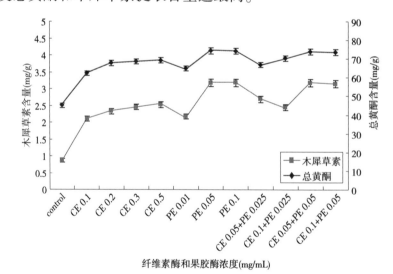

纤维素酶和果胶酶浓度(mg/mL)

图18-13 酶浓度对总黄酮和木犀草素含量的影响

注：图中control代表对照、CE代表纤维素酶、PE代表果胶酶，数字代表不同浓度。

图18-14表明，随着酶解时间的延长，牡丹种皮总黄酮和木犀草素含量明显增加，在150min时总黄酮含量达到最高，总黄酮含量为72.87mg/g，木犀草素含量为2.89mg/g，其后增加不明显，趋势平稳。所以酶解时间选择150min为宜。

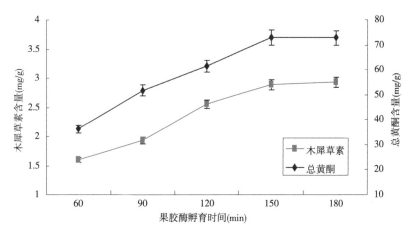

图 18-14　酶解时间对总黄酮和木犀草素含量的影响

由图 18-15 看出，孵育温度在 45℃ 时，牡丹种皮黄酮和木犀草素含量达最高，总黄酮含量为 62.39mg/g，木犀草素含量为 3.13mg/g，之后随着温度增加总黄酮和木犀草素含量随之下降，所以酶解孵育温度选取 45℃ 为最佳。

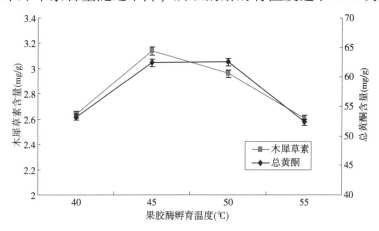

图 18-15　酶解温度对总黄酮和木犀草素含量的影响

图 18-16 表明，pH 值对果胶酶影响很大，随着 pH 值增加总黄酮和木犀草素含量明显增加，在 pH4.5 时达到最高，总黄酮含量为 74.66mg/g，木犀草素含量为 3.17mg/g，随后总黄酮含量呈降低趋势。所以选取 4.5 为最佳酶解pH 值。

采用匀浆提取法和酶辅助匀浆提取法提取牡丹种皮总黄酮类物质，通过分析可以得到以下结论：

研究乙醇浓度、液料比、匀浆时间和提取次数对匀浆法提取黄酮类化合物和木犀草素效果的影响，确定了提取牡丹种皮黄酮和木犀草素的最佳条件是乙醇浓度为 80%、液料比为 10∶1 和匀浆 6min 进行 2 次提取，同时还发现牡丹

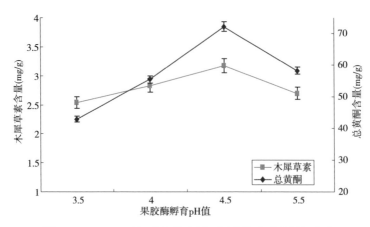

图 18-16　pH 值对总黄酮和木犀草素含量的影响

种皮黄酮和木犀草素在各因素影响下变化趋势一致，当总黄酮含量达到最高时，木犀草素含量也达到最高。所得黄酮浓度最高可达 49.82mg/g，木犀草素最高可达 0.75mg/g。

在最佳匀浆条件下，进行酶浓度和种类的筛选，得出果胶酶的效果最好，最佳浓度为 0.05mg/mL。确定了最宜酶解时间 150min、最佳温度为 45℃ 和最适 pH 为 4.5。其中酶解温度和 pH 值对提取效果具有显著影响。而且酶辅助匀浆法可以显著提高牡丹种皮黄酮和木犀草素的提取率，同样木犀草素和总黄酮在不同酶解条件下变化趋势一致，同时达到含量最高点。所得黄酮浓度最高可达 74.66mg/g，相比于匀浆法所得黄酮含量高出 33%。木犀草素含量最高3.2mg/g，是匀浆法所得木犀草素含量的 4 倍。

（二）大孔树脂吸附柱层析法分离纯化牡丹种皮黄酮的研究

大孔吸附树脂法是一种分离黄酮类化合物的有效方法。大孔吸附树脂是在离子交换树脂的基础上发展起来的一类不带离子交换基团的大孔结构的高分子吸附剂。它具有很好的吸附性能，且理化性质稳定，不溶于酸、碱及有机溶剂，对有机物选择性较好，不受无机盐类、离子、低分子化合物存在的影响，通过物理吸附从溶液中选择性吸附黄酮类化合物。目前，大孔树脂吸附分离纯化技术在天然黄酮类化合物的精制纯化中已被广泛应用。

在优化提取条件时，发现木犀草素与总黄酮含量在各影响因素下变化趋势一致，在匀浆法提取和酶辅助匀浆法提取过程中，两者含量总是同时达到最高点。为了简化操作提高工作效率，纯化实验以总黄酮含量为指标，优化大孔树脂工艺条件。本实验选取在天然黄酮类化合物提取过程中 7 种较为理想的大孔树脂，以从牡丹种皮中提取的黄酮粗提物为材料，对不同大孔吸附树脂的吸附性能进行研究，进一步筛选出一种分离纯化牡丹种皮黄酮的最佳大孔吸附树脂，并对其树脂的分离纯化工艺参数进行研究，为开发牡丹种皮黄酮提供实验依据。

1. 材料与仪器

（1）材料与试剂

牡丹的成熟干燥的种子，于2011年秋采收于山东菏泽。牡丹种籽经脱壳机去皮，收集种皮洗净后于60℃干燥箱烘干过夜，过40目筛。经果胶酶匀浆提取总黄酮粗提液。旋转蒸发浓缩，浓缩液备用。

实验试剂：甲醇、石油醚、盐酸、无水乙醇、磷酸氢二钠、乙酸钠、氯化钾等均为国产分析纯试剂；蒸馏水自制；不同型号的大孔吸附树脂；芦丁标准品，购于卫生部中国药品生物检定所。

本实验使用的主要仪器：RE-52旋转蒸发仪（上海亚荣生化仪器厂）；UV-2550型紫外-可见分光光度计（日本岛津公司）；QYC-2102C上海福玛全温空气摇床（上海福玛试验设备有限公司）；BS124S电子天平（北京赛多利斯有限公司）；3K-30超速离心机；BSZ-100自动部分收集器（上海精科实业有限公司）；717型自动进样高效液相色谱仪（包括1525二元泵和2487型紫外光检测器）；电热鼓风干燥箱；DK-98-I电子恒温水浴锅；Mill-Q去离子水制备系统；匀浆萃取装置；KQ-250DB型数控超声波清洗器；HL-2恒流泵（上海沪西分析仪器厂有限公司）；HX-200A型高速粉碎机；RE-52AA型旋转蒸发仪；PHS-3B型精密pH计（上海精密科学仪器有限公司）；98-1-B型电子调温电热套；RE-52A型旋转蒸发水浴槽；SHB-Ⅲ循环水式多用真空泵；美国迪马色谱柱（4.6mm×250mm，5um）。

（2）实验方法

牡丹种皮黄酮提取液制备：

采用酶辅助匀浆提取法提取牡丹种皮黄酮。提取液经减压浓缩，无水乙醇复溶后静置12h过滤，以去除多糖、蛋白质等水溶性杂质，然后经减压浓缩，去除乙醇后，冷冻干燥，得到黄酮粗提物。用乙醇溶剂配制成所需的不同浓度粗提黄酮样品液，即为纯化用粗提黄酮溶液。

牡丹种皮黄酮和木犀草素含量测定：

用芦丁比色法测定牡丹种皮黄酮提取物溶液中总黄酮的含量，用高效液相色谱法测定木犀草素含量。

大孔树脂预处理：

将大孔树脂于95%乙醇中浸泡24h，不断搅拌，除去气泡。随后用蒸馏水洗至无乙醇味；再用5%氯化氢溶液浸泡3h，用蒸馏水洗至中性；然后用5%氢氧化钠溶液浸泡3h，用蒸馏水洗至流出水pH为中性。每次上样洗脱完毕后，先用2%盐酸洗至无色及用蒸馏水洗至pH为中性；再用2%氢氧化钠洗至无色，最后用蒸馏水洗至pH为中性。

采用常规湿法装柱，装柱前于柱内倒入一定量的水，将带水的吸附树脂，沿着玻璃棒一次性加入层析柱中。同时开启柱底活塞，水从底部缓缓流出，使大孔树脂自然沉降而不留气泡。

大孔树脂的静态吸附解吸实验：

树脂静态吸附实验：称取经预处理好的树脂2g，用滤纸吸干表面水分后，置于150mL具塞磨口三角瓶中，加入3.76mg/mL的牡丹种皮黄酮粗提液40mL，恒温水浴，于25℃条件下，固定在摇床上，转速为150r/min，振荡24h，测定溶液中的总黄酮含量，按照以下公式计算吸附量（Q）与吸附率（A）：

$$吸附量\ Q = \frac{(C_0 - C_1) \times V}{W}$$

$$吸附率\ A(\%) = \frac{C_0 - C_1}{C_0} \times 100$$

式中：Q——树脂吸附量，mg/g；

$\quad C_0$——起始浓度，mg/mL；

$\quad C_1$——剩余浓度，mg/mL；

$\quad V$——溶液体积，mL；

$\quad W$——树脂重量，g。

树脂静态解吸实验：把充分吸附后的树脂用蒸馏水快速冲洗至大孔树脂表面无黄酮溶液残留，加入70%乙醇溶液40mL，然后置于150mL具塞磨口三角瓶中，在25℃下，置于摇床上，转速为150r/min，振荡解吸24h后，测定解吸液浓度，按照下式计算解吸率（D）：

$$解吸率\ D(\%) = \frac{V_d \times C_d}{W \times Q} \times 100$$

式中：D——解吸率，%；

$\quad V_d$——解吸液体积，mL；

$\quad C_d$——解吸后溶液中总黄酮的浓度，mg/mL；

$\quad W$——树脂干重，g；

$\quad Q$——吸附量，mg/g。

静态吸附和解吸附动力学曲线：

大孔树脂的吸附动力学曲线与生产率有着密切关系，根据上述实验得出的吸附率和解吸率，研究对纯化黄酮效果比较理想的树脂进行动力学研究。称取

2g 预处理好的树脂，置于 150mL 三角瓶中，加入 3.85mg/mL 牡丹种皮黄酮溶液 40mL 待纯化液，25℃ 下置于摇床上，转速为 150r/min，振荡 4h 以后，每间隔 1h 取相同量样品进行溶液中总黄酮的含量测定，绘制吸附动力学曲线。

大孔吸附树脂 D101 对牡丹种皮黄酮的纯化条件的确定：

大孔吸附树脂能够有效分离纯化植物中提取物的有效成分，其纯化效果不仅和树脂本身的性质有关，还与上样液的浓度、上样液的 pH、上样速度、洗脱剂浓度、速率等因素有关。因此，需要考察上述因素对 D101 型大孔树脂纯化牡丹种皮黄酮的影响。

上样液 pH 值对树脂吸附量的影响：

把预处理好的树脂放入层析柱（Φ1.4cm×20cm）中，将牡丹种皮黄酮浓度为 3.77mg/mL 待纯化液分成 5 份，分别将待纯化液 pH 调节为 3、4、5、6、8 后上样，在保证其他因素不变时，上样后分别检测各管的牡丹种皮黄酮浓度，探讨 pH 与 D101 吸附量的关系，以确定纯化工艺中合适的待纯化液 pH。

上样液浓度对树脂吸附量的影响：

把预处理好的树脂放入层析柱（Φ1.4cm×20cm）中，将牡丹种皮黄酮待纯化液分成 6 份不同浓度的上样液，分别为 1mg/mL、2mg/mL、3mg/mL、4mg/mL、5mg/mL 和 6mg/mL，在保证其他因素不变时，上样后分别检测各管的牡丹种皮黄酮浓度，探讨上样液浓度与 D101 吸附量的关系，以确定纯化工艺中最合适的待纯化液上样液浓度。

上样液速率对树脂吸附量的影响：

把预处理好的树脂放入层析柱（Φ1.4cm×20cm）中，将牡丹种皮黄酮浓度为 3.64mg/mL 待纯化液分别以 0.4mL/min（1BV/h）、0.8mL/min（2BV/h）、1.2mL/min（3BV/h）、1.6mL/min（4BV/h）、2mL/min（5BV/h）和 2.4mL/min（6BV/h）的速度上样，上样后分别检测各管的牡丹种皮黄酮浓度，计算到达泄露点时得到的流出液体积，并按下式计算动态吸附量：

吸附量（mg）= 上样液浓度（mg/mL）×流出液体积（mL）

洗脱剂浓度对树脂解吸率的影响：

大孔吸附树脂分离纯化植物中提取物的有效成分时，常使用乙醇-水溶剂作为洗脱剂，因毒性比较小，价格低廉，而且效果较好。加入相同量的牡丹种皮黄酮待纯化液，在保证其他因素不变时，上样后分别用不同浓度的乙醇水溶液进行洗脱，探讨不同浓度乙醇水溶液对 D101 树脂解吸效果的影响。

洗脱剂速率对树脂解吸率的影响：

把预处理好的树脂放入层析柱中，在保证其他因素不变时，上样后达到泄露点时停止上样，并分别将洗脱剂的洗脱速率调节为 0.5mg/min、1.0mg/min、1.5mg/min、2.0mg/min、2.5mg/min 进行洗脱，探讨洗脱剂不同洗脱速率对 D101 树脂解吸效果的影响。

2. 结果与分析

（1）大孔吸附树脂的筛选

对 7 种大孔树脂进行吸附和解吸附实验，结果如表 18-5 所示。D101 树脂吸附率最高 86.23%，其次是 AB-8 树脂吸附率为 83.29%，ADS-17 树脂吸附率最低为 51.27%，综合考虑吸附和解吸效果，选择 D101 和 AB-8 树脂进行下一步静态吸附动力学曲线的研究。

表 18-5　不同大孔树脂对牡丹种皮黄酮的吸附和解吸附

样品编号	树脂名称	极性	比表面积 （m²/g）	平均孔径 （A°）	吸附量 （mg/g）	吸附率 （%）	解吸量 （mg/g）	解吸率 （%）
1	D101	非极性	500~550	100~110	26.18	86.23	25.39	97.33
2	ADS-17	氢键	90~150	250~300	11.15	51.27	9.56	85.37
3	AB-8	非极性	480~520	130~140	22.42	83.29	22.23	99.17
4	HPD-600	弱极性	550~600	100~120	18.51	76.79	15.18	82.01
5	HPD100A	非极性	500~550	95~100	16.29	69.02	16.82	103.27
6	HPD750	中极性	650~700	85~90	21.98	80.15	21.91	99.67
7	HPD700	非极性	650~700	85~90	22.13	81.79	19.48	88.03

由图 18-17 可知，这两种树脂在 3h 基本达到饱和，属于快速平衡型，其中 D101 吸附速度最快且吸附量最大，为 13.04mg/g，而 AB-8 吸附量低于 D101 为 10.86mg/g。由图 18-18 可知，D101 树脂解吸较快，3h 内基本平衡，平衡时的解吸率为 98.33%，AB-8 树脂解吸 4h 时达到平衡，平衡时解吸率为 94.5%。所以以上实验结果表明，D101 树脂吸附量和解吸附率都较高，且动力学良好，故选择 D101 树脂进一步实验。

（2）大孔吸附树脂 D101 对牡丹种皮黄酮的纯化条件

如图 18-19 所示，上样液的 pH 对树脂吸附率的影响，上样液酸度较大的情况下，吸附率较小，pH 在 6 时，吸附率出现最高峰，进一步减弱酸度，吸附率明显下降，pH 达到 8 时，吸附率最低。可能是由于牡丹种皮黄酮提取物中的黄酮类物质是具有多羟基结构的化合物，本身呈现一定的酸性，在弱酸性条件下更容易被吸附。而在碱性条件下，与树脂结合能力会受影响。所以确定 pH 在 6 时最利于牡丹种皮黄酮的吸附。

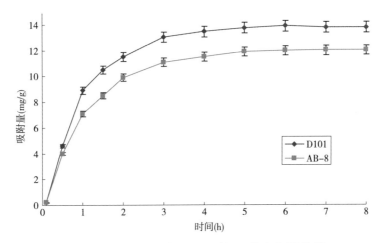

图 18-17　D101 和 AB-8 的吸附动力学曲线

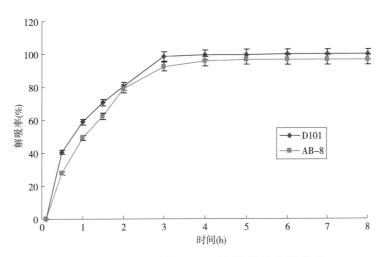

图 18-18　D101 和 AB-8 的解吸动力学曲线

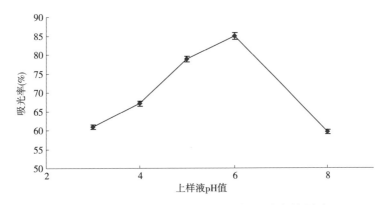

图 18-19　上样液 pH 值对树脂吸附率的影响

如图 18-20 所示，在浓度为 1~6mg/mL 时，随着上样液浓度的增加吸附率升高，当上样液浓度达到 4mg/mL 时，吸附率最高，之后吸附率随着浓度增加变化趋势平稳。从吸附率角度考虑，上样液浓度为 4mg/mL 比较适宜。

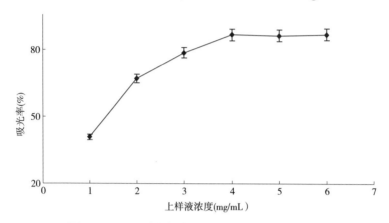

图 18-20　上样液浓度对树脂吸附率的影响

如图 18-21 所示，随着上样流速的增大，吸附率总体呈下降趋势，这是由于吸附与脱附是一个动态平衡过程，在同样的吸附速度下流速加快必然使相对吸附时间减少，泄露点提前。考虑到生产效率和吸附率大小，选择上样流速为 1.2mL/min 为宜。

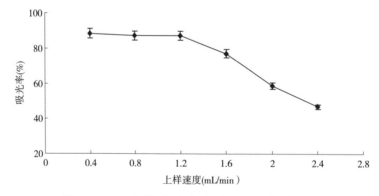

图 18-21　上样液速度对树脂吸附率的影响

图 18-22 为不同浓度的乙醇洗脱溶剂的洗脱效果。从中可以看到，随着乙醇溶液浓度升高洗脱效果越来越好，80%乙醇洗脱率已达最高点，此后趋势变化不明显。因此确定使用 80%的乙醇溶液为进一步纯化用洗脱剂。

如图 18-23 所示，洗脱速率过低，黄酮类化合物的死吸附过多，解吸率不高；洗脱速率过高，黄酮类化合物尚未完全吸附就被洗脱下来，导致解吸率也过低。当洗脱速率为 1mL/min 时洗脱量最大，解吸率最高，所以最佳洗脱速率为 1mL/min。

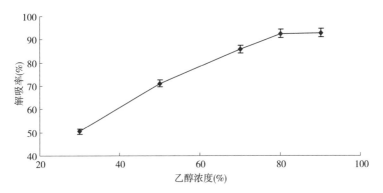

图 18-22　洗脱剂浓度对树脂解吸率的影响

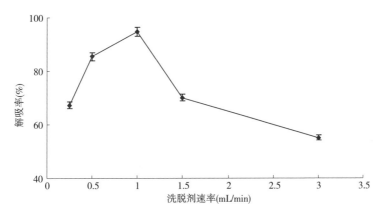

图 18-23　洗脱剂速率对树脂解吸率的影响

（3）牡丹种皮总黄酮和木犀草素纯化前后含量变化

对于牡丹种皮黄酮的纯化，在上述优化工艺条件下，得到结果如表 18-6，所得出膏率纯化前后分别为 166.5mg/g 和 29.13mg/g，总黄酮含量由纯化前的 74.66mg/g 增加到纯化后的 466.63mg/g，纯度提高了 6.25 倍。木犀草素含量所得结果如预期一样，由纯化前的 3.2mg/g 增加到纯化后的 20.81mg/g，纯度提高了 6.5 倍。

表 18-6　牡丹种皮黄酮和木犀草素纯化前后含量变化

名称	纯化前（mg/g）	纯化后（mg/g）	纯度增加（倍）
出膏率	166.5±2.57	29.13±1.08	—
牡丹种皮黄酮	74.66±1.29	466.63±9.17	6.25
木犀草素	3.2±0.05	20.81±0.36	6.49

（三）牡丹种皮黄酮体外抗氧化性能研究

生物氧化也可称氧化反应或氧化作用，是在生物机体内的反应体系中脱掉氢及电子或引入氧的作用。氧化反应与人们的健康息息相关，和人们所关心的很多疾病，如衰老、心血管疾病等都有着密切关系。而氧化作用的发生，大部分是由自由基引起的。

自由基可分为氧自由基和非氧自由基。非氧自由基主要有氢自由基和有机自由基等。氧自由基在人体内占主导地位，大约占自由基总量的95%，包括超氧阴离子、羟自由基、过氧化氢分子，和氢过氧基、烷过氧基、烷氧基、以及氮氧自由基和单线态氧等，这些自由基又统称为活性氧（reactive oxygen species，ROS），都是人体内非常重要的自由基。体内活性氧自由基具有重要的功能，如信号传导过程和免疫功能等，但过多的活性氧自由基就会产生破坏行为，通过链式反应攻击细胞内或体液中的生物分子，如 DNA、脂质、蛋白质等，导致人体正常细胞和组织的损坏，从而引起多种疾病。

活性氧除了影响人的健康外对食品等行业也有重要作用，如影响富含不饱和脂肪酸的食品的品质。因为不饱和脂肪酸的结构导致其易于被氧化。氧化反应发生后，会大大降低食品的营养价值和风味。另外，在食品的运输和储存过程中，发生的脂质过氧化作用会产生对人体有毒的物质，更应该令人注意。因此目前食品行业对于抗氧化化合物的研究正如火如荼。当前使用的抗氧化剂主要是人工合成的，如丁基羟基茴香醚（BHA）、2，6-二叔丁基-4-甲基苯酚（BHT）等，这些抗氧化剂在提高产品稳定性和保持品质等方面有显著效果，但是它们存在很多弊端，其中一些还可以对人体造成潜在的伤害，所以人们越来越不喜欢购买加入合成添加剂的产品。随之而来的是，人们越来越倾向于天然抗氧化剂的作用。目前也有众多学者聚焦在植物中的天然抗氧化物质。

天然抗氧化剂是从动、植物体或其代谢物中提取出来的具有抗氧化活性的物质，如从植物中提取的多酚类、黄酮类化合物，植酸等。天然的黄酮类化合物是天然抗氧化剂中的重要一种，它已经被证明具有许多生物活性，其中清除自由基抗氧化的功效已经在众多文献中得以证实，抗氧化性又是众多生理功能的基础，随着人们对健康的关注和保健的需求，寻找和利用天然高效无毒的抗氧化剂，在预防氧化以及抗衰老保健等方面都将起着极其重要的作用。

1. 实验材料与设备

（1）材料与试剂

牡丹种皮黄酮，经酶辅助匀浆法提取、大孔树脂 D101 纯化后，减压浓缩，冷冻干燥得粉末，待用。

主要试剂：过硫酸钾和铁氰化钾（天津市科密欧化学试剂）、碳酸钠（天津市大陆化学试剂厂)、无水乙醇(天津市富宇精细化工有限公司)、三氯乙酸和冰乙酸(天津市北辰方正试剂厂)、三氯化铁(杭州亭亭化工有限公司)、色谱级乙腈和色谱甲醇(MERK)、超纯水，ABTS(2,2'-联氮双(3-乙基苯并噻唑啉-6-磺酸)二铵盐)，(2,2,-Azinobis(3-ethylbenzothiazoline 6-sμLPhonate))、DPPH(1,1-二苯基-2-三硝基苯肼(1,1-Diphenyl-2-picryl-drazyl，DPPH)、Fe^{3+}-三吡啶三吖嗪(tripyridyl-triazine，TPTZ)、Trolox(水溶性 VE，Sigma)。

(2)实验仪器与设备

UV-2550 紫外可见分光光度计(日本岛津公司)；Mill-Q 去离子水制备系统(美国 Millipore 公司)；HX-200A 型高速粉碎机(浙江省永康市溪岸五金模具厂)；RE-52AA 型旋转蒸发仪(上海青浦沪西仪器厂)；DK-98-I 电子恒温水浴锅(南京泰特化工设备有限公司)；鲜磨匀浆萃取装置(自制)；717 型自动进样高效液相色谱仪(包括 1525 二元泵和 2487 型紫外光检测器，美国 WATERS 公司)；美国迪马色谱柱(4.6mm×250mm，5um)，3K-30 超速离心机(美国 Sigma 公司)；BS124S 电子天平(北京赛多利斯有限公司)。

2. 实验方法

(1)牡丹种皮黄酮溶液和对照品溶液的制备

称取 1.20g 纯化后的牡丹种皮黄酮粉，溶于 95%乙醇中，于 100mL 容量瓶定容，得浓度为 12mg/mL 的牡丹种皮黄酮溶液，做为储备液备用。进一步用 95%乙醇稀释成 0.24、0.48、0.72、0.96 和 1.2mg/mL 的待测液。BHT 和木犀草素分别用 95%乙醇配制成 1.2mg/mL 的储备液，然后分别用相应溶剂配成不同浓度待测液。

(2)牡丹种皮黄酮体外抗氧化实验方法

目前评价体外抗氧化活性方法很多。几个体系归纳起来主要为油脂体系、体外清除自由基体系、总还原力等。根据反应原理又分成两种，一种是基于原子转移的反应(HAT)，另一种是基于电子转移的反应(ET)。以 HAT 为基础检测的方法主要有氧自由基吸收能力指数法(ORAC)、总自由基抗氧化能力(TRAP)法、总氧自由基清除能力(TOSC)法、藏花素漂白法。以 ET 为基础检测的方法主要有 1,1-二苯基-2-三硝基苯肼(DPPH)法、2,2-联氮-二(3-乙基-苯并噻唑-6-磺酸)二铵盐(ABTS)法、铁离子还原抗氧化能力法(FRAP)法、5,5-二甲基-1-氧化吡咯啉(DMPO)法等。一般评价天然抗氧化剂的总抗氧化能力时，由于涉及多种反应的特点和机制以及植物提取物成分的复杂性，并且每种方法都有一定的优缺点和局限性，测定原理也不同。所以不能只通过一种抗氧化方法来评价，本研究使用 4 种常见的体外抗氧化能力评价系统。

（3）牡丹种皮黄酮总还原能力的测定

取不同浓度待测液样品各 1mL 混合 2.5mL0.2mol/L 的磷酸缓冲液（pH6.6）及 2.5mL 的 1%铁氰化钾（$K_3Fe(CN)_6$），混合液在 50℃下保温 20min 后，流水冲洗冷却后，加入 2.5mL10% 的三氯乙酸（TCA），混合液于 3500g 离心 10min，2.5mL 上清液加入 2.5mL 蒸馏水和 0.5mL 的 0.1%氯化铁（$FeCl_3$），静置 10min 后，在 707nm 处测定吸光值。吸光值越高，说明样品的还原力越强，抗氧化能力越强。BHT、木犀草素和样品浓度分别为 0.24、0.48、0.72、0.96、1.2mg/mL。

（4）牡丹种皮黄酮对 DPPH 自由基清除效果

不同浓度的牡丹种皮黄酮样品 0.1mL 中分别加入 3.9mL 浓度为 25mg/L 的 DPPH 乙醇溶液，室温下暗处放置 30min，在 517nm 处测定吸光值，计为 $A_{样品}$，$A_{对照}$ 是以相同体积的 95%乙醇代替样品测定的吸光值，清除 DPPH 自由基能力用 SC（%）表示，计算公式如下：

$$SC(\%) = \frac{1-A_{样品}}{A_{对照}} \times 100$$

式中：$A_{对照}$——不加样品的溶液在 $t=0$ 时的吸光值。

所有吸光值均测定 3 次，结果取平均值。

（5）牡丹种皮黄酮清除 ABTS 自由基的活力测定

储备液包括 7.4mmol/L ABTS 溶液和 2.6mmol/L 过硫酸钾溶液，将两种溶液等量混合，并在室温暗室下反应 12h，然后吸取 1mL 溶液用甲醇稀释 54.7 倍，得到 ABTS 液，在 732nm 处获得 0.74±0.02 的吸光值（吸光值为 0.741），150μL 的植物提取物样品加入 2850μL 的 ABTS 溶液，混合液在黑暗的室温下放置 2h，732nm 处测定吸光值。

Trolox 清除 ABTS 自由基标准曲线的制作：精密称量 Trolox0.0015g 用 95%乙醇定容到 10mL（600μmol/L），分别稀释 1.5 倍、2 倍、4 倍、8 倍、16 倍，得出浓度分别为 400μmol/L、300μmol/L、150μmol/L、75μmol/L 和 37.5μmol/L 的 Trolox 液，按照上述方法与 ARTS 液反应，在 732nm 处测得吸光值，根据 Trolox 浓度和反应后的吸光度做出标准曲线。样品清除 ABTS 的结果以每克 Trolox 的 μmol 来表达（TE）/g，实验重复操作 3 次，结果取平均值，数值越高说明抗氧化的效果越好。

（6）牡丹种皮黄酮对三价铁的还原能力测定

储备液包括 300mmol/L 乙酸缓冲液（pH3.6）、10mmol/L TPTZ（2,4,6-tripyridyl-s-triazine)溶液（溶于 40mmol/L HCl）、20mmol/L 三氯化铁溶液，工

作液由 25mL 乙酸缓冲液、2.5mL TPTZ 溶液以及 2.5mL 三氯化铁溶液制备，混合液于 37℃ 保温 30min 作为 FRAP 液，150μmol/L 的牡丹种皮黄酮溶液样品加入 2850μmol/L 的 FRAP 液，黑暗条件下保温 30min，然后于 593nm 处测定吸光值，Trolox 的标准曲线在 18.75μmol/L 到 600μmol/L 范围内被制作出来，结果以每克 Trolox 的 μmol 来表达，TEAC（trolox equivalent antioxidant capacity），（TE）/g。

Trolox 清除三价铁的还原能力标准曲线的制作：精密称量 Trolox 0.0015g 用 95% 乙醇定容到 10mL（600μmol/L），分别稀释 1.5 倍、2 倍、4 倍、8 倍、16 倍，得到浓度分别为 400μmol/L、300μmol/L、150μmol/L、75μmol/L 和 37.5μmol/L 的 Trolox 液，按照上述方法与 FRAP 液反应，在 593nm 处测得吸光值，根据 Trolox 浓度和反应后的吸光度做出标准曲线。

3. 结果与分析

（1）牡丹种皮黄酮总还原能力

总还原能力能代表抗氧化物的总体抗氧化水平，是反映抗氧化能力的一项重要指标。早期的研究指出某种提取物的还原力与其抗氧化能力有着直接的关系。还原力与物质中的还原酮相关，这些酮类物质能提供氢原子来中断氧化过程中的自由基链，从而表现出抗氧化特性。也有报导指出还原酮可以与过氧化物的前体物发生反应从而阻止过氧化物的形成。实验所用的普鲁士蓝法测定的是样品将 $K_3Fe(CN)_6$ 中的三价铁还原为 $K_4Fe(CN)_6$ 中的二价铁的能力。由于 $K_4Fe(CN)_6$ 与三价铁作用，生成的普鲁士蓝在 700nm 处有强吸收峰，因此可根据 700nm 处吸光值的高低间接判断样品还原力的大小。

由图 18-24 可知，三种化合物均显现出抗氧化能力，而且都随着浓度的升高逐渐增强。这三者在 0.24~1.2mg/mL 范围，总还原能力随着浓度增加呈现线性增长趋势。在同一浓度下，木犀草素吸光值最高，其次是牡丹种皮黄酮，最低是 BHT，说明牡丹种皮黄酮和木犀草素总还原能力明显高于 BHT，即总抗氧化能力强于 BHT。

（2）牡丹种皮黄酮对 DPPH 自由基清除效果

DPPH 自由基测试法为我们提供了一个试样与稳定自由基反应的信息，广泛用于衡量抗氧化剂清除自由基的能力。DPPH· 是一个大分子的稳定自由基，抗氧化剂与其作用模式为 AH（抗氧化剂）+DPPH·→DPPH·H+A·，清除活性与抗氧化剂分子中有效酚羟基的数目与新形成的抗氧化剂自由基（A·）的稳定性有关。DPPH· 在有机溶剂中是一种稳定的自由基，其结构中含有 3 个苯环，1 个氮原子上有 1 个孤对电子，呈紫色，在 517nm 有强吸收。当存在自由

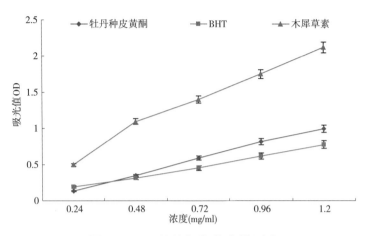

图 18-24　总抗氧化能力的测定

基清除剂时，由于清除剂与 DPPH·单电子配对而使其吸收减小，其吸光度的变化与其所接受的电子数成定量关系，因而可用分光光度法进行定量分析。

从图 18-25 中三种化合物清除 DPPH 自由基的效果看，三种物质的抗氧化能力都随着浓度增加而增强，牡丹种皮黄酮、木犀草素和 BHT 的 DPPH 自由基清除能力随着浓度增加都增加，在 0.24～1.2mg/mL 范围内，清除率由 33.48%、35.91% 和 25.48% 分别升至 92.46%、97.10% 和 85.17%，在此范围内牡丹种皮黄酮的 DPPH 自由基清除率低于木犀草素，高于 BHT，说明牡丹种皮黄酮和木犀草素的 DPPH 自由基清除能力都强于 BHT。

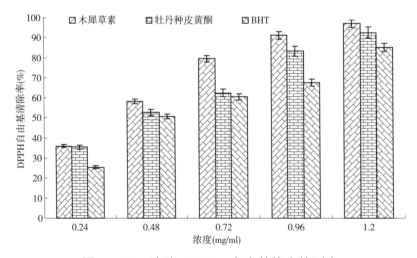

图 18-25　清除 DPPH·自由基能力的测定

（3）牡丹种皮黄酮清除 ABTS 自由基的活力测定

ABTS·（2,2'-Azinobis（3-ethylbenzothiazoline 6-sμLphonate））经活性氧氧化后生成稳定的蓝绿色阳离子自由基 ABTS·，向其中加入样品，如果样品

中存在抗氧化成分，则该物质会与 ABTS·发生反应而使反应体系褪色，在 ABTS 自由基的最大吸光波长下（734nm）检测吸光度的变化，与含 trolox 的对照标准体系比较，以 TEAC（Trolox equivalent antioxidant capacity）来表示。

由图 18-26 得出，不同浓度的 Trolox 的乙醇溶液与 ABTS 自由基反应，分别在 732nm 处测得吸光值，以 Trolox（μmol/L）对吸光值做标准曲线，计算回归方程为 $Y=-0.0014X+0.7415$，R^2 为 0.9999。

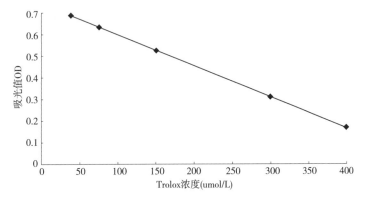

图 18-26　Trolox 浓度对清除 ABTS 自由基能力的标准曲线

由图 18-27 可以看出，在 ABTS·测试体系中，清除 ABTS 自由基能力最强的是木犀草素，牡丹种皮黄酮的清除能力仍然高于 BHT，达到了 1479.46μmol，木犀草素是 2131.16μmol，BHT 是 1194.29μmol。在 ABTS·测试体系中，牡丹种皮黄酮和木犀草素的抗氧化能力高于 BHT。

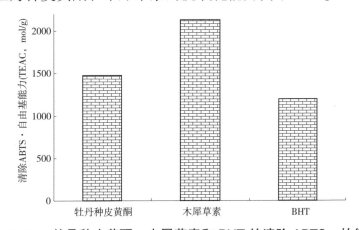

图 18-27　牡丹种皮黄酮、木犀草素和 BHT 的清除 ABTS·的能力

（4）牡丹种皮黄酮对三价铁的还原能力

对于三价铁的还原能力测试方法，也称 FRAP 法。FRAP 原理为 TPTZ 可被样品中还原物质还原为二价铁形式，呈现出蓝色，并于 593nm 处具有最大光吸收，根据吸光值大小计算样品抗氧化活性的强弱。相对其他抗氧化方法，

FRAP 法具有方便准确高效的特点，广泛用于测定各种食品以及生物样品抗氧化物。

如图 18-28 所示，在 593nm 处测得对照标准体系 Trolox 的吸光值，Trolox 的浓度分别为 9.375、18.75、37.5、75、150、300、600μmol/L，得出线性关系良好的标准曲线，其回归方程，$Y = 0.0018X + 0.1086$，R^2值为 0.9985。

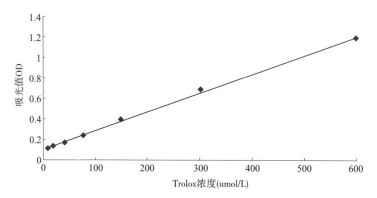

图 18-28　Trolox 浓度对三价铁还原能力的标准曲线

不同样品根据上述标准曲线得出在 FRAP 体系中的抗氧化活性结果。如图 18-29 所示，牡丹种皮黄酮、木犀草素和 BHT 的抗氧化能力都很好，活性最强的是木犀草素，3 个样品中最低 TEAC 值的是 BHT，牡丹种皮黄酮的值居中。FRAP 评价体系中牡丹种皮黄酮的抗氧化能力仍然高于 BHT，低于木犀草素。在 FRAP 体系中，表明牡丹种皮黄酮和木犀草素的体外抗氧化能力强于 BHT，此结果与上述三个评价体系所得结果一致。

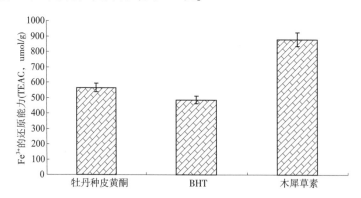

图 18-29　牡丹种皮黄酮、木犀草素和 BHT 的三价铁还原能力

此外，研究通过体外抗氧化实验，测定了牡丹种皮黄酮的总还原能力和对生物体内常见的 DPPH 和 ABTS 自由基的清除能力，以及三价铁的还原能力，同时与 BHT 进行了比照。通过上述体外抗氧化能力评价体系的实验结果显示出牡丹种皮黄酮具有较强的抗氧化能力。

在总还原能力评价体系中，牡丹种皮黄酮和木犀草素的还原能力随着浓度的增加而增强，表现出良好线性关系，而且在 0.24~1.2mg/mL 浓度范围内，牡丹种皮黄酮和木犀草素的总还原能力强于 BHT。

在清除 DPPH 自由基能力的考察实验中，牡丹种皮黄酮和木犀草素在 0.24~1.2mg/mL 范围内，其清除 DPPH 自由基的能力高于 BHT。牡丹种皮黄酮和木犀草素的最高清除率分别为 92.46% 和 97.10%，BHT 的最高清除率为 85.17%。

在 ABTS 自由基清除能力考察体系中，各样品清除 ABTS 自由基的能力用相当于 Trolox 抗氧化能力表示，结果为：木犀草素>牡丹种皮黄酮>BHT，每克样品的 ABTS 自由基清除能力用 Trolox 的等量抗氧化能力表示，分别为 2131.16、1479.46、1194.29μmol TE。

在 FRAP 评测抗氧化能力的测试体系中，各样品的三价铁还原活性为木犀草素>牡丹种皮黄酮>BHT，以 Trolox 换算的抗氧化值分别为 879.63、564.81 和 486.11TE/g。在此体系中，其结果与总还原能力测定和清除 DPPH 自由基和 ABTS 自由基能力分析的结果一致，高于合成抗氧化剂 BHT，说明牡丹种皮黄酮提取物是一种很好的天然抗氧化物。

第二节　油用牡丹饼粕的资源化利用

一、油用牡丹饼粕的化学成分

(一)营养成分

经检测，油用牡丹饼粕中的主要营养成分如表 18-7 所示。

表 18-7　油用牡丹饼粕营养成分检测结果

物　质	含量(%)	物　质	含量(mg/kg)
蛋白质	27.12	Fe	73.21
水　分	4.61	Cu	15.28
灰　分	2.79	Mg	1339.6
脂　肪	5.77	Zn	31.34
碳水化合物	56.89	Ca	557.78
		K	2428.57
		Na	886.14

(二)化学成分

河南科技大学的研究人员为了研究凤丹籽饼粕的化学成分，将油用牡丹种子以压榨法制取牡丹籽油后剩余的籽饼采用如图 18-30 所示流程提取。

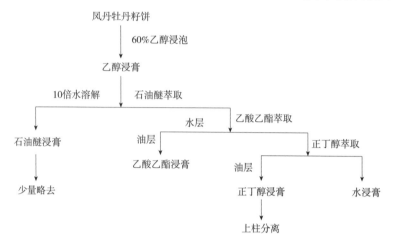

凤丹牡丹籽饼
↓ 60%乙醇浸泡
乙醇浸膏
↓ 10倍水溶解　石油醚萃取
石油醚浸膏　　水层　乙酸乙酯萃取
↓　　　油层　　正丁醇萃取
少量略去　乙酸乙酯浸膏　油层　　　
正丁醇浸膏　　水浸膏
↓
上柱分离

图 18-30　油用牡丹籽饼粕提取流程图

采用硅胶柱色谱、Toyopearl HW-40、Sephadex LH-20 等多种柱色谱分离，制备高效液相色谱对有效部位进行分离、纯化，从牡丹籽饼粕正丁醇层共分离得到化合物 15 个。根据核磁共振仪、质谱仪等波谱分析结果鉴定化合物结构，所得化合物主要包括单萜苷类等化合物。

1. 单萜苷类 7 种

白芍苷 R1、白芍苷、1-O-β-D-glucopyransoyl-paeonisuffrone、氧化芍药苷、4'-羟基白芍苷、β-gentio-biosylpaeoniflorin 和 6'-O-β-D-葡萄糖白芍苷，具体结构式见图 18-31 至 18-37。

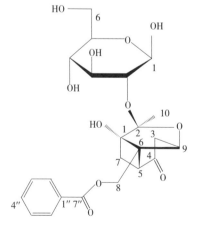

图 18-31　白芍苷 R1 的结构

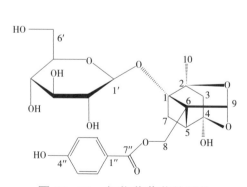

图 18-32　氧化芍药苷的结构

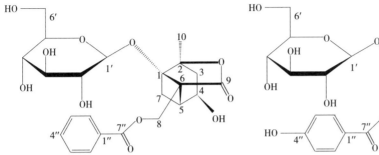

图 18-33　白芍苷的结构

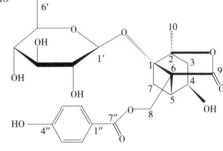

图 18-34　4"-羟基白芍苷的结构

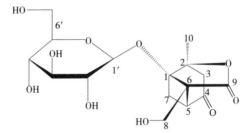

图 18-35　1-O-β-D-glucopyransoyl-paeonisuffrone 的结构

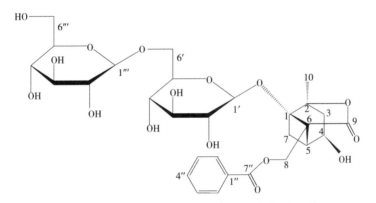

图 18-36　6'-O-β-D-葡萄糖白芍苷的结构

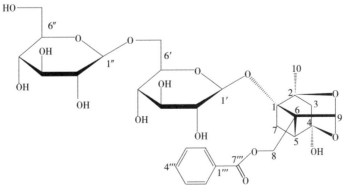

图 18-37　β-gentiobiosylpaeoniflorin 的结构

油用牡丹籽饼粕中的白芍苷、氧化芍药苷等活性物质，对临床致病菌（MRSA）和空气污染菌（B. subtilis）有显著的生物活性。

2. 其他化合物

分别为：木犀草素-7-O-β-D-葡萄糖苷、蔗糖和对羟基苯甲酸-β-D-葡萄糖-（1→6）-β-D-葡萄糖酯等，具体结构式见图18-38至图18-40。

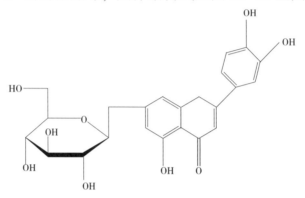

图18-38 木犀草素7-O-β-D-葡萄糖苷的结构式

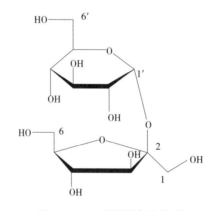

图18-39 蔗糖的结构式

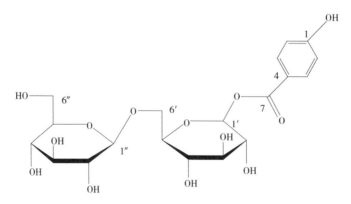

图18-40 对羟基苯甲酸-β-D-葡萄糖-（1→6）-β-D-葡萄糖酯的结构式

二、油用牡丹饼粕的利用途径

分析结果表明，油用牡丹籽经过油脂提取后仍然含有丰富的大量和微量营养成分，尤其是蛋白质和碳水化合物的含量较高，可以进一步开发利用。

(一)制备活性肽

活性肽是蛋白质经酶、酸、碱的水解产物。活性肽的碱水解产物有异味，在食品工业中不常采用；酸水解会使蛋白质发生变性，生成有毒物质；酶水解因其高效，对蛋白质的营养价值破坏小，且无异味而被广泛采用。

多肽是由天然氨基酸以不同组成和排列方式构成的从二肽到复杂的线性结构、环形结构的不同肽类的总称。其中，可调节生物体生理功能的多肽被称为生物活性肽。活性肽比蛋白质更易消化吸收，并且活性肽对酸、热具有较好的稳定性，水溶性及黏度随浓度变化不大，易于添加到各种食品中。活性肽具有多种生理机能：

免疫活性。活性肽能够刺激机体淋巴细胞增殖，能增强巨噬细胞吞噬能力，提高机体抵御外界病原体感染的能力，降低机体发病率。

抗高血压活性。血压是在血管紧张素转换酶的作用下进行调节的，活性肽能够抑制 ACE 的活性，从而影响血管紧张素 I 转化为血管紧张素 II，减少血管平滑肌收缩引起的血压升高。

抗氧化活性。抗氧化活性肽是最近被广泛研究的一类天然活性肽，它们能够清除自由基，减缓或抑制氧化反应，包括给抗氧化酶提供氢、缓冲生理 pH 值、螯合金属离子和捕捉自由基等。

调节神经系统。肽类是神经系统的重要活性物质，具有镇静去痛、调节情绪等作用。

抑制血小板聚集和血管收缩。活性肽能有效的促进血小板中前列腺环素的生成，对血小板聚集和血管收缩都有很强的抑制作用，并可对血栓素 A2 发生作用，有效防止血栓素形成，对防止心肌梗死和脑梗塞的发生有重要作用。

促进矿物质元素吸收。多肽的氨基酸残基可以与金属离子螯合，能避免肠腔中拮抗因子及其他影响因子对矿物质元素的吸附或沉淀作用，从而促进钙、磷等矿物质元素和微量元素的吸收。

此外，研究人员还发现多肽具有抗疲劳、抗肿瘤、抗衰老等生理功能。

(二)制备多糖胶

多糖胶是食品工业广泛利用的一类水溶性高的天然多糖，具有增稠、稳定、成胶等有益功能。这类多糖包括植物渗出胶、种子胶、海藻胶、黄原胶和壳聚糖等。它们都是线性程度较高的链状大分子，含有或不含有支链，支链很短，均匀或不均匀分布在主链上。构成这类多糖的糖基多为几种，可能是中性、碱性或酸性糖基，糖基中有或无荷电基团。这些多糖不易结晶，整体呈无定形状态存在。由于分子展开程度较高，许多亲水基游离而暴露，所以分子亲水性高。这类多糖可统称为多糖胶。

植物多糖胶是由甘露糖、葡萄糖、半乳糖、阿拉伯糖、木糖等单糖及其相应的糖醛酸按一定比例组成的天然高分子，具有较好的黏性，能与水结合形成胶体溶液。植物多糖胶的共同特点是在低浓度下形成高黏度的水溶液，溶液呈现假塑性流体特性。胶液加热时可逆地稀化且当保持在升高的温度时，又随时间不可逆地降解，溶液的表观黏度随切变速度的增加而急剧下降，然后趋于稳定并接近最低极限值。此外，植物多糖胶还具有降血糖、降血脂、抗辐射、润肠减肥、与微生物多糖形成凝胶等特性。

植物多糖胶资源丰富、来源广泛，产品性能独特、应用领域宽广，而且植物多糖胶制备工艺简洁、生产过程绿色环保。因此发展牡丹多糖胶产业可大幅度提升牡丹种子资源系列产品附加值和综合利用效益。

第三节　油用牡丹果荚的资源化利用

东北林业大学以牡丹果荚为原料，水作为溶媒提取牡丹果荚多糖，以牡丹果荚多糖提取率为指标，考察了不同提取条件对牡丹果荚多糖提取率的影响，并通过正交试验对牡丹果荚多糖提取工艺进行了优化。

先将粉碎后的牡丹果荚粉 20g 用石油醚浸泡 4h，加热回流提取 1h，趁热抽滤。挥干溶剂后加 80% 乙醇加热回流提取，趁热抽滤，用 80% 乙醇洗涤滤渣。目的是除去单糖及其他脂溶性的成分(生物碱、色素、苷类)。

经过上述处理后的牡丹果荚粉用蒸馏水浸泡，通过单因素试验分别考察提取温度(40~100℃)、提取时间(15~240min)和料液比(1:5~1:40g/mL)对牡丹果荚多糖提取率的影响，确定正交试验各因素范围。通过正交试验优化牡丹果荚多糖提取工艺，每个条件下的试验重复 3 次，以平均值为试验结果。

一、牡丹果荚多糖提取单因素试验

(一)提取温度对牡丹果荚多糖提取率的影响

当料液比 1:10、提取时间 60min 条件下，不同提取温度对牡丹果荚多糖提取率的影响见图18-41。随着提取温度的升高牡丹果荚多糖提取率呈现逐渐增加趋势；当提取温度超过55℃时，牡丹果荚多糖提取率增加趋势变缓，说明较高的提取温度有利于牡丹果荚多糖的溶出。

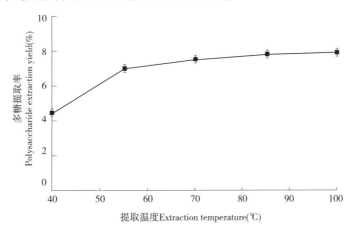

图 18-41　提取温度对牡丹果荚多糖提取率的影响

（二）料液比对牡丹果荚多糖提取率的影响

当提取温度100℃、提取时间60min条件下，不同料液比对牡丹果荚多糖提取率的影响见图18-42。可见，随着料液比的增加牡丹果荚多糖提取率随之增加，当料液比大于1∶15时，牡丹果荚多糖提取率随料液比的增加呈现趋平趋势。

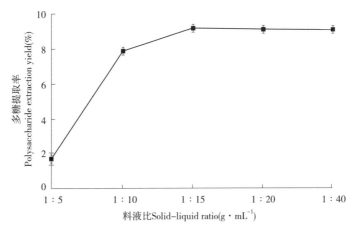

图 18-42　料液比对牡丹果荚多糖提取率的的影响

（三）提取时间对牡丹果荚多糖提取率的影响

当提取温度100℃、料液比1∶10条件下，不同提取时间对牡丹果荚多糖提取率的影响见图18-43。随着提取时间的延长牡丹果荚多糖提取率也随之增加，在 60min 时，牡丹果荚多糖提取率达到最大值；当提取时间超过 60min，牡丹果荚多糖提取率呈现下降趋势。这是由于提取时间过长，会造成更多的牡丹果荚多糖水解。

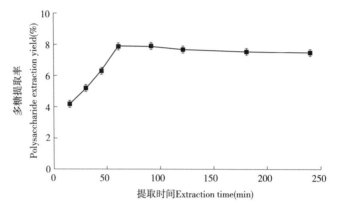

图 18-43　提取时间对牡丹果荚多糖提取率的影响

二、牡丹果荚多糖提取正交优化试验

通过单因素试验确定正交试验因素范围，以牡丹果荚多糖提取率作为考察指标，对提取温度、料液比和提取时间进行 $L_9 3^3$ 正交试验设计，探讨优化试验，表 18-8 为牡丹果荚多糖提取正交试验结果。

表 18-8　正交试验结果

序号 NO.	A	B	C	牡丹种荚多糖提取率 Polysaccharide extraction yield of peony seed pod/%
1	70	1：10	45	4.90
2	70	1：15	60	6.44
3	70	1：20	90	5.94
4	85	1：10	60	7.23
5	85	1：15	90	7.91
6	85	1：20	45	7.24
7	100	1：10	90	7.87
8	100	1：15	45	7.49
9	100	1：20	60	8.18
K_1	5.760	6.667	6.543	
K_2	7.460	7.280	7.283	
K_3	7.847	7.120	7.240	
R	2.087	0.613	0.740	

从表18-9的极差结果可以直观地看出，影响牡丹果荚多糖提取率的因素按其影响程度的大小排列分别为 A>C>B，最佳生产工艺条件为 $A_3B_2C_2$，即提取温度为100℃、提取料液比为 1∶15，提取时间为60min。

计算结果表明(表18-9)，因素 A 对牡丹果荚多糖提取率影响显著，因素 B 和 C 则基本无影响。

表 18-9　方差分析

因素 Factor	偏差平方和 Sum of squared deviations	自由度 Degree of freedom	F 比 F-ratio	显著性 Significance
A	7.394	2	54.770	*
B	0.607	2	4.496	
C	1.035	2	7.667	
误差 Error	0.14	2		

在正交优化工艺条件下，通过重复性验证试验，牡丹果荚多糖提取率为8.34%，试验结果基本稳定，重复性较好。

三、牡丹果荚多糖红外光谱分析

牡丹果荚多糖的红外谱图解析(图18-44)。3410cm^{-1}处的宽峰为 O-H 的伸缩振动，表明牡丹果荚多糖存在分子间和分子内氢键；2927cm^{-1}为饱和 C-H 伸缩振动的吸收峰，1730 和 1240cm^{-1}为酯基特征吸收峰；1624cm^{-1}左右是多糖水合吸收振动吸收峰；1100~1000cm^{-1}的吸收峰为糖环上和糖苷键上 C-O 伸缩振动吸收峰，此处只有两个峰表明为呋喃糖苷。

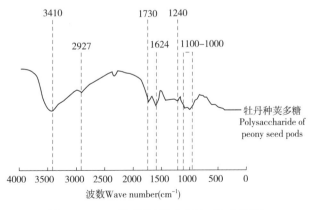

图 18-44　牡丹果荚多糖红外光谱图

四、牡丹果荚水提前后表面结构分析

图18-45为牡丹果荚和牡丹果荚水提取剩余物扫描电镜图，从图18-45可知，未经过提取处理的牡丹果荚原料表面（图18-45a）比较紧凑且粗糙，经过水提取后牡丹果荚剩余物表面（图18-45b）变得光滑，表面没有明显的附着物，说明经过水提取后牡丹果荚表面结构有了较明显改变。

水作为溶媒提取牡丹果荚多糖，以牡丹果荚多糖提取率为指标，考察了不同提取条件对牡丹果荚多糖提取率的影响，并通过正交试验对牡丹果荚多糖提取工艺进行了优化。

最佳提取工艺为：提取温度100℃，提取时间60min，料液比1∶15。此条件下，牡丹果荚多糖提取率为8.34%。水提牡丹果荚多糖，方法简单，无环境污染和溶剂回收问题，实验结论可为牡丹果荚综合开发利用提供现实依据。

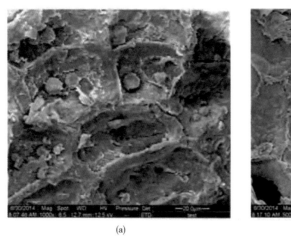
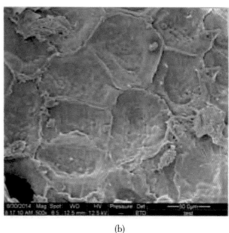

(a)   (b)

图18-45　牡丹果荚原料（a）和牡丹果荚水提剩余物（b）扫描电镜图

第十九章　牡丹籽油加工利用的健康发展

第一节　牡丹籽油加工利用中剩余物质的资源化利用

一、"剩余物质"理论

(一)剩余物质的概念

剩余物质是指人类以自然资源为劳动对象，通过使用劳动工具有目的的将自然资源物化成人类生存与发展所需的生产资料和生活资料的劳动过程中产生的相对非目的性物质。

(二)剩余物质的类型

剩余物质从化学的角度可以分为无机类、有机类和生物类剩余物质，从物理的角度可以分为固态、液态和气态剩余物质，其载体为自然界中的地表、水体和大气，其表观特征为混合性、无序性和废弃性。

(三)剩余物质的自然属性与社会属性

剩余物质与人类物化的目的物质一样，也具有客观存在的自然与社会的双重属性。

剩余物质不是超自然或独立于自然的物质，而是组成自然界的一个组分。从化学本质上讲，剩余物质也和自然界的物质一样，由无机、有机和生物类物质构成；从物理本质上讲，剩余物质也和自然界的物质一样，有固态、液态和气态三种类型。因此，剩余物质也和自然界的绝大多数其他物质一样，以地表、水体和大气为载体，并受物质不灭的自然规律所支配，参与自然界的物质转化与循环，这是剩余物质客观存在的自然属性。

剩余物质是人类以自然资源为劳动对象，通过使用劳动工具，在有目的的将自然资源物化成人类所需的生产资料和生活资料的劳动过程中产生的，因而使剩余物质具有了直接的和潜在的人类所需的价值和使用价值。剩余物质最终会全部物化成人类所需的生产资料和生活资料，这是剩余物质客观存在的社会属性。

(四)人类对剩余物质双重属性认识的不断深化

人类与自然的和谐相处，主要表现在人类与自然的互利共生。这是因为，人类不是超自然的客体，而是自然界在经历了由无机到有机、由简单到复杂、由低级到高级漫长演化历程后产生的高级生命类型。人类欲要生存与发展，就必须要从自然界中获取生活资料和生产资料，因此，人类依存于自然。然而，人类在经历了原始文明、农业文明和工业文明后，向自然界获取生活资料和生产资料的能力空前增强，其物化自然资源的欲望也随着商品生产中追求剩余价值的最大化而空前膨胀。人类劳动过程中不仅产生了由目的物质(商品)体现出的剩余价值，还产生了含有潜在剩余价值的剩余物质(所谓废品)。遗憾的是，受科学认识和技术水平的局限，这些宝贵的剩余物质却被视为废品而无情的遗弃于自然之中。当这些气态、液态和固态的无机、有机和生物剩余物质富集在土壤、水体和大气等载体中超过了自然界的自净能力后，人类社会即陷入了一方面继续开发新的自然资源，另一方面向大自然排放污染物的生态危机之中。

随着人类对剩余物质客观存在的自然属性和社会属性认识的不断深化，人类深刻认识到剩余物质具有能够进行资源化物化的绝对性和不进行资源性物化的剩余化的相对性的客观规律。剩余物质能否在人类的劳动过程中实现全部资源化物化，即非剩余化物化，关键在于人类能否认识剩余物质的价值和使用价值以及全面使用先进的生产技术将剩余物质全部转化成人类所需的、并对自然环境无害的生产资料和生活资料，最终将人类融入自然界的物质生产、消费和分解过程中，使人类与自然和谐相处、互利共生。

(五)剩余物质高值化利用的基本模式——分级利用

剩余物质高值化利用的基本模式是剩余物质目的物质生产过程中对剩余物质的分级利用(见图 19-1)。

植物资源剩余物质分级利用的工艺是模拟生物圈的物质生产过程设计的新的工艺形式，它包括从原料到产品，从生产到排放，从生产过程中产生的剩余物质到再生能源和再生产品的一整套的工艺流程，其基本思路是依据植物细胞作为一个生物分子系统，主要包括生物高分子(纤维素、木质素和半纤维素等)，生物大分子(蛋白质、脂肪、糖类、核酸等)和生物小分子(多酚、烯萜、生物碱等)，均是人类生活和生产所需的资源物质，具有可资源化利用的物质基础；还依据自然系统物质循环过程中某一子系统产生的物质又被另一子系统再次利用的原理，因而将植物资源利用中的生物高分子(生物构建物质)、生

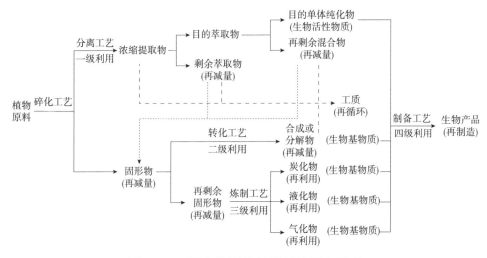

图 19-1　剩余物质分级利用的基本模式

物大分子(生物营养物质)和生物小分子(生物活性物质)中的任意组分作为目的物质，将其余的组分作为剩余物质，以"再减量、再利用、再循环、再制造"为原则，进行资源化利用，将植物体内的非目的物质进行生态化多级利用，进而使植物资源利用的生产过程实现零排放。

二、油用牡丹加工的无废料资源化利用生产模式

(一)牡丹籽油加工过程中剩余物利用的研究现状

油用牡丹资源开发利用在我国处于起步阶段，产业发展相关技术的研究相对滞后。在油用牡丹资源挖掘方面，目前只有少量关于牡丹品种的产籽量、油脂提取、种子的化学成分等方面的报道，对牡丹籽油加工过程产生的牡丹籽粕以及牡丹种皮、果荚等资源均未被有效利用(图 19-2)，大大降低了油用牡丹产业的附加值。

图 19-2　油用牡丹废弃的叶片和果荚

（二）油用牡丹各部位活性成分分析

我们对油用牡丹各部位中活性成分进行了简单的分析，结果如表 19-1 所示。

表 19-1　油用牡丹各部位中活性成分含量差异

序号	提取方法	部位	多糖 mg/g	多酚 mg/g	总黄酮 mg/g	原花青素 mg/g	没食子酸 mg/g	丹皮酚 mg/g	槲皮素 mg/g	木犀草苷 mg/g
1	水提	牡丹根	450.26	44.36	79.90	33.41	27.467	0.883	——	0.1501
2	醇提	牡丹根	——	55.27	96.27	36.32	40.950	6.976	0.0106	0.3867
3	水提	牡丹枝	382.03	43.04	60.88	37.38	37.726	——	——	0.1943
4	醇提	牡丹枝	——	86.57	111.33	40.12	71.605	——	0.4188	0.7353
5	水提	牡丹叶	209.57	98.33	54.69	4.12	86.362	——	——	2.5897
6	醇提	牡丹叶	——	136.58	71.99	8.66	114.915	——	——	7.1943
7	水提	牡丹果荚	293.90	82.43	63.11	20.99	56.002	——	——	0.2031
8	醇提	牡丹果荚	——	84.68	65.72	3.67	56.692	——	——	0.6547
9	水提	牡丹种皮	265.33	2.21	3.617	3.98	2.156	——	0.0235	0.3048
10	醇提	牡丹种皮	——	5.62	4.562	3.67	2.264	——	0.0678	0.4806
11	水提	牡丹种子	347.77	52.01	89.24	30.87	45.324	——	0.0156	0.7378
12	醇提	牡丹种子	——	54.74	143.31	19.37	37.172	——	0.1716	0.4454

注：各成分的含量为相对于提取物的含量。

（三）油用牡丹加工的无废料资源化利用生产模式分析

对油用牡丹根、枝条、叶、种子、种皮、果荚等活性成分的分析结果表明其全株均有利用价值，可以开发成溶栓制剂、食用油、营养粉、化妆品、原料药品、保健食品等（如图 19-3）。对油用牡丹的无废料资源化利用必定是其产业化开发的发展方向。

油用牡丹加工的无废料资源化利用生产模式能实现一次投料，多种产品，增加油用牡丹的附加值，拓宽其应用领域，并减轻环境负担，以高新技术促进油用牡丹生物产业发展，走牡丹精细加工和高科技之路。

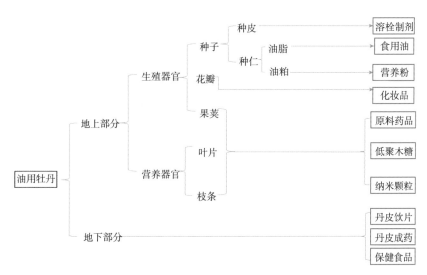

图 19-3　油用牡丹分级综合利用

第二节　牡丹籽油不宜加工成调和油

一、食用调和油的概念和意义

食用调和油是根据食用油的化学组分，以大宗高级食用油为基质油，加入另一种或一种以上具有功能特性的食用油，经科学调配具有增进营养功效的食用油。

调和油一般选用精炼大豆油、花生油、菜籽油、葵花籽油、棉籽油等为主要原料，还可配有精炼过的玉米胚油、米糠油、小麦胚油、红花籽油、油茶籽油等特种油酯。其加工过程是：根据需要选择上述两种以上精炼过的油酯，再经脱酸、脱色、脱臭、调合成为调和油，可作熘、炒、煎、炸或凉拌用油。产品主要分为：营养调和油、经济调和油、风味调和油、煎炸调和油及高端调和油。

根据研究结果显示，符合生理代谢营养要求的食用油脂中脂肪酸组成比例应该为饱和酸：单不饱和酸：多不饱和酸为 1：1：1，且（n-6）：（n-3）为 4：1，称为 4：1 健康调和油。因此根据生理代谢要求，将两种或两种以上食用油脂进行科学调配，可以弥补单一品种食用油脂营养功能结构不合理的缺陷。市场上 4：1 健康调和油主要是指其中含有 4 份亚油酸、1 份亚麻酸的天然植物食用油。不仅可以从数量上保证人体每天对必需脂肪酸的需求，还可以从质量上达到均衡营养的目的。如果亚油酸摄取过量而亚麻酸摄入量不足的话，将会严重影响人体健康。

食品工业用油脂在考虑营养功能的同时，往往更注重油品的稳定性和使用性能，将稳定性和营养性好的油进行调配，可得到既有营养又具有行业功能的专用油脂。实际运用中，一些高级食用油脂产品，往往是综合油源、加工成本、风味和稳定性能等各种因素，如大豆油、花生油色泽较玉米油、橄榄油深，花生油滋味浓郁，玉米油金黄透明，口味清淡。经过科学调配、精心加工而成的调和油既满足人们的口味嗜好，又顺应人们的生理营养需求。

二、调和油出现的问题

（一）国家标准缺失，检测结果判定无据可依

食用植物调和油国家标准征求意见稿已于 2008 年出台，但至今未发布。由于国家标准的缺失，调和油的配比之争及产品冠名不规范等问题普遍存在。原本作为弥补单品种植物油营养单一缺陷的食用调和油在销售中受到消费者的青睐，但由于许多不法厂家受到原料来源、价格的影响，有掺杂使假、以次充好，甚至用地沟油进行勾兑等行为，造成比较严重的调和油食用品质和质量安全问题，也影响到市场的公平竞争。

目前，大多数单品种油脂均有标准规定其各特征指标范围，可通过对特征指标检测判别被测油脂掺伪与否，但由于食用调和油的成分复杂，即便根据经验判断可能是以次充好的产品，也因为没有判定依据可循，使不法厂家有漏洞可钻，导致在油脂业内调和油是食用油中利润最高的产品。

（二）企业标准备案管理不够到位，食用调和油命名混乱

由于食用调和油还没有国家标准，现行食用调和油产品使用的是备案的企业标准或行业标准。国家预包装食品标签通则对食品名称命名有着明确的要求：应在食品标签的醒目位置，清晰地标示反映食品真实属性的专用名称；无国家标准、行业标准或地方标准规定的名称时，应使用不使消费者误解或混淆的常用名称或通俗名称。按上述规定，在标示"×××（油）调和油"时，应使用配料表中比例最高的油作为该调和油的名称，以反映该调和油的真实属性，使消费者不产生误解或混淆；同时，对配料的定量标识要求，如果在食品标签或食品说明书上特别强调添加了或含有一种或多种有价值或有特性的配料或成分，应标示所强调配料或成分的添加量或在成品中的含量。但实际情况是，强调的配料并不是含量比例最高的，也没有标示所强调配料或成分的添加量或其在成品中的含量。这种情况在用橄榄油、芝麻

油或油茶籽油等价格较高的油命名的调和油中普遍存在，在名称标示上存在使消费者误解或混淆的现象。

(三)缺乏有效的鉴别检测技术，使假冒伪劣调和油产品有可乘之机

油脂是由各种脂肪酸和甘油组成的酯的混合物，不同品种的油脂的差异就是脂肪酸种类及其组成比例不同，形成了每种食用油脂的一些特征指标，如碘值、折光指数和皂化值等。对单一品种食用油来说，经多年的研究总结，其脂肪酸种类及其组成比例范围基本明确，并以产品标准(主要是国家标准)的形式进行了规定，既有检测方法也有判定依据。但是对于由几种食用油混合而成的食用调和油，因不同食用油的比例差异，会造成其调和油的脂肪酸种类及其组成比例的变化，并且没有有效的鉴别检测技术来检测和判别调和油中各种食用油的比例，使得不法商家有可乘之机，以次充好、以低价油充高价油，甚至以地沟油冒充调和油等手段获取不当利益。

三、牡丹籽油不宜加工成调和油的依据

(一)不做调和油可保持牡丹籽油的营养功效

α-亚麻酸虽是人体必需的脂肪酸且具有重要的生理功效，但人体内不能生物合成α-亚麻酸，只能从食物中摄入补充，为此，世界卫生组织(WHO)倡导在人类的膳食中补充α-亚麻酸。由于α-亚麻酸是脂肪酸的组成成分，人类摄入食用油是补充α-亚麻酸的主要途径。但目前人类食用的食用油中α-亚麻酸含量很少，亚油酸含量很高，因而形成食用油中亚油酸相对过剩，α-亚麻酸相对缺乏，再加上人类的其他食物中也存在亚油酸含量较高、α-亚麻酸含量很少的营养配置问题。为此，世界卫生组织和世界粮农组织(FAO)倡导人类膳食中亚油酸和α-亚麻酸的比例应为4∶1，这一倡导也为食用油加工中亚油酸和α-亚麻酸的比例配置提供了指导原则。

我国目前食用油中亚油酸和α-亚麻酸的平均比例已超过25∶1，亚油酸含量相对过高，α-亚麻酸含量相对较低。即便是国外的橄榄油，其亚油酸和α-亚麻酸的比例已为10∶1，α-亚麻酸的含量仅为0.7%，微乎其微，几乎没有营养功效。

难能可贵的是，牡丹籽油中亚油酸和α-亚麻酸的比例为1∶1.5，远远优于我国现有主要食用油和国外橄榄油中亚油酸和α-亚麻酸的比例，是人类通过食用牡丹籽油补充α-亚麻酸，平衡人类膳食中亚油酸和α-亚麻酸的比例的有效途径。在此种情况下，如果将牡丹籽油做成调和油，在牡丹籽油中再加入

其他 α-亚麻酸含量高的食用油种类，以提高其 α-亚麻酸的含量已无必要，且提高了牡丹籽油加工的成本；如果将其他亚油酸含量高的食用油种类加入牡丹籽油，虽然大大降低了牡丹籽油的加工成本，但牡丹籽油的多种营养功效将大大降低，牡丹籽油独特的营养功效优势也将不复存在。因此，牡丹籽油不宜做成调和油。

（二）不做调和油可保持牡丹籽油的绿色特征

牡丹籽油的加工原料是中国特有植物——凤丹牡丹和紫斑牡丹，是从野生牡丹中经过长期的栽培实践选育出的优良乡土品种，从未进行过转基因育种实验，因而使牡丹籽油的加工品种具有显著的绿色特征；凤丹牡丹和紫斑牡丹的生物生态学特性既抗病虫害，又耐瘠薄，再加上种植过程中施用生物农药和有机肥料，因而使牡丹籽油的加工原料具有显著的绿色特征；牡丹籽油的加工工艺是负压冷榨-超临界精制-抗氧化处理先进工艺，其加工全程无污染、无溶剂残留、无氧化变质，因而使牡丹籽油的加工工艺具有显著的绿色特征。

然而，我国目前其他食用油种类，有些油料品种属转基因品种；加工原料的种植管理和质量检测不严格，农残和重金属含量超标；加工工艺中传统压榨工艺的精制环节氧化变质，油浸或亚临界萃取工艺存在溶剂残留。如果采用上述涉及的油料品种、加工原料和加工工艺制备出的劣质食用油与具有显著绿色特征的牡丹籽油进行调和制备牡丹调和油，其牡丹籽油的显著绿色特征将不复存在，牡丹籽油的产品质量也将严重下滑。

（三）不做调和油可保持牡丹籽油的品牌形象

由于调和油编制不出国家标准，也无国际标准参考，因此，牡丹籽油一旦制备成调和油，必然是将各类低价劣质食用油掺入其中，也必然出现牡丹籽油市场混乱，牡丹籽油在消费者心中的优质品牌形象会受到很大的影响。

参考文献

［1］白喜婷，朱文学，罗磊，等．牡丹籽油的精炼及理化特性变化分析［J］．食品科学，2008，29（8）：351-354.

［2］曹小勇．濒危植物紫斑牡丹胚离体培养［J］．氨基酸和生物资源，2003，25（2）：35-36.

［3］曾端香，尹伟伦，赵孝庆，等．牡丹繁殖技术［J］．北京林业大学学报，2000，22（3）：90-95.

［4］陈道明，丁一巨，蒋勤，等．牡丹品种主要性状的综合评价［J］．河南农业大学学报，1992（2）：187-193.

［5］陈红．"剩余物质"产业共生系统形成机理［J］．学术交流，2011，10：107-111.

［6］陈慧玲，杨彦伶，张新叶，等．油用牡丹研究进展［J］．湖北林业科技，2013，24（5）：41-44.

［7］陈良正，冯露，罗雁，等．国际庄园经济发展经验对云南高原特色农业庄园经济发展的启示［J］．安徽农业科学，2014，11：3432-3438.

［8］陈世昌．植物组织培养［M］．北京：高等教育出版社，2011.

［9］陈新露．中国秋发牡丹种质资源及秋发机理研究［D］．北京：北京林业大学，2000.

［10］陈怡平，丁兰，赵敏桂．用紫斑牡丹不同外植体诱导愈伤组织的研究［J］．西北师范大学学报自然科学版，2001，37（3）：66-69.

［11］陈永生，吴诗华．中国古牡丹文化研究［J］．北京林业大学学报（社会科学版），2005，4（3）：18-23.

［12］陈智忠，陈俊，刘大瑛，等．洛阳牡丹主要栽培品种耐旱特性的研究［J］．林业科技，2000，25（5）：61-62.

［13］成仿云，李嘉珏，陈德忠，等．中国紫斑牡丹［M］．北京：中国林业出版社，2005.

［14］成仿云，李嘉珏，陈德忠．中国野生牡丹自然繁殖特性研究［J］．园艺学报，1997（2）：180-184.

［15］成仿云．紫斑牡丹有性生殖过程的研究［D］．北京：北京林业大学，1996.

［16］迟东明，果朋忠，宋伟，等．赤霉素对牡丹促成栽培生长发育的影响［J］．安徽农业科学，2007，35（22）：6757，6763.

[17]崔凯荣，戴若兰．植物体细胞胚发生的分子生物学[M]．北京：科学出版社，2000.

[18]代慧慧，魏安池，李晓栋，等．牡丹籽油开发应用的研究进展[J]．粮食与油脂，2016(1)：4-6.

[19]代小惠．油用牡丹栽植及管理技术[J]．北京农业，2014(15).

[20]邓瑞雪，刘振，秦琳琳，等．超临界CO_2流体提取洛阳牡丹籽油工艺研究[J]．食品科学，2010(10)：142-145.

[21]董春兰．铜胁迫下凤丹和观赏牡丹的生理反应及凤丹转录组分析[D]．南京：南京农业大学，2013.

[22]董振兴，彭代银，宣自华，等．牡丹籽油降血脂、降血糖作用的实验研究[J]．安徽医药．2013，17(8)：1286-1289.

[23]高婷婷，王亚芸，任建武．GC-MS法分析牡丹籽油的成分及其防晒效果的评定[J]．食品科技，2013，28(6)：296-299.

[24]高志民，王莲英．植物生长延缓剂在牡丹上的应用[J]．北京林业大学学报，1997(2)：99-102.

[25]葛玉．我国食用油市场现状及发展趋势[J]．价值工程，2013：160-161.

[26]耿树香，宁德鲁，陈海云，等．油橄榄果脱苦实验及其单宁含量的变化研究[J]．西部林业科学，2012，41(3)：70-74.

[27]弓德强，郑鹏，任小林，等．B_9对牡丹生长及开花的影响[J]．西北农业学报，2003，12(1)：81-83.

[28]顾庆龙，刘金林．地域环境对乌桕种子油脂成分的影响[J]．扬州大学学报(自然科学版)，2001，4(4)：47-49.

[29]顾倬云．多不饱和脂肪酸对机体免疫功能的影响[J]．中华临床营养杂志，2000，8(4)：251-254.

[30]官波，郑文诚．功能性脂质——角鲨烯提取纯化及其应用[J]．粮油食品科技，2010，18(4)：27-30.

[31]郭丽萍，张延龙，牛立新，等．凤丹种子休眠特性研究[J]．西北林学院学报，2016，31(4)：165-169.

[32]郭绍霞，张玉刚，任茹．中国牡丹研究进展[J]．青岛农业大学学报(自然科学版)，2003，20(2)：116-121.

[33]郭秀璞，史国安，李雪英．保鲜剂对牡丹切花水分状况及衰老的影响[J]．经济林研究，2005，23(2)：27-29.

[34]韩宏毅，王剑．不饱和脂肪酸及其生理功能[J]．中国临床研究，2010，

23(6)：523-525.

[35]韩继刚，李晓青，刘焰，等．牡丹油用价值及其应用前景[J]．粮食与油脂，2014(5)：21-25.

[36]韩雪源，张延龙，牛立新，等．不同产地'凤丹'牡丹籽油主要脂肪酸成分分析[J]．食品科学，2014，35(22)：181-184.

[37]韩雪源，张延龙，牛立新．39个牡丹品种的形态学分类研究[J]．西北农林科技大学学报自然科学版，2014，42(9)：128-136.

[38]韩扬，马媛，王昌涛，等．牡丹籽蛋白酶解工艺条件的研究[J]．食品工业科技，2009，30(10)：250-256.

[39]何春年，肖伟，李敏，等．牡丹种子化学成分研究[J]．中国中药杂志，2010，35(11)：1428-1431.

[40]何东平．油脂精炼与加工工艺学[M]．北京：化学工业出版社，2005.

[41]何建昆．国家林业部门推广油用牡丹与文冠果套种助力扶贫[N]．中国食品报，2016-03-23005.

[42]何松林，陈笑蕾，陈莉，等．牡丹叶柄离体培养中褐化防止的初步研究[J]．河南科学，2005，23(1)：47-50.

[43]洪德元，潘开玉．芍药属牡丹组的分类历史和分类处理[J]．Journal of Systematics and Evolution，1999，37(4)：351-368.

[44]洪德元，潘开玉．芍药属牡丹组补注[J]．植物分类学报，2005，43(3)：284-287.

[45]洪涛，戴振伦．中国野生牡丹研究(三)芍药属牡丹组新分类群[J]．植物研究，1997(1)：1-5.

[46]洪涛，齐安·鲁普·奥斯蒂．中国野生牡丹研究(二)芍药属牡丹组新分类群[J]．植物研究，1994(3)：237-240.

[47]洪涛，张家勋．中国野生牡丹研究(一)芍药属牡丹组新分类群[J]．植物研究，1992(3)：223-234.

[48]侯小改，段春燕，刘改秀，等．土壤含水量对牡丹光合特性的影响[J]．华北农学报，2006，21(2)：91-94.

[49]胡南，许惠玉，陈志伟，等．芍药苷的药理学研究进展[J]．齐齐哈尔医学院学报，2007，28(9)：1093-1095.

[50]霍鹏，张青，张滨，等．超临界流体萃取技术的应用与发展[J]．河北化工，2010，33(3)：25-29.

[51]金研铭，徐惠风，李亚东，等．牡丹引种及其抗寒性的研究[J]．吉林农

业大学学报，1999，21（2）：37-39.

[52]康真，张雪莲，刘藕莲，等．油用牡丹繁育和造林技术研究[J].农村经济与科技，2014（12）：54-55.

[53]孔祥生，张妙霞．牡丹离体快繁技术研究[J].北方园艺，1998（z1）：87-89.

[54]蓝保卿，李嘉珏，段全绪．中国牡丹全书[M].北京：中国科学技术出版社，2002.

[55]李成文，李道荣，王若兰，等．高温对苦杏仁品质影响的研究[J].郑州工程学院学报，2003（12）：25-27.

[56]李殿宝．料坯蒸炒的作用及其对制油工艺的意义[J].沈阳师范大学学报（自然科学版），2013，31（2）：210-213.

[57]李冬生．牡丹史[M].合肥：安徽人民出版社.1983.

[58]李高锋．洛阳牡丹花期调控技术研究[D].南京：南京林业大学，2005.

[59]李红星．油用牡丹及栽植技术[J].河北林业，2015（4）：30-31.

[60]李继东，张建武．现代庄园经济的兴起与我国农业的创新——广东庄园经济发展的启示[J].中国农村经济，2000，10：34-40.

[61]李嘉珏，张西方，赵孝庆．中国牡丹[M].北京：中国大百科全书出版社，2011.

[62]李嘉珏．中国牡丹品种图志（西北、西南、江南卷）[M].北京：中国林业出版社，2006.

[63]李嘉珏．中国牡丹与芍药[M].北京：中国林业出版社，1999.

[64]李嘉珏．中国牡丹起源的研究[J].北京林业大学学报，1998（2）：22-26.

[65]李嘉珏，赵潜龙．中国牡丹与芍药[M].北京：中国林业出版社，1998.

[66]李健．超临界流体（CO_2）萃取技术在食品工业中的应用[J].食品与机械，1998，（3）：7-9.

[67]李军，孔祥生，李金航，等．逐渐干旱对牡丹生理指标的影响[J].北方园艺，2014（16）：50-53.

[68]李亮．凤丹牡丹籽饼粕抗菌活性成分的分离与结构表征[D].洛阳：河南科技大学，2013.

[69]李林昊，张延龙，牛立新，等．秦岭地区'凤丹'牡丹居群果期相关性状的表型多样性研究[J].西北林学院学报，2015，30（4）：127-131.

[70]李萍，成仿云，何桂梅．牡丹组织培养的初步研究[M].西安：陕西科技出版社，2004.684-688.

[71]李萍，成仿云，张颖星．防褐剂对牡丹组培褐化发生、组培苗生长和增殖的作用[J]．北京林业大学学报，2008，30(2)：71-76．

[72]李萍，成仿云．牡丹组培技术的研究[J]．北方园艺，2007(11)：102-106．

[73]李睿．中国野生牡丹的保护利用研究[D]．兰州：甘肃农业大学，2005．

[74]李小鹏，董文斌．植物油脂提取工艺研究新进展[J]．现代商贸工业，2007，19(8)：201-202．

[75]李艳敏，罗晓芳．牡丹离体培养与快速繁殖研究进展[J]．西南林业大学学报，2004，24(1)：70-73．

[76]李艳敏．三个牡丹品种组织培养技术的研究[D]．北京：北京林业大学，2004．

[77]李永华，翟敏，李颖旭，等．干旱胁迫下牡丹叶片光合作用与抗氧化酶活性变化[J]．河南农业科学，2007(5)：91-93．

[78]李玉龙，吴德玉，潘淑龙，等．牡丹试管苗繁殖技术的研究[J]．科学通报，1984，29(8)：500-502．

[79]李育材．一种发展油用牡丹的好机制[N]．中国绿色时报，2014．

[80]李育材．中国油用牡丹工程的战略思考[J]．中国工程科学，2014，16(10)：58-63．

[81]李育材．油用牡丹产业发展的思考[J]．新财经，2015(6)：52-53．

[82]李子璇，秦公伟，何建华，等．紫斑牡丹种仁种皮中脂肪酸组成比较分析[J]．种子，2010，29(1)：34-36．

[83]李宗艳，郭盘江，唐岱，等．丽江牡丹不同品种的生物学特性及耐水淹胁迫能力[J]．东北林业大学学报，2006，34(5)：44-46．

[84]李宗艳，张海燕．黄牡丹表型变异及多样性研究[J]．西北林学院学报，2011，26(4)：117-122．

[85]凌关庭．食品添加剂手册(第二版)[M]．北京：化学工业出版社，1997：24-25．

[86]刘会超，贾文庆．'凤丹白'胚离体培养和植株再生研究[J]．中国农学通报，2009，25(10)：183-186．

[87]刘建华，程传格，王晓，等．牡丹籽油中脂肪酸的组成分析[J]．化学分析计量，2006，15(6)：30-31．

[88]刘克长，刘怀屺，张继祥，等．牡丹花前温度指标的确定与花期预报[J]．山东农业大学学报自然科学版，1991(4)：397-402．

[89]刘立新．Omega-3脂肪酸对高血压合并颈动脉粥样硬化患者血管内皮功能

的影响[J]. 中国临床药理学杂志，2010，26（5）：330-333.

[90]刘森，王俊. 山核桃仁碱液浸泡法去皮工艺的研究[J]. 农业工程学报，2007，23（10）：256-261.

[91]刘娜，秦安臣，陈雪，等. 牡丹花期对生长调节剂调控响应的研究[J]. 河北农业大学学报，2014，37（2）.

[92]刘萍，王子成，尚富德. 河南部分牡丹品种遗传多样性的 AFLP 分析[J]. 园艺学报，2006，33（6）：1369-1372.

[93]刘萍，薛寒. 我国油用牡丹产业发展的机遇挑战及对策研究[J]. 林业经济，2014，7：95-97+108.

[94]刘普，李亮，邓瑞雪，等. 凤丹籽饼粕单萜苷类成分的研究[J]. 中国药学杂志，2013，48（17）：1253-1256.

[95]刘亚丽，刘蕾，王荣峰. STS、PP_{333}对牡丹切花保鲜及某些生理特性的影响[J]. 吉林农业大学学报，2005，27（3）：276-279.

[96]刘玉兰，汪学德. 油脂制取工艺学[M]. 北京：化学工业出版社，2006.

[97]刘玉英. 中原牡丹品种生物学及形态特性研究[D]. 北京：北京林业大学，2010.

[98]刘月蓉，牟大庆，陈涵，等. 天然植物精油提取技术——亚临界流体萃取[J]. 莆田学院学报，2011，18（4）：67-70.

[99]刘焰，韩继刚，李晓青，等. '凤丹'种子成熟过程中脂肪酸的累积规律[J]. 经济林研究，2015（4）：75-80.

[100]刘政安，王亮生，等. 丹皮产业化发展中存在的问题和对策[C]//《中医药发展与现代科学技术》编委会. 中医药发展与现代科学技术：上册[A]. 成都：四川科学技术出版社，2005.

[101]龙正海，王道平. 油茶籽油与橄榄油化学成分研究[J]. 中国粮油学报，2008，23（2）：121-123.

[102]陆少兰，谭传波，郝泽金，等. 微波预处理-超临界 CO_2 萃取牡丹籽油的工艺研究[J]. 中国油脂，2015（5）：9-13.

[103]骆俊，韩金蓉，王艳，等. 高温胁迫下牡丹的抗逆生理响应[J]. 长江大学学报（自然科学版），2011，8（2）：223-226.

[104]骆倩. 食用调和油质量现状及质量管理措施研究[J]. 粮食科技与经济，2014，39（4）：39-40.

[105]吕长平，徐艳，成明亮. 土壤含水率对牡丹生理生化特性的影响[J]. 湖南农业大学学报（自然科学版），2007，33（5）：580-583.

[106]马文杰.中国食用油安全战略转变：国内条件与国际情景[J].中国工程科学，2016，18(1)：42-47.

[107]毛程鑫.牡丹籽油组成成分及脱酸精制技术的研究[D].郑州：河南工业大学，2015.

[108]孟庆焕.牡丹种皮黄酮提取分离与抗氧化及抗疲劳作用研究[D].哈尔滨：东北林业大学，2013.

[109]宁正祥，赵谋明.食品生物化学[M].广州：华南理工大学出版社，1995.

[110]牛佳佳，吴静，贺丹，等.牡丹离体培养中褐化问题的研究进展[J].中国农学通报，2009，25(11)：34-37.

[111]潘瑞炽.植物生理学[M].北京：高等教育出版社，2004.

[112]庞雪风，何东平，胡传荣，等.牡丹籽油的提取及蛋白制备工艺的研究[J].食品工业，2013，34(8)：73-76.

[113]戚军超，周海梅，马锦琦，等.牡丹籽油化学成分 GC-MS 分析[J].粮食与油脂，2005(11)：22-23.

[114]祁文烈，章文江.紫斑牡丹组培快繁技术研究[J].甘肃农业科技，2011(10)：26-27.

[115]饶鸿雁，王成忠，袁亚光.牡丹籽油的研究进展[J].山东轻工业学院学报，2013，27(4)：35-38.

[116]任小林，李海峰，弓德强，等.秋施乙烯利和赤霉素对牡丹萌芽及开花的影响[J].西北植物学报，2004，24(5)：895-898.

[117]史闯，王斐，殷钟意，等.牡丹籽仁压榨油和浸提油联合生产工艺研究[J].食品工艺科技，2016，37(4)：303-308.

[118]史国安，郭香凤，金宝磊，等.牡丹籽油超临界 CO_2 萃取工艺优化及抗氧化活性的研究[J].中国粮油学报，2013(4)：47-51.

[119]孙文军，赵昌文.庄园经济———一种农业产业化发展的新模式[J].农村经济，1999，3：11-13.

[120]孙言才.丹皮酚的主要药理活性研究进展[J].中国保健，2004，(9)：579-582.

[121]孙月娥，王卫东.国内外脂质氧化检测方法研究进展[J].中国粮油学报，2010，25(9)：123-128.

[122]唐豆豆.油用牡丹组织培养与快繁技术研究[D].杨凌：西北农林科技大学，2016.

[123]唐红，张亮，刘文兰，等.甘肃子午岭野生紫斑牡丹种群及生境[J].东

北林业大学学报，2012，40（5）：51-58.

[124]陶国琴，李晨. α-亚麻酸的保健功效及应用[J]. 食品科学，2000，21（12）：140-143.

[125]田枫，齐晓旭，郑振辉. α-亚麻酸对大鼠学习记忆功能和海马神经元的影响[J]. 中国老年学杂志，2009，29（6）：664-666.

[126]田媛媛，张秀新，王顺利，等. 北京地区牡丹秋季嫁接繁殖技术[J]. 中国园艺文摘，2015，（12）：144-146.

[127]王昌涛，张萍，董银卯. 超临界 CO_2 提取牡丹籽油的工艺以及成分分析[J]. 中国粮油学报，2009（8）：96-100.

[128]王二强，王占营，王晓晖，等. 国内外牡丹组织培养技术研究现状[J]. 内蒙古农业科技，2008（6）：75-77.

[129]王汉中. 我国食用油供给安全形势分析与对策建议[J]. 中国油料作物学报，2007，29（3）：347-349.

[130]王宏钊，缪珊，孙纪元. α-亚麻酸药理研究进展[J]. 国际药学研究杂志，2007，34（4）：234-258.

[131]王莉莉. 土壤 pH 值对牡丹生长及生理特性影响的研究[D]. 长春：吉林农业大学，2015.

[132]王莲英. 中国牡丹品种图志[M]. 北京：中国林业出版社，1997.

[133]王萍，王荣，刘庆华，等. 几个牡丹品种耐涝性的比较[J]. 华中农业大学学报，2008，27（2）：309-312.

[134]王洋，纪姝晶，毛文岳，等. GC-MS 法分析葵花籽蜡和牡丹籽油的不皂化物及其中的二十八烷醇[J]. 河北农业大学学报，2012，35（4）：104-107.

[135]王志远，张冬洁，薛发军. 牡丹花保鲜技术研究[J]. 河南科技大学学报自然科学版，2001，22（s1）：64-66.

[136]王忠敏，李清道，高志英，等. 牡丹露地超早促成新技术研究[J]. 古今农业，1992（4）：56-65.

[137]王忠冉，谷欣，李先喜，等. 油用牡丹间作套种技术[J]. 山东林业科技，2013，43（4）：87-89.

[138]王自强，郭勇. 油用牡丹栽植技术[J]. 农民致富之友，2015（6）：192-192.

[139]魏金婷，刘文奇. 植物药活性成分 β-谷甾醇研究概况[J]. 莆田学院学报，2007，14（2）：38-41

[140]吴国豪. 营养支持在炎症性肠疾病治疗中的价值[J]. 中国实用外科杂志，2007，27（3）：197-199.

[141]吴世兰，秦礼康，蒋成刚，等．核桃仁碱液去皮过程中营养功能成分动态变化[J]．中国油脂，2013，38(2)：84-87.

[142]习近平．做焦裕禄式的县委书记[M]．北京：中央文献出版社，2015.

[143]肖丰坤，施蕊，耿菲菲，等．滇牡丹籽油的超临界CO_2萃取工艺优化及其脂肪酸成分分析[J]．中国油脂，2015(6)：12-14.

[144]肖睿，肖志刚，刘尊元，等．菜籽多肽脱苦工艺的初步研究[J]．食品工业科技，2008，29(12)：174-176.

[145]肖又姑，熊昌清，罗红．非酒精性脂肪肝患者饮食与运动行为的干预研究[J]．中华护理杂志，2006，(9)：777-780.

[146]徐桂娟．牡丹组培快繁技术的研究[D]．北京：北京林业大学，2002.

[147]许继取．亚麻酸对高脂大鼠血脂影响及促进肝脏SRBI表达机制研究[D]．武汉：华中科技大学，2006.

[148]杨斧．陈俊愉主编《中国花卉品种分类学》问世[J]．植物杂志，2001(1)：42.

[149]杨辉，戴林森，史国安．观赏及药用牡丹的结实力、种子特性及生化成分的观测分析[J]．河南科技大学学报：自然科学版，2006，27(5)：75-78.

[150]杨静，常蕊．α-亚麻酸的研究进展[J]．农业工程，2011，5(1)：72-76.

[151]杨振晶，褚鹏飞，张秀省，等．我国油用牡丹繁殖技术研究进展[J]．北方园艺，2015(21)：201-204.

[152]姚刚，王丽，段小庆．油用牡丹凤丹播种育苗及林下栽培管理技术[J]．陕西林业科技，2016(1)：88-89.

[153]姚欢欢．油用牡丹种子油提取及剩余物综合利用[D]．哈尔滨：东北林业大学，2013.

[154]姚茂君，李静．牡丹籽油亚临界流体萃取工艺优化[J]．食品科学，2014，14：53-57.

[155]叶艳涛，李艳霞．油用牡丹"凤丹"播种育苗技术[J]．林业实用技术，2015(11)：36-37.

[156]易军鹏，朱文学，马海乐，等．牡丹籽的化学成分研究[J]．天然产物研究与开发，2009，21：604-607.

[157]易军鹏，朱文学，马海乐，等．牡丹籽油超声波辅助提取工艺的响应面法优化[J]．农业机械学报，2009，40(6)：103-110.

[158]于淼，张华，鲁明．杏仁脱皮去苦及杏仁油脱色研究[J]．食品科技，

2007(2)：90-92.

[159]于秀萍，刘典恩，刘文秀，等．生态医学模式的理论基础研究[J]．中国当代医药，2010，17(12)：13-16.

[160]余小春．紫斑牡丹花期调控生理特性的研究[D]．兰州：甘肃农业大学，2007.

[161]喻衡，杨念慈．中国牡丹品种的演化和形成[J]．园艺学报，1962(2).

[162]袁军辉．紫斑牡丹及延安牡丹起源研究[D]．北京：北京林业大学，2010.

[163]袁涛，王莲英．几个牡丹野生种的花粉形态及其演化、分类的探讨[J]．北京林业大学学报，1999(1)：17-21.

[164]袁涛．中国牡丹部分种与品种(群)亲缘关系的研究[D]．北京：北京林业大学，1998.

[165]张春娥，张惠，刘楚怡，等．亚油酸的研究进展[J]．粮油加工，2010，5：18-21

[166]张锋，孔祥生，张妙霞，等．水分胁迫对牡丹光合和荧光特性的影响[J]．安徽农业科学，2008，36(18)：7543-7545.

[167]张改娜，张利娟，崔碧霄，等．'凤丹白'牡丹不定芽的诱导和生根研究[J]．生物学通报，2012，47(4)：46-48.

[168]张桂花，王洪梅，王连祥．牡丹组织培养技术研究[J]．山东农业科学，2001(5)：16-18.

[169]张捷莉，李铁纯，李娜，等．两种不同南瓜籽油中脂肪酸的GC/MS分析[J]．中国油脂，2003，28(2)：40-41.

[170]张萍．牡丹籽油的制备、纯化、成分分析以及功效评价[J]．北京：首都师范大学，2009.

[171]张钦，李春燕．油用牡丹栽植技术[J]．农业知识，2012(10)：58-58.

[172]张庆雨，张延龙，牛立新，等．紫斑牡丹两个异域亚种种群生命表分析[J]．园艺学报，2015，42(9)：1815-1822.

[173]张少英，等．牡丹魂——中国牡丹文化之乡历代优秀人文故事[M]．北京：方志出版社，2009.

[174]张圣旺，郑国生，孟丽．钙素对栽培牡丹花衰老的影响[J]．北京：植物营养与肥料学报，2002，8(4)：483-487.

[175]张文娟，成仿云，于晓南，等．赤霉素和生根粉对牡丹促成栽培影响的初步研究[J]．北京林业大学学报，2006，28(1)：84-87.

［176］张晓骁，张延龙，牛立新，等．陕西省芍药科一新分布种——卵叶牡丹［J］．西北植物学报，2015，35(11)：2337-2338.

［177］张晓骁，张延龙，牛立新．秦岭芍药属植物及其地理分布修订［J］．西北植物学报，2016，36(5)：1046-1054.

［178］张延龙，韩雪源，牛立新，等．9种野生牡丹籽油主要脂肪酸成分分析［J］．中国粮油学报，2015，30(4)：72-75.

［179］张衷华，唐中华，杨逢建，等．两种主要油用牡丹光合特性及其微环境影响因子分析［J］．植物研究，2014(6)：770-775.

［180］张子学，丁为群，时惟静，等．凤丹组织培养研究［J］．现代中药研究与实践，2004，18(1)：18-21.

［181］章灵华，尚培根，黄艺，等．丹皮酚的药理与临床研究进展［J］．中国中西医结合杂志，1996，16(3)：187-189.

［182］赵海军，张万堂，郑国生，等．牡丹深休眠特性和解除方法［J］．山东林业科技，2000(5)：44-46.

［183］赵晓娟．油用牡丹栽植技术［J］．农技服务，2014(4)：183.

［184］赵孝庆，索志立，赵建朋，等．中原牡丹品种可推广地区及相关栽培技术［J］．植物科学学报，2008，26(s1)：1-45.

［185］赵孝知，赵孝庆．菏泽牡丹大田催花技术［J］．中国花卉盆景，1990(5)：8.

［186］赵鑫，詹立平，邹学忠．牡丹组织培养研究进展［J］．核农学报，2007，21(2)：156-159.

［187］郑国生，何秀丽．夏季遮荫改善大田牡丹叶片光合功能的研究［J］．林业科学，2006，42(4)：27-32.

［188］郑国生．牡丹(*Paeonia suffruticosa*)开花生理特性与冬季成花机理的研究［D］．山西农业大学，2003.

［189］郑荣生，郑冉．遮荫对牡丹叶片活性氧代谢和抗氧化酶活性的影响［J］．山东农业科学，2013，45(4)：63-65.

［190］郑相穆，周阮宝，谷丽萍，等．凤丹种子的休眠和萌发特性［J］．植物生理学通讯，1995，31(4)：260-262.

［191］中华人民共和国行业标准浸出制油工厂防火安全规范(SBJ 04—91)．北京：商业部商办工业管理司，1992.

［192］周传凤，郑国生，张玉喜，等．强光胁迫对牡丹叶片抗氧化系统的影响［J］．江苏农业科学，2011，39(3)：232-233.

［193］周端，王晓宇，赵锐洋，等．超临界流体萃取技术及其在油脂中的应用进展［J］．农产品加工学刊，2012（8）：39-42．

［194］周端，王晓宇，赵锐洋，等．牡丹籽油超临界二氧化碳萃取工艺［J］．农业机械学报，2009（12）：144-150．

［195］周海梅，马锦琦，苗春雨，等．牡丹籽油的理化指标和脂肪酸成分分析［J］．中国油脂，2009，34（7）：72-74．

［196］周琳，王雁．我国油用牡丹开发利用现状及产业化发展对策［J］．世界林业研究，2014，27（1）：68-71．

［197］周仁超，姚崇怀．紫斑牡丹胚培养与植株再生（简报）［J］．亚热带植物科学，2001，30（3）：62-62．

［198］朱瑾，宋华，赵世伟，等．遮荫对牡丹光合特性及观赏品质的影响［J］．西北植物学报，2012，32（4）：731-738．

［199］朱文学，李欣，刘少阳，等．牡丹籽油的毒理学研究［J］．食品科学，2010，31（11）：248-251．

［200］朱献标，翟文婷，董秀勋，等．牡丹籽油化学成分及功能研究进展［J］．中国油脂，2014，39（1）：88-91．

［201］朱向涛，王雁，彭镇华，等．牡丹'凤丹'体细胞胚发生技术［J］．东北林业大学学报，2012，40（5）：54-58．

［202］朱益民，王进涛，张赞平．河南紫斑牡丹的生态环境及分布规律的研究［J］．豫西农专学报，1988：5-13．

［203］祖歌．迷迭香主要活性成分的绿色分离技术及其应用研究［D］．哈尔滨：东北林业大学，2012．

［204］左利娟，成仿云，张佐双．光照强度对牡丹生长发育的影响［J］．东北林业大学学报，2009，37（1）：27-29．

［205］左敏，高素萍，王岑涅，等．干旱胁迫对天彭牡丹生理生化和观赏特性的影响［J］．西南农业学报，2011，24（4）：1290-1293．

［206］Aoki N. Influences of pre-chilling on the growth and development of flower buds and cut-flower quality of forced tree peony［J］. Engei Gakkai Zasshi, 1992, 61（1）：151-157．

［207］Bemelmans W J E, Broer J, Feskens E J M, et al. Effect of anincreased intake of α-linolenic acid and group nutritional educationon cardiovascular risk factors: the mediterranean alpha-linolenic enriched groningen dietary intervention（MARGARIN）study［J］. Amercian Journal of Clinical Nutrition, 2002,

75(2): 221-227.

[208] Berry E M, Hirseh J. Dose dietary linolenic acid in flunencebloodpressure [J]. American Journal of Clinical Nutrition, 1986, 44: 336-340.

[209] Chen J, Stavro P M, Thomp son L U. Dietary flaxseed inhibits human breast cancer growth and metastasis and down regulates expression of insulin-like growth factor and epidermal growth factor receptor[J]. Nutr Cancer, 2002, 43(2): 187-192.

[210] Christine M A, Kyungwon O, William W, et al. Dietary α-linolenic acid intake and risk of sudden cardiac death and coronary heartdisease[J]. Circulation, 2005, 112(21): 3232-3238.

[211] Chun Rong Li, Zhe Zhou, Dan Zhu, et al. Protective effect of paeoniflorin on irradiation-induced cell damage involved in modulation of reactive oxygen species and the mitogen-activated protein kinases[J]. The International Journal of Biochemistry & Cell Biology, 2007, 39(2): 438.

[212] Dwivedi C, Natarajan K, Matthees D P. Chemmo preventive effects of dietary flaxseed oil on colon tumor development[J]. Nutrition Cancer, 2005, 51(1): 52-58.

[213] Ghafoorunissa, Ibrahmi A, Natarajan S. Substituting dietarylinoleic acid with alpha-linolenic acid improves insulin sensitivity insucrose fed rats[J]. Biochim Biophys Acta, 2005, 1733(1): 67-75.

[214] Kew S, Ban erjee T, Minihane AM, et al. Lack of effect of foodsenriched with plantor marine-derived n-3 fatty acids on humnmimune function[J]. Am J ClinNutr, 2003, 77(5): 1287-1295.

[215] Kris-Etherton P M, Hecker K D, Binkoski A E. Polyunsaturated fatty acid and cardiovascular health[J]. Nutrition Review, 2004, 62(11): 414-426.

[216] Rallidis L S, Paschos G, Liakos G K, et al. Dietary alpha-linolenic acid decrease Creactive protein, serum amyloid A and interleukin-6 in dyslipidaemic patients[J]. Atherosclerosis, 2003, 167(2): 237-242.

[217] Riley C M, Ren T C. Simple method for the determination of paeonol in human and rabbit plasma by high-performance liquid chromatography using solid-phase extraction and ultraviolet detection[J]. J Chromatog, 1989, 489(2): 432-437.

[218] SanGiovanni J P, Chew E Y. The role of omega-3 long-chain polyunsaturated

fatty acids in health and disease of the retina[J]. Progress in Retina and Eye Research, 2005, 24(1): 87-138.

[219] Shahidi F, Miraliakbari H. Omega-3(n-3)fatty acids in health and disease: part 2-health effect of omega-3 fatty acids in autoimmune disease, mental health and gene expression[J]. Journal of Medicine Food, 2005, 8(2): 133-148.

[220] Smiopoulos A P. Omega-3 fatty acids in inflammation and automimune diseases[J]. J Am Coll Nutr, 2002, 21(6): 495-505.

[221] Zhang X, Zhang Y, Niu L, et al. Chemometric classification of different tree peony species native to China based on the assessment of major fatty acids of seed oil and phenotypic characteristics of the seeds[J]. Chemistry & Biodiversity, 2016.

[222] Zhao G X, Etherton T D, Martin K R, et al. Dietary α-linolenicacid reduces inflammatory and lipid cardiovascular risk factors in hy-percholesterolemic men and women[J]. Human Nutrition and Metabolism, 2004, 134: 2991-2997.

附录 1 牡丹分种检索表

一、牡丹分种检索表 (洪涛 1992)

1. 花单瓣、半重瓣或重瓣，花瓣具有各种色泽，雄蕊及雌蕊有时瓣化；
   为野生牡丹经过栽培及杂交所形成的栽培品种 ………………………… 牡丹
1. 花单瓣，雄蕊及雌蕊正常发育。
  2. 花盘革质，杯状或囊状，包心皮 1/2 以上，心皮 5。
    3. 心皮密被粗毛，花瓣白色、粉色或淡紫红色。
      4. 花丝、柱头及花盘红色、紫色至暗紫红色。
        5. 花瓣基部无红色斑纹或斑块。
          6. 花瓣白色；二回羽状复叶，每羽片具 5 小叶。
            7. 小叶窄卵状披针形或窄长卵形，全缘，稀 1~3 裂，下面
              无毛 ……………………………………………… 杨山牡丹
            7. 小叶近圆形或卵形，具缺裂及粗齿，稀全缘，下面被
              毛，稀无毛 …………………………………………… 稷山牡丹
          6. 花瓣粉红色；二回或一回三出复叶，每羽片具 3 小叶
            ………………………………………………………… 卵叶牡丹
        5. 花瓣基部具深紫黑、红、紫红色斑块或斑纹。
          8. 二回羽状复叶，每羽片具 5 小叶或兼有 3 小叶。
            9. 小叶卵圆形或卵形，叶缘深裂、浅裂、具粗齿，下面被
              长丝毛；花瓣基部具深紫黑色斑块 …………… 延安牡丹
            9. 小叶椭圆形或卵状椭圆形，全缘，稀 1~3 裂，下面近基
              部被柔毛；花瓣基部具有放射状红斑 ………… 保康牡丹
          8. 二回三出复叶，每羽片具 3 小叶，顶生小叶近圆形，侧生
            小叶卵形或宽卵形，下面微被柔毛；花瓣基部具放射状紫
            红色斑块 ……………………………………………… 红斑牡丹
      4. 花丝、柱头及花盘淡黄白色或白色，花瓣基部具暗紫或紫黑色
      斑块。

10. 小叶卵形、卵圆形，稀披针状卵形，3 深裂或浅裂，具粗齿，稀不裂 ………………………………………… 紫斑牡丹

10. 小叶卵状披针形或窄卵形，全缘，下面沿中脉被毛，小叶柄被硬毛或簇生毛 ………………………………… 林氏牡丹

3. 心皮无毛，花瓣淡红色或淡紫红色，花丝白色，柱头及花盘淡黄色；全株无毛 ……………………………………… 四川牡丹

2. 花盘裂片肉质，盘状，包心皮基部，心皮 2~4；全株无毛；叶羽状深裂，裂片长条状，下面被白霜。

11. 花瓣红、深红或深紫红色，花丝红色 …………………… 野牡丹

11. 花瓣黄色。

12. 花径 5~8cm，花瓣基部带红色斑纹或紫红色斑块 …… 黄牡丹

12. 花径 8~10cm，花瓣基部无红斑 ………………… 大花黄牡丹

二、牡丹分种检索表(洪德元、潘开元 1999)

1. 花通常 2 或 3 朵顶生兼腋生，多少下垂；花盘肉质，仅包心皮基部。

2. 心皮通常 2~5(~7)枚；蓇葖果 4cm×1.5cm；花瓣、花丝和柱头总是纯黄色；植株高不超过 2m ……………………… 滇牡丹

2. 心皮几乎总是单生；蓇葖 4.7~7cm×2~3.3cm；花瓣、花丝和柱头总是纯黄色；植株高 1.5~3.5m ……………… 大花黄牡丹

1. 花单朵顶生，上举；花盘革质，全包或半包心皮。

3. 花盘在花期半包心皮；心皮 2~4(5)，无毛；叶为三或四回羽状复叶；小叶(29)33~63 枚，全部分裂 ………… 四川牡丹

4. 心皮几乎总是 5 枚；小叶狭窄，顶生小叶长宽比为(1.5~)1.7~2.7(~3.3)；裂片窄，顶生裂片长宽比为(1.6~)2.4~3.7(~4.3)

………………………………………… 四川牡丹(原亚种)

4. 心皮 2~5，通常 3 或 4；小叶较宽，顶生小叶长宽比为(1.0~)1.2~1.8(~2.2)；裂片较宽，顶生裂片长宽比为(1.0~)1.3~2.4(~3.0)

…………………………………………… 圆裂四川牡丹

3. 花盘在花期全包心皮；心皮 5(~7)，密被茸毛；叶为二回三出复叶或为二至三回羽状复叶；小叶数通常少于 20，如多于 20，则至少有部分小叶不裂。

5. 叶为二回三出复叶；小叶通常 9 枚。

6. 小叶卵形或卵圆形，大多不裂，上面常带红色；花瓣基部有红色斑块 ·· 卵叶牡丹

6. 小叶长卵形、卵形或近圆形，大多分裂，绿色；花瓣基部不带斑块。

　7. 小叶长卵形或卵形，顶生小叶 3 浅裂，并另有 1 至几个小裂片，侧生小叶 2~3 裂，个别小叶不裂；裂片顶端急尖；叶背面无毛 ································· 牡丹

　　8. 花重瓣，栽培 ····························· 牡丹(原亚种)
　　8. 花单瓣，野生 ····························· 银屏牡丹

　7. 小叶卵圆形至圆形，全部小叶 3 深裂，裂片再分裂，裂片顶端急尖至圆钝；叶背面脉上被茸毛 ················· 矮牡丹

5. 最发育的叶为羽状复叶；小叶多于 9 枚，长卵形至披针形，多数不裂，较少卵圆形，多数分裂。

　9. 叶为二回羽状复叶；小叶不超过 15 枚，卵形至卵状披针形，大多全缘；花瓣纯白色，无紫斑 ····················· 凤丹

　9. 叶为三回(少二回)羽状复叶；小叶(17)19~33 枚，披针形或卵状披针形，大多不裂或卵形至卵圆形，多数分裂 ······ 紫斑牡丹

　　10. 小叶披针形至卵状披针形，大多不裂 ··· 紫斑牡丹(原亚种)
　　10. 小叶卵形至卵圆形，大多分裂 ············· 太白山紫斑牡丹

三、牡丹分种检索表(陈俊愉 2001)

A_1 灌木或亚灌木，花盘发达，革质或肉质，包裹心皮 1/3 以上

　　·· (组 1. 牡丹组)

B_1 单花着生于当年枝端；花盘革质，包裹心皮达 1/2 以上。

C_1 心皮密生淡黄色柔毛，革质花盘全包住心皮；小叶片长 4.5~8.0cm，宽 2.5~7.0cm，不裂或浅裂

D_1 花瓣内面基部无紫色斑块

E_1 小叶 9 片

F_1 顶生小叶 3 裂至中部，中裂片再 3 裂，侧生小叶不裂或 3~4 浅裂

G_1 叶轴和叶柄均无毛(原产陕西，现为栽培牡丹) ·············· (1)牡丹

G_2 叶轴和叶柄均具短柔毛(陕西、山西) ·············· (2)矮牡丹

F_2 顶生小叶 3 浅裂，侧生小叶全缘(鄂西) ·············· (3)卵叶牡丹

E_2 小叶 15，披针形，全缘(豫西南、陕中、鄂西、湘西北)

····································· (4)杨山牡丹

D_2 花瓣内面基部具深紫黑斑块，小叶多 19 以上，罕 15，花白色或粉色，花盘、花丝黄白色

H_1 小叶有深缺刻(陇东及陇中、陕北、豫西) ·········· (5)紫斑牡丹

H_1 披针形小叶全缘(鄂西、陕南、陇南) ·········· (6)林氏牡丹

C_2 心皮无毛，革质花盘包被心皮 1/2~1/3；小叶片长 2.5~4.5cm，宽 1.2~2.0cm，分裂，裂片细(川西北、陇南) ·········· (7)四川牡丹

B_2 当年生枝端着花数朵；花盘肉质，仅包裹心皮下部

I_1 花紫或红色

J_1 叶小裂片披针形至长圆披针形，宽 0.7~2.0cm，花紫红至红色，花外有大形总苞(滇西北、川西南、藏东南) ·········· (8)紫牡丹

J_2 叶小裂片线状披针形或狭披针形，宽 4~7cm，花红色，罕白色，花外无大形总苞 ·········· 叶牡丹(保氏牡丹，含金莲牡丹和银莲牡丹)

I_2 花黄色，有时基部紫红或边有紫红晕

K_1 植株矮小，高 1~1.5m；花较小(径多 4~6cm)，常藏于叶丛中，心皮 3~6(罕2)，蓇葖果和种子均较小 ·········· (10)黄牡丹

K_2 植株高大(1.5~3.5m)，花大(径多 10~13cm)，常开在叶丛中，心皮 1~(2)，蓇葖果和种子均特大 ·········· (11)大花黄牡丹

A_2 多年生草本；花盘不发达，肉质，仅包裹心皮基部 … (组2.芍药组)

四、牡丹分种检索表(李嘉珏 2011)

1. 灌木或亚灌木；花盘发达，革质或肉质，包裹心皮 1/3 以上
······································ 组1. 牡丹组

2. 单花着生于当年枝端；花盘革质，包裹心皮达 1/2 以上
······································ 亚1. 革质花盘亚组

3. 心皮密生淡黄色柔毛，革质花盘全包住心皮；小叶片长 4.5~8.0cm，宽 2.5~7.0cm，不裂或浅裂

4. 花瓣内面基部无紫色或紫黑色、棕红色斑块

5. 小叶 9 片

6. 顶生小叶 3 裂至中部，中裂片再 3 裂，侧生小叶亦多 3~4 浅裂。叶片大形，叶脉上被短柔毛。

7. 叶轴和叶柄均无毛(原产陕西，现为栽培植物) ······ 牡丹

7. 叶轴和叶柄均具短柔毛(陕西北部中部、山西西南部)

　　　　　　　　　　　　　　　　　　　　　　　　…………………………………………………… 矮牡丹

　　6. 顶生小叶 3 浅裂，侧生小叶全缘(湖北西部、河南西南部)

　　　　　…………………………………………………… 卵叶牡丹

　　5. 小叶 15 枚，披针形，全缘(河南西南部、陕西中部、湖北西部、湖南西北部) ………………………………… 杨山牡丹

　4. 花瓣内面基部具深紫黑色、紫红色或棕红色斑块。

　　5. 小叶多 19 枚以上，罕 15 枚，花白色或粉红，花盘、花丝黄白色，柱头黄色。

　　　6. 小叶有深缺刻(甘肃东部、中部，陕西北部，河南西部)

　　　　　…………………………………………………… 紫斑牡丹

　　　6. 小叶披针形、全缘(湖北西部、陕西及甘肃南部)

　　　　　…………………………………………………… 林氏牡丹

　3. 心皮无毛，革质花盘包被心皮 1/2～2/3；小叶片长 2.5～4.5cm，宽 1.2～2.0cm，分裂，裂片细(四川西北部、甘肃南部)…………

　　　………………………………………………………… 四川牡丹

2. 当年生枝有花 2~3 朵；花盘肉质，仅包裹心皮基部

　6. 花紫红色、红色。

　　7. 叶的小裂片披针形至长圆披针形，宽 0.7~2.0cm，花紫红、红色，直径 9~10cm；花外有 8~12 个大型萼片与苞片组成的总苞(云南西北部、四川西南部、西藏东南部 …………… 紫牡丹

　　7. 叶的小裂片线状披针形或狭披针形，宽 4~7cm；花红色，罕白色，直径 5.0~6.0cm；花外无大型总苞，苞片与萼片共 5~7 枚(四川西部、云南西北部) ………………… 狭叶牡丹

　6. 花黄色，稀白色。

　　7. 植株高 1~1.5m，有地下茎；心皮通常 3，花黄色，稀白色，基部常有紫红色斑(云南中部、西北部，四川西南部，西藏东南部)

　　　…………………………………………………………… 黄牡丹

　　7. 植株高大，可达 2m 以上，心皮 1~2(3)，无毛 …… 大花黄牡丹

附录2　中国野生牡丹种类及分布介绍

芍药属牡丹组共9个种，分为两个亚组：革质花盘亚组（Subsect. Vaginatea）和肉质花盘亚组（Subsect. Delavayanae Stern）。前者主要分布于秦岭南北，有矮牡丹（稷山牡丹）（*Paeonia jishanensis*）、卵叶牡丹（*P. qiui*）、杨山牡丹（*P. ostii*）、紫斑牡丹（*P. rockii*）和四川牡丹（*P. decomposita*）；后者主要分布于云南西北部、四川西南部、西藏东南部，有紫牡丹（*P. delavayii*）、黄牡丹（*P. lutea*）、狭叶牡丹（*P. potaninii*）和大花黄牡丹（*P. ludlowii*）。据科学考证：牡丹组原始类群出现于白垩纪，距今约几千万年或更长的时间，中国的东亚部分、青藏高原的东南部和秦巴山地是牡丹组原始类群分化发展的中心。

根据潘开玉（1995）的研究，牡丹组全部野生种类都限于中国，从中国西南沿东北方向至中国中北部。最南端是云南的景东（24.4°N），最西端是西藏的札囊（90°E—W），最北端位于陕西延安（36.5°N），最东端为安徽巢湖（117.7°E）。

西北农林科技大学牡丹课题组自2013年始，对我国牡丹资源现状进行了调查，对各个牡丹野生种居群数量进行了动态分析，评价了它们的生存状态，提出了保育措施，对各个种进行了详细的描述记载，具体如下：

1. 矮牡丹（稷山牡丹）*Paeonia jishanensis* T. Hong et W. Z. Zhao

落叶灌木，株丛低矮，高0.5~1.5m，干皮灰褐色，有纵纹。具地下茎，兼性营养繁殖。二回三出羽状复叶，小叶9枚，近圆形或卵圆形，1~5裂，裂片具粗齿，叶背部具柔毛，侧生小叶几乎无柄，基部簇生短毛。花单生枝顶，白色，稀粉红色；雄蕊多数，花丝下部暗紫红色，近顶部白色；花盘与花丝同色，光滑，端齿裂；心皮5个，密生黄白色茸毛，柱头反卷，暗紫红色。幼果具白灰色毛。花期4月下旬至5月上旬，果实成熟期8月。矮牡丹的天然居群中开花数目少，枝条具隔年开花的特点。

首次在山西稷山发现（洪涛等，1992）。野生种分布于山西稷山、永济，河南济源、新安，陕西延安等地，生长于海拔1100~1450m山地林中，是现今中原牡丹栽培品种的重要种源之一。

(a)

(b)

(c)

(d)

(e)

(f)

图1 矮牡丹生长发育状况(陕西省万花山)

(g)　　　　　　　　　　　　　(h)

图 1　矮牡丹生长发育状况(陕西省万花山)(续)

a、b 植株生长状况　c 幼苗的生长情况　d 开花情况　e 植株新枝的生长情况

f 植株茎的生长情况　g、h 果实发育情况

2. 紫斑牡丹 *Paeonia rockii*(S. G. Haw & L. A. Lauener)T. Hong et J. J. Li ex D. Y. Hong

落叶灌木，成年植株高 0.8~2m，茎直立，基部具鳞片状鞘。二至三回羽状复叶，具长柄。裂叶紫斑牡丹小叶多为 15~21 枚，卵状椭圆形至长圆状披针形，全缘或顶小叶偶有裂；全缘叶紫斑牡丹小叶 21 枚以上，披针形或窄卵形。花朵大，单生枝顶，瓣白色，稀淡粉色、红色，花瓣基部有深紫色斑块。雄蕊多数，花丝黄白色；花盘黄白色，包被子房；心皮 5 个，子房密被黄色短硬毛，花柱极短，柱头扁平，黄白色。幼果密被黄色短柔毛，顶端具喙。花期 4 月下旬至 5 月上旬，果实成熟期 8 月。

该种已分化为两个形态上有一定差异，且为异域分布的亚种。

紫斑牡丹(原亚种，或称全缘叶亚种)*Paeonia rockii* subsp. *rockii*

该亚种小叶为卵状椭圆形至长圆状披针形，全缘或顶小叶偶有裂。分布于

(a)　　　　　　　　　　　　　(b)

图 2　全缘叶紫斑牡丹生长发育状况(陕西省秦岭腹地)

图2　全缘叶紫斑牡丹生长发育状况（陕西省秦岭腹地）（续）

a、b 群落的生境　c 植株生长状况　d 开花情况　e 完整叶片的发育情况

f 植株茎的生长情况　g 果实的发育情况　h 种子的大小形态

甘肃南部山地、陕西秦岭南坡、河南伏牛山、湖北神农架等地。生于海拔

1100~2800m 山地阔叶落叶林下或灌丛中。

裂叶紫斑牡丹（或称亚种）*Paeonia rockii* subsp. *atava*（Brühl）D. Y. Hong & P. K. Yu

　　该亚种小叶片为卵形或宽卵形，有裂或有缺刻。该种分布于秦岭北坡、陕北子午岭等地区山坡林下灌丛。

图3　裂叶紫斑牡丹生长发育状况（陕西省子午岭中段）

(g)   (h)

图 3　裂叶紫斑牡丹生长发育状况(陕西省子午岭中段)(续)

a 群落的生境　b 植株生长状况　c 幼苗发育状况　d 开花情况　e 花丝、花药的发育情况

f 完整叶片的发育情况　g 植株茎的生长情况　h 果实的发育情况

3. 卵叶牡丹 *Paeonia qiui* Y. L. Pei et D. Y. Hong

落叶灌木，高 0.6~0.8m，枝皮灰褐色，同矮牡丹一样具有地下茎，兼性营养繁殖。小叶 9 枚，卵形或卵圆形，叶表面绿色、紫红色，通常全缘，仅顶生小叶浅裂。花粉色或粉红色，雄蕊多数，花丝粉色或粉红色；花盘暗紫红色，包裹 5 心皮；花柱短，柱头扁平，紫红色。幼果具白灰色毛。花期 4 月下旬或 5 月上旬。卵叶牡丹花期时叶片正表面多是紫红色，但果期时叶片正表面又转变为绿色，紫红色消失，这可能是不同时期叶片中色素的转变导致的。

野生零星分布于湖北神农架及保康地区海拔 1600~2000m 的山坡灌木丛中，河南西峡及陕西商南、旬阳也有分布。

4. 杨山牡丹 *Paeonia ostii* T. Hong et J. X. Zhang

植株较高大，高约 1.5m，干皮灰褐色，二回羽状复叶，小叶 15 枚，狭卵状披针形至狭长卵形，侧小叶全缘近无柄，顶小叶偶有二或三裂。花单生枝顶，白色，稀基部粉色或淡紫色晕，瓣端凹缺；雄蕊多数，花丝暗紫红色；花盘暗紫红色；心皮 5 个，具柔毛，柱头暗紫红色。幼果具褐灰色毛，有光泽。花期 4 月下旬至 5 月上旬，果实成熟期 8 月。

(a)   (b)

(c)   (d)

(e)   (f)

(g)   (h)

图 4　卵叶牡丹生长发育状况（秦岭东段）

a 群落的生境　b、c 植株生长状况　d 开花情况　e 完整叶片的生长情况

f 植株茎的生长情况　g 果实的发育情况　h 种子的大小形态

(a)

(b)

(c)

(d)

(e)

(f)

(g)

(h)

图5　杨山牡丹生长发育状况(陕西省秦岭东段)

a 植株生长状况　b、c 幼苗的生长情况　d 开花情况　e 完整叶片的生长情况

f 植株根的生长情况　g、h 果实的发育情况

杨山牡丹其根可作为传统中药"丹皮"，所以遭到严重的挖掘，我们在调查中发现很多原本有野生种分布记载的地方已找不到野生植株。野生主要分布于陕西境内秦岭山脉北麓、湖北神农架、湖南西北部及安徽南部、河南嵩县的杨山、西峡及宝天墁一带等地区，生长于海拔 1200~1600m 的疏林下或山坡灌木丛中。

5. 四川牡丹 *Paeonia decomposita* Hand. Mazz.

落叶灌木，通体无毛。株高 0.7~1.5m，干皮灰黑色，当年生枝紫红色，二年生以上枝条表面片状剥落，分枝圆柱形，基部具宿存鳞片。三回（稀四回）羽状复叶，小叶片较多，可达 30 枚以上，顶生小叶卵形或倒卵形，3 裂或不裂而具粗齿。花单生枝顶，淡紫至粉红色，花瓣顶端不规则波状或凹缺；雄蕊多数，花丝白色，花盘浅杯状，与花丝同色，包心皮 1/2，心皮 4~6 个，光滑无毛。柱头扁，反卷。幼果绿褐色，无毛。花期 4 月下旬至 5 月上旬，果实成熟期 8 月。

(a)

(b)

(c)

(d)

图 6　四川牡丹生长发育状况（四川省）

(e)　　　　　　　　　　　　　　　(f)

(g)　　　　　　　　　　　　　　　(h)

图6　四川牡丹生长发育状况(四川省)(续)

a 群落的生境　　b、c 植株生长状况　　d 开花情况　　e 完整叶片的生长情况　　f 果实的发育情况
g 自然散落的种子　　h 种子的大小形态

该种已分化为两个形态上有一定差异，且为异域分布的亚种。

四川牡丹(原亚种)*Paeonia decomposita* subsp. *decomposita*

该亚种小叶卵形或倒卵形，有裂。分布于四川马尔康、金川、丹巴、康定一带，甘肃迭部也有分布。在金川段大渡河流域海拔2050~3100m灌丛中相当普遍。

圆裂四川牡丹 *Paeonia decomposita* subsp. *rotundiloba* D. Y. Hong

该亚种心皮多为3~4个，小叶卵圆形，叶裂片较圆钝，先端圆或急尖。在四川岷江流域的汶川、茂县、黑水、松潘和理县相当普遍。见于海拔2100~3100m山地灌丛、次生林或针叶林中。

四川牡丹是一个较为特殊的野生种，它的分布区位于革质花盘亚组和肉质花盘亚组的分布区过渡地段，其花盘革质，所以分类学家将其归在革质花盘亚组之中，但是与该组其他野生种相比，其心皮无毛，这一特征是与肉质花盘亚组的野生种所共有的。

6. 紫牡丹 *Paeonia delavayi* Franch

落叶亚灌木，株丛低矮。具地下茎，兼性营养繁殖。当年生小枝草质，暗紫红色。二回三出羽状复叶，叶片披针形至长圆状披针形，羽状分裂。叶被毛，花 2 ~ 5 朵，生于枝顶和叶腋。花红至紫红色，花丝深紫色，花盘肉质，包住心皮基部，心皮 2 ~ 5 个，光滑无毛，柱头紫红。常具宿存大型总苞。花期 5 月，果实成熟期 8 月。

野生分布于云南西北部丽江、永宁、鹤庆、德钦、中甸等地，四川西南部（木里）及西藏东南部（扎囊），生长于海拔 2300 ~ 3700m 的杂木林下或山地阳坡灌木丛、草丛中。

(a)   (b)

(c)   (d)

图 7　紫牡丹生长发育状况（云南省）

图7 紫牡丹生长发育状况（云南省）（续）

a 群落的生境 b 植株生长状况 c 开花情况 d 宿存的苞片 e 完整叶片的生长情况

f、g 果实发育情况 h 种子的大小形态

7. 黄牡丹 *Paeonia lutea* Delavay ex Franch

落叶小灌木或亚灌木，高 0.5～1.5m，茎圆形，灰色，无毛。具地下茎，兼性营养繁殖。叶为二回三出复叶，羽状分裂，裂片披针形。每枝着花 2～3 朵，稀单花，金黄色、黄绿色，仅基部包于肉质花盘内，有时花瓣基部有紫褐（棕褐）4 斑；雄蕊多数，花丝黄色；心皮 3～6。花期 5 月，果实成熟期 8 月。

野生分布区与紫牡丹基本相同，云南中部昆明、嵩明、禄劝，西北部大理、洱源、德钦、中甸、丽江及景洪一带，西藏东部波密、林芝一带，四川西南部木里等地海拔 2500～3500m 的草坡、灌丛、林缘地带均有分布。

8. 狭叶牡丹 *Paeonia potanini* Kom.

落叶亚灌木，高 1～1.5m，茎圆，淡绿色，光滑。地下茎发达。兼性营养繁殖。二回三出羽状复叶，小叶裂片近线状披针形，叶丛秀丽。花红色至紫红

图 8　黄牡丹生长发育状况（云南省）

a 群落的生境　b 开花情况　c 根出茎的生长情况　d 完整叶片的生长情况
e 果实的发育情况　f 种子的大小形态

色，稀白色，花朵小；雄蕊多数，花丝红色，心皮 2~3 个，无毛；柱头细而
弯曲；花盘肉质。花期 5 月，果实成熟期 8 月。

图9 狭叶牡丹生长发育状况(四川省)

a 群落的生境　b 植株生长情况　c 开花情况　d 完整叶片的生长情况

e 果实的发育情况　f 种子的大小形态

　　野生分布于四川西部巴塘、雅江、道孚、康定等地海拔2800~3700m的山坡灌木丛中。在云南昆明、丽江、嵩明、东川一带海拔2300~2800m的山坡灌木丛中也有分布。

狭叶牡丹是紫牡丹变种，但是二者最明显的区别在于叶片，因此分类学家逐渐将狭叶牡丹提升到独立的种。

9. 大花黄牡丹 *Paeonia ludlowii* (Stern & Taylor) Hong

株型高大而健壮，可达 2.5~3.5m。根肉质粗壮。茎皮灰褐色，片状剥落。叶片大型，二回三出羽状复叶，小叶 9 枚，裂片较宽，两面光滑无毛。每枝着花 3~4 朵；花大，金黄色，稀白色，超出黄牡丹 1 倍；雄蕊多数，花丝黄色；花盘肉质，黄色，乳突状；心皮 1~2 个，稀 3 个，光滑无毛，柱头黄色。花期 5 月至 6 月下旬，果实成熟期 8 月。

该种分布区狭窄，仅见于西藏东南部的林芝、米林一带，生长在海拔 2700~3300m 的坡地。

(a)　　　　　　　　　　　　(b)

(c)　　　　　　　　　　　　(d)

图 10　大花黄牡丹（西藏自治区）

a 植株生长情况　b 开花情况　c 果实的发育情况　d 种子的大小形态

附录3 国家及部分省市相关规划

一、国家层面

国务院办公厅关于加快木本油料产业发展的意见

木本油料产业是我国的传统产业，也是提供健康优质食用植物油的重要来源。近年来，我国食用植物油消费量持续增长，需求缺口不断扩大，对外依存度明显上升，食用植物油安全问题日益突出。为进一步加快木本油料产业发展，大力增加健康优质食用植物油供给，切实维护国家粮油安全，经国务院同意，现提出以下意见：

一、总体要求

（一）指导思想。以邓小平理论、"三个代表"重要思想、科学发展观为指导，深入贯彻党的十八大和十八届三中、四中全会精神，认真落实党中央、国务院决策部署，充分发挥市场在资源配置中的决定性作用和更好发挥政府作用，以提高供给能力为目标，以完善政策措施为基础，以提高科技水平为支撑，建立健全木本油料种植、加工、流通、消费产业体系，努力提高木本食用油的消费比重，推动木本油料产业持续健康发展。

（二）基本原则。坚持统筹规划，科学布局，突出区域特色；坚持市场导向，政府扶持，促进适度规模发展，提高集约经营水平；坚持依靠科技，积极推广优良品种和新技术，努力实现高产、优质、高效；坚持适地适树，稳步推进，充分利用宜林地、盐碱地、沙荒地，不占耕地尤其是基本农田；坚持创新机制，发挥龙头企业带动作用，将企业和农民利益联结在一起，实现风险共担、利益共享；坚持多元发展，加强市场监管，维护经营秩序，确保产品安全。

（三）总体目标。力争到2020年，建成800个油茶、核桃、油用牡丹等木本油料重点县，建立一批标准化、集约化、规模化、产业化示范基地，木本油料种植面积从现有的1.2亿亩发展到2亿亩，年产木本食用油150万吨左右。

二、主要任务

（四）优化木本油料产业发展布局。各有关地区和部门要继续组织实施好《全国油茶产业发展规划（2009—2020年）》。各级林业部门要组织开展核桃、油用牡丹、长柄扁桃、油橄榄、光皮梾木、元宝枫、翅果油树、杜仲、盐肤木、文冠果等木本油料树种资源普查工作，查清树种分布情况和适生区域，分树种制定产业发展规划。要把发展木本油料产业与新一轮退耕还林还草、三北防护林建设、京津风沙源治理等国家重大生态修复工程以及地方林业重点工程紧密结合，因地制宜扩大木本油料种植面积。

（五）加强木本油料生产基地建设。抓好木本油料树种良种选育及品种审（认）定，建立健全种质资源收集保存和良种生产供应体系，积极推进良种基地、定点苗木生产基地建设。通过典型示范，全面推行优良品种，积极推广先进适用造林技术，努力提高单产水平，新建一批高产、稳产木本油料生产基地，对现有低产林进行抚育、更新和改造。

（六）推进木本油料产业化经营。积极培育跨地区经营、产供销一体化的木本食用油龙头企业，鼓励企业通过联合、兼并和重组等方式做大做强。支持企业在主产区建立原料林基地和建设仓储物流设施，发展"企业+专业合作组织+基地+农户"等产业化经营模式，建立长期稳定的购销合作关系，引导农民开展标准化和专业化种植。鼓励木本油料林立体种植和综合开发，提高林地利用率和木本油料综合生产能力。支持专业合作组织和农户加强木本油料烘干、仓储等初加工设施设备建设。鼓励企业利用新技术、新工艺，开展精深加工和副产品开发，实现循环发展和综合利用。

（七）健全木本油料市场体系。积极培育统一开放、竞争有序的木本油料产品专业市场。加快建设市场需求信息公共服务平台，健全流通网络，引导产销衔接，降低流通成本，帮助农民规避市场风险。制定木本油料种植、仓储、加工、销售等生产标准，完善油脂产品和相关副产品质量标准及其检测方法。规范木本食用油包装标识管理，保障消费者的知情权和选择权。建立木本食用油质量认证体系，加大生态原产地产品保护认定工作力度，着力培育名牌产品。推动企业提高质量安全管控水平，确保产品绿色、健康、安全、环保。

（八）加强市场监管和消费引导。加强对木本食用油原料生产、加工、储存、流通、销售等环节的监管，严格执行国家标准，强化市场准入管理和质量监督检查，严厉打击制假、售假等违法违规行为，严禁不合格产品进入市场，建立健全产品质量送检、抽检、公示和责任追溯制度。加强木本食用油营养健康知识的宣传教育和普及，通过公益广告、科普读物等形式，倡导消费者合理用油和科学用油，促进形成科学健康的饮食习惯。

三、保障措施

（九）完善多元投入机制。逐步建立以政府投入为引导，以企业和专业合作组织、农民投入为主体的多元化投入机制。国家统筹各类造林投资，加大对木本油料基地建设和良种繁育的扶持力度，带动地方投资和各类社会投资积极参与。中央财政继续整合资金支持木本油料产业发展，支持主产区新建蓄水池、塘坝等水利设施，改善基础设施和生产条件。完善落实产油大县奖补政策。对具备条件的农村贫困地区，可统筹安排财政专项扶贫资金，支持建档立卡贫困村、贫困户发展木本油料产业。

（十）加大金融扶持力度。支持农业发展银行等政策性金融机构加大对木本油料产业扶持力度。鼓励商业性金融机构在风险可控的前提下，针对木本油料产业周期长、投入大等特点，合理确定贷款期限和利率，加大信贷投入。推动金融产品和服务模式创新，大力发展林权抵押贷款、农户小额信用贷款和农户联保贷款，探索开展农村土地承包经营权抵押贷款业务试点。中央财政对符合条件的木本油料产业贷款项目，实行据实贴息。森林保险要逐步覆盖木本油料产业发展，建立生产灾害风险防范机制。各地要积极支持保险机构开展木本油料保险业务，鼓励和引导农民投保。

（十一）支持科技研发和推广。强化科技攻关，进一步扶持木本油料良种选育、丰产栽培技术研究，支持引进优良种质资源，在木本油料产业集中的区域建立国家级试点示范基地，通过推广优良高产新品种和配套技术示范，促进规模化、良种化种植。将木本油料采集、烘干、加工及综合利用列入国家科技创新开发项目，并给予重点扶持。积极研发适宜木本油料种植、收获和加工的机械设备，提高生产加工机械化水平。鼓励企业发挥科技创新主体作用，支持企业与科研机构合作，形成科技创新、技术服务、产业开发有机联系的产学研紧密合作体系。建立分级技术培训制度，支持专业合作组织开展木本油料科技推广，提高农民经营管理水平。

（十二）加强组织领导。各地区、各有关部门要高度重视木本油料产业发展，进一步健全组织领导体系。地方人民政府要根据当地实际，把木本油料产业发展列入重要议事日程，出台有针对性的配套措施。国家林业局要会同有关部门，加强木本油料产业发展系统性研究，及时解决产业发展中的矛盾和问题，加强督促检查，确保各项政策措施落实到位。

二、山东省

山东省牡丹产业发展规划（2015—2020 年）
（节选）

一、发展现状

我国牡丹种植主要分布在山东、河南、湖北、甘肃、重庆、安徽等省市。在全国牡丹产业布局中，我省牡丹种植面积已达 58 万亩，占全国的 58%，其中油用牡丹 52 万亩，占全国的 70.3%。全省牡丹种植区域相对集中，其中菏泽市种植 42.7 万亩，主要集中在牡丹区、定陶区、单县等地；聊城市种植 8 万亩，主要集中在东阿县、东昌府区等地。牡丹种植从原生地、主产区向全省适应生产地发展，日照、济南、临沂、济宁市种植面积分别达到 4000 亩、2600 亩、1600 亩、1400 亩。随着种植规模的不断扩大，牡丹研发、加工、产品推广等呈现积极态势，逐步成为主产区的特色农业发展亮点和农业转型升级的重要抓手。

二、发展目标

2015 年，全省牡丹种植面积力争达到 120 万亩，其中油用牡丹不少于 100 万亩，建设种苗基地 1 万亩，牡丹示范基地 60 万亩。在试验示范基础上，重点完善科技支撑体系，有序扩大发展规模，完善加工利用体系，提升牡丹产业化经营水平。

到 2020 年，全省牡丹种植面积达到 400 万亩，其中油用牡丹 370 万亩，年产牡丹籽 110 万吨，产值 200 多亿元，年生产牡丹籽油 20 多万吨，综合效益 1000 亿元左右。基本形成油用、药用、观赏牡丹布局合理，种质资源得到有效保护利用，产业规模化、专业化和标准化生产水平大幅提升，科技创新、技术推广、质量监管体系趋于完善，经济效益显著提高的牡丹产业发展格局。

三、发展重点

（一）优化牡丹产业发展布局。全省牡丹种植区域重点划分为鲁西北黄泛平原产业区、环渤海平原产业区和低山丘陵产业区三大区域。鲁西北黄泛平原产业区包括菏泽、聊城、德州市辖区及惠民县、高青县等，约 30 个县（市、区），为全省牡丹重点发展区域，以油用牡丹为主，兼顾观赏和药用，规划面积 220 万亩，占全省的 55%。环渤海平原产业区包括滨州市的滨城区、沾化区、阳信县、无棣县、博兴县，东营市的东营区、河口区、垦利区、利津县、广饶县，潍坊市的潍城区、寒亭区、坊子区、奎文区、寿光市、昌邑市等 16 个县(市、区)。根据该区域地理条件适当采取必要的工程措施，发展油用牡丹和药用牡丹，规划面积 44 万亩，占全省的 11%。低山丘陵产业区包括临沂、日照、莱芜、济宁、枣庄、济南、淄博(高青县除外)、青岛、烟台、威海市及潍坊市的青州、临朐、安丘、昌乐、诸城等共 89 个县(市、区)。以药用、油用牡丹为主，结合山前平原、水系生态绿化、林下经济发展牡丹产业。规划面积 136 万亩，占全省的 34%。

(二)加快油用牡丹种质资源建设。实行外引与自繁自育相结合，运用现代育种技术，筛选油用、观赏、药用等目标性状突出、综合性状优良的育种材料，培育有重大应用价值的新品种 1～3 个，储备新优品种 10～15 个。突出抓好国家牡丹种质资源菏泽库、牡丹新品种测试基地项目建设。依托规模化种植区建设一批油用牡丹良种繁育基地，进一步提高牡丹种苗产量和质量，推动良种化进程。

(三)建设规模化标准化种植基地。按照"产业链、产业带、产业群"的发展思路，科学规划，合理布局，建设片、点、线结合，油用、观赏、药用不同类型的示范基地。以菏泽市牡丹区、聊城市东阿县等为中心，鼓励企业和种植大户通过土地流转开展牡丹产业基地建设，打造国家油用牡丹种植示范基地，辐射带动周边县区发展。鼓励支持油料和食品加工较为发达的县区大力发展油用牡丹深加工，带动牡丹规模化种植。加强牡丹种植基地基础设施建设，推行先进生产栽培技术和规范化管理，建立健全牡丹良种繁育体系，扩大牡丹原料生产基地种植规模。除菏泽、聊城等主产区外，力争每个县区建立 1 个 500 亩以上的样板田。

(四)着力提升牡丹产业化水平。加快发展油用牡丹种植大户、合作社、龙头企业等新型生产经营主体，形成公司+基地+农户的产业发展模式，不断提高产业集中度，增强原料与产品供销的稳定性。西部在菏泽、聊城等地依托菏泽尧舜牡丹产业园、盛华农业发展有限公司、聊城唯真国色农林科技有限公司等龙头企业，加强牡丹籽油加工项目基础设施建设。东部在淄博、潍坊、日照、临沂等地培育 4～5 个龙头企业，逐步形成年产 20 万吨牡丹籽油生产加工能力。探索牡丹籽油生产、储存、销售方式及利用新途径，不断研发深加工技术，进一步推动牡丹产业向医药制品、日用化工、营养保健、食品加工、餐饮服务、工艺美术、食用菌、畜牧养殖、旅游观光等全产业链延伸，提升牡丹产业附加值。

（五）加强牡丹品牌和市场建设。通过改进生产加工技术，进一步提升牡丹产品品质，牡丹油重点改良口感、延长保质期、降低价格，其他牡丹深加工产品重点加强市场宣传和推广，加强产品的包装、运输和售后服务，提高消费者的产品认知度。瞄准国内外高端市场，通过网上交易平台、信息平台、技术平台展销，积极拓宽牡丹产品市场销售渠道。鼓励引导龙头企业和农民合作社争创知名品牌，重点打造5个具有国内外影响力的知名品牌，10个省内知名品牌，提高产品市场竞争力。健全市场法规，打击假冒伪劣产品，提高行业自律水平，建立公开、公平、公正的市场环境，形成合理的牡丹产品供求关系和价格水平。

四、政策措施

（一）健全工作推进机制。牡丹产业发展是一项系统工程，各级、各有关部门要高度重视牡丹特别是油用牡丹产业发展，将其作为农业增效、农民增收的重要举措来抓，因地制宜制定本地发展规划，确保取得实效。创新工作方法，合理引导牡丹产业发展，循序渐进，逐步推开，严禁强制推广和硬性摊派，避免出现"一窝蜂"现象。强化工作落实，省林业主管部门要抓好牵头推进，搞好产业发展的技术指导和组织实施，各主产市县也应明确相应机构和人员协调推进产业规划实施。发展改革、财政部门要加大政策扶持和投入力度，做好项目实施和资金监督管理工作。农业、水利、科技、商务、供销、质检、人力资源社会保障、旅游等部门要结合职能，支持牡丹产业发展。

（二）加大政策扶持力度。按照分级负责和"谁投资，谁受益"的原则，建立政府引导、市场推动、社会参与的多元化投入机制。各级要积极加大对牡丹产业的支持力度，加强对牡丹苗木繁育、基地建设、科研教育、技术推广等基础性、公益性项目的支持。探索整合扶贫开发、农业产业发展、农田水利建设、林业、旅游开发等涉农资金，重点投向牡丹成方连片规模种植区，改造提升水、电、路等基础设施条件。积极争取国家将油用牡丹纳入中央造林补贴、防护林建设扶持范围，以及木本油料产业项目扶持。强化牡丹产业发展金融信贷支持，积极采取贷款担保、融资增信、产业基金等市场化方式，吸引社会资本投入，鼓励农户通过转包、转让、出租、入股、联营等方式规模种植，提高牡丹产业发展融资能力。

（三）强化科技创新推广。围绕生产、加工中的关键技术开展多方面、多层次科学研究，进一步提高产业发展科技含量。加强牡丹科研机构和推广服务机构建设，强化牡丹快速繁育、无土栽培、花期控制、病虫害防治等方面研究，建立健全牡丹产品技术体系，为牡丹产业发展提供技术支撑。积极推广株型紧凑、易于密植、成林周期短、牡丹籽产量高的品种，推行高产高效栽培模式，提高机械化种植和管理水平。大力发展林下种植，推广牡丹和药材、蔬菜、粮食等作物间作套种模式，着力提高牡丹生产综合效益。建立健全市、县、乡三级培训推广体系，加强人才引进与培养，对基层技术人员和广大农户开展实用技术培训，加快技术成果转化应用。

（四）完善质量标准体系。加强省级牡丹标准的制定和修订工作，支持大型龙头企业积极参加国家牡丹产品标准制定。建立健全生产、加工、包装、储运等环节的标准体系，为全省牡丹标准化发展提供保证。强化第三方质量认证，鼓励支持地方、企业积极开展"三品一标"等认证，提升企业管理水平和产品安全水平。加强牡丹质量检验监测机构建设，依托现有条件，逐步扩大食用林产品监测范围，在菏泽、聊城等牡丹主产区逐步建立起牡丹产品质量检验监测机构，配备专业技术人员及检测设施设备，提升牡丹产品质量安全监管水平。

（五）注重加强宣传引导。采取多种形式加大宣传引导力度，营造牡丹产业发展的良好氛围。深度挖掘油用牡丹产业发展功能，搞好与文化旅游、药用等方面的融合开发。持续办好中国林产品交易会等大型节会活动。充分利用网络、电视、报纸等媒介，广泛宣传油用牡丹科技示范项目及产业政策，重点推介牡丹籽油等保健养生、医疗药用等综合价值，激发各级政府、企业和农户发展油用牡丹的积极性。

三、河南省

河南省人民政府办公厅
关于加快木本油料产业发展的实施意见

一、总体要求

（一）指导思想。以科学发展观为指导，牢固树立和贯彻落实创新、协调、绿色、开放、共享的发展理念，认真落实党中央、国务院和省委、省政府的决策部署，充分发挥市场在资源配置中的决定性作用，以增强木本油料供给能力为目标，以完善政策措施为基础，以改革创新为动力，以提高科技水平为支撑，加快构建全省木本油料种植、加工、流通、消费产业体系，努力提高木本食用油消费比重，推动木本油料产业持续健康发展。

（二）基本原则。坚持市场导向，政府扶持，区域化布局、规模化种植，提高集约经营水平；坚持依靠科技，推广优良品种和适用技术，努力实现高产、优质、高效；坚持因地制宜，突出特色，稳步推进，充分利用宜林地、盐碱地、沙荒地，不占耕地尤其是基本农田；坚持创新机制，发挥龙头企业、合作组织的辐射带动作用，提高组织化程度，建立经营主体与农民风险共担、利益联结的机制；坚持多元发展，加强质量监督和市场监管，维护生产经营秩序，确保产品安全。

（三）总体目标。力争到 2020 年，全省建成 40 个核桃、油用牡丹、油茶等木本油料重点县，建成一批规模化、集约化、标准化、产业化示范乡镇和高效示范基地，新发展木本油料基地 400 万亩，改造低产林 150 万亩，木本油料种植面积达到 800 万亩，年产木本食用油 6 万吨以上，建设一批木本油料产业化集群，将我省建成全国重要的木本油料产业基地。

二、主要任务

（四）科学规划木本油料产业布局。按照优化布局、质量优先、突出效益的原则，认真编制《河南省木本油料产业发展规划（2016—2020 年）》及核桃、油用牡丹、油茶等产业发展规划。县级林业部门要制定当地的木本油料产业发展规划，确定具体发展目标和任务。

（五）加快木本油料良种繁育。发挥国有苗圃、良种基地的作用，加强油用牡丹、核桃、油茶等木本油料树种的良种选育、引进、繁育及品种审（认）定，培育更多含油量高、产量高、抗逆性强的优良品种。狠抓良种基地、定点苗木生产基地建设，建立健全种质资源收集保存和良种生产供应体系，积极推广育苗新技术，切实提高良种壮苗生产供应能力。全面推行"四定三清楚"（定点采穗、定点育苗、定单生产、定向供应，品种清楚、种源清楚、销售去向清楚）和"三证一签"（林木种苗生产经营许可证、质量检验证、植物检疫证、标签）种苗生产管理制度，坚决打击非法经营、制售假劣种子及嫁接穗条、苗木的行为，确保种苗质量。

（六）建设木本油料生产基地。加快建设木本油料高产栽培示范园和低产林改造示范园。开展木本油料生产示范县创建工作。全面推广良种良法，建设一批油用牡丹、核桃、油茶等高产稳产生产基地。加强水、电、路等基础设施和林业有害生物防治、森林防火等配套设施建设，逐步改善基地生产条件。通过典型示范，推广先进栽培技术和管理技术，努力提高单产水平。

（七）加快木本油料产业化经营。积极培育一批木本食用油龙头企业，开展精深加工和副产品开发，延长产业链，提升附加值，引导企业向优势产区集中，形成产业带和产业集群，发挥规模和特色优势。支持企业建设原料林基地及仓储物流设施，发展"企业+专业合作组织+基地+农户"等产业化经营模式，建立长期稳定的购销合作关系，完善利益联结机制，引导农民开展标准化、专业化种植，发展有机产品，提高市场竞争力。鼓励、支持木本油料林立体种植和综合开发，发展林下经济，提高林地利用率和木本油料综合生产能力。加快培育种植大户、专业合作社、家庭林场等新型林业经营主体，支持专业合作组织和农户建设木本油料烘干、仓储等基础设施。支持经营主体实行机械种植、采摘、分级，推行集约化管理，提高经营水平。

（八）健全木本油料市场体系。发挥我省区位优势，建设统一开放、功能完善、竞争有序、交易便捷、管理规范的木本油料产品专业市场。发展木本油料流通组织，利用"互联网+"技术构建市场信息公共服务平台，促进交易信息互联互通。培育现代流通方式，支持物流、商贸等企业参与木本油料电子商务平台建设，引导产销衔接，降低流通成本。制定出台木本油料种植地方标准，规范木本食用油包装标识管理，保障消费者的知情权、选择权和监督权。实施品牌战略，着力培育名牌产品，提升我省木本油料品牌的知名度和竞争力。

（九）强化市场监督管理。严格执行国家食用油标准，加强产中服务，搭建产后销售渠道，强化市场准入和监督检查，加强对木本油料生产、加工、储存、流通、销售等环节的监管，严厉打击以次充好、制假售假等违法违规行为，严禁不合格产品进入市场，建立健全产品质量送检、抽检、公示和责任追溯制度。支持加工企业开展产品质量管控，确保产品绿色、健康、安全、环保。通过媒体广告、科普读物等形式，宣传和普及木本油料质量指标、营养知识，引导居民合理用油和科学用油，促进消费者形成科学健康的饮食习惯。

三、保障措施

（十）完善多元投入机制。按照"政府引导、主体自筹、金融扶持、社会参与"的原则，逐步建立以政府投入为引导，以企业和专业合作组织、农民投入为主体的多元化投入机制。统筹国家和省各类造林投资，加大对木本油料基地建设和良种繁育的扶持力度，带动地方和各类社会投资积极参与。利用现代农业生产发展、农业综合开发、农业结构调整等资金，在政策允许的范围内支持木本油料产业发展，支持木本油料主产区的基地水、电、路等方面建设，改善基础设施和生产条件。落实国家产油大县奖补政策。省级财政加大对木本油料产业发展的投资力度，奖励木本油料生产示范县，重点支持木本油料生产基地、良种基地、高产栽培示范园和低产林改造示范园、产业化集群建设以及新技术新品种推广示范、新产品研发，保障省级技术指导、检查验收等工作经费。对具备条件的农村贫困地区，统筹安排财政专项扶贫资金，支持建档立卡贫困村、贫困户发展木本油料产业。

（十一）加大金融扶持力度。加强银企对接，争取国家开发银行河南省分行、中国农业发展银行河南省分行安排低利率、长周期专项贷款扶持木本油料产业发展，鼓励商业性金融机构增加对木本油料生产企业、合作社、农户的信贷投放，合理确定贷款期限和利率。大力开展林权抵押贷款、农户小额信用贷款和农户联保贷款，开展农村土地承包经营权、非林地经济林木（果）权抵押贷款业务试点。完善林业贷款贴息政策，中央财政和省财政对符合条件的木本油料产业贷款项目实行据实贴息。落实县域金融机构涉农贷款增量奖励政策，引导金融机构为符合条件的木本油料企业发放贷款。加大河南粮食投资担保公司对木本油料产业发展的支持力度。改善投融资条件，支持符合条件的林业产业化龙头企业和各类林业经营主体通过资本市场筹集发展资金，支持条件成熟的企业上市融资。完善财政补贴的商品林保险制度，支持保险机构开展木本油料树种保险业务，鼓励木本油料产业从业者积极投保，增强风险防范能力。

（十二）增强科技支撑能力。扶持开展木本油料良种选育、丰产栽培、低产林改造、采集、烘干、加工及综合利用等方面技术研究。对解决木本油料产业发展的共性、关键性技术问题的科研项目，给予重点扶持。支持引进优良种质资源，在木本油料产业集中的区域建立省级试点示范基地，通过推广优质高产新品种和配套技术示范，促进木本油料实现规模化、良种化种植。鼓励企业发挥科技创新主体作用，支持其与科研院所、大专院校合作，建立以企业为主体、科研院所和大专院校为支撑的木本油料产品研发中心，形成科技创新、技术服务、产品开发有机联系的产学研合作体系。建立分级技术培训制度，支持技术推广站、专业合作组织和科技特派员开展木本油料科技推广活动，提高生产经营和管理水平。

（十三）切实加强组织领导。各级政府要高度重视木本油料产业发展，把木本油料产业发展列入重要议事日程，建立健全目标责任制，出台加快推进措施，确保认识到位、责任到位、落实到位。林业部门要会同有关部门，加强对木本油料产业发展的系统性研究，加强规划编制、技术指导和督促检查等。发展改革、财政、国土资源、科技、农业、水利、粮食、扶贫、金融等部门要按照职责分工，密切配合，加大支持力度，形成工作合力，共同推进我省木本油料产业持续健康发展。

四、河北省

河北省人民政府办公厅
关于加快木本油料产业发展的实施意见

一、总体目标

力争到 2020 年，建成 50 个核桃、仁用杏（杏扁和山杏）等木本油料重点县，建立一批标准化、集约化、规模化、产业化示范基地，木本油料种植面积从 1300 万亩发展到 2000 万亩，年产木本食用油 5 万吨。

二、主要任务

（一）优化发展布局。各地要结合《河北省人民政府关于加快建设果品产业强省的意见》（冀政〔2012〕13 号），积极开展木本油料产业调研，立足区域资源禀赋，综合考虑产业基础、市场需求、气候条件等因素，科学制定本地木本油料产业发展规划。在太行山、燕山和张家口、承德地区通过推广"一县一业一品"、"龙头+专业合作组织+基地+农户"模式，大力发展核桃、仁用杏（杏扁和山杏）等优势木本油料，培育布局合理、特色突出、优势明显的主导产业。

（二）加强良种繁育。围绕国家级和省级林木良种基地建设，加快核桃、仁用杏（杏扁和山杏）、花椒、榛子、黄连木、文冠果、油用牡丹等木本油料树种良种选育及品种审（认）定，建立一批省级木本油料树种资源保存库。本着因地制宜、适地适树的原则，分区域建设木本油料良种繁育基地 1.5 万亩，年提供优良品种接穗 1 亿根、优质壮苗 6000 万株，全面提升我省木本油料良种壮苗供应能力。加强木本油料良种生产经营全过程监管，规范市场秩序，确保基地建设所需苗木和接穗质量标准。到 2020 年，全省木本油料基地良种普及率达到 90% 以上。

（三）强化基地建设。结合新一轮退耕还林还草、"三北"防护林建设、京津风沙源治理、太行山绿化、地下水超采综合治理、土地整理、小流域治理等国家重大生态修复工程及省重点工程，鼓励企业、专业合作组织和大户通过土地承包、租赁、转让、股份合作等形式积极参与木本油料基地建设，规模化发展木本油料生产。通过高标准品种化建园、低产园更新改造、推行抗寒抗旱栽培技术等措施，加快建设一批高产、稳产木本油料基地，示范带动全省木本油料产业快速发展。到 2020 年，全省木本油料种植面积发展到 2000 万亩，其中

100 万亩以上的现代木本油料产业示范园区达到 5 个。

（四）推进产业化经营。发挥我省区位、资源优势，优化发展环境，加强战略合作，积极培育新型木本油料经营主体。鼓励企业通过联合、兼并和重组等方式，加快核桃、仁用杏（杏扁和山杏）、花椒、葡萄籽、沙棘籽等跨地区经营、产供销一体化的木本食用油龙头企业发展，打造区域性木本油料产业集群。支持木本油料企业在原料林基地建设仓储物流设施，稳固与农民的购销合作关系，引导农民开展标准化、专业化生产。鼓励木本油料生产经营者科学发展林下经济，提高林地利用率和综合生产能力。支持专业合作组织和农户加强木本油料烘干、仓储等初加工设施设备建设。鼓励企业利用新技术、新工艺，深度开发保健品、功能性食品等高附加值产品，提高木本油料产业综合效益。

（五）健全市场体系。在木本油料主产区，积极培育一批统一开放、竞争有序的木本油料产品专业市场。大力发展物流配送、连锁经营、电子商务等新型业态，积极推进"订单生产"和"农超对接"，稳定购销网络，提高市场占有率。强化品牌创建，加大无公害、绿色、有机和地理标志"三品一标"的开发和推进力度，推行区域木本油料产品统一品牌，规范包装标识管理，增强市场公信度，提升产品竞争力。充分发挥河北省农产品电子交易中心服务功能，完善我省木本油料产品供求信息平台，引导产销衔接，降低流通成本，帮助农民规避市场风险。建立木本食用油质量认证体系，加强对原料生产、加工、储存、流通、销售等环节的监管，保障产品质量安全。

三、保障措施

（一）完善多元投入机制。建立以政府投入为引导，企业、专业合作组织、农民和社会资本投入为主体的多元化投入机制。省和各地要统筹使用财政预算安排的果品产业发展、农产品质量监测监管、农业产业化等相关资金，并逐步加大力度支持木本油料产业发展，重点用于扶持生产示范、良种繁育、产业技术创新、质量安全监管等。落实好国家扶持木本油料产业相关政策，统筹整合中央和地方林业生态建设、农业综合开发、节水灌溉、贷款贴息等资金，加大对木本油料产业扶持力度，带动各种社会主体跨所有制、跨行业、跨地区投资木本油料产业发展。对太行山、燕山和张家口、承德等连片贫困地区，可统筹安排财政专项扶贫资金，支持建档立卡贫困村、贫困户发展木本油料产业。

（二）加大金融扶持力度。支持农业发展银行等政策性金融机构加大对木本油料产业扶持力度。鼓励商业性金融机构在风险可控的前提下，针对木本油料产业周期长、投入大等特点，开发创新金融产品，合理确定贷款期限和利率，加大信贷投入。推动金融产品和服务模式创新，大力开展林权抵押贷款、农户小额信用贷款和农户联保贷款，探索开展农村土地流转收益保证贷款试点。建立木本油料生产灾害风险防范机制，逐步扩大森林保险覆盖范围，引导木本油料企业、专业合作组织和农民积极参与森林保险，提高企业和农民抵御自然灾害能力。

（三）支持科技研发与推广。强化科技集成，突出技术攻关，重点支持木本油料良种引进、选育及新产品、新技术、新工艺研发。进一步完善木本油料种植、加工、栽培管理、产品质量等方面标准体系，培育省级、国家级标准化试验示范基地和示范区。支持各级科研、推广机构和专业合作组织开展木本油料省力高效现代生产制度创新、示范与推广，推动全省木本油料产业向集约化、高效化发展。支持木本油料企业与科研机构共建省级工程技术研究中心、产业技术创新联盟等科技创新转化平台，促进科技创新与产业发展紧密结合，科技推广与富民强企同步推进，创新链、研发链和产业链连贯对接。

（四）加强组织领导。省果品产业发展领导小组要统筹推进全省木本油料产业发展，协调解决工作中遇到的困难和问题。各级政府要根据当地实际，把木本油料产业发展列入重要议事日程，明确目标任务，落实推进措施，确保各项政策措施落实到位。省林业厅要充分发挥规划指导、行业管理、协调服务等职能，牵头落实支持木本油料产业发展的政策措施。省发展改革委、省科技厅、省财政厅、省国土资源厅、省交通运输厅、省水利厅、省农业厅、省商务厅、省工商局、省质监局、省扶贫办、省食品药品监管局等部门要根据职责分工，协调联动，形成合力，共同推进我省木本油料产业持续健康发展。

五、甘肃省

甘肃省油用牡丹产业发展规划
（节选）

一、甘肃省油用牡丹产业发展概况

近年来，甘肃牡丹生产及科研得到了较大发展，栽培面积不断扩大，品种数量不断增多，新品种培育、种质资源的研究和利用方面取得了突破性的进展。但甘肃牡丹产业发展目前主要以观赏为主。据统计，国内引种栽植近130多万株，成活保存的约为110多万株；向国外20多个国家出口55万株，国内

外对甘肃牡丹年需求量在 100 万~200 万株之间，市场潜力巨大，发展前景看好。

甘肃省油用牡丹产业是随着花卉业的发展而逐步兴起，目前已初具规模，具有代表性的有甘肃中川牡丹产业有限公司、榆中县和平绿化公司、甘肃先农科创农业发展有限公司、甘肃武阳奥凯牡丹园艺开发有限公司等企业。已有七项油用牡丹产品深加工发明专利获国家专利局审批发证，并开发出"牡丹食用油""牡丹保健胶囊""牡丹保健茶""牡丹花露酒"和牡丹系列化妆品等相关产品上市。目前全省紫斑牡丹种植面积达 1433.6 公顷，其中：野生面积 361.9 公顷，人工栽培面积 1071.7 公顷。牡丹籽产量 16 万公斤，丹皮（中药名）产量 8.2 万公斤，有牡丹籽油加工企业 1 个，企业年加工能力 12 万公斤，现实际加工量仅为 1.2 万公斤。

二、目标

（一）总体目标

通过项目建设，在全省形成基础设施完善的油用牡丹种苗繁育基地、种植基地和产品深加工基地，实现良种种苗繁育基地专业化和标准化，种植基地规模化和集约化，龙头企业大型化和效益化，产业区农民收入得到提高，生态环境质量得到改善，使油用牡丹产业成为甘肃新的经济增长点，带动全省经济快速发展，为全省早日步入小康社会做出贡献。

（二）具体目标

近期目标：做好野生种质资源保护和优质种苗繁育工作，优先发展兰州中川、临洮、漳县、康乐、和政等油用牡丹发展基础较好的地方，抓好各地示范点建设，以点带面，逐步推开。到 2015 年，全省建设良种种苗繁育基地 4276 公顷（合 6.4 万亩），建成后年出产优质苗木 4.2 亿株，建设种植示范性基地 8088 公顷（合 12.1 万亩），基本实现全省油用牡丹种苗的优质化和自给自足，基地建设初具规模，为产业发展奠定良好的基础。

远期目标：大力发展种植基地建设，使产品初加工形成规模，深加工展望前景广阔。到 2020 年，种植基地总规模达到 6.96 万公顷（合 104.4 万亩），建设产品初加工企业 5 处，为产品深加工创造条件，完善市场体系，形成油用牡丹产、供、销良性发展的产业格局。

（三）规划期限

项目规划期共 8 年，即 2013—2020 年。

2013—2015 年为近期，属准备示范期，共 3 年。

2016—2020 年为远期，属产业发展期，共 5 年。

三、建设范围与产业布局

(一)适宜区划分与建设范围

油用牡丹是长日照植物，喜干燥凉爽气候，生长于微酸性的森林腐殖土壤，在年降水量 450mm 以上生长良好，结籽率高；在 300~450mm 降水量区域能够成活生长，但结籽率低。由此可见，为实现油用牡丹的产业效益，最适宜在甘肃中南部及东部广大的区域发展。

由于甘肃省地域狭长，气候类型多样，差异较大，为了使油用牡丹基地建设实现最佳经济效益，根据紫斑牡丹生物学特性和分布特点，选取年均降雨量作为主要约束因子，进行适宜区划分。

另外，在我省灌溉农业发展良好的河西地区选取部分县(区)开展实验性栽培，为扩大种植区域积累经验。

根据适宜区划分和甘肃各地的实际情况，确定的建设范围共涉及 13 个市(州)的 68 个县(市、区)。

(二)产业布局

种植基地：重点在已经具有一定发展基础和规模的兰州、定西、临夏、白银等市州进行种植基地布局，同时逐步扩展到平凉、庆阳等市。在天水、陇南等市应结合现有经济林果发展规划，统筹安排基地建设。在灌溉农业发达的河西地区选取部分县区开展实验性种植。

良种种苗繁育基地：优先开展野生种源保护，加快良种种苗繁育基地建设，加大种质资源监管力度，保障种植基地建设。在各市(州)均建设至少 1 处大中型良种种苗繁育基地，解决区域种苗供应的需求。

加工企业：在兰州建设以油用牡丹科研及加工为中心的产业发展中心区 1 处，产业发展中心区包括了油用牡丹的科学研究基地和生产加工基地；在庆阳、陇南、定西、张掖各建设 1 个小型油用牡丹产业加工企业。

基础设施：加大最佳适宜区和适宜区种植基地的机耕道建设，使种植基地道路通畅，耕种便捷；在适宜区种植基地配套水利设施，建设渠系，保障油用牡丹的丰产高产。

四、保障措施

(一)组织保障

建议省政府成立油用牡丹产业化发展工作领导小组，组长由主管副省长兼任，成员由省发改委、省财政厅、省林业厅、省农牧厅、省水利厅及相关市（州）政府部门组成，负责协调油用牡丹产业化发展的有关工作。领导小组办公室设在省林业厅，负责日常工作。有关部门要按照规划要求，各司其职，各负其责，加强沟通，协同配合，形成合力，确保油用牡丹产业化发展工作顺利进行。

（二）政策保障

一是建议国家出台专门的油用牡丹产业发展政策。如延续退耕还林政策、已退耕还林地更新改造政策、种苗扶持政策等，划拨专项补助资金，扶持油用牡丹种苗和基地建设，确保油用牡丹产业健康快速发展；二是地方政府和金融机构在土地流转、财政、税收和贷款等方面要给予企业优惠政策；三是深化林业产权制度改革，鼓励发展非公有制林业，共同投资发展油用牡丹产业。

（三）资金保障

加强中央财政对油用牡丹产业的前期投入，地方各级政府多渠道筹集资金，整合扶贫、退耕、生态建设、水保等工程资金向油用牡丹产业倾斜，金融机构扩大信贷规模，重点扶持种植大户和龙头企业。

（四）种苗保障

一是政府协调科研、生产、经销、农户和监管部门之间的关系，快速实现苗木批量化、规范化、集约化生产；二是完善油用牡丹种苗市场，加强种质资源的保护和种苗质量监管；三是发挥资源优势，实现品种的定向培育。

（五）科技保障

一是要抓紧制定油用牡丹育苗、栽培、管理、产业开发等方面的技术规范；二是要建立甘肃省牡丹工程科技中心，加强油用牡丹良种繁育和产业化发展关键技术的科研攻关；三是广泛引进国内外先进实用新技术和新成果，提高经济效益；四是建立技术承包责任制，确保基地建设质量；五是健全技术推广体系；六是合理布局加工企业，深化加工层次，延伸产业链条。

（六）宣传保障

加大对产业发展的宣传力度。通过网络、电视、报纸等多种媒体形式，广泛宣传油用牡丹各种产品健康绿色的独特功效，扩大其知名度。建立网络营销宣传体系，充分运用信息化手段实现产品宣传与销售。

六、陕西省

陕西省油用牡丹产业发展规划(2014—2020年)
(节选)

一、发展现状

据统计,目前全国油用牡丹种植面积已达50多万亩,各类生产销售企业1000多家。2013年,年产牡丹籽10万余吨,为社会提供高端牡丹籽油约800吨,已开发出的牡丹胶囊、牡丹花蕊茶、化妆品、工艺品、牡丹酒等系列深加工产品全面推向市场,全年产值达到20多亿元。陕西2013年牡丹籽产量973.4吨,丹皮产量1069.2吨,牡丹苗木产量3.4亿株,产值0.86亿元。

二、发展目标

(一)总体目标

到2020年,全省油用牡丹产业总体实现四大目标:

——建设高档木本食用油库。通过全面实施油用牡丹资源培育、良种繁育、产品加工贸易、科技支撑四大体系建设,力争到2020年,全省油用牡丹林总面积达到200万亩,建成年产牡丹籽35万吨、年生产牡丹油7万吨的高档木本食用油库。

——重振大唐牡丹文化产业。通过加大牡丹种质资源收集保存、原产地保护、各级各类特色牡丹专类园建设、发展牡丹文化社会团体、整理挖掘牡丹文化以及开展各类牡丹文化节日庆典、学术研究等牡丹文化活动。力争到2020年,在全省初步形成百花齐放、百家争鸣的浓厚牡丹文化氛围和种质资源相对丰富、特色鲜明、竞争力强的牡丹文化产品体系,重振大唐牡丹文化产业。

——打造丝路经济文化交流新亮点。通过高附加值油用牡丹精深加工产品和极具特色的牡丹文化产品研发,着力打造大唐牡丹品牌,开拓丝绸之路国家市场,加大与丝绸之路各国牡丹产业合作和牡丹文化交流。力争到2020年,使陕西牡丹产品成为陕西与丝绸之路各国双边贸易的重要对象,使陕西牡丹文化成为双边文化交流的重要载体,着力打造陕西与丝绸之路各国经济文化合作交流新亮点。

——增加农民收入扮靓三秦大地。通过油用牡丹基地建设以及产、供、销产业链建设,力争到2020年,实现油用牡丹产业年综合产值980亿元,带动

40 多万农户、160 多万林农增收致富。通过牡丹与其他园林树种、绿化树种、农作物品种的合理搭配，按照适地适树原则，在全省城镇绿地、道路两旁、河流两岸、旅游景点、田间地头、房前屋后以及宜林荒山大力推广种植牡丹，让牡丹改善全省生态环境、扮靓三秦大地。

（二）阶段目标

全省油用牡丹产业发展近期和远期目标主要指标如下：

——近期目标：按照种苗先行和试点示范的原则，以点带面，循序推进。到 2017 年，规划新建油用牡丹示范园 10 万亩，油用牡丹种植基地 80 万亩；完成采种基地、苗木繁育基地、产业园区、研发中心建设。基地达到稳产期后，油用牡丹籽产量达到 15.6 万吨，生产初榨牡丹油 3.2 万吨，实现产值 440 亿元。

——远期目标：在试点示范的基础上，有序扩大发展规模，逐步完善科技支撑体系和加工利用体系，提升油用牡丹产业化经营水平。到 2020 年，油用牡丹总面积达到 200 万亩；建设采种基地 12 个，面积 0.49 万亩；良种繁育基地 30 个，面积 0.35 万亩；建立油用牡丹产业园区 5 个，研发中心 2 个，扶持加工龙头企业 4 个。到盛产期后，油用牡丹籽产量达到 35 万吨，生产初榨牡丹油 7 万吨，实现产值 980 亿元，初步形成相对完备的油用牡丹产、供、销产业链条，逐步形成资源相对稳定、利用水平高、产出效益显著的油用牡丹产业发展格局。

三、总体布局

（一）陕北油用生态兼用发展区

1. 规划范围。包括榆林、延安两市的 14 个县（区）。重点发展区涉及佳县、富县 2 个县；一般发展区涉及绥德、宝塔、黄陵等 12 个县（区）。

2. 区域特点。陕北地处黄土高原丘陵沟壑区和毛乌素沙地南缘，风沙大、水土流水严重，海拔高、日照强、温差大、光热条件充足，牡丹籽含油量高、品质好。

3. 主栽品种。以紫斑牡丹为主栽品种。

4. 发展方向。依托林业重点生态工程，合理配置造林树种，将油用牡丹产业发展与生态建设紧密结合，在宜林（沙）地、退耕地、河谷两岸、工矿沙地治理区、其他经济林林间和林下重点发展油用生态兼用牡丹基地，推进陕北高原大绿化。同时加强延安紫斑牡丹原产地保护。通过重点发展区示范带动和示范园建设，培育一批油用牡丹种植大户、合作社，实行规模化种植、标准化建设。

（二）关中油花一体化发展区

1. 规划范围。包括宝鸡市、咸阳市、铜川市、渭南市、西安市和杨凌示范区的 35 个县（区）。重点发展区涉及陈仓、淳化、合阳等 16 个县（区）；一般发展区涉及宜君、扶风、渭城、蓝田等 19 个县（区）。

2. 区域特点。地处关天经济区核心区和丝绸之路新起点，区位优势明显，自然条件优越，文化底蕴深厚，旅游资源丰富，人口密集。

3. 主栽品种。以凤丹牡丹为主栽品种。

4. 发展方向。依托区域牡丹文化历史悠久、科研单位密集、交通便利的有利条件，发展油花一体化牡丹产业集群。在推广油用牡丹规模种植的同时，加强与科研单位的合作，加强优良油用牡丹品种的收集和繁育，积极引进和培育油用牡丹加工企业，引导种植基地与企业的合作，种植基地、企业与科研单位的合作，研究开发油用牡丹新产品、新的利用方式，进一步提高牡丹产品的附加值；充分挖掘关中地区深厚的牡丹历史文化资源，开发彰显本土牡丹文化的特色产品，借助密集的旅游资源和推进"关中大地园林化"要求，在"长廊""四旁""城乡"建成集种植、品种繁育、加工、文化展示、旅游于一体的渭河流域特色牡丹产业带。

（三）陕南油药一体化发展区

1. 规划范围。包括安康、商洛、汉中三市的 28 个县（区），重点发展区涉及南郑、紫阳、镇安等 12 个县（区），一般发展区涉及汉台、宁陕、柞水等 16 个县（区）。

2. 区域特点。资源条件优越，牡丹种植历史悠久，具有一定的油药兼用牡丹基地规模，栽培管理经验丰富，群众积极性高。

3. 主栽品种。以凤丹牡丹为主栽品种。

4. 发展方向。以牡丹产业优化升级转型为核心，在保持传统药用牡丹产业地位的同时，大力发展油用牡丹产业，促进区域产业结构调整，形成区域性产业化格局。以重点发展区为抓手，狠抓龙头企业带动，结合推进"陕南山地森林化"生态战略，在中低山宜林地、退耕地、林下林中大量发展牡丹基地。采取"龙头企业+基地+农户"的发展模式，推进土地流转，推动油用牡丹基地种植规模化、经营集约化、技术标准化；建立高新技术牡丹产业园，积极开展油用牡丹系列产品开发，推动牡丹籽油、化妆品、医药、牡丹食品等系列产品研发销售，促进牡丹种植、加工同步协调发展。初步建成牡丹产业发展的商贸聚集地，形成种植、加工、观光、旅游于一体的油药一体化产业发展格局。

四、保障措施

(一)组织保障

1. 加强组织领导。各级政府和有关部门要高度重视油用牡丹产业发展,成立油用牡丹产业发展的组织领导和办事机构,切实加强组织领导和协调,保护和调动各方面的积极性,帮助林农和加工企业解决油用牡丹发展过程中的困难与问题;加强对产业发展的宏观指导,理顺管理体制,搞好部门协作与配合,财政、发改、林业、农业、国土、农业开发、工商、质检、税务、金融等部门,要密切配合,形成工作合力,确保各项政策措施落实到位,共同推动油用牡丹产业发展。

2. 科学制定规划。各县(市、区)要根据当地油用牡丹产业发展现状以及林地、气候等资源情况,制定油用牡丹产业发展规划,科学布局油用牡丹生产基地,进一步明确产业定位、区域布局、建设重点以及目标任务等,并将其纳入地方经济社会发展总体规划中统筹考虑,作为推进现代林业建设、破解"三农"问题、巩固"林改"成果的重要内容予以鼓励和支持。

3. 开展社会协作。各级林业主管部门要给予政策引导,支持林农、企业按照自愿、民主的原则发展多种形式的油用牡丹协会和合作组织,建立由从事油用牡丹品种选育、栽培技术、加工利用等方面的专家能手组成油用牡丹产业发展协作服务组织,开展技术推广、技术培训和咨询、代销生产资料供应、产品营销等服务项目,切实提高农民与企业组织化程度和市场适应能力。

(二)政策保障

1. 搞好综合协调。充分发挥各级政府的综合协调职能,打破行业界限和部门分割,理顺部门间的关系,协调解决项目审批、土地征用、产品购销、交通运输、税收、行业标准化建设、基础设施建设等方面的问题,建立适应市场经济的审批机制,简化项目审批手续。

2. 制定和完善优惠配套政策。按照依法、自愿、有偿、规范的原则,积极推进土地流转制度改革,鼓励农户通过转包、转让、出租、入股、联营等方式向懂技术、有经营实力的大户、生产企业、科研单位合理流转,便于牡丹产业规模化经营。积极引导企业、专业合作社参与油用牡丹产业发展,鼓励采取"公司+基地+农户"或"合作社+基地+农户"的建设模式。

3. 扶持龙头企业。各级政府应主动引导和扶持龙头企业,在财政投入、贴息贷款等方面予以重点倾斜,建立和完善现代企业制度,支持开发牡丹油新产品,不断提高产品知名度和市场占有率,着力打造一批市场前景好的拳头产品，形成陕西油用牡丹核心品牌，使全省牡丹油产品在国际国内市场中具备较强的竞争力。依托龙头企业建立一批油用牡丹产业科技园，实现资源培育基地化、经营管理集约化、生产加工一体化，扶持、培育和发展产业集群。

（三）资金保障

1. 争取政府投入。积极争取国家和省、市、县地方各级扶助资金，建立油用牡丹产业发展专项资金，重点用于油用牡丹良种苗木繁育基地、高产示范林基地建设等；加大对油用牡丹产业的科研投入，逐步建立比较完备的技术研究与产业经营发展投入体系。

2. 整合项目资金。各级地方政府要加大油用牡丹林基地和油用牡丹产业基础设施建设的投入力度，充分利用国家重点林业工程建设的资金投入，整合退耕还林及其后续产业项目、农业综合开发、扶贫、农业产业化、以工代赈、水土保持、防火林带、科技创新等项目资金，大力扶持油用牡丹产业发展。

3. 落实信贷支持。要引导涉农金融机构，结合油用牡丹产业发展特点，加大对高产油用牡丹林建设、龙头企业精深加工以及企业并购重组等的信贷支持力度，实行优惠利率，财政优先给予贷款贴息；中央和地方用于支持林业发展的贴息贷款，优先支持油用牡丹产业发展；建立面向广大农民、种植大户的油用牡丹发展小额贷款扶持机制，允许高产油用牡丹林林权抵押贷款。

4. 社会多方融资。制定和完善鼓励社会资本、民间投资及外商投资的政策和措施，更好地吸引各种社会资金和外资参与油用牡丹产品的生产和开发。

（四）种苗保障

1. 严把育苗质量关。油用牡丹实生苗木繁育应采用当年种子，实行点播、条播或撒播，并严格控制每亩播种量。

2. 严把种子质量关。外调种子应直接收购当年成熟荚果，通过晾晒取得种子，确保种子质量。

3. 严把苗木质量关。在种苗调拨中，技术人员应全程跟踪检查，按规定比例抽验苗木合格情况和"两证一签"，现场监督苗木出圃、包装、装车、运输全过程。外调苗应尽量缩短运输时间，保护好根系，避免机械损伤，提高苗木成活率。

（五）科技保障

1. 建立油用牡丹科研开发机构和推广服务机构。全面负责油用牡丹引种、新品种筛选培育、新品种开发利用、油用牡丹配套种植管理技术研究，加强科技创新，建立健全油用牡丹产品技术体系，加快油用牡丹栽培、育种、快繁、无土栽培、药期控制、设施栽培、病虫害防治、产品深加工等方面的科研工作，尽快制定相应的技术标准、规范。

2. 加强技术培训与推广。加快技术成果转化速度，完善市、县、乡三级培训推广体系，建立健全技术培训网络和技术培训队伍，加快人才引进与培养，确保油用牡丹科研成果的转化与推广。要建立高产示范园，扶持科技示范户，培训栽植实用技术，让农民真正学到油用牡丹丰产栽培技术，提高牡丹生产技术和科学管理水平。

(六) 市场保障

1. 健全市场法规，实现管理现代化。要建立公开、公平、公正的市场环境，形成油用牡丹产品合理的供求关系和价格水平，指导油用牡丹科学生产，引导牡丹消费。

2. 加强市场信息建设。在牡丹交易市场、生产营销企业、种植大户中建立信息网点，对牡丹生产、市场供求市场行情等信息进行跟踪、反馈和发布。建立多层次、多渠道、多形式的信息传递网络，通过网上交易平台、信息平台、技术平台展销牡丹产品，拓宽牡丹销售市场。

3. 建立收储体系。逐步建立以主栽区域或加工企业为中心的原料供应收储体系，扶持经营单位市场化运作，用龙头企业认证、挂牌及其他政策措施引导资助建设，确保各原料产地有明确的收储单位及相配套的资金、场地、设备等，能及时收购油用牡丹籽实。

4. 实施品牌战略。重点围绕牡丹新品种培育、生产技术提升、应用范围拓广等，开发生产优质牡丹产品，形成区域特色，提高知名度，努力打造名牌产品。

七、湖北省

湖北省油用牡丹产业发展规划 (2015—2020 年)
(节选)

一、发展现状

从气候、土壤、光照等诸多因子来看，我省均是油用牡丹的适生区之一，发展油用牡丹有着得天独厚的自然条件。中外专家认定，我省保康县野生牡丹是全国乃至世界牡丹重要发祥地之一。保康牡丹历史悠久、分布广、面积大、株数多、花色全、保存完整、籽含油量高，在我国野生牡丹分布上非常罕见，对中外植物分类学、群落生态学、植物地理学、植物资源学、生殖生物学等多学科研究都具有重要的参考价值。

全省有大量散生和少数连片的牡丹分布。据前期调查，保康、南漳、房县、竹山、恩施、建始、宣恩、蕲春、英山、江夏、新洲等县（市、区）保存面积约5.1万亩，其中70%以上可作为油用牡丹。特别是襄阳市保康县有野生紫斑牡丹的自然集中分布，不过前些年破坏较严重，由过去的1.3万亩锐减到现存的0.8万亩。然而近几年来，随着人们保护意识的增强，对野生牡丹的破坏得到有效遏制，并且逐渐开始了人工栽种，牡丹又有了一定规模的发展，牡丹籽年产量也逐年增加，但我省目前尚无油料加工企业对牡丹籽进行加工，至今尚无牡丹油的产出。

二、发展目标

2014—2025年，完成200万亩油用牡丹产业基地建设，其中，"十二五"后期完成试点5万亩，"十三五"建设80万亩，"十四五"建设115万亩。争取到"十三五"末期，全省牡丹油年产量达到5.1万吨，年产值超过170亿元；到"十四五"末期，全省牡丹油年产量达到12.0万吨，年产值超过400亿元，我省油用牡丹产业发展布局基本完善，产、供、销产业体系基本形成。

三、建设布局

重点发展区：保康县、谷城县、南漳县、恩施市、利川市、建始县、巴东县、宣恩县、咸丰县、来凤县、鹤峰县、竹山县、竹溪县、郧县、蕲春县、麻城市、罗田县、红安县、英山县等19个县。其中选择保康、恩施、建始、巴东、蕲春等地作为油用牡丹产业发展的试点示范地区（包括牡丹产业示范园、观赏园、油用牡丹良种生产繁育基地）。

一般发展区：老河口市、赤壁市、嘉鱼县、通城县、崇阳县、长阳县、秭归县、五峰县、随县、鄂城区、新洲区等11个县市区。

四、建设内容与规模

（一）良种繁育基地建设

搞好良种繁育、培育良种壮苗是发展油用牡丹产业的重要基础，也是当前我省油用牡丹产业发展任务的重中之重，必须加强油用牡丹种质资源的保护和优良品种繁育的研发工作，依托湖北省林科院、湖北省林业厅林木种苗管理总站、湖北省生态职业技术学院等建立湖北省油用牡丹研究开发中心，在近期内建立几个种质资源圃，收集各类种质资源，选育几个抗性强、产量稳定、含油率高和能抗病虫害的优良品种，并积极推广，建立良种繁育基地和骨干示范苗圃。

严格实行"三证一签"管理制度，确保种苗质量安全。制定油用牡丹苗木培育技术规程、造林技术规程和丰产栽培技术规程，更好地指导油用牡丹产业的发展，夯实物资基础和技术基础。

为实现200万亩油用牡丹林基地建设的规划目标，必须首先进行种苗规划，按1500株/亩的造林密度和5万株/亩的产苗量估算，需建苗圃6万亩；育苗方面，在规划前期沿用现有的播种繁殖方式，为保证油用牡丹性状稳定，避免发生良种变异，在中期逐渐引入嫁接繁殖，后期则大力发展以嫁接繁殖为主的无性繁殖方式，规划期间共建种子园12100亩，良种采穗圃7900亩。其中：

近期，改扩建：种子园50亩，苗圃100亩。新建：种子园450亩，种质资源圃550亩，苗圃1400亩。

中期，改扩建：良种采穗圃50亩，种子园200亩，苗圃500亩。新建：良种采穗圃950亩，种子园6800亩，苗圃23500亩。

远期，新建良种采穗圃1500亩，种子园10000亩，苗圃34500亩。

(二)示范园(含观赏园)建设

任何产业在大规模发展之前都必须先开展示范基地建设。目前我省油用牡丹产业刚处于起步阶段，仅在少数几个县有5万多亩的牡丹林，还没有规范完善的产业示范园，所以在规划的近期(2014—2015年)，在已有的产业园基础上进行改造，我们选择油用牡丹发展基础较好的保康县、恩施市、建始县、巴东县、蕲春县各建1个牡丹产业示范园(包括牡丹产业示范园、观赏园、油用牡丹良种生产繁育基地等)，进行良种培育新品种、新技术、新标准、新的种植模式和推广应用等，为油用牡丹产业发展提供典型示范，引领全省油用牡丹产业科学有序的发展。5个牡丹产业示范园面积共1万亩，建成集油用、药用和赏花旅游为一体的产业品牌。

(三)油用牡丹林基地建设

为了油用牡丹产业循序渐进，健康稳步发展，油用牡丹规模化种植要在示范的基础上进行，做到以点带面，稳妥推进，充分发挥典型示范引导作用，为油用牡丹产业发展探索路子、积累经验、创建模式。在示范的基础上，油用牡丹基地建设分为近期、中期、远期：

近期，到2015年止，完成试点地区的牡丹基地改扩建5万亩。

中期，2016—2020年新建油用牡丹基地80万亩。

远期，2021—2025 年新建油用牡丹基地 115 万亩。

(四)科技支撑保障体系建设

依托以省林科院为首的各级科研院所，积极开展油用牡丹产业发展相关课题研究，重点开展优质良种选育、栽培丰产技术、林农复合模式、油用牡丹提取及深加工技术、新产品开发等产业发展相关技术研究，为产业发展提供技术支撑。

1. 建立油用牡丹种质资源圃

油用牡丹种质资源收集与保存。营建种质资源收集区和良种保存圃，收集保存一批优良的种质资源和湖北省野生牡丹种质资源，为油用牡丹良种选育和培育油用牡丹新品种研究提供材料保障。

2. 科研开发体系建设

加强科技队伍建设，提高业务水平，不断完善科学研究和推广应用组织机构，加强科技基础能力建设，打造油用牡丹产品创新和产业开发的发展平台。建设和完善油用牡丹重点实验室、种质资源库、数据库等油用牡丹科研基础平台，保证油用牡丹科研基础数据的有效积累和资源共享。

依托湖北省林科院、湖北省林业厅林木种苗管理总站、湖北省生态职业技术学院等建立湖北省油用牡丹研究开发中心，整合科技力量，重点研发油用牡丹优质高产新品种、高效栽培新技术；开展油用牡丹精深加工和高附加值副产品研发以及加工废弃物综合利用等产业发展相关技术研究，加强油用牡丹相关标准制订工作，尽快形成配套的适应产业化发展的技术规程和产品质量标准，为产业发展提供坚实有力的技术支撑。

3. 推广体系建设

以提高油用牡丹良种培育和丰产栽培技术为重点，面向广大林业专业技术人员，开展再教育，培养从油用牡丹种植到加工整个产业链急需的专业技术人才。

加强基层林业技术人员的培养和继续教育，组织技术人员到实地参观学习，进一步增强技术人员理论和实践经验，依托各地林业推广中心，加强技术推广。通过多种形式开展技术培训，为广大林农学习油用牡丹栽培管理技术提供示范样板，逐步提高广大林农油用牡丹栽培管理技术的水平。

五、保障措施

(一)加强组织领导

各级政府和有关部门要高度重视油用牡丹产业发展，成立油用牡丹产业发展领导小组，切实加强组织领导和协调，保护和调动各方面的积极性，帮助农林群众和加工企业解决油用牡丹发展过程中的困难与问题。各部门要夯实工作责任，从上到下建立以建设质量为中心的目标管理责任制。从组织上和制度上保证全县油用牡丹产业建设项目更好、更快的发展。各地要切实加强对基地建设工作的领导，确定专人负责，认真落实责任制，明确目标、任务，严格考核制度。

(二)确保资金投入

积极争取国家和省、市、县地方各级扶助资金，建立油用牡丹产业发展专项资金。因油用牡丹前三年基本没有经济收益，油用牡丹建设除争取上级产业发展专项资金支持外，要采取龙头企业带动为主农户投入相结合。在资金使用上要严格按照国家规定，专款专户专用，加强资金审计，严防滥用、挪用、盗用款项。

(三)搞好种苗繁育

要加快建设高标准油用牡丹苗木基地，充分利用现有的成熟技术，引进优良新品种。严格执行油用牡丹苗木的生产制度，实行"三证一签"管理制度，确保种苗质量安全。杜绝不合格苗上山造林。加强油用牡丹种质资源的保护和优良品种繁育的研发工作，积极推广适生性强、产量稳定、含油率高和抗病虫害的优良品种，建立骨干示范苗圃和良种繁育基地。制定油用牡丹苗木培育技术规程、造林技术规程和丰产栽培技术规程，更好地指导油用牡丹产业的发展，夯实物资基础和技术基础。

(四)抓好示范带动

油用牡丹产业发展还是一个比较陌生的朝阳产业。要抓好示范点建设，以点带面，逐步推开。通过示范点做给群众看，带着农民干，以实实在在的效益来激发广大群众的积极性。

(五)加大宣传力度

要通过电视、广播、报纸等多种新闻媒体，采取多种形式加大宣传力度，广泛宣传油用牡丹健康绿色的独特功效，扩大牡丹油知名度。同时，应大力提倡健康饮食及生活方式，为油用牡丹产业发展创造良好的市场条件。

(六)强化科技支撑

通过国家基本建设支持，依托全省范围内的林业科研单位及大专院校，建立油用牡丹科技创新团队，加强产学研合作，进行重点科技攻关、新产品开发，形成科技创新、技术服务、产业开发等紧密合作体系，加快油用牡丹科技自主创新和成果产业化，提高科技贡献率。

（七）落实政策保障

各级政府要结合实际制定下发油用牡丹相关文件，指导油用牡丹产业快速、持续、健康的发展，设立油用牡丹产业发展专项资金，重点扶持油用牡丹产业发展。认真落实税费减免及相关优惠政策，创造推动油用牡丹产业发展的良好环境。

八、安徽省

安徽省人民政府办公厅
关于加快木本油料产业发展的实施意见

为深入贯彻《国务院办公厅关于加快木本油料产业发展的意见》（国办发〔2014〕68号），进一步加快全省木本油料产业发展，经省政府同意，现提出如下实施意见：

一、主要目标

力争到2020年，建成30个油茶、薄壳山核桃、山核桃、香榧、油用牡丹等木本油料生产重点县、100个重点乡镇；创建一批优质、高产示范基地；全省木本油料种植面积从2014年的300万亩发展到470万亩，年产木本食用油6万吨左右。力争到2025年，全省木本油料种植面积发展到550万亩，年产木本食用油10万吨左右。

二、重点任务

（一）科学规划木本油料产业发展。按照优化布局、科学发展、注重质量、突出效益的原则，认真编制《安徽省木本油料产业发展规划（2016—2025年）》，加快推进全省木本油料产业发展转型升级，因地制宜扩大木本油料种植面积，实现更高质量、更高效益的发展。各地要开展普查工作，查清资源本底，确定优势树种，科学制定本地木本油料产业发展规划。

（二）加强良种选育推广和种苗生产管理。加快我省主要木本油料树种良种选育步伐，科学引进外地良种，建立健全种质资源收集保存和良种生产供应体系，加快推进良种基地、定点苗木生产基地建设，积极推广育苗新技术，切实提高良种壮苗生产供应能力。全面推行"四定三清楚"（定点采穗、定点育苗、订单生产、定向供应，品种清楚、种源清楚、销售去向清楚）和"四证一签"（林木种苗生产许可证、经营许可证、苗木质量检验证、植物检疫证和标签）种苗生产管理制度，确保种苗质量。

（三）全面推进木本油料生产基地建设。加快建设木本油料高产栽培示范园和低产林改造示范园。充分利用现有荒山荒岗、沙荒地、灌丛地、低产低效林地和四旁地等，结合林业重点工程建设和美好乡村建设，全面推广良种良法，新建一批高产稳产木本油料生产基地。强化技术措施，注重水土保持，加快低产林改造，促进提质增效。完善木本油料基地的道路、塘坝、蓄水池、防病（虫）防火基础设施建设。

（四）加快木本油料产业化经营。积极培育一批木本食用油龙头企业，开展精深加工和副产品开发，延长产业链条，提升综合效益。引导企业向优势产区集中，形成产业带和产业集群，发挥规模和特色优势。加快培育种植大户、专业合作社、家庭林场等新型林业经营主体，发展"企业+专业合作组织+基地+农户"等经营模式，完善利益联结机制，引导经营主体开展标准化、专业化种植。鼓励木本油料立体种植和综合开发，提高林地利用率和木本油料综合生产能力。支持有条件的地方实行机械种植、采摘、分级，采取集约化管理，提高木本油料经营水平。鼓励建立产业联盟，促进一二三产业融合互动，提高市场竞争力。

（五）加强市场体系建设和监管。全面推进木本油料标准化管理，制定出台木本油料种植地方标准，指导企业加快制定仓储、加工、销售等标准，积极开展油脂和相关副产品质量标准及其检测方法研究，规范木本食用油包装标识。建立木本食用油质量认证体系，加强生态原产地产品、国家地理标志产品保护认定。强化市场准入管理和质量监督检查，建立健全产品质量送检、抽检、公示和责任追溯制度，落实属地管理和生产经营主体责任。充分发挥行业协会作用，加强行业自律。

三、保障措施

（一）强化责任落实。各地要结合实际，把木本油料产业发展列入重要议事日程，建立健全目标责任制，出台加快木本油料产业发展的配套措施。各有关部门要按照职责分工，密切配合，齐抓共管，形成合力。林业部门要会同有关部门，加强木本油料产业发展系统性研究，搞好规划编制、技术指导和督促检查。发展改革部门会同林业部门积极争取木本油料产业发展中央预算内投资，落实国家有关扶持政策。财政部门加大对木本油料产业发展的财政投入，强化项目资金管理。科技部门将木本油料产业科技研发与科技成果转化列入重点支持范围。工商、质监、食品药品监管等部门要加大市场监管力度。国土资源、农业、水利、粮食等部门要密切配合，加大支持力度，共同推进我省木本油料产业持续健康发展。

（二）加大多元投入。建立以政府投入为引导、社会力量为主体、金融部门积极支持的多元化投入机制。省财政加大对木本油料产业发展的支持力度，重点用于高产栽培示范园、低产林改造示范园建设和新技术新品种推广示范等。木本油料生产重点县（市、区）要进一步整合相关资金，支持木本油料良种繁育和基地建设。鼓励金融机构加大扶持力度，合理确定贷款期限和利率，简化信贷程序，大力发展林权抵押贷款、农户小额信用贷款和农户联保贷款，加大信贷投入。对符合条件的木本油料产业贷款项目，给予财政贴息扶持。鼓励农业发展银行、农村商业银行在油茶籽、山核桃果等收购季节，积极帮助加工企业解决收购资金困难。将木本油料纳入省特色农业保险品种范围，建立健全生产灾害风险防范机制。必要时把木本食用油作为食用油储备品种。

（三）强化科技支撑。大力支持木本油料产业科技研发和推广，进一步扶持木本油料良种选育、丰产栽培技术研究和优良种质资源引进，发布一批高产、优质新品种生产技术和规程规范。强化企业科技创新主体地位，整合科技资源，建立产业技术联盟，促进技术集成创新，提升产业核心竞争力。搭建科技服务平台，加强技术培训，构建多方面、多层次的科技推广体系，支持专业合作社和行业协会开展木本油料科技推广，提高农户经营管理水平。

九、江苏省

江苏省人民政府办公厅
关于加快木本油料产业发展的实施意见

为积极发展木本油料产业，增加健康优质食用植物油供给，根据《国务院办公厅关于加快木本油料产业发展的意见》（国办发〔2014〕68号），紧密结合江苏实际，提出如下实施意见。

一、总体要求

（一）指导思想。认真贯彻落实中央和省委、省政府的决策部署，充分发挥市场在资源配置中的决定性作用和更好发挥政府作用，以增强供给能力为目标，以完善扶持政策为基础，以提高科技水平为支撑，加快构建木本油料种植、加工、流通、消费产业体系，努力提高木本食用油的消费比重，推动全省木本油料产业持续健康发展。

（二）基本原则。一是坚持统筹规划与分类指导相结合，因地制宜，突出特色，形成区划合理、布局科学、相互衔接、特色鲜明的木本油料产业体系。二是坚持市场导向与政府推动相结合，促进适度规模发展，提高集约经营水平。三是坚持科技创新与推广应用相结合，积极推广优良品种和新技术，努力实现高产、优质、高效。四是坚持发展产业与保护生态相结合，充分利用宜林地、盐碱地、沙荒地，适地适树，不占耕地尤其是基本农田。五是坚持培育龙头与创新机制相结合，发挥龙头企业带动作用，将企业和农民利益联结在一起，实现风险共担、利益共享。六是坚持多元发展与市场监管相结合，维护经营秩序，确保产品安全。

（三）目标任务。到 2020 年，全省力争建成 20 个薄壳山核桃、油用牡丹等木本油料重点示范县，建立一批标准化、集约化、规模化、产业化示范基地及重点苗圃，木本油料林面积从现有的 3 万亩发展到 5 万亩，年产薄壳山核桃等优质食用油 2 万吨左右。

二、重点任务

（四）科学规划木本油料产业布局。按照优化布局、质量优先、突出效益的原则，编制《江苏省木本油料产业发展规划（2015—2020 年）》，推进全省木本油料产业转型发展。各级林业部门要抓紧开展各类木本油料树种资源普查，查清树种分布情况和适生区域，分树种制定产业发展规划。要把发展木本油料产业与沿海防护林体系、沿江河湖防护林体系、丘陵岗地森林植被恢复、绿色通道、村庄绿化以及城市森林等绿色江苏重点工程建设紧密结合，与森林抚育补植补造、生态复合经营以及农田防护林更新改造等紧密结合，因地制宜开展木本油料林种植，逐步扩大种植面积。

（五）保障木本油料良种供应。抓好木本油料树种良种选育及品种认定，建立健全种质资源收集保存和良种生产供应体系，积极推进良种基地、定点苗木生产基地建设，到 2020 年，全省木本油料基地良种使用率达到 90% 以上。加强种子、嫁接穗条等来源管理，健全生产经营档案，确保向种植户提供优质苗、放心苗。严格执行林木种苗生产许可证、经营许可证、苗木质量检验证、植物检疫证和标签"四证一签"制度，坚决打击非法经营、制售假劣种子、嫁接穗条、苗木的行为，确保种苗质量，维护林农合法权益。

（六）推进木本油料产业化经营。认真落实扶持龙头企业发展的政策措施，引导企业参与木本油料原料林基地建设，开展木本油料精深加工和副产品开发，延伸产业链条，提升综合效益，培育一批竞争力强、带动面广的木本油料龙头企业。积极培育种植大户、专业合作社、家庭林场等新型林业经营主体，推动发展"企业+专业合作组织+基地+农户"经营模式，使企业与农户成为利益共享、风险共担的经济利益共同体。支持新型经营主体开展技术培训推广和咨询、代销生产资料供应、产品营销等服务项目，提高农民组织化程度和市场竞争能力。

(七)健全木本油料市场体系。积极培育统一开放、竞争有序的木本油料产品市场体系。在木本油料生产优势地区培育建设专业市场，鼓励农产品批发市场、大宗商品交易场所开发木本油料产品及相关交易品种。推行连锁经营、物流配送和电子商务等现代流通方式，加强木本油料产品品牌培育，提升我省木本油料品牌知名度。鼓励企业、专业合作组织、家庭林场立足市场需求，大力开发特色产品，提高市场占有率。开发统一的网上交易系统，搭建电子商务综合服务平台，促进线上、线下市场融合发展。

(八)强化木本油料市场监管。加强对木本食用油原料生产、加工、储存、流通、销售等环节的监管，严格执行国家标准，强化市场准入管理和质量监督检查，严厉打击制假、售假等违法违规行为，严禁不合格产品进入市场，建立健全产品质量送检、抽检、公示和责任追溯制度。规范木本食用油包装标识管理，切实保障消费者的知情权和选择权。

(九)加强木本油料林培育典型示范。积极搭建科研院所、推广单位、企业、农民之间的合作平台，形成产、学、研、推一体化的木本粮油发展机制。鼓励支持有实力、懂技术、善经营的木本油料种植大户应用木本粮油培育新技术、新成果，分区域、分树种打造一批木本粮油科技示范基地。通过典型示范，全面推行优良品种，积极推广先进适用造林技术，引导农民开展标准化、专业化种植，促进全省木本油料稳产高产、健康优质。

三、保障措施

(十)完善投入机制。逐步建立以政府投入为引导，以企业和专业合作组织、农民投入为主体的多元化投入机制。制定实施促进木本油料产业发展的扶持政策，综合运用补助、担保、以奖代补等措施，统筹安排各类造林投资，加大对木本油料基地建设和良种繁育的扶持力度，带动地方投资和各类社会投资积极参与。统筹安排财政专项扶贫资金，支持经济薄弱村和建档立卡低收入农户发展木本油料产业。

(十一)加大金融扶持力度。农业发展银行等政策性金融机构要强化对木本油料产业的扶持，鼓励商业性金融机构在风险可控的条件下加大信贷投入。推动金融产品和服务模式创新，大力发展林权抵押贷款、农户小额信用贷款和农户联保贷款。认真执行中央财政贴息政策，对参与木本油料产业发展的龙头企业、各类经济实体、国有集体林场的林业建设贷款项目，按照有关规定予以贴息。将林木油料产业发展纳入森林保险范围，逐步建立生产灾害防范机制，支持保险机构开展木本油料保险业务，引导农民参与投保。

(十二)强化科技支撑。加大木本油料产业技术创新与成果转化力度，制订和完善木本油料相关技术规程和产品质量标准，推动木本油料产业原产地标识制度和产品质量追溯制度建设。充分利用现有省、市、县各级各层面科研教学单位的科技力量，广泛开展木本油料科技攻关。依靠林业"三新工程"等科技创新平台，破解制约木本油料产业发展的技术瓶颈，力争在木本油料产业高产优质新品种选育和培育技术、加工工艺、新产品开发等方面取得突破。发挥企业在科技创新中的主体作用，支持企业与科研机构合作，积极研发适宜木本油料种植、烘干、收获和加工的机械设备，提高生产加工机械化水平。将木本油料科技培训纳入全省农民培训计划，建立分级技术培训制度，提升林农发展木本油料的技能素质。

(十三)加强组织领导。各级政府要将发展木本油料产业作为一项重要任务，统筹协调推进。林业部门要切实履行职责，加强指导服务。发展改革、财政、交通运输、水利、园林等部门要强化协同配合，合力推动木本油料产业发展。加强木本食用油营养健康知识的宣传教育和普及，倡导消费者合理用油和科学用油，促进形成科学健康的饮食习惯。

十、浙江省

浙江省人民政府办公厅
关于加快推进木本油料产业提升发展的意见

一、总体要求

以"绿水青山就是金山银山"发展理念为导向，以保障食用油战略安全、促进山区农民增收、满足居民健康消费需求为基本目标，按照因地制宜、科学布局、适度规模、集约经营、市场导向、政府扶持的原则，加强生产基地建设，提高精深加工水平，扶持壮大现代经营主体，做大做强品牌，推进全产业链建设，推动木本油料产业转型升级。到2020年，力争建成10个以上油茶、山核桃、香榧等木本油料县域产业集群，全省木本油料种植面积达460万亩以上，年产木本食用油6万吨以上，综合产值超过100亿元。

二、主要任务

（一）加强生产基地建设。围绕建设一批基础设施配套、品种优良、经营集约、管理精细、生产标准化的高效生态木本油料生产基地的目标，加强木本油料生产基地基础设施建设，实施高效节水灌溉工程和水土保持工程，增强高产木本油料稳产能力；扩大油茶、山核桃、香榧等乡土优势品种发展规模，引导存量较大的低产低效林更新改造，积极稳妥推进适生新品种发展，优化木本油料布局结构；加强良种选育，加大良种采穗圃和育苗基地建设力度，加快建立定点采穗、定点育苗、定点生产、定向供应，品系清楚、种源清楚、销售去向清楚的木本油料种苗育、繁、推机制，扩大良种壮苗生产供应；大力推广应用标准化生产，确保茶油品质；大力推广应用适合山地作业的农机具和设施装备，加快"机器换人"，提高生产效率。

（二）提升精深加工和流通水平。按照标准化、多样化、层次化的思路，深入推进木本油料食用、医药、保健和工业应用等功能开发，大力研发和推广精深加工产品，优化产品结构，提高产品附加值和资源综合利用水平。支持木本油料生产企业优化改造生产设施设备。大力推进标准化生产，制订完善木本油料主要品种技术标准体系和全过程标准体系，加强木本油料质量追溯体系建设，加快建立木本油料生产经营诚信机制，引导生产经营主体严格按标准生产，提高质量安全管控水平，确保产品绿色、健康、安全、环保。规范木本食用油包装标识管理，保障消费者的知情权和选择权。提升巩固传统实体专业市场，建设物流配送集聚中心，发展电子商务和大宗林产品现货电子交易，进一步完善线上线下融合型营销体系，提高流通效率。

（三）加快全产业链建设。以木本油料产业重点县为依托，通过创新经营机制，集聚生产要素，推介文化品牌，延伸产业链条，推动木本油料种植、加工、流通、旅游观光等全产业链发展。大力发展林下经济，推广立体种植、生态循环等"一亩山万元钱"高效复合经营模式，引导茶叶、板栗等经济林基地套种薄壳山核桃、香榧等木本油料树种，推进山核桃、香榧林下生态化经营，促进生态与经济共赢发展。挖掘传统产业乡镇(村)的历史文化，规划建设与木本油料乡土特色品种相关的建设与经营项目，发展生产体验、休闲观光、养生健体、文化创意、乡村民宿、电子商务等现代服务业，培育木本油料产业特色小镇(村)。

（四）大力培育现代经营主体。围绕做大做强木本油料产业化龙头企业，支持木本油料精深加工企业通过兼并收购、联合重组及合资合作等方式，整合中小木本油料加工企业，扩大经营规模，增强市场竞争力和产业带动力。鼓励专业大户、家庭林场和农民合作经济组织开展股份制改造，培育新型经营主体，推动适度规模经营。鼓励企业与以林农为主体的经营组织开展股份合作，形成利益共同体，共享增产增值红利。

（五）做大做强木本油料品牌。按照政府引导、市场主导的原则，通过注册证明商标、集体商标以及开展公共营销、在主流媒体公益宣传等品牌推广活动等途径，着力培育区域公共品牌，大力推进品牌整合塑造，形成一个公共品牌、一套管理制度、一套标准体系、多个经营主体和产品的品牌经营格局，发挥品牌集聚效应。通过公益广告、科普读物等形式，加强木本食用油营养健康知识的宣传教育和普及，引导居民科学健康消费，扩大木本食用油的市场影响力。

三、保障措施

（一）加强组织领导。各地特别是木本油料主产区要切实加强组织领导，把发展木本油料产业作为保障国家食用油战略安全、发展山区经济、促进农民增收的重要举措来抓，科学规划，出台有力的政策措施，加大力度推进木本油料产业提升发展。林业部门要牵头做好具体实施计划制订、产业指导、技术服务等工作；发展改革、科技、财政、国土资源、交通运输、水利、农业、商务、市场监管、金融和扶贫等部门要认真履行职责，出台具体政策措施，合力支持木本油料产业提升发展。

（二）加大政策支持力度。加大财政资金投入力度，重点支持良种推广、低产低效林改造、抚育管护、设施提升、生态复合经营、科技示范、公共品牌建设等关键环节。加大资金整合力度，推进木本油料重点县全产业链建设，重点向淳安等26县倾斜。加大政策性金融扶持力度，创新金融产品和服务模式，通过丰富贷款种类方式、规范贷款贴息、试点专项产业保险等，多方吸引社会资本投入，借力助推产业发展。

（三）强化科技支撑。继续发挥大专院校和科研机构的作用，督促和引导公益性科研单位服务产业发展。积极推进科技创新市场化，引导企业成为技术创新决策、研发投入、科研组织和成果转化的主体，打造以技术创新推广、市场拓展和龙头带动为特征的产业孵化器。培育和推广具有适宜发展、区域差异、比较优势的新品种、新技术、新模式、新产品，重点加强良种选育、栽培种植、病虫害防治、加工机械、林产品精深加工、储藏保鲜等先进实用技术的研究和开发，推动生产技术进步和产业升级，提升主导产品的传统特色优势和市场竞争优势，实现产品高附加值和高收益。加强科技推广服务与技术培训支撑，不断提高农民生产技术水平。

（四）严格市场监管。加强对木本油料原料生产、加工、储存、流通、销售等环节的监管，开展小型榨油作坊整治、改造、提升。统一工商登记，严格执行国家标准，强化产地准出管理和质量监督检查。建立健全质量送检、抽检、公示和责任追溯制度。依法严厉打击制售假冒伪劣产品、侵权等违法行为，严禁不合格产品进入市场，切实维护市场秩序。引导经营主体建立产业联盟和产业协会，开展行业协调、行业自律、行业服务，防止不正当竞争、恶性竞争，优化市场环境。

十一、四川省

四川省人民政府办公厅
关于加快木本油料产业发展的实施意见

木本食用油料既是健康优质食用植物油的重要来源，也是国家重要的战略物资。近年来，我省以核桃、油橄榄、油茶为主的木本油料产业取得长足发展，成为农村特别是山区经济发展的一项特色优势产业和绿色富民产业。截至2014年，全省已建成木本油料基地1100万亩，核桃、油橄榄果品产量分居全国第三位和第二位，但产业基地管理粗放、加工利用不足、产业化程度不高、综合效益偏低等问题比较突出。为贯彻落实《国务院办公厅关于加快木本油料产业发展的意见》（国办发〔2014〕68号）精神，推动我省木本油料产业持续健康发展，满足人民群众对优质食用植物油的需求，维护国家粮油安全，经省政府领导同志同意，现就加快我省木本油料产业发展提出如下实施意见。

一、总体要求

(一)指导思想

深入贯彻落实党的十八大和十八届三中、四中全会精神，深化林权制度改革，以创新驱动、加快转变发展方式为主线，以增加优质木本食用油料供给为目标，以科技为支撑，坚持市场导向、分类指导，规模发展、集约经营和政府引导、社会主体广泛参与的基本原则，着力创新机制、完善政策、强化服务，加快构建木本油料种植、加工、流通、消费产业体系，为调整林业产业结构、繁荣农村经济、增加农民收入做出新贡献。

(二)总体要求

到2020年，全省建成木本油料产业重点县60个，建成现代木本油料产业基地1500万亩，年产优质木本食用油10万吨，综合产值超过500亿元，努力将我省建成木本油料产业强省。

二、主要任务

(三) 加快良种壮苗繁育

全面推行"四定三清楚"(即定点采穗、定点育苗、定单生产、定向供应,品种清楚、种源清楚、销售去向清楚)和"四证一签"(即林木种子生产许可证、林木种子经营许可证、林木种子质量合格证、植物检疫证书和林木种子标签)种苗生产管理制度。分区开展木本油料树种种质资源调查,建设一批省级种质资源原地和异地保护库。加快核桃、油茶等优良乡土品种的选育及审(认)定,合理引进核桃、油橄榄、油茶等优良品种,科学开展油用牡丹、毛叶山桐子等树种的良种选育和区域试验,切实提高木本油料良种化水平。本着就近育苗(采穗)、就地造林(嫁接)原则,在木本油料基地培育集中区加快良种基地、定点苗木生产基地建设,不断满足木本油料基地培育对良种壮苗的有效需求。2015—2020年,在川东北山区、川西南山区、川西高山河谷区和盆中丘陵区的核桃栽培区新建和改扩建核桃良种采穗圃25个、面积5000亩,新增良种穗条产能1500万条;在凉山彝族自治州、广元市、达州市、绵阳市、成都市等油橄榄适宜区新建和改扩建油橄榄采穗圃5个、面积500亩,新增良种穗条产能300万条;在内江市、自贡市、泸州市、宜宾市、达州市等油茶适宜区新建和改扩建油茶采穗圃5个、面积500亩,新增良种穗条产能300万条。到2020年,全省木本油料基地的良种使用率达到90%以上。(责任单位:林业厅,省发展改革委、财政厅)

(四) 建设现代木本油料产业基地

按照生态经济适宜、适当集中成片的原则和良种化、规模化、集约化、标准化的要求,2015—2020年,在21个市(州)的140个县(市、区)采取新造、低产低效林改造等措施,培育核桃、油橄榄、油茶等木本油料生产基地600万亩,其中利用宜林地、退耕还林地、四旁和灌木林地新造450万亩,改造低产低效林150万亩;修建林区道路18000公里;通过整治山坪塘、新建整治小泵站、新建小水池(窖)等小微型水利工程,新增微型水方700万立方米。到2020年,全省木本油料林面积突破1500万亩,其中100万亩以上的木本油料产业带6个,5万亩以上的基地县60个。(责任单位:林业厅,省发展改革委、财政厅、水利厅、省扶贫移民局)

(五) 推进木本油料产业化经营

围绕优质木本食用油生产,着力引进培育一批木本油料精深加工和综合利用龙头企业,积极鼓励龙头企业通过兼并、重组、合作等方式跨区经营,做大做强，集群集聚发展。支持企业在主产区建立原料林基地和建设仓储、物流设施。支持专合组织、集体经济组织、家庭林场、种植大户开展技术、信息、营销和烘干、保鲜、仓储、分选、初加工、包装、运输等服务。鼓励经营者科学发展林下种养业和生态旅游业，推动林地立体开发和林旅融合。积极推广"企业+专合组织+基地+农户"等产业化经营模式，加快木本油料产业规模化、集约化、标准化、一体化、专业化经营，提高综合效益。2015—2020年，新增木本油料综合加工能力6万吨。到2020年，木本食用油产能突破10万吨。(责任单位：省经济和信息化委，林业厅)

(六)健全木本油料市场体系

积极培育统一开放、竞争有序的木本油料产品市场体系。在我省木本油料主产区培育一批专业市场，鼓励农产品批发市场、大宗商品交易场所开发木本油料产品及相关交易品种。完善流通网络，推进连锁经营、物流配送和电子商务等现代流通方式，加强木本油料产品的品牌培育工作，提升我省木本油料品牌的知名度和竞争力。实施开放合作战略，加强产销对接，鼓励企业、专合组织、家庭林场立足市场需求，大力开发特色产品，提高市场占有率。开发统一的网上交易系统，搭建电子商务综合服务平台，促进线上、线下市场融合发展。规范木本食用油包装标识管理，强化质量监督检测。(责任单位：商务厅，林业厅、省食品药品监督管理局、省工商局、省质监局)

(七)培育新型经营主体

大力培育和发展木本油料产业龙头企业、专合组织、家庭林场和职业林农等新型经营主体。支持国有林场、森工企业和新型经营主体共同参与木本油料产业基地培育和林业资源开发利用，平等享受有关扶持政策。落实《四川省人民政府关于支持个体工商户转型升级为企业的意见》(川府发〔2014〕65号)精神，积极推进木本油料种植、加工、批发零售、仓储、运输以及林家乐等个体工商户转型升级为木本油料产业企业。鼓励有条件的私营企业建立现代企业制度，增强市场竞争力。到2020年，力争木本油料产业企业达到100家，其中规模以上企业20家；专合组织和家庭林场分别达到500个和50个。(责任单位：林业厅，财政厅、省工商局)

三、保障措施

(八)完善投入机制

建立以政府投入为引导，以企业、专合组织、家庭林场、林农和社会资本投入为主体的多元化投入机制。各级政府要逐步加大对木本油料产业发展的投入，按规定统筹整合中央和地方天然林保护工程、退耕还林工程、造林补贴、林木良种补贴、新型农业生产经营主体扶持、农机具购置补贴、林业科技推广示范、农业综合开发、扶贫开发、现代农业生产发展、水利等资金，加大对良种繁育、科技示范和现代木本油料基地建设的扶持，支持木本油料基地集中区（连片面积 1000 亩以上）修建林区道路、小微水利工程等基础设施，改善生产条件。完善和落实以奖代补、先建后补、贷款贴息等政策，引导企业、专合组织、农民及其他工商资本等各类社会资本投入。高原藏区、秦巴山区、乌蒙山区、大小凉山彝区等连片特困地区，可因地制宜统筹安排财政专项扶贫资金，支持建档立卡贫困村、贫困户发展木本油料产业。（责任单位：财政厅，林业厅、水利厅、农业厅、省扶贫移民局）

（九）加大金融支持

支持农业发展银行等政策性金融机构加大对木本油料产业的扶持力度。鼓励商业性金融机构在风险可控的前提下，针对木本油料产业周期长、投入大等特点，合理确定贷款期限和利率，加大信贷投入。推动金融产品和服务模式创新，大力开展林权抵押贷款、农户小额信用贷款和农户联保贷款，推进农村土地流转收益保证贷款试点，探索开展农村土地承包经营权、非林地经济林木（果）权抵押贷款业务试点。全面落实中央财政对符合条件的木本油料产业贷款项目据实贴息政策，切实提高金融机构对生产经营者的有效贷款投入。完善政策性森林保险制度，支持保险机构开展木本油料保险业务，鼓励木本油料产业从业者积极投保，增强风险防范能力。支持有条件的木本油料产业企业上市融资或在全国中小企业股份转让系统及区域性股权交易市场挂牌融资。（责任单位：人行成都分行，四川银监局、四川证监局、四川保监局、省政府金融办）

（十）强化科技支撑

加大木本油料产业技术创新与成果转化力度，加快制定和完善木本油料树种种苗质量、栽培技术、产品质量等标准体系和生产技术规程，推动产品质量追溯体系建设。加大对基层林业服务人员、企业与专合组织的业务骨干、林农等实用技术、标准体系、政策法规的培训力度。建立健全乡（镇）、村示范体系，大力推行良种壮苗造林、矮化密植、修枝整形等现代种植模式，全面推行测土配方施肥、病虫无公害防控、安全隔离期用药等现代技术，积极推广滴灌、喷灌等节水灌溉技术和设备。鼓励、支持龙头企业、专合组织联合科研机构、科研人员引进或研发、推广优质木本食用油和功能性副产品生产的现代技术、设备与工艺，着力提高综合利用率和产品附加值。支持优势产学研单位共建重点实验室、工程技术研究中心等科技创新转化平台。支持符合条件的木本油料产业园区申报认定"四川省森林食品基地"或"四川省现代农业（林业）示范园区"。（责任单位：林业厅，科技厅、财政厅）

(十一) 健全经营机制

建立健全统一、规范的林权评估、流转服务体系，按照依法、有偿、自愿和公开、公平的原则，鼓励集体木本油料林地与林木经营权、果实收益权向有实力的新型经营主体流转，促进适度规模经营和集约管理。鼓励龙头企业采取参股、合作、订单等方式，与林农建立紧密型利益联结机制。加快构建公益性和经营性服务相结合、专业服务和综合服务相协调的新型社会化服务体系，及时向生产经营者提供市场动态、病虫监测和新品种、新技术等方面的信息和服务。建立协调联动机制，着力构建一批区域性产业联盟，培育一批区域性知名品牌。积极宣传木本油料产业强农富民的好做法、好经验和先进典型，正确引导木本食用油消费，营造全社会关心支持木本油料产业发展的良好氛围。（责任单位：林业厅，财政厅、省工商局、省新闻出版广电局）

(十二) 加强组织领导

各级人民政府要深刻认识新形势下加快木本油料产业发展的重要意义，切实增强责任主体意识，把发展木本油料产业列入重要议事日程，分解落实目标任务，研究制定推进措施，确保认识到位、责任到位、政策到位、工作落实到位。林业厅要切实加强规划指导、政策服务和有害生物预防监测，严格种苗质量、造林质量监管。省发展改革委、省经济和信息化委、财政厅、水利厅、科技厅、交通运输厅、农业厅、商务厅、省扶贫移民局等部门要在规划、项目、资金等方面提供有力支持，共同推进木本油料产业快速健康发展。

十二、洛阳市

洛阳市牡丹产业发展规划（2017—2025 年）

引　言

洛阳拥有丰富的牡丹种质资源及悠久的栽培历史。近年来，我市牡丹产业由过去单一的观赏拓展至食用、药用、保健、文化等多个领域，为持续高效开发牡丹资源，培育壮大牡丹产业，加快牡丹产业转型，不断巩固提升我市牡丹产业在全国的地位和影响力，按照"9+2"工作布局和"565"现代产业体系的有关要求，结合实际，特制定本规划。

编制依据

依据《国务院办公厅关于加快木本油料产业发展的意见》(国办发〔2014〕68号)、《国家林业局关于印发全国花卉产业发展规划(2011—2020年)的通知》(林规发〔2013〕19号)、《河南省人民政府关于印发河南省花卉产业发展规划的通知》(豫政〔2010〕26号)、《河南省人民政府办公厅关于加快木本油料产业发展的实施意见》(豫政办〔2016〕54号)、《中共洛阳市委　洛阳市人民政府关于构建现代产业体系的指导意见》(洛发〔2016〕6号)等有关文件精神和市委、市政府关于牡丹产业发展的安排部署，制定《洛阳市牡丹产业发展规划(2017—2025年)》。

第一章　规划背景

牡丹是洛阳的重要城市元素，也是我市对外宣传的一张名片，牡丹产业更是我市文化旅游、经济发展的特色产业。2012年，国家林业局召开了全国发展牡丹产业专题会议；2013年，习近平总书记、李克强总理等国家领导人相继对木本油料(油用牡丹)产业发展作出重要批示。目前，全国牡丹产业已进入快速发展时期，大力发展牡丹产业已成为牡丹适宜种植地区的共同愿景。为使牡丹产业这一洛阳传统优势产业不断发扬光大，洛阳市委、市政府将牡丹产业定位为构建"565"现代产业体系中的一个特色产业加快发展，洛阳牡丹产业迎来了重大的发展机遇。

第二章　发展现状

一、产业现状

洛阳是牡丹的原产地、发祥地和重要的传播地，在周恩来总理的关心下，从20世纪七十年代，洛阳开始恢复发展牡丹产业，初期以观赏园艺花卉为主。1982年，洛阳市七届人大常委会通过决议，将牡丹定为洛阳市花。从1983年开始，我市每年举办一届牡丹花会。2008年，以牡丹观赏为主要内容的"河南省洛阳牡丹花会"被列为国家级非物质文化遗产；2011年，"河南省洛阳牡丹花会"升格为由文化部、河南省政府共同主办的国家级节会——中国洛阳牡丹文化节。2012年，洛阳市被中国花卉协会授予"中国牡丹花都"称号。在2008年北京奥运会、2010年上海世博会、2011年台北花博会、2012年荷兰世园会、

2014 年北京 APEC 会议、2015 年"9•3"大阅兵、2016 年杭州 G20 峰会等重大活动中，洛阳牡丹作为指定用花，充分展现了其独特魅力。截至目前，中国洛阳牡丹文化节已连续举办 35 届，"千年帝都、牡丹花城"已经成为洛阳一张靓丽的城市名片。

截至 2016 年底，洛阳新发展牡丹种植面积累计达 21 万亩，其中观赏牡丹种植面积 3 万亩、油用牡丹种植面积 18 万亩。牡丹企业 272 家，从业人员 3.3 万人，牡丹产业总产值 240 亿元。牡丹加工企业获得发明专利 135 个，深加工产品获得各类奖项 83 个，2 家牡丹企业在股交所挂牌。洛阳牡丹全产业链雏形已初步形成，牡丹种植、加工、销售一体发展，牡丹籽油、牡丹精油、牡丹食品、牡丹瓷、牡丹画等牡丹深加工产品和衍生品层出不穷，有力地推动了我市经济的发展。

二、存在问题

(一)产业结构不优。洛阳在观赏牡丹产业发展上势头强劲、优势突出，但油用牡丹产业发展相对滞后。特别是近年来，全国油用牡丹发展突飞猛进，山东、甘肃、陕西、安徽、湖北等省均制定了未来油用牡丹发展规划，在油用牡丹栽培面积上发展迅速。面对新的发展形势，我市需进一步优化牡丹产业结构。

(二)市场运作程度不高。洛阳牡丹产业的现状是产业涵盖面广、类型比较齐全，但产业链条短、企业规模小，市场运作经验不足，缺市场、缺品牌，缺龙头企业带动，具体表现为：一大一小(名气大、规模小)、一高一低(社会关注度高、产业贡献率低)、一强一弱(观赏牡丹强、产品加工弱)。

(三)科技创新不足。洛阳高校、科研院所、牡丹相关企业众多，但在牡丹种质创新、新品种选育、牡丹盆栽、高产高效栽培、切花保鲜、精深加工理论与技术创新等方面发掘不够、投入不足、成果转化率低。

第三章　优势条件和发展机遇

一、优势条件

(一)生态环境适宜。洛阳独有的生态环境特别适合牡丹生长，自古就有"洛阳地脉花最宜"的说法。洛阳丘陵山区面积占全市总面积的 80% 以上，牡丹属于落叶小灌木，根系发达，入土较深，吸收深层土壤水分能力强，丰富的丘陵山地资源为洛阳牡丹生长提供了独到的自然资源条件。洛阳位于黄河中下游中心区域，是我国牡丹生产的最适宜生态区，气候温和，雨量适中，对牡丹的冬眠、越夏极为有利，发展牡丹产业具有得天独厚的优势。洛阳浅山丘陵区植被以落叶小灌木为主，植被区域广，发展生产性小灌木牡丹种植潜力巨大。

（二）种质资源丰富。牡丹原产我国，中国牡丹共9个野生品种，其中洛阳及周边地区就有6个。国家牡丹园作为国家林业局设立的世界最大的国家牡丹基因库、国家牡丹种质资源库和国家花卉工程牡丹研发与推广中心，收集保存着国内外牡丹品种1362个，通过杂交育种和定向选育培育出油用和观赏牡丹新品种107个；洛阳农林科学院牡丹品种资源圃引种牡丹品种1060个、芍药品种210个；洛阳市花木公司引种欧美日牡丹及芍药品种300多个，建成了全国知名的国际牡丹种质基地；栾川县建立了世界唯一的牡丹种质资源迁地保护区。我市还培育出适宜盆栽、鲜切花的观赏品种和提取精油芳香品种、加工牡丹籽油的丰产品种等系列专用牡丹品种。

（三）产业基础扎实。洛阳牡丹栽培历史悠久，具有丰富的栽培经验。深加工牡丹品种以"凤丹"为主，种植区域广泛，其野生种"杨山牡丹"起源于洛阳嵩县。洛阳观赏牡丹以其独特的地域性及历史地位，成为中国乃至世界牡丹的栽培中心和观赏中心。洛阳拥有一支专业的牡丹栽培专家技术人员队伍，2002年"洛阳牡丹地理标志"成功注册，2014年国家级牡丹芍药种苗出口安全示范区创建成功，为牡丹产业发展打下了良好基础。洛阳牡丹基地呈现多样化、规范化、标准化发展态势，已由单一的观赏牡丹种植基地发展为盆养牡丹基地、牡丹嫁接苗繁育基地、油用牡丹基地、鲜切花生产及出口基地等多样化、规模化的牡丹生产基地。洛阳牡丹营销网络初具雏形，依托"牡丹花都"品牌，在美国西雅图、我国台湾等地都建立了洛阳牡丹特产专卖产品营销网络，"牡丹花都"已成为洛阳牡丹特产集散、展销的知名品牌。2015年创建的"牡丹汇"牡丹产品推广平台，搭建了集线上、线下于一体的产品经营网络，进一步做优做强了我市牡丹产品营销网络。

（四）研发力量较强。洛阳拥有牡丹生物学重点实验室、牡丹种质创新与精深加工河南省工程实验室、中国花卉工程技术中心牡丹研发与推广中心、国家牡丹园、洛阳农林科学院、市牡丹研究院、市花木公司、祥和牡丹科技有限公司等一大批牡丹科研机构和单位，已获得多项国家发明专利技术和一批标志性科研成果；《洛阳牡丹种苗质量标准》《洛阳牡丹盆花质量标准》《洛阳牡丹种苗生产技术规程》《洛阳牡丹盆花催花技术规程》《油用牡丹凤丹牡丹播种育苗技术规程》《油用牡丹　凤丹牡丹栽培技术规程》已发布为省级地方标准。

二、发展机遇

（一）政策机遇。2013年2月，国家林业局发布了《全国花卉产业发展规划

(2011—2020)》。2014年，国务院办公厅、国家林业局分别下发加快木本油料产业发展的意见，将油用牡丹纳入木本油料体系，从国家层面将木本油料提升到了食用油安全的战略高度。同年，河南省林业厅提出了全省5年、10年内油用牡丹规模分别达到400万亩、800万亩规模的发展目标。2016年，河南省政府办公厅出台《关于加快木本油料产业发展的实施意见》，将洛阳列为河南省油用牡丹示范市，洛阳迎来了牡丹产业发展的重大政策机遇。

（二）市场机遇。牡丹鲜花市场方面。据统计，国内外每年需要数亿支牡丹鲜切花，花卉市场每年需要盆栽牡丹100万盆、牡丹芍药鲜切花等种苗在2000万株以上，且以年10%以上的速度递增。从销售市场特别是国内外市场供不应求的情况看，牡丹鲜花价格不断攀升，洛阳牡丹高端需求和增值效益均具有较大发展空间。牡丹深加工产品市场机遇方面。2012年以来，牡丹花茶、牡丹籽油、牡丹食品、牡丹日化用品、牡丹酒等牡丹深加工产品的产量和市场需求量迅速上升，市场整体上处于供不应求状态，尤其是我市的牡丹饼和牡丹花茶（饮品）等深加工产品销量在市场上遥遥领先，牡丹深加工产业进入了一个快速发展时期。药用牡丹市场机遇方面。牡丹根皮自古就可入药，具有很高的药用价值。中医杂志统计，全国每年丹皮需求量在6万~8万吨。随着牡丹药用价值的逐渐发掘，牡丹的药用领域不断扩展，牡丹药用产品和牡丹保健品越来越受到关注。牡丹衍生产品市场方面。洛阳牡丹围绕牡丹文化、牡丹元素、牡丹概念形成了独树一帜的牡丹衍生产业。洛阳牡丹画闻名世界，形成了孟津平乐牡丹画专业村；洛阳牡丹瓷在传统瓷艺技术中融入牡丹元素，作为国礼走入世界视线；洛阳牡丹真花艺术品走进土耳其世界园艺博览会，在国际舞台绽放；牡丹烟、牡丹香、牡丹玉石、牡丹金属花等新产品不断涌现，牡丹衍生产品为牡丹产业拓展了全新的空间。

第四章 总体思路和发展目标

一、总体思路

全面贯彻落实党的十九大精神，坚持以习近平新时代中国特色社会主义思想为指引，坚持以新发展理念为引领、以供给侧结构性改革为契机，按照"9+2"工作布局和"565"现代产业体系要求，紧紧围绕擦亮洛阳牡丹品牌、壮大牡丹产业规模、拉长牡丹产业链条，将牡丹发展与牡丹文化节惠民措施相结合，倒逼旅游业向全域旅游转变，倒逼牡丹产业向综合配套延伸转变，倒逼游园景点经营模式转变的有关要求，以市场化运作为导向，以科技创新为支撑，坚持一二三产融合发展，优化提升观赏类牡丹产业，着力发展深加工类和药用类牡丹产业，拓展丰富牡丹衍生类产业，推动我市牡丹产业从单一观赏向综合性牡丹产业转变、从牡丹种植向牡丹全链条延伸转变、从粗放型经营向精细高效化方向转变、从分散经营向龙头企业带动转变、从单一政府主导向政府主导与市场主体相结合转变，推进牡丹规模化、专业化、标准化、产业化经营，不断提高洛阳牡丹品牌影响力、文化带动力、市场竞争力和综合效益，把我市牡丹产业发展成为国内领先、国际有影响力的特色优势产业。

二、基本原则

（一）市场导向。以发展观赏牡丹、油用牡丹、鲜切花和牡丹深加工业为主，兼顾牡丹衍生品的开发。根据市场消费需求，突出特色品牌，强化科技创新，建立较为完善的生产、加工和销售体系，不断延伸产业链条，全面提升牡丹产业化水平。

（二）企业主体。坚持企业主体地位，自主经营、自负盈亏，自主完善发展；根据市场需求，自主决定产品研发推广方向，由市场决定企业在人才、技术、资金等资源中的配置作用，强化企业创新、优化产学研协同机制，让各个主体围绕创新目标，共同协作，相互配合，不断优化提升牡丹产业发展水平。

（三）政府扶持。设立牡丹产业发展基金，通过政府引导，调动企业、经济合作组织、个人等经营主体积极性，鼓励引导社会资本投入牡丹产业开发，形成多元化投入机制，推动产业转型升级，促进农民持续增收。

（四）科技创新。采取"政府+科研机构+企业+合作组织+种植大户"的方式，构建"五位一体"的牡丹产业研发、示范、转化推广链。加快推进政产学研结合，实施基础性研究，加强牡丹研发平台建设和实用性研究，提高牡丹产业技术创新能力和科技在牡丹产业发展过程中的贡献率。

三、发展目标

到 2020 年，全市牡丹种植总面积力争达到 50 万亩，牡丹产业总产值达到 300 亿元，出口创汇 3 亿元。重点建设市场流通体系，完善科技支撑和加工利用体系，以销定产，有序扩大种植规模，提升牡丹产业化经营水平。

到 2025 年，规划建设 10 个以牡丹为主体的牡丹特色小镇和美丽乡村，2 个以上牡丹产业集聚区，1 个综合型牡丹产业市场物流集散基地；提升 10 个以上复合型牡丹观赏园；打造 10 个以上牡丹产品知名品牌，5 个以上在国内具有较大影响力的牡丹地标产品，10 个以上牡丹上市公司（含新三板），牡丹产业总产值在 600 亿元以上；将洛阳打造成为全国基地规模最大、产业产品最全、牡丹产业旅游带动性最强的世界牡丹最佳观赏中心、中国最知名的牡丹市场物流集散中心、中国牡丹产业高技术研发中心、中国牡丹品牌集聚区和牡丹文化传播中心、中国牡丹科技人才培养和技术交流中心，引领我国牡丹产业发展的新潮流。

第五章 产业布局

一、科学分类

按照牡丹产品的功能将牡丹产业分为四类：

1. 观赏产业类。主要是指开发牡丹观赏价值的经济产业，包括牡丹景观设计开发、牡丹花卉博览、牡丹观赏园和观赏牡丹品种选育、种苗培育、种植技术、牡丹盆花、牡丹(芍药)鲜切花、干花加工等以提高牡丹观赏价值而形成的经济产业。

2. 深加工产业类。主要是指油用牡丹的种植业和以油用牡丹为原料的各种深加工，包括牡丹籽油、牡丹精油、牡丹色素提取及加工，牡丹食品加工及精加工、牡丹保健品等深加工产业。

3. 药用产业类。主要指以丹皮和白芍为主，依据牡丹籽粕中的芍药苷类化合物和多糖类成分具有抑菌效果，牡丹种皮(种壳)中白藜芦醇低聚物具有的多种生物活性、抗肿瘤活性强等药用成分特点，大力研发牡丹系列药品和保健产品的产业。

4. 牡丹衍生品产业类。主要是指以牡丹人文精神为主要内容的文化创意产业。包括牡丹文化、艺术、服饰、网络游戏等产业。

二、产业布局

牡丹产业着重突出五个发展重点和"三个结合"，按照"一带两区"的发展架构进行布局。

(一)突出五个发展重点

1. 市场培育。坚持以市场为导向，把市场培育作为牡丹产业的主攻方向，用市场的兴起带动牡丹产业发展。重点培育龙头企业、知名品牌，以龙头企业、知名品牌促进市场发展。

2. 科技研发。加大投入力度，加强牡丹种质资源收集、保存与创新，培育花色纯正靓丽、花期延长、多用途的牡丹新品系；开展不同牡丹品种基因分类标记等基础性研究，为牡丹基因重组、育种提供技术保障，强化牡丹精深加工关键技术与产业化开发的核心地位，建立省级以上的牡丹食用与药用工程技术研究中心和科研产业化示范集聚区，提高牡丹的观赏效益和综合利用效益。

3. 品牌打造。加强牡丹品牌培育和品牌保护，打造业内人士认可、文人雅士赞许、人民群众接受的牡丹品种和衍生品品牌。

4. 链条延伸。将牡丹产业链条拉长做细，向文化用品、生活用品、旅游产品等各方向延伸。

5. 政策支持。设立牡丹产业发展基金，细化支持方向，重点支持牡丹种植、切花芍药生产、产品深加工、产业链条延伸、文创、旅游等；市、县财政重点支持不在产业发展基金支持范围内的牡丹科研、良种繁育、牡丹品牌创建、市场营销体系和重点项目等。

（二）突出"三个结合"

1. 牡丹产业与文化旅游相结合。建设特色牡丹观赏集聚示范区，推动牡丹产业培育与牡丹特色小镇、园林景观、文化展示、牡丹文化旅游线路培育相融合，提升牡丹园文化底蕴和观赏效果，做强牡丹文化旅游产业；优化观赏牡丹品种，延长牡丹花期，按照区域气候差异发展高山牡丹，形成次第花开、风格各异的各类牡丹观赏区互为补充的发展格局。

2. 牡丹产业与园林提升和生态宜居城市建设相结合。在城市规划、建筑风格中适度融入牡丹元素，提升改造现有的牡丹观赏园，恢复打造1~2个《洛阳名园记》中的园林景观，建设四季牡丹馆、牡丹碑林等独具特色的牡丹精品观赏园。在城市主要出入口、重点道路两侧和城市广场、游园栽植牡丹，形成满城尽是牡丹花的氛围。

3. 牡丹产业与致富惠民相结合。继续贯彻执行以节惠民的政策，使洛阳市民享受牡丹产业发展带来的红利。将牡丹产业和精准扶贫有效结合，争取国家、省扶贫产业项目资金，通过"龙头企业+基地+农户"模式，在贫困地区的丘陵、林下大力发展牡丹种植，带动农民增收、贫困地区群众脱贫致富。

（三）发展"一带两区"

结合我市地理地貌特点和牡丹产业发展基础，建设观赏性牡丹产业带、牡丹产品科技附加值提升区和生产性牡丹集中种植区，形成带、区融合发展布局。

1. 以涧西、西工、老城、瀍河、洛龙、伊滨经开区所属的城郊区域及孟津县南部、偃师市西部已有的观赏性牡丹产业和花卉苗木产业基地为基础，在牡丹观赏园、城市游园、景观园林、城市主干道两侧、城市主要出入口建设观赏类牡丹产业带，继续扩大洛阳世界最佳牡丹观赏地的影响力。

2. 以高新区、洛龙区、偃师市西部、孟津县南部、宜阳县东部乡镇现有科技园区和老城区、伊滨经开区等县（区）规划的牡丹产业集聚区为核心，以现有的牡丹产业生产企业为依托，着力扶持培育牡丹精深加工产品的研发与产业化开发企业，建设牡丹产业研发及深加工生产区，加大牡丹产品宣传推广力度，提升消费者对牡丹产品的认知度，以洛阳牡丹拳头产品带动其他产品发展，形成牡丹产品科技附加值提升区，辐射带动全市牡丹产业发展。

3. 结合退耕还林政策，以各县（市）的山区、丘陵、旱地、坡地、宜林地资源为依托，扩大浅山丘陵区域种植面积，鼓励林下牡丹种植和牡丹与中药材等经济作物间作，促进牡丹产业与林果产业共同发展；建设油用牡丹、茶用牡丹、香用牡丹、药用牡丹等集中种植区，打造全国重要的木本油料和特色牡丹原材料生产基地；拓宽牡丹深加工产品的原料供给来源，与牡丹产品生产企业形成上下游产业链关系，形成洛阳牡丹产业"一带两区"的发展架构。

第六章　建设市场流通体系

一、加强市场研究

开展牡丹产品市场研究，重点研究牡丹产品消费对象、消费习惯及消费分布区域和国内牡丹产业发展情况等方面内容；聘请国内外知名策划和品牌推广专业团队，分析制定牡丹产品营销方向、推广方案和品牌营销策略；注重产品创意创新，培育国内外两个市场，拓宽市场空间，提升洛阳牡丹品牌的市场认可度和出口创汇能力。

二、培育专业市场

完善牡丹产品标准体系，开展食用牡丹产品安全评估和质量可追溯工作，加大生态原产地产品保护和"三品一标"认定力度；规划建设高标准的、辐射全国的牡丹信息大数据、牡丹产业现代物流等互联网+实体平台，建设符合国家和出口目的区域标准的牡丹深加工产品生产线、厂房和园（区）示范基地；围绕老城区牡丹产业集聚区，以国家牡丹园为主体，建设一个牡丹产业物流集散基地，包含1个牡丹产业综合交易中心，3个专业交易市场（种质资源交易中心、鲜切花专业出口交易中心和牡丹深加工产品、牡丹文化产品、衍生产品等全产业链交易中心），并纳入我市构建现代市场体系重大项目。把基地打造成四季可赏牡丹花，有牡丹文化内涵、有娱乐场所、有旅游产品品鉴销售的中国牡丹市场物流集散中心。

三、创建牡丹品牌

邀请国内专业设计团队,做好各类深加工产品的商标 LOGO 和外包装,为产品品牌创建奠定基础。发挥"牡丹花都"品牌作用,选择观赏、盆花、切花、深加工等优势品种重点推介,打造洛阳观赏牡丹名品。支持和引导牡丹产业龙头企业创建牡丹深加工产品、牡丹观赏、牡丹文创、牡丹旅游、牡丹衍生品等国际、国内牡丹品牌,分类别、分档次逐步推向市场。鼓励支持牡丹企业申报驰名商标、名牌产品、原产地标记、农产品地理标志等。到 2025 年,力争创建以牡丹籽油、牡丹花茶、牡丹鲜花饼等牡丹深加工产品为主的品牌 10 个以上,"袖珍盆景牡丹"、牡丹真花艺术品、牡丹瓷等牡丹衍生品 10 个以上,观赏牡丹名品 20 个以上,牡丹地标产品 5 个以上,着力打造业内人士认可、文人雅士赞许、社会大众接受的著名品牌,建成全国最大的全产业链牡丹产品交易集散中心。

四、建立营销网络

充分利用互联网+,将中国牡丹网络营销门户网站、跨境电商平台、国内知名电商平台、自贸区平台等流通网络与"牡丹花都"品牌有机结合,扩大洛阳牡丹产品的社会知名度、认可度和影响力。借助牡丹文化节,创新文化宣传手段,促进牡丹文化、牡丹产品与旅游业有机融合;多渠道组织牡丹企业参加国内外各种博览会、商品交易会、贸易洽谈会和境外推介活动,宣传推介牡丹产品。推广电子、网络、期货等新型交易方式,引导产销衔接,降低流通成本,逐步建立健全牡丹冷链储运、物流配送、农超对接、出口外销和网上销售等市场网络。

第七章 构建牡丹产业生产体系

一、打造牡丹种植标准化生产基地

按照洛阳牡丹产业发展重点、产业布局和转型要求,紧贴市场需求,切实把发展牡丹种植业作为产业精准扶贫的富民工程,建立牡丹(芍药)良种、观赏、切花、加工和药用类牡丹标准化生产基地,做到以销定产,不断扩大牡丹种植规模,夯实牡丹产业发展基础。

(一)建立观赏类牡丹种植基地。在孟津县、偃师市、栾川县、老城区等重点区域规划建设观赏类牡丹规模化、标准化优质种苗繁育和种植示范基地,实现优良品种、畅销品种专业化生产,提高批量化市场供应能力;巩固四季盆花生产优势地位,持续占领全年反季节牡丹鲜花的高端市场;到 2020 年,建设规模化、标准化种苗繁育和种植示范基地 5 个，观赏性牡丹种植面积达到 5 万亩，牡丹观赏种苗保有量达到 2000 万株，年销售盆花 30 万~60 万盆；到 2025 年，建设规模化、标准化种苗繁育和种植示范基地 10 个；观赏性牡丹种植面积达到 10 万亩、牡丹观赏种苗保有量达到 3000 万株，年销售盆花 50 万~100 万盆。

（二）建立牡丹鲜切花基地。依托洛阳国家级出口牡丹芍药种苗质量安全示范区建设，结合旅游产业发展，在基础条件较好的偃师市、孟津县、宜阳县、伊滨经开区、老城区和处于丘陵山区的嵩县、栾川县、洛宁县发展鲜切花基地，扩大鲜切花种植基地规模，打造鲜切花示范种植、出口基地 2 个以上，建立牡丹芍药鲜切花出口配套储运技术体系，拉长牡丹鲜切花采收期至 2 个月以上；到 2020 年、2025 年，牡丹鲜切花年供应能力分别达到 2000 万枝、5000 万枝，将洛阳打造成国际知名的牡丹鲜切花专业市场和出口基地。

（三）大力发展加工类牡丹种植基地。研究加工类（含药用类）牡丹的旱地栽培技术，完善制定《牡丹产品生产技术规范》等牡丹产业深度开发产品的技术规范，占领国内牡丹产品生产技术高地。充分发挥龙头企业牡丹基地辐射带动作用，推广牡丹与药间作和花林互作技术、牡丹林下养殖技术、牡丹节水灌溉技术，利用各县（市）丘陵、坡地、宜林荒山荒地和廊道绿化等适宜的林下资源间作牡丹，因地制宜拓展加工类（含药用类）牡丹种植区域。到 2020 年、2025 年，分别建设高产稳产油用牡丹（含药用类）生产示范基地和产业化集群 5 个、10 个。

二、提升观赏牡丹品质和内涵

（一）打造精品牡丹观赏园。以现有牡丹观赏园为主体，创新各个牡丹观赏园的景观设计，挖掘平面与空间资源，打造立体牡丹景观，拓展牡丹观赏功能，提高牡丹园的园艺水平和观赏价值。以国家牡丹园为重点，高标准打造一批突出洛阳特色、国际一流的四季牡丹观赏园区；以王城公园、国家牡丹园、中国国花园等牡丹观赏园为重点，提升一批有文化、有品位、有特色的复合型精品牡丹观赏园；以隋唐遗址公园为重点，恢复打造 1~2 个《洛阳名园记》中的园林景观，提升洛阳牡丹整体观赏水平。

（二）推动牡丹全域旅游。围绕牡丹文化节，继续推行景点、公园为市民减免门票等惠民政策，打造综合性花卉旅游公共信息服务平台。依托洛阳厚重的历史文化底蕴和人文资源，宣传推广洛阳牡丹全域旅游精品路线和牡丹旅游产品。

1. 提升城市牡丹景观。在城区规划和园林绿化中，特别是机场、高速路、快速路等城市主要出入口绿化带、市区主要道路、城市游园、中心广场，增加牡丹、芍药配植比例，增加牡丹品种，形成"满城尽是牡丹花"的浓郁氛围。

2. 发展乡村牡丹旅游。以牡丹集中种植区为载体，开发牡丹采花游、牡丹饮食游、牡丹诗词歌赋游、牡丹书画游等多种牡丹旅游精品线路，打造乡村牡丹生态观光园和牡丹特色小镇。力争在 2020 年、2025 年，分别打造集旅游观光、休闲娱乐、产业示范为一体的多功能生态农业观光园和牡丹特色小镇 5 个、10 个。

3. 打造综合性花卉旅游公共信息服务平台。对牡丹文化节期间全市旅游进行统一规划、科学管理，打造建设综合性花卉旅游公共信息服务平台，大力宣传推广牡丹旅游产品，全方位推动牡丹全域旅游发展。利用微博、微信、短信、报纸、广播、电视等多种媒介，对牡丹文化节期间的休闲娱乐与文化活动、旅游景区游客量、交通信息、剩余车位、餐饮信息、旅游救援及预警信息、公共安全信息公告、天气预报和规范牡丹旅游产品等数据进行实时更新，引导游客精准选择，对游客进行分流和疏导。

三、构建牡丹深加工产业体系

(一)拉长牡丹加工产业链条。以牡丹深加工产品开发为主线，在牡丹籽油、牡丹精油、牡丹酵素、丹皮素和牡丹食品等深加工产品的提取、生产工艺和科研技术成果基础上，加快牡丹籽、牡丹花、茎、根等部位综合加工利用和开发，延长产业链条，形成生产规模，提升牡丹产品品质；利用牡丹赏花旅游资源、牡丹鲜花资源，开发适宜馈赠、留念的牡丹干花、香包、香袋、精油、化妆品、"袖珍盆景牡丹"等旅游商品和牡丹鲜花美食、鲜花药膳、鲜花美容等项目，拓展牡丹产品市场范畴，打造牡丹全产业链。到 2025 年，创建 5 个以上国内具有较大影响力的牡丹地标产品、10 个以上牡丹产品知名品牌。

(二)培育牡丹产业龙头企业。开展招商引资引智，引进大型企业，引导国内及当地国有企业参股控股牡丹企业，重点打造技术先进、产品研发能力和核心竞争力强的牡丹龙头企业。引导牡丹产业龙头企业建立现代企业制度，充分发挥牡丹龙头企业和牡丹产业协会、花卉协会、花茶协会等各种协会的示范带动作用，统筹牡丹加工产业资源，创建洛阳牡丹产业联盟，统一打造产品品牌，提高洛阳牡丹产品的形象和市场认知度，带动牡丹产业向专业化、标准化、规模化、集约化方向发展，提升我市牡丹深加工产品的市场竞争力。力争到 2020 年、2025 年，牡丹龙头企业分别达到 20 家、40 家。到 2025 年，打造10 个以上牡丹产业上市公司(含新三板)。

四、拓展延伸洛阳牡丹文化产业链

以牡丹文化传承创新为重点，积极开展牡丹文创活动，打造一批具有牡丹文化特色的牡丹文艺展演、牡丹摄影、牡丹诗词、牡丹传说等文创作品。支持洛阳牡丹书画创作机构发展，做强洛阳牡丹书画品牌；筹建洛阳牡丹博物馆，提升中国平乐牡丹画文化创意产业园区，扮靓"洛阳牡丹甲天下"的金字品牌。围绕国际文化旅游名城建设，借助中国洛阳牡丹文化节平台，完善洛阳牡丹历史传说和形象设计，开发具有洛阳文化特色的文房四宝、手绘牡丹丝巾、牡丹床上用品、牡丹旗袍、牡丹艺术品等旅游产品。依托武则天与牡丹的传说等历史文化，与新时期牡丹花语、盛世之花有机结合，逐步形成爱情节日送牡丹、健康祝福送牡丹、庆典祝贺送牡丹等新风尚，推动牡丹产业发展。加大观赏牡丹小微旅游产品的研发销售力度，打造"洛阳礼物"品牌。延长旅游、观赏、购物等与牡丹相关的文化旅游产业链条，全方位展现"满城国色天香"的文化景象。

第八章 打造牡丹产业研发体系

一、构建牡丹研发平台

与国内知名科研院所、科研机构合作，以牡丹生物技术、牡丹产品研发、牡丹市场开发等为主要研究方向，依托洛阳市深厚的牡丹科研基础，建设洛阳牡丹产业技术研究院、打造国家级工程技术中心；吸引国内从事牡丹研究的院士、高校专家来洛建立牡丹产业院士工作站；引导支持科研院所、龙头企业建设牡丹种质创新与精深加工国家工程实验室、河南省牡丹产业技术创新联盟、牡丹食用与药用工程技术研究中心等，将洛阳打造成为国际上最具活力、最具发展潜力的牡丹科技研发中心。

二、明确科研重点方向

1. 新品种选育。支持洛阳农林科学院与华大基因做好牡丹分子育种，进一步强化观赏、油用、切花、盆栽等专用品种的培育，重点利用基因片段的改变探索培育适宜切花的牡丹品种和集观赏药用加工为一体的多用途牡丹新品种，加快牡丹基因各项研究成果转化应用进度；支持国家牡丹园、相关科研单位利用国家级牡丹基因库的种质资源重点做好杂交育种，加快培育洛阳牡丹新品种，更好更快地对接市场。力争到 2020 年、2025 年，分别培育高端牡丹品种 50~80 个、100~300 个。

2. 高效栽培。重点开展牡丹种苗工厂化快繁技术的研究与推广、观赏新优品种牡丹规模培育及产业化、牡丹鲜切花保鲜储运与拉长花期技术、反季节牡丹花期调控技术、油用牡丹高产高效栽培关键技术及生产模式等领域的研究。力争到 2020 年、2025 年，分别有 50 个、100 个高端观赏牡丹品种具备规模化供应能力。

3. 产品研发。根据市场需求，做好牡丹产品深加工关键技术的核心研发、牡丹大健康产品精深加工研发等，重点提升牡丹籽油品质和口感、提高牡丹精油转化率等。通过科研与开发，提高洛阳牡丹的核心竞争力和主导地位，增加牡丹产业效益。

三、加大牡丹科研投入

在政策方面，加大牡丹科研方面的投入，重点支持重大牡丹研究课题立项。依托河南科技大学牡丹学院，强化政产学研合作。对于能够促进牡丹产业快速发展的科研机构委托项目，经专家评审、部门认定后，市级给予一定比例的项目研发资金配套；对科研工作突出的人员和单位给予奖励。以市场为引导，加强基础性和实用性研究，不断提高科技转化率，努力实现科研优势向产品优势、产业优势的转化，力争 3~5 年时间内形成一批有影响力、标志性和实用性的牡丹科技成果。

第九章　筑实牡丹产业保障体系

一、健全工作推进机制

各级、各有关部门要高度重视牡丹产业发展，因地制宜制定本地发展规划，创新工作方法，狠抓工作落实，合理引导牡丹产业发展。各级政府要成立牡丹产业发展领导小组，研究完善扶持政策和配套措施，统一谋划、强力推进；各相关单位要结合各自职能，加强配合，支持牡丹产业发展。

二、加大资金支持力度

加快设立牡丹产业发展基金，规范细化支持方向，支持规模种植、生产加工、文创、乡村旅游等牡丹产业化建设，促进牡丹产业良性发展；市、县两级政府要安排一定的财政专项资金，重点支持在牡丹产业基金支持范围以外的牡丹科研、良种繁育、牡丹品牌创建、市场营销体系和重点项目立项等。加大涉农资金整合力度，积极争取上级相关政策，力争将牡丹先进机械设备纳入农机补贴范围，并由县级政府结合当地实际和相关政策，将国家小型农田水利设施专项资金、国家农业综合开发资金、木本油料等项目资金用于支持牡丹产业发展。

三、完善产业投入机制

1. 逐步建立以政府投入为引导,以企业和专业合作组织、农民投入为主体的多元化牡丹产业投入机制,带动地方投资和各类社会投资参与牡丹产业。对符合条件的牡丹种植大户、企业和合作社,依据新发展的牡丹种植面积,调整 5% 的设施用地给予支持,用于相关附属设施和配套设施等方面建设。

2. 加大金融扶持力度。协调商业性金融机构在风险可控的前提下,合理确定牡丹产业贷款期限和利率,加大信贷投入;推动金融产品和服务模式创新,大力发展林权抵押贷款、农户小额信用贷款和农户联保贷款,探索开展农村土地承包经营权抵押贷款业务试点。

3. 建立保险制度。鼓励和支持种植企业、农民专业合作组织、家庭农场和农户参加农业保险,按规定享受农业保险保费补贴政策;森林保险逐步覆盖牡丹产业发展,建立生产灾害风险防范机制。

四、加强品牌管理保护

加大对牡丹产区、品种资源、产品质量、市场流通、品牌文化等方面的管理和保护力度,形成保护产区环境、合法使用洛阳牡丹品牌的良好氛围。改善牡丹生产环境与基础设施,建立牡丹生产、加工产业与市场品牌的市场准入制度,规范市场运行机制,努力提升产品质量,增强品牌影响力和市场带动力。

五、健全社会服务体系

建设高水平的牡丹产业研发、推广、营销、管理队伍,培育经纪人队伍、专业化营销企业和中介服务机构,支持技术服务、物资供应、植保、农机、仓储、物流运输、质量监测等方面的社会化服务体系,逐步达到专用物资配套供应,降低生产成本。加强对牡丹产业的技术指导和专业培训,为牡丹产业发展提供技术支撑。

六、加大宣传推介力度

规划设计洛阳牡丹文化宣传方案,结合"一带一路"建设,深度发掘洛阳牡丹历史文化精髓,依据典籍和民间故事打造牡丹文化节庆符号,深化牡丹文化内涵。组织牡丹企业参加各种博览会、商品交易会、贸易洽谈会和境外推介活动,拓展市场规模。借助洛阳旅游资源、中国牡丹网等本地平台,通过举办或参与牡丹产业博览会、国内外重大花事活动、牡丹盆花或牡丹产品展会等,大力宣传洛阳牡丹和牡丹产品品牌,推动牡丹产业发展。

十三、重庆市

重庆市人民政府办公厅
关于加快木本油料产业发展的实施意见

为贯彻落实《国务院办公厅关于加快木本油料产业发展的意见》(国办发〔2014〕68号),进一步推动我市木本油料产业发展,大力增加健康优质木本食用油供给,切实维护国家粮油安全,加快推进生态文明建设和山区群众脱贫致富步伐,经市政府同意,结合我市实际,现提出以下实施意见。

一、总体要求

(一)指导思想。以邓小平理论、"三个代表"重要思想、科学发展观为指导,深入贯彻党的十八大和十八届三中、四中、五中全会精神,按照全市生态文明建设的总体部署,认真实施五大功能区域发展战略,充分发挥市场在资源配置中的决定性作用并更好发挥政府作用,紧紧围绕提高供给能力和山区群众增收致富的总目标,加强统筹规划和政策引导,完善管理和投入机制,强化科技支撑,建立健全木本油料种植、加工、流通、消费产业体系,切实推动我市木本油料产业持续健康发展。

(二)基本原则。坚持科学规划,突出重点,彰显区域特色;坚持适地适树,依靠科技,不断提升集约化经营水平;坚持壮大基地,加工增值,全面提高产业发展效益;坚持市场主导,政府扶持,业主参与,发挥龙头企业带动作用;坚持创新机制,强化监管,维护经营秩序,保障产品安全。

(三)目标任务。力争到2020年,建成木本油料产业发展重点区县(自治县)20个,建立一批标准化、集约化、规模化、产业化示范基地,木本油料种植面积达到275万亩,年产优质木本食用油3万吨左右。

二、工作重点

(一)科学规划布局。继续实施《全市油茶产业发展规划(2009—2020年)》。组织编制全市木本油料产业发展总体规划,重点发展油茶、核桃、油橄榄、油用牡丹等食用木本油料产业。根据不同自然条件和树种品种特性科学布局,坚持向重点区域集中和规模化、集约化经营发展方向。木本油料产业发展重点区县(自治县)要认真开展木本油料资源调查,摸清分布情况和适生区域,分树种制定产业发展规划。要把木本油料产业与新一轮退耕还林还草、石漠化综合治理、造林补贴等国家重点工程项目及地方林业重点工程紧密结合，不断扩大木本油料种植面积。

(二)抓好良种苗木繁育体系建设。建立和完善我市木本油料良种繁育体系，抓好木本油料良种选育及品种审(认)定工作。建立健全种质资源收集保存和良种生产供应体系，积极推进良种基地、定点苗木生产基地建设，确保木本油料林基地建设良种供给率达到100%。在充分整合现有可利用育苗基地的基础上，新建一批木本油料良种繁育基地，做到定点采穗、定点育苗、订单生产、定向供应，确保木本油料种苗质量。严格按照《种子法》等法律法规和种苗繁育标准的有关规定，强化种源监管制度，做到品种清楚、种源清楚、销售去向清楚。坚决打击非法生产经营种苗行为，严禁劣质种子、种苗等不合格产品用于木本油料产业发展。

(三)加强原料林基地建设。原料林基地建设要以企业或大户为经营主体，实行集约化经营管理。通过典型示范，建设一批标准化、规模化、特色化、良种化的木本油料高产示范林基地，着力抓好基地水、电、路等基础设施建设，积极推广优良品种和丰产栽培技术，搞好低产林抚育、更新和改造，提高优质高产示范效果。全面推行木本油料产业发展按标准设计、施工、培育、验收、加工和进行质量监管。水利、交通等有关部门要根据总体规划，优先安排规划区内标准化基地水网、路网和产区农村公路基础设施建设，切实改善木本油料产业发展条件。

(四)大力培育龙头企业。培育木本食用油龙头企业是保障木本油料产业可持续发展的根本。建立"政府引导、部门推动、社会参与、业主实施"的推进机制，积极引导各类要素向林业经营主体集聚，培育跨地区经营、产供销一体化的木本食用油龙头企业。鼓励企业通过联合、兼并和重组等方式做大做强木本食用油产业。支持企业在主产区建设原料林基地和仓储物流设施，发展"龙头企业+专业合作组织+基地+农户"等产业经营模式，运用市场机制，建立企业与农户间长期稳定的产销合作关系，引导农民开展标准化和专业化种植。支持专业合作组织和农户加强木本油料烘干、仓储等初加工设施设备建设。鼓励企业利用新技术、新工艺，开展精深加工和副产品开发，实现循环发展和综合利用。严格实行木本油料产业发展目标责任制，加强监督检查，严格奖惩措施。

(五)加强市场体系建设和监管。积极培育统一开放、竞争有序的木本油料产品市场，全面推进木本油料标准化管理。鼓励培育一批专业市场，支持农产品批发市场、大宗商品交易场所开发木本油料产品及相关交易品种。加快打造全市统一的农村产权流转交易市场，利用农村产权流转交易市场、涪陵林交所等平台推动木本油料产品及相关交易品种的信息发布、产权交易、法律咨询、资产评估、抵押融资。完善流通网络，推广连锁经营、物流配送和电子商务、"互联网+"等现代流通方式。加大木本油料产品研发力度，加强品牌培育，着力提升我市木本油料品牌的知名度和竞争力。建立木本食用油质量认证体系，加强生态原产地产品、国家地理标志产品保护认定。强化市场准入管理和质量监督检查，建立健全产品质量送检、抽检、公示和责任追溯制度，落实属地管理和生产经营主体责任，严厉打击制假、售假等违法违规行为。充分发挥行业协会作用，加强行业自律。

三、保障措施

(一)加强组织领导。各区县(自治县)人民政府要结合本地实际，明确目标任务，落实推进措施，及时制定出台加快木本油料产业发展配套文件。市发展改革委要将木本油料产业发展纳入国民经济社会发展总体规划，统筹平衡建设规模，并将木本油料产业作为林业产业化重点发展方向予以支持。市财政局要切实落实好木本油料产业发展专项资金，按照统筹协调、资金整合、部门负责、统一标准、先建后补的原则，牵头制定资金筹集与管理的具体办法，确保补助资金投入到位。市林业局要认真做好木本油料产业发展规划，研究和落实木本油料产业发展政策，加强对全市木本油料产业的技术指导和政策引导。市国土、农业、科技、水利、供销、移民、扶贫、金融、工商、质监、食品药品监管、税务等部门，要积极支持木本油料产业发展，落实好扶持政策和补助资金，加大监管力度，为木本油料产业发展营造良好环境。木本油料产业发展重点区县(自治县)要明确一名政府负责人主抓木本油料产业发展，组建一套管理水平高、协调能力强的工作班子，明确并充实木本油料产业管理部门和人员，及时解决产业发展中的实际问题。

(二)加大资金投入整合力度。积极争取中央木本油料产业发展专项资金，重点整合退耕还林、石漠化综合治理、造林补贴、粮油补贴、农机补贴、农业综合开发、扶贫开发、财政支农、移民专项、国土整治、水土保持、农业灌溉、道路交通、科技研发等相关资金，按照"统一规划、相对集中、用途不变、渠道不乱"的原则和相关建设规范，落实到具体的建设地点和建设单位，实行"统一标准、先建后补"。市财政每年安排一定专项资金用于木本油料产业发展。市级以上财政补助资金主要用于木本油料良种基地建设、种苗培育、基础设施建设及技术支撑等；整合资金重点用于基地道路建设、排灌、土地整治、施肥、配套设施建设、高产示范园建设、抚育管护及加工业升级改造等。不断创新投入机制，逐步建立项目申报制度和专项资金奖励制度。

（三）落实配套政策。在确保农户和业主合法利益前提下，鼓励社会资本参与木本油料产业建设，实行集中规模经营。积极推行业主承包、股份合作和组建农民专业合作社，通过签订合同，约定政策兑现、利益分配、风险责任等内容。对从事木本油料新品种选育、木本油料林培育和种植、木本油籽采集和初加工、技术推广服务等服务收益，符合所得税法律法规规定的，免征企业所得税。鼓励和支持业主开展立体经营，兴办家庭林场，实行长、中、短期效益综合开发，积极发展林下经济，实行林药、林花、林菌、林草、林禽、林蜂等立体开发，提高土地和木本油料综合生产能力。有条件的地方，可积极发展现代林业经营模式，实行机械耕种、采收、分级，提高木本油料经营现代化水平。

（四）拓宽投融资渠道。积极推动银企合作，构建金融支持和信用体系，广泛吸引木本油料产业发展资金投入。支持农发行市分行等政策性金融机构加大对木本油料产业的扶持力度。鼓励商业性金融机构在风险可控的前提下，针对木本油料产业周期长、投入大等特点，合理确定贷款期限和利率，加大信贷投入。推动金融产品和服务模式创新，大力开展包括林权在内的农村产权抵押贷款、农户小额信用贷款和农户联保贷款，加快推进农村土地流转收益保证贷款试点。支持农户以农房财产权、农村土地承包经营权作为股权与龙头企业进行股份合作，按照公司章程享受企业股东分红和优先就业权。全面落实中央财政对符合条件的木本油料产业贷款项目据实贴息政策，切实提高金融机构对生产经营者的有效贷款投入。完善政策性森林保险制度，支持保险机构加快木本油料保险产品的研发，鼓励木本油料产业从业者积极投保，增强风险防范能力。支持有条件的木本油料生产企业上市融资或在全国中小企业股份转让系统及区域性股权交易市场挂牌融资。

（五）强化科技支撑。大力支持木本油料产业科技研发和技术推广，重点围绕木本油料良种选育、丰产栽培和精深加工等开展研究。建立和完善市、区县、乡镇、村四级木本油料技术服务体系，建设"十百千"科技专家队伍，开展"林技通"24小时服务。支持区县（自治县）、龙头企业与科研院校开展技术合作，整合科技资源，共建重点实验室、工程技术研究中心等科技创新转化平台。加大木本油料产业技术创新与成果转化力度，大力推广应用标准化园艺技术管理、林下种养殖、节水灌溉、测土配方施肥等技术。严格参照国家相关标准，尽快制定完善符合本地实际的不同木本油料树种基地建设规范、丰产培育技术规范和验收管理办法。制定出台木本油料地方标准，指导企业制定仓储、加工、销售等标准，积极开展油脂和相关副产品质量标准及其检测方法研究，规范木本食用油包装标识。加大对基层林业服务人员、企业与专业合作组织的业务骨干在实用技术、标准体系、政策法规等方面的业务知识培训力度，为全面推进木本油料产业发展奠定坚实基础。

十四、昆明市

昆明市引导油用牡丹试验示范种植方案

油用牡丹是一种新兴的木本油料作物，被国务院列为了木本油料重点发展种类，它耐干旱、耐贫瘠、耐高寒、抗病虫害能力较强，适合我市海拔 2000～3000 米的高寒山区种植。种植油用牡丹可以巩固提升昆明以核桃产业为基础的木本油料作物大市地位，可以调整当地的农业发展方式，拓展立体农业的梯度，丰富我市农业空间结构。油用牡丹具有良好的经济效益、社会效益和生态效益，种植油用牡丹可以成为高寒山区贫困群众脱贫致富的摇钱树，发展油用牡丹产业可以成为我市扶贫攻坚的新产业，同时也将是山区、半山区和水源区退耕还林的好项目。

为抢抓国家和省扶持发展木本油料的机遇，贯彻国办发〔2014〕68 号文件精神，落实《中共昆明市委关于深入贯彻落实习近平总书记考察云南重要讲话精神当好全省跨越式发展排头兵和火车头的实施意见》（昆发〔2015〕12 号）提出的"推动以核桃、板栗、油用牡丹为主的木本油料产业集群发展"的要求，为高寒山区贫困群众寻找一条产业扶贫道路，为水源区群众探索一条兼具生态效益和经济效益的增收渠道，借鉴省外经验和做法，结合我市实际，为积极稳妥科学有序的做好油用牡丹示范种植，特制订如下实施方案。

一、基本原则

按照"政府引导、企业带动、市场运作、基地示范、农户参与、利益共享、科技支撑"的原则，积极稳妥引导开展油用牡丹示范种植。坚持政府引导、市场导向，促进适度规模发展，提高集约经营水平；坚持统筹规划，科学布局，充分利用山区、半山区宜林地和水源区退耕还林区域，不占耕地尤其是基本农田；坚持发展"企业+合作社+基地+农户"的产业化经营方式，发挥龙头企业带动作用，将企业和农民利益联结在一起，实现风险共担、利益共享；坚持依靠科技，积极推广优良品种和种植技术，研发油用牡丹系列精深加工产品。

二、目标任务

鼓励在海拔 2000~3000 米适合退耕还林的山区、半山区，开展以凤丹牡丹为主、紫斑牡丹和滇牡丹为辅的油用牡丹示范种植。从 2015 年 10 月至 2018 年 10 月，按照以倘甸两区管委会为中心、带动周边县区和水源区、辐射贫困群众种植的思路，用 3 年时间积极引导农业企业、农民专业合作组织和种植大户及有条件的精准扶贫村，试验示范种植 2 万亩油用牡丹，争取建成 3 个集观赏、育苗、产品加工和展示为一体的牡丹庄园。

三、种植奖补政策

(一)将油用牡丹产业发展纳入农业产业化扶持范围。市财政每年安排必要的农业产业化资金，主要用于推进油用牡丹的产业规划、示范推广、种植补贴、新品种培育、种苗繁育、技术推广、牡丹深加工及科研攻关等产业发展的工作。

(二)享受退耕还林政策。要把示范种植油用牡丹与新一轮退耕还林、陡坡地治理等国家重大生态修复工程和"五采区"植被恢复治理工程紧密结合，因地制宜发展油用牡丹种植。油用牡丹种植区域内，凡符合退耕还林政策的，按照市级退耕还林政策给予奖补。

(三)鼓励建设牡丹庄园。对种植观赏牡丹 2 万株以上、观赏花种植面积 30 亩以上、总占地面积 100 亩以上的牡丹庄园，经验收合格后，可享受农产业化的扶持政策，并按程序申报，符合条件的，以奖代补 100 万元。在示范种植期间补助不多于 3 个牡丹庄园。

(四)适当给予种植补助。按照项目化管理要求，对种植 100 亩以上油用牡丹的农业企业、农民专业合作社等项目实施主体，在 3 年种植期内市级每亩补助 1500 元，逐年验收后，可按农业产业化项目分三年按照 4∶3∶3 的比例进行奖补。各种植县区参照市级标准，视条件给予补助。

(五)优先扶持精准扶贫村发展。对北部两区两县的农村贫困地区，可统筹安排财政专项扶贫资金，优先支持建档立卡贫困村种植油用牡丹，在示范种植面积上优先倾斜，在技术培训上优先指导，在各类补助上优先安排。

四、保障措施

(一)建立推动油用牡丹产业发展的组织机构。成立由市政府分管领导任组长，市政府分管副秘书长和市委农办常务副主任任副组长，市农业局、市林业局、市扶贫办、市水务局主要领导，市科技局、市金融办、盘龙区、倘甸两区、东川区、富民县、禄劝彝族苗族自治县和寻甸回族彝族自治县分管领导任成员的推进油用牡丹产业发展领导小组，领导小组办公室(简称牡丹办)下设在市委农办，人员采取从成员单位抽调和聘用方式解决，办公室负责制定完善产业发展规划和政策措施，推广油用牡丹种植，培育产业龙头企业，统筹协调推进油用牡丹产业发展。

(二)强化科技支撑作用。组建油用牡丹科技专家团队，邀请省内外牡丹学术和种植专家担任科技顾问，为油用牡丹示范种植提供政策讲解、技术指导。市属各级农业、林业科技推广机构成立科技服务团队，开展技术培训和田间种植指导。积极鼓励省市科研机构和有条件的企业开展油用牡丹科研攻关项目，研究种苗繁育技术、高效栽培技术，尽快培育一批结籽率高、产油率高、适应性强的油用牡丹优良品种；着力提升牡丹籽油深加工技术，综合研发一批科技含量高、附加值高的精深加工产品。

(三)完善多方投入共同推进的长效机制。逐步建立以企业和专业合作组织、农民投入为主体，政府投入为引导的多元化投入机制。整合市级相关部门在农业产业化、退耕还林、水源区补助、植树造林补贴、产业扶贫、科技支持、金融扶持等方面的政策和资金，调动科研院所及农业龙头企业积极性，抢抓国家和省支持发展木本油料作物的机遇，形成合力，确保油用牡丹种植做出示范、做出效果。

附录4 国家及部分省市相关政策

一、国家层面

关于整合和统筹资金支持贫困地区油茶核桃等木本油料产业发展的指导意见

（节选）

一、整合资金，发挥财政杠杆作用。

纳入整合和统筹范围的中央财政专项资金，包括退耕还林、防护林、中央财政林业补助资金、财政扶贫资金、现代农业发展资金、农业综合开发资金等相关资金，集中支持油茶、核桃等木本油料产业发展。中央财政对符合规定条件的木本油料产业贷款项目予以贴息支持。各省（自治区、直辖市）也要积极支持。纳入整合和统筹范围的地方相关资金，由各地根据实际情况和木本油料产业发展需求确定。

二、明确中央财政资金扶持方向。

中央财政资金重点支持种苗生产、基地建设、科技创新、技术推广等关键环节。种苗生产重点加强良种选育，不断推出高产优质油茶、核桃新品种，建立种苗供应的可追溯制度，全面推行"四定三清楚"（即定点采穗、定点育苗、定单生产、定向供应，品种清楚、种源清楚、销售去向清楚）。基地建设要引入丰产栽培技术，着力建设标准化、专业化、规模化的高标准示范基地，提高产业发展的质量效益。科技创新要优先开展研发种植、加工、采摘等机械的研制，降低劳动强度和人工成本，提高生产效率。技术推广要重点推广最新的优良品种和栽培管理技术，加强技术指导和培训，真正让企业和农户掌握实用技术，确保产业增加效益，实现企业增收，农民致富。

三、加大开发性金融支持力度。

国家开发银行将贫困地区木本油料产业作为重点支持产业，提供大额、长期、稳定的信贷资金支持。采用统一规划、统一授信的模式，与政府有关部门加强合作，共同编制省级专项规划，确定市场化运作的企业作为借款主体，进行统一授信，各市县项目实施主体作为用款人负责项目建设，按照"谁用款、谁承担还款责任，借款人负责统一还款"的原则开展试点。鼓励各地区通过创新 PPP、政府购买服务等融资模式，吸引社会资本（包括符合条件的融资平台公司）投入贫困地区木本油料产业。同时创新担保方式，探索林权、林地承包经营权抵押、项目相关应收账款质押及企业风险准备金等制度。完善森林保险保费补贴制度，支持贫困地区木本油料产业发展。

四、加大商业性金融投入。

鼓励引导各类商业性金融机构和社会资本参与油茶、核桃等木本油料产业建设中来。各有关部门要积极支持引导，建立健全融资机制，出台针对性的金融产品，创造融资机会，为各类经营主体创造良好的融资环境。要研究探索信用担保、林权等抵押担保、质押担保等多种抵押担保形式，吸引更多金融资本支持。

五、加强产业化经营。

充分尊重市场规律，积极培育跨地区经营、产供销一体化的木本油料龙头企业，鼓励企业通过联合、兼并和重组等方式做大做强。支持企业在主产区建立原料林基地和建设仓储物流设施，发展多种经营模式。鼓励企业发挥科技创新主体作用，支持企业与科研机构合作，形成科技创新、技术服务、产业开发有机联系的产学研紧密合作体系。鼓励企业开展油茶、核桃等木本油料综合利用，推广新技术、研发新产品、新工艺，提高精深加工能力，增加产业附加值。

六、提高建档立卡贫困人口的参与度和受益度。

推行以企业带动、专业合作组织联动机制和"企业+专业合作组织+基地+农户"等组织模式，积极鼓励贫困农户以土地承包经营权入股，劳动力入股，推动规模化、集约化经营，提高产业的组织化程度。完善资金投入机制，把已投入基地用于基础设施建设和产业发展的资金，量化折股，配置到村到户；探索通过财政投入的资金，直接配股到村到户，在盛果期前，村户依据持有股份，获得保底收益，盛果期后按股分红的利益分配模式。

国家林业局关于加快特色经济林产业发展的意见

为深入贯彻落实党的十八大和十八届三中全会精神，加快农村小康社会建设步伐，促进生态林业与民生林业协调发展，推动实现 2020 年农民收入倍增和林业"双增"目标，现就加快新时期特色经济林产业发展，提出以下意见。

一、新时期发展特色经济林产业的重要意义

经济林是以生产果品、食用油料、饮料、调料、工业原料和药材等为主要目的的林木，是森林资源的重要组成部分。经济林产业，是集生态、经济、社会效益于一身，融一、二、三产业为一体的生态富民产业，是生态林业与民生林业的最佳结合。我国经济林树种资源丰富、产品种类多、产业链条长、应用范围广，发展经济林产业有利于有效利用国土资源，促进林业"双增"目标早日实现。经济林在集体林中占有较大比重，发展特色经济林的重点在集体林。通过在集体林中大力发展以木本粮油、干鲜果品、木本药材和香辛料为主的特色经济林，有利于挖掘林地资源潜力，为城乡居民提供更为丰富的木本粮油和特色食品；有利于调整农村产业结构，促进农民就业增收和地方经济社会全面发展。同时，对改善人居环境，推动绿色增长，维护国家生态和粮油安全，都具有十分重要的意义。

党中央、国务院对经济林培育与产业发展高度重视，《中共中央　国务院关于加快林业发展的决定》以及中央林业工作会议都明确提出要突出发展名特优新经济林，特别要着力发展板栗、核桃、油茶等木本粮油，加快林业改革发展步伐。国家林业局相继出台一系列扶持政策，将木本粮油等特色经济林纳入"十二五"时期林业发展十大主导产业。各地把发展经济林作为活跃农村经济的特色产业、调整种植业结构的主导产业、推进山区农民脱贫致富的支柱产业来抓，经济林产业发展步伐不断加快。截至 2013 年底，全国经济林种植面积 3781 万公顷，总产量 1.48 亿吨，经济林种植与采集业年产值达到 9240.37 亿元，占到林业第一产业产值的一半以上；全国近千个特色经济林重点县，经济林收入占到当地农民人均纯收入 20% 以上，成为农村特别是山区农民收入的重要来源。

当前，林业进入生态林业与民生林业协同发展的崭新阶段。党的十八大将生态文明建设纳入"五位一体"的总体战略布局，提出到 2020 年全面建成小康社会，实现人均收入翻一番的奋斗目标，对经济林建设提出更高要求。因此，适应新形势需要，加快改革创新步伐，加大政策扶持力度，着力解决经济林发展基础薄弱、产业化程度不高、宏观规划指导不力、政策资金投入不足等问题，加快推动经济林产业持续健康发展，为建设生态文明和美丽中国、全面建成小康社会作出新的更大贡献，成为当前乃至今后一段时期经济林建设与发展的紧要任务。

二、把握总体要求

(一)指导思想

以党的十八大和十八届三中全会精神为指导,以推动经济绿色增长和提高农民收入为根本目标,以转变发展方式为主线,坚持生态林业与民生林业协调发展,改善生态与产业富民协同推进,按照"生态建设产业化,产业发展生态化"的总体思路,大力推进布局区域化、种植良种化、生产标准化、经营产业化、服务社会化,做大做强特色经济林产业,为维护国家生态和粮油安全,促进农村全面建成小康社会作出积极贡献。

(二)基本原则

生态优先,统筹发展。妥善处理重大生态修复工程与发展特色经济林产业的关系,坚持以实现生态修复目标为主,协同推进生态建设与绿色富民。组织实施重大生态修复工程,各工程市、县要把改善生态放在首位,但又要兼顾经济效益,充分尊重农民意愿,引导群众科学选择搭配林种、树种。

市场导向,政府扶持。发挥市场对资源配置的决定性作用,充分考虑比较效益,尊重市场规律和群众意愿。发挥政府政策保障和服务职能,建立稳定的政策扶持和资金投入长效机制。

因地制宜,特色发展。按照"生态保护、适地适树、突出特色、规模发展"的基本要求,发挥资源禀赋优势,科学发展适宜树种,优化区域布局,壮大各具特色的经济林产业。

立体发展,提质增效。兼顾生态与民生,围绕充分发挥森林的生态效益和提高林地产出,发挥基层和农民群众首创精神,在发展经济林的同时,选择适生灌木和草本植物,乔灌草科学配置,形成立体性、复合性的种植模式,提高林地利用率、林木培育质量和生态经济效益。

创新机制,社会参与。实施扶优扶强发展战略,大力扶植龙头企业,积极培育种植大户、家庭林场、专业合作社等新型经营主体,推行适度规模经营,探索建立新型经营体系,提升社会化服务水平,营造良好发展环境,广泛调动社会力量参与经济林建设。

(三)主要目标

到2020年,初步形成布局合理、特色鲜明、功能齐全、效益良好的特色经济林产业发展格局,实现我国特色经济林资源总量稳步增长,产品供给持续增加,质量水平大幅提高,木本粮油产业发展取得突破,经济林产业综合实力明显提升,富民增收效果显著增强的发展目标。

重点发展具有广阔市场前景、对农民增收带动作用明显的特色经济林，形成一批特色突出、竞争力强、国内知名的主产区，培育一批以特色经济林为当地林业支柱产业、产业集中度较高的重点县；建设一批优质、高产、高效、生态、安全的特色经济林示范基地。

力争到 2020 年，特色经济林新增种植面积 810 万公顷，经济林总面积比 2010 年增加 24%，达到 4100 万公顷；新增产量 5000 万吨，其中，木本粮食新增 1350 万吨，木本油料新增 1100 万吨，总产量比 2010 年增长 40%，达到 1.76 亿吨，木本油料占国内油料产量比重提高到 10%；实现总产值在 2010 年基础上翻一番，达到 1.6 万亿元以上；良种使用率达到 90% 以上，优质产品率达到 80% 以上；重点县农民来自经济林收入大幅增加，累计提供就业机会 40 亿个工日。

三、提升生产能力

（一）落实规划建设任务。按照做大做强木本粮油等战略优势产业，巩固优化干鲜果品等传统大宗产品，积极发展区域特色经济林的总体要求，在加快发展以油茶、核桃、红枣、板栗、油橄榄等木本粮油的同时，统筹推进其他特色经济林产业建设，优化主产区、产业带和基地建设布局。认真组织实施《全国优势特色经济林发展布局规划（2013—2020 年）》（以下简称《规划》），将建设任务体现在工程与项目中，分解到年度，落实到确定的每个优势特色经济林重点基地县。推广优质丰产栽培技术，实现面积和产量翻番，扩大木本粮油在全国粮油总产中的比重，增强粮油安全保障能力；立足提质增效，加快品种改良和树种、品种结构调整，改进生产方式和栽培模式，推广绿色、有机栽培管理技术，稳定干鲜果品等传统大宗产品的种植面积和生产规模；深入挖掘各地珍稀林木资源，加大种苗繁育和栽培力度，发展区域特色经济林，不断发展壮大特色经济林产业。

（二）提升基地建设水平。按照适地适树、良种栽培、规模种植、科学管理的要求，采取新建与改造相结合，高标准打造一批特色经济林示范基地，带动全国特色经济林建设。加强基地集水节水技术应用和配套基础设施建设，减少水土流失。在山区适度开展整梯田、修道路、建塘坝、栽植防护林等建设，推广集雨窖、小管出流等节水灌溉技术；平原和沙区积极采取微灌、滴灌等节水措施。积极推广应用土壤耕作、有害生物防治、动力修剪等机械，提高机械化程度，降低生产成本。

（三）实施标准化生产。加快制定特色经济林国家、行业和地方技术标准，完善经济林建设标准体系，加大标准化生产技术实施和推广力度。改进传统种植模式，大力推进矮化密植、网架棚架式等现代种植模式；改变传统耕作方式，推广有利于原生植被保护和水土保持的整地措施，全面推行增施有机肥、测土平衡施肥等方法；强化病虫无公害防控，推行生物、物理防治措施，推广安全间隔期用药技术；落实绿色、有机栽培管理措施。

（四）拓宽产业发展领域。充分发挥经济林培育森林、保护生态、营造景观、传承文化等多种功能和独特优势，创新推广以经济林栽培为主的多元发展模式。大力发展与经济林紧密结合的观光采摘、农事体验、休闲游憩等，进一步拓宽经济林产业发展领域，不断提高发展经济林的综合效益。

四、推进产业化经营

（一）培育壮大龙头企业。按照扶优、扶强要求，以提高精深加工、采后分级和冷链贮运能力为重点，进一步完善政策，优化环境，改善服务，活化机制，建设一批类型多样、资源节约、产销一体、效益良好的龙头企业。鼓励各类工商资本、民间资本和其他社会资本投资兴办经济林企业。引导企业完善法人治理结构，建立现代企业制度。积极引导龙头企业向优势产区集中，创建经济林产业化示范基地，培育壮大区域优势主导产业。

（二）积极创建知名品牌。引导各地及龙头企业、专业合作经济组织树立品牌意识，加强质量管理，增加科技投入，积极争创知名品牌，提高竞争实力。支持龙头企业申报驰名商标、名牌产品。鼓励主产区申报名特优经济林地理标志，提高社会知名度。整合同一区域、同类产品的不同品牌，集中打造优势品牌，增强品牌效力。

（三）发展多种流通业态。加大市场基础设施投入，规划建设一批全国性、区域性的产地、集散地特色经济林产品批发市场，推进现有市场的升级改造，提升专业批发市场服务功能。大力发展冷链贮运、连锁经营、产销对接、电子商务等现代物流业和新型营销方式，构建辐射国内外市场的特色经济林产品营销网络。培养经纪人，扩大营销专业队伍。支持举办特色经济林产品展销活动，搭建产业合作、招商引资、经贸洽谈平台，促进产销对接，推动产业发展。

（四）创新生产经营体制。深化集体林权改革，完善配套措施，规范林地流转，促进经济林规模化、专业化、标准化经营。鼓励单户向联户承包、股份合作方向发展，大力发展林农专业合作社、家庭合作林场、股份制林场等林业合作组织。积极推广"公司+基地+农户"、"公司+合作经济组织+农户"等发展模式，提高生产组织化程度。支持组建经济林行业协会、企业联合会和专业协会，充分发挥协会在行业自律、维护权益、信息咨询、技术服务等方面的积极作用。

（五）发展完善订单林业。龙头企业要在平等互利的基础上，与林农、专业合作社签订购销合同，形成稳定的购销关系。加强对订单生产的监管与服务，增强企业与农户的诚信意识，切实履行合同约定。鼓励龙头企业采取承贷承还、信贷担保等方式，缓解生产基地农户资金困难。鼓励龙头企业资助订单农户参加农业保险。引导龙头企业创办或领办各类林业专业合作组织，支持专业合作社和农户入股企业或单独兴办企业。鼓励龙头企业和专业合作社采取股份分红、利润返还等形式，将加工、销售环节的部分收益让利给农户，共享产业化发展成果。

五、构建支撑体系

（一）良种繁育体系。在充分发挥现有良种繁育基地生产能力的基础上，新建和改扩建一批以油茶、核桃、枣、板栗、仁用杏（山杏）、油橄榄等为主的特色经济林木良种壮苗生产基地，保障特色经济林建设的优质种苗供应，全面提升特色经济林良种化水平。坚持科学引种，加大乡土优良品种选育力度，做到引种栽培和选育推广乡土优良树种相结合，在乡土经济林木资源相对集中的区域，建立种质基因库和收集圃。

（二）科技支撑体系。整合科技资源，组建专家技术服务团队，建设产业技术联盟，形成产学研用紧密结合的发展机制。强化科技创新，着力突破良种培育、优质丰产栽培、循环利用、现代信息、林机装备、储藏加工、安全检测等方面的关键技术，加大无公害、绿色和有机产品的开发和推广力度。积极构建各级林业科技推广机构、合作组织、龙头企业和社会力量广泛参与的新型林业科技推广体系。创新培训模式，加强林业科技队伍建设和实用人才培养。

（三）有害生物防控体系。开展病虫害统防统治、联防联治，强化综合防治。支持高等院校、科研院所进行经济林主要病虫害防控技术研究，提升重大病虫害防治技术研发能力。加强基层林业技术推广和主产区病虫害防治组织建设，提高预测预报的准确性、时效性。引导和鼓励农民林业专业合作社、专业技术协会、农村科技带头人等组建病虫害防治专业队伍，为林农提供低成本、便利化的病虫害防治服务，全面提高基层防控能力。加强无公害防治，降低农药污染和残留，提升有害生物防治效果。严格检疫监管，严防危险性病虫害传入和蔓延。

（四）质量安全监管体系。科学布局建设国家、省（自治区、直辖市）、主产区经济林产品质量检测中心（站），尽快构建以经济林主产区为基础，上下协调联动、各级相互补充的质量安全检验检测体系。完善质量安全标准，建立健全相关生产技术规范。强化源头治理，规范加工企业生产投入品使用，确保实现安全、清洁生产。建立协调联动机制，加强与有关部门沟通协调，开展联合执法检查，提高监管能力。落实有奖举报制度，形成全社会参与的质量安全运行机制。

（五）新型社会化服务体系。完善服务体系建设，提高产业服务保障功能，加快构建公益性和经营性服务相结合、专业服务和综合服务相补充的新型林业社会化服务体系。完善信息服务平台建设，基层林业机构要及时准确地向林农提供市场动态、新品种、新技术、病虫害预测预报、气象预报、灾害预警及生产资料供求等信息。鼓励科技人员深入生产一线，推广专家热线、科技特派员等科技推广服务模式，开展多种形式的科技下乡活动。充分发挥龙头企业在构建新型农业社会化服务体系中的重要作用，支持龙头企业围绕产前、产中、产后各环节，为农户积极提供农资供应、农机作业、技术指导、疫病防治、市场信息、产品营销等服务。

六、强化保障措施

（一）加强组织领导。各级林业主管部门要深刻认识新形势下发展经济林产业的重要意义，切实加强领导，将发展经济林产业列入本地生态林业民生林业建设发展重要议程，列入年度重点工作内容。各地要结合实际，抓紧贯彻落实《规划》和本意见，制定切实可行的实施方案，分解落实建设任务和政策措施。加强工作指导，协调服务，督促检查，务实推进工作，及时解决经济林产业发展中的困难和问题。强化各级林业主管部门发展经济林的工作职能，明确专门负责的工作机构，保障工作经费，加强与承担履职任务相适应的队伍建设。

（二）健全工作机制。要坚持从实际出发，因地制宜，突出重点，分类指导，切实推动特色经济林产业发展。各级林业主管部门要根据职责分工，完善内部机构之间的联动与合作机制，强化协作配合，形成工作合力，确保各项措施落到实处，共同推动特色经济林产业发展。

（三）完善政策措施。积极争取对从事木本粮油生产的农民享受粮食直补、良种补贴、测土配方施肥、农资综合补贴等国家补贴政策。加大各级财政造林补贴、抚育补贴、种苗补贴，以及林业有害生物防治、科研开发和技术推广等专项资金发展经济林的支持力度。将发展经济林统筹纳入退耕还林、防沙治沙、三北防护林等生态工程建设规划和年度计划，安排资金，落实任务。扩大林权抵押贷款规模，创新金融产品和服务，优先满足农户信贷需求。加大对龙头企业，以及家庭林场、林农专业合作组织的信贷扶持。鼓励融资性担保机构积极为发展经济林提供担保服务。积极协调落实农户贷款税收优惠、小额担保贷款贴息等政策。完善森林保险保费补贴政策，提高发展经济林的保费补贴比例。各地要加大政策扶持力度，完善激励机制，对作出突出贡献的企业、合作社和种植大户予以奖补。

（四）积极宣传引导。大力宣传发展经济林对强林富民、保民生、保稳定、维护生态和粮油安全方面的重大作用，广泛宣传国家扶持特色经济林产业发展的政策措施和有关要求，深入宣传经济林产业发展的先进理念、科学方法，以及各地各部门的好经验好做法，树立经济林产业发展的先进典型，营造全社会关心支持经济林产业发展的良好氛围。宣传特色经济林产品在改善膳食、促进健康方面的突出作用，积极倡导绿色消费理念。加大法制宣传力度，营造公平有序的生产经营环境，维护林农、企业和专业合作组织的合法权益，促进经济林产业又好又快发展。

国务院关于完善退耕还林政策的通知

实施退耕还林是党中央、国务院为改善生态环境做出的重大决策，受到了广大农民的拥护和支持。自1999年开始试点以来，工程进展总体顺利，成效显著，加快了国土绿化进程，增加了林草植被，水土流失和风沙危害强度减轻；退耕还林(含草，下同)对农户的直补政策深得人心，粮食和生活费补助已成为退耕农户收入的重要组成部分，退耕农户生活得到改善。但是，由于解决退耕农户长远生计问题的长效机制尚未建立，随着退耕还林政策补助陆续到期，部分退耕农户生计将出现困难。为此，国务院决定完善退耕还林政策，继续对退耕农户给予适当补助，以巩固退耕还林成果、解决退耕农户生活困难和长远生计问题。现就有关政策通知如下：

一、指导思想、目标任务和基本原则

（一）指导思想。以邓小平理论和"三个代表"重要思想为指导，坚持以人为本，全面贯彻落实科学发展观，采取综合措施，加大扶持力度，进一步改善退耕农户生产生活条件，逐步建立起促进生态改善、农民增收和经济发展的长效机制，巩固退耕还林成果，促进退耕还林地区经济社会可持续发展。

（二）目标任务。一是确保退耕还林成果切实得到巩固。加强林木后期管护，搞好补植补造，提高造林成活率和保存率，杜绝砍树复耕现象发生。二是确保退耕农户长远生计得到有效解决。通过加大基本口粮田建设力度、加强农村能源建设、继续推进生态移民等措施，从根本上解决退耕农户吃饭、烧柴、

增收等当前和长远生活问题。

（三）基本原则。坚持巩固退耕还林成果与解决退耕农户长远生计相结合；坚持国家支持与退耕农户自力更生相结合；坚持中央制定统一的基本政策与省级人民政府负总责相结合。

二、政策内容

（四）继续对退耕农户直接补助。现行退耕还林粮食和生活费补助期满后，中央财政安排资金，继续对退耕农户给予适当的现金补助，解决退耕农户当前生活困难。补助标准为：长江流域及南方地区每亩退耕地每年补助现金105元；黄河流域及北方地区每亩退耕地每年补助现金70元。原每亩退耕地每年20元生活补助费，继续直接补助给退耕农户，并与管护任务挂钩。补助期为：还生态林补助8年，还经济林补助5年，还草补助2年。根据验收结果，兑现补助资金。各地可结合本地实际，在国家规定的补助标准基础上，再适当提高补助标准。凡2006年底前退耕还林粮食和生活费补助政策已经期满的，要从2007年起发放补助；2007年以后到期的，从次年起发放补助。

（五）建立巩固退耕还林成果专项资金。为集中力量解决影响退耕农户长远生计的突出问题，中央财政安排一定规模资金，作为巩固退耕还林成果专项资金，主要用于西部地区、京津风沙源治理区和享受西部地区政策的中部地区退耕农户的基本口粮田建设、农村能源建设、生态移民以及补植补造，并向特殊困难地区倾斜。

中央财政按照退耕地还林面积核定各省（自治区、直辖市）巩固退耕还林成果专项资金总量，并从2008年起按8年集中安排，逐年下达，包干到省。专项资金要实行专户管理，专款专用，并与原有国家各项扶持资金统筹使用。具体使用和管理办法由财政部会同发展改革委、西部开发办、农业部、林业局等部门制定，报国务院批准。

三、配套措施

（六）加大基本口粮田建设力度。建设基本口粮田是解决退耕农户长远生计、巩固退耕还林成果的关键。要加大力度，力争用5年时间，实现具备条件的西南地区退耕农户人均不低于0.5亩、西北地区人均不低于2亩高产稳产基本口粮田的目标。对基本口粮田建设，中央安排预算内基本建设投资和巩固退耕还林成果专项资金给予补助，西南地区每亩补助600元，西北地区每亩补助400元。退耕还林有关地区要加大投入力度，加强基本口粮田建设。

（七）加强农村能源建设。各地要从实际出发，因地制宜，以农村沼气建设为重点、多能互补，加强节柴灶、太阳灶建设，适当发展小水电。采取中央补助、地方配套和农民自筹相结合的方式，搞好退耕还林地区的农村能源建设。

（八）继续推进生态移民。对居住地基本不具备生存条件的特困人口，实行易地搬迁。对西部一些经济发展明显落后，少数民族人口较多，生态位置重要的贫困地区，巩固退耕还林成果专项资金要给予重点支持。

（九）继续扶持退耕还林地区。中央有关预算内基本建设投资和支农惠农财政资金要继续按原计划安排，统筹协调，保证相关资金能够整合使用。鼓励退耕农户和社会力量投资巩固退耕还林成果建设，允许退耕农户投资投劳兴建直接受益的生产生活设施。

（十）调整退耕还林规划。为确保"十一五"期间耕地不少于18亿亩，原定"十一五"期间退耕还林2000万亩的规模，除2006年已安排400万亩外，其余暂不安排。国务院有关部门要进一步摸清25°以上坡耕地的实际情况，在深入调查研究、认真总结经验的基础上，实事求是地制订退耕还林工程建设规划。

（十一）继续安排荒山造林计划。为加快国土绿化进程，推进生态建设，今后仍继续安排荒山造林、封山育林。继续按原渠道安排种苗造林补助资金，并视情况适当提高补助标准。在安排荒山造林任务的同时，地方政府要负责安排好补植补造、抚育管理、病虫害防治和工程管理等工作，并安排相应经费。在不破坏植被、造成新的水土流失的前提下，允许农民间种豆类等矮秆农作物，以耕促抚、以耕促管。

四、组织实施

（十二）加强领导，落实责任。省级人民政府要对本地区巩固退耕还林成果、解决退耕农户长远生计工作负总责，坚持目标、任务、资金、责任"四到省"原则。市、县、乡要层层落实巩固成果的目标和责任，逐乡、逐村、逐户地狠抓落实。

（十三）科学规划，统筹安排。有关省级人民政府要制订切实可行的巩固退耕还林成果专项规划，重点包括退耕地区基本口粮田建设规划、农村能源建设规划、生态移民规划、农户接续产业发展规划等，并安排必要的退耕还林工作经费。规划要综合考虑还林的经营管理措施和退耕农户近期生计及长远发展配套项目，坚持因地制宜，突出重点，远近结合，综合整治，并与当地新农村建设规划等各专项规划相衔接。规划报发展改革委会同西部开发办、财政部、农业部、林业局等有关部门审批。经批准的规划作为安排年度项目和巩固退耕还林成果专项资金的前提和依据。退耕还林工作经费安排方案要随专项规划一并上报。

（十四）强化监督，严格检查。地方各级人民政府要认真落实政策，严肃工作纪律，严格核实退耕还林面积，严格资金支出管理，严禁弄虚作假骗取和截留挪用对农户的补助资金及专项资金。对于不认真执行中央政策的，根据问题性质和情节轻重，依法追究有关责任人员特别是地方人民政府负责人的责任。各级监察、审计部门要加强监督检查。

（十五）健全机制，加强协调。建立巩固退耕还林成果部际联席会议制度，协调巩固退耕还林成果有关工作。有关部门要按照规划要求，各司其职，各负其责，加强沟通，协同配合，形成合力，确保退耕还林成果切实得到巩固，退耕农户长远生计得到有效解决。

退耕还林工程涉及到亿万农民，把这一项荫及子孙、惠及万民的工程建设好、巩固好、发展好，需要地方各级人民政府和全社会的共同努力。地方各级人民政府要从事关我国生态安全、全面建设小康社会和构建社会主义和谐社会的高度，充分认识巩固退耕还林成果的重要性和紧迫性，采取有力措施，确保政策落到实处，取得实效。

农业综合开发木本油料及示范项目指引
（2018—2020 年）

一、指导思想

深入贯彻习近平总书记关于"绿水青山就是金山银山"的重要指示精神，以维护粮油木材安全为核心任务，整合优化树种结构、科学林带设计以及造林技术等多种林业生产要素，推广布局合理、立体间套、长短结合、互生共利的复合经营模式，打造品种优、产量高、保障强的系统性高效示范基地，为改善区域生态环境，提高林地空间综合生产能力，促进农民增收致富作出积极示范。

二、基本原则

——突出科技示范：推广应用成熟适用的科技成果，坚持适地适树，加强林地复合经营和质量精准提升，提高项目的综合效益。

——突出良种示范：营造林必须采用适合地方发展，或经国家或省级审（认）定的经济林良种；要积极使用组织培养、嫁接、轻型基质等技术培育的良种壮苗，提倡 2 年生以上大苗上山造林，促进项目早投产、早见效，充分发挥良种的提质增产示范效益。

——突出栽培示范：强化标准化、规范化栽培，加强林地清理、整地管理，加强测土配方施肥、节水灌溉、水肥一体化等技术措施应用，科学确定栽培密度和栽植技术，注重后期管护，加强树体管理和抚育经营管护。

——突出基础设施建设示范：加强项目区基础设施建设，强化水利灌溉设施等基础设施建设，鼓励应用喷灌、滴灌等灌溉设施，加大项目区防火和病虫害防治建设，不断提升综合生产能力和防灾减灾能力。

三、主要建设内容

(一)木本油料示范：根据《国务院办公厅关于加快木本油料产业发展的意见》，重点支持油茶、核桃、油橄榄、油用牡丹等木本油料标准化示范基地建设。在条件适宜的地区，鼓励油茶、核桃幼林中间种大豆、花生、油菜等农作物，采取生物复合措施，发挥立体空间优势，实现一地多作，增加食用植物油总产量。通过在木本油料示范基地林下种草，提高根际土壤中有效磷含量，提高根际土壤和非根际土壤中全磷含量，同时增加地表土壤覆盖，保持水分，减少水土流失，实现生态防护、林地增产双赢。

(二)其他示范：通过人工林集约经营、现有林改培、中幼林抚育经营以及储备动用轮换等方式，培育珍稀大径级用材林、区域特色经济林，同时结合林下空间优势，发展林药、林菌等林下经济，提升林地复合经营能力，增加单位面积产出，实现长短结合，获得较好的经济效益。

四、扶持对象、扶持条件和投入规模

(一)扶持对象

包括林(农)业产业化龙头企业、农民专业合作社、国有林场(森工企业)等经营主体。

(二)扶持条件

1. 龙头企业。具有法人资格；企业资产优良，持续经营一年以上，具有一定的经营规模和经济实力，有较强的自筹能力；通过"信用中国"网站等大数据渠道查询，具有良好的诚信记录，未被列入监管黑名单；建立了符合市场经济要求的经营管理机制，财务管理规范，能保证项目按计划建成和财政资金规范、安全、有效使用。

2. 农民专业合作社。具有法人资格；通过"信用中国"网站等大数据渠道查询，具有良好的诚信记录，未被列入监管黑名单；具备相应的项目建设和经营管理能力；符合《农民专业合作社法》有关规定，产权明晰，章程规范，运行机制合理；持续经营一年以上，财务管理比较规范，示范带动作用强，社员数量不低于30户。

3. 国有林场（森工企业）。经营状况良好；通过"信用中国"网站等大数据渠道查询，具有良好的诚信记录，未被列入监管黑名单；有较强的管理和主营业务，有稳定的经营性收入来源，较强的自筹能力。

（三）投入规模

单个项目中央财政资金投入规模200万元以上（含200万元）基础上，优先安排中央投资300万元以上项目，防止项目过散、过小、过碎。地方财政资金投入比例按照财政部有关规定执行，项目自筹资金不低于申请财政资金总额。财政资金采取补助方式，积极鼓励开展先建后补等扶持方式。

五、管理要求

（一）按照"简政放权、放管结合、优化服务"的要求，自2018项目年度起，项目评审权下放至省级林业部门。

（二）省级林业部门要根据项目指引和本地区项目实际情况，会同同级财政（农发）部门配合协作，及时组织开展本省项目申报和筛选工作，在国家林业局计财司指导监督下，建立省级项目库，扎实做好项目前期准备工作。申报项目在列入省级项目库之前，需编制项目建议书。

（三）列入省级项目库之后，还须编制项目可行性研究报告，格式参考以往年度项目可行性研究报告编制要求。

（四）项目单位应确保申报材料的全面性、真实性和合规性，一旦发现弄虚作假，即取消申报资格。

（五）收到国家林业局和国家农发办下达的项目控制个数和年度中央财政预算指标后，省级林业部门会同省级财政（农发）部门，要对已经纳入省级项目库的项目进行评估，对申报项目建设必要性、技术可行性、经济合理性和绩效目标以及财政资金使用方向和范围进行审查，择优确定扶持项目个数和资金额度，连同区域绩效目标，于下年3月31日前，联合报送国家林业局和国家农发办备案。同时，抄送财政部驻当地财政监察专员办事处。

（六）项目报送国家林业局和国家农发办备案后，省级林业部门会同财政（农发）部门60日内完成组织编制、项目实施计划（含绩效目标）批复，并抄送财政部驻当地财政监察专员办事处。

（七）省级林业部门要督导项目单位保质、按期完成建设内容；要加强检查监督，发现问题及时纠正；要及时组织项目竣工验收，确保工程质量和财政资金使用效益。

（八）财政（农发）部门要及时落实地方财政资金，严格按照有关规定加强项目资金监管。

（九）省级林业部门和财政（农发）部门要高度重视绩效评价工作，将项目绩效评价工作贯穿项目准备、立项、实施和检查验收各环节。定期跟踪监管项目绩效情况，改进项目管理，确保完成绩效目标。

（十）按照"奖优罚劣"的原则，国家林业局和国家农发办将加大对工作绩效较好省份的支持力度，加大对不履行验收职能、不及时批复项目实施计划、项目监管问题较多省份的处罚力度。

六、其他要求

（一）请各省级林业部门按照《国家农业综合开发资金和项目管理办法》（财政部令第84号）有关要求，积极协调同级财政（农发）部门，指导项目单位扎实做好项目申报等相关工作。

（二）可行性研究报告要由具备乙级（含乙级）以上的具有林（农）业工程咨询资质的设计单位编制。

（三）项目申报单位应确保申报材料的全面性、真实性和合规性。发现弄虚作假，列入监管黑名单，取消申报资格，5年内不得申报项目。

（四）项目单位要科学制定并认真填报项目绩效目标，县级林业、财政（农发）部门要加强项目绩效目标审核，省级林业、财政（农发）部门要认真做好区域绩效目标管理等各项工作，定期跟踪监控项目绩效情况，确保完成绩效目标。

（五）省级林业、财政（农发）部门要严把项目评审关，督导项目单位及时开工，按期完成建设内容，加强监督检查，按时组织竣工验收，确保项目质量，财政资金使用效益。国家林业局和国家农业综合开发办公室将按照"奖优罚劣"的原则，加大对工作绩效较好的省份支持力度，暂停对不履行验收职能、不及时批复项目计划、项目监管问题较多省份项目申报资格。

（六）项目建设资金使用，应严格执行"农业综合开发项目和资金管理"有关规定。地方各级财政投入资金应当列入同级政府年度预算，并及时、足额拨付到位。严禁挪用、截留和抵扣项目建设资金。财政资金支付实行县级报账制，按照国库集中支付制度的有关规定执行，做到专人管理、专账核算、专款专用。各级财政（农发）部门、林业部门应积极配合审计等部门，做好资金审计和检查工作，发现问题及时纠正、整改，并报送上一级林业部门和（财政）

农业综合开发办公室。

国家林业局　中国农业发展银行
关于充分发挥农业政策性金融作用支持林业发展的意见

一、农业政策性金融支持林业发展意义重大

党中央、国务院高度重视生态文明建设和林业产业发展，党的十八大把生态文明建设摆上了中国特色社会主义五位一体总体布局的战略地位。

林业是一项重要的公益事业和基础产业，承担着生态建设和林产品供给的重要任务。我国经济快速发展给生态保护带来巨大压力，林业管理和经营体制不适应新形势发展的需要、林区基础设施建设和民生保障水平较低等问题日益突出，林业作为生态文明建设的主体，改革和发展的任务艰巨、责任重大。

中国农业发展银行（以下简称"农发行"）作为我国唯一的农业政策性银行，对于贯彻落实国家生态文明建设的战略部署、支持林业发展与改革责无旁贷。农发行具有专业性强、机构网络健全、资金规模充足、利率优惠和贷款期限长等优势，加大林业信贷支持，有助于解决林业发展长期资金不足的问题。各级林业主管部门和农发行要充分认识双方加强合作的重要性和紧迫性，增强责任感和使命感，充分发挥农业政策性金融的作用，推进林业改革与发展。

二、加强合作，全方位支持林业发展

（一）林业主管部门要积极配合农发行做好信贷支持工作

各级林业主管部门要主动加强与农发行的合作与沟通，把农发行作为林业改革发展融资的主要合作银行之一，积极配合农发行做好贷款办理和提供政策支持。一要强化林业政策制定和贯彻落实工作，积极协调发展改革、财政、人民银行、银监等部门，完善林业融资政策，创造良好的林业融资环境，协调有关主管部门规范和健全林权抵押登记、评估、流转及林权收储等机制和林权管理信息化服务体系，完善林木采伐管理制度，扩大森林保险范围等。二要发挥专业优势和组织优势，及时向农发行提供林业发展规划、产业政策信息、行业分析报告等专业资讯，主动与农发行开展项目对接，提出融资需求，配合农发行做好承贷主体的设立和遴选工作，协调有关主管部门为农发行抵押林权的核实查证、处置抵押林权提供快捷便利服务。三要加强行业指导和监督，用好农发行信贷政策及产品组合，配合农发行做好信贷资金和项目监管，对恶意逃废农发行债务的项目单位在行政管理职能范围内通过依法予以通报、停止贴息、

停止发放采伐证等形式加强调控。

(二)农发行要为林业发展提供全面优质的金融服务

各级农发行要充分发挥系统、专业和政策性金融优势，主动作为，积极与林业主管部门做好衔接，通过多种方式为林业项目提供全面优质的金融服务。一要强化与地方政府合作，积极探索、重点推进通过公司类客户支持林业发展的信贷模式。结合林业项目特点和国家、地方有关政策，分别采用委托代建购买服务、政府特许经营、企业自营等项目融资模式。二要因地制宜、因项目制宜，为林业项目量身定制融资方案。努力创新金融产品，研发符合林业产业特点、与林业生产周期相匹配的信贷产品，延长中长期贷款期限，实施优惠利率，开展风险可控的林权抵押贷款业务等。三要提高服务意识，增强服务水平，优化贷款审批流程，提高办贷效率，加快贷款投放，对林业主管部门推荐的优质项目和国家重点工程，开辟绿色通道，在信贷政策上予以倾斜。

(三)拓宽合作支持范围全方位服务林业发展

各级林业主管部门和农发行要拓宽合作范围，形成全方位支持林业发展格局。双方合作支持重点领域包括：一是国家储备林基地建设。二是天然林资源保护工程、生态防护林建设、森林抚育经营等林业生态修复和建设工程。三是林区道路、森林防火等林业基础设施建设。四是国有林区(场)改革转产项目。五是油茶、核桃等木本油料、工业原料林、林产品精深加工等林业产业发展。六是森林公园、湿地公园、沙漠公园等生态旅游开发。

三、建立密切合作机制

国家林业局与农发行总行是双方深化合作的组织领导机构，双方将建立联席会议制度，定期或不定期召开联席会议，交流行业政策规划、市场分析等信息动态，沟通推进项目合作进展事宜，研究解决双方在支持林业发展中遇到的问题等。

各级林业主管部门和农发行也要相应建立沟通协调机制，深化合作内容，加强项目对接，实现信息和资源共享，积极探索重大项目联合评估、联合监管，在课题研究、专项调研、业务培训等方面强化合作，推动双方合作顺畅高效进行。

各级农发行与林业主管部门应积极开展合作对接，双方本着贷款项目及早落地、贷款安全有效保障的指导思想，以上述合作重点领域为主要方向，就各地目前条件比较成熟的有合作空间的林业建设项目进行具体协商，将其作为双方"十三五"期间首批合作项目予以推进。

二、安徽省铜陵市

加大油用牡丹种植财政扶持力度。(1)实行油用牡丹规模种植补助,2014—2017年,对新种植、连片20亩以上油用牡丹(两年实生苗)的投资主体,按照每亩600元、连续补助两年(不含造林补助)的标准给予油用牡丹规模种植补助。(2)实行油用牡丹种苗繁育补助,2014—2015年,对新繁育、连片10亩以上油用牡丹种苗的投资主体,按照每亩1000元的标准给予油用牡丹种苗繁育补助。凡享受油用牡丹种苗繁育财政补助的投资主体,苗木应优先保障本地需要,否则追回相应补助资金。(3)实行相关项目资金倾斜扶持,各级现代农业发展、水利、科技等涉农资金每年要安排一定的比例,重点对油用牡丹基地建设和加工项目给予倾斜扶持。各有关部门要积极编制相关项目,向上争取项目和资金支持,促进油用牡丹产业加快发展。(4)实施种植政策性保险。将油用牡丹种植纳入农业政策性保险范畴,降低种植自然风险。

鼓励发展油用牡丹农民专业合作组织。(1)创新油用牡丹种植土地流转方式,对以农民承包土地组建公司整体入股投资油用牡丹种植,入股承包土地面积达到所在行政村承包土地总面积(不含水田)70%以上的,由市、县(区)财政给予村成立的股份公司以奖代补资金10万元。(2)扶持油用牡丹农民专业合作社组织发展,对在油用牡丹种植、营销、加工等领域成绩突出,新认定为农民林业专业合作社省级示范社,并获得省级项目资金扶持的,市级财政按照1:1的比例予以配套奖补。

大力扶持牡丹籽油加工企业。(1)实行土地出让金奖励,在铜陵农业循环园物流加工区内建设牡丹高新产业加工园区,鼓励牡丹籽油加工企业入驻油用牡丹种植所在乡镇农民创业园,发挥产业集群效应。对入园牡丹籽油加工企业,其土地出让金净收益部分奖励投资企业。(2)实行税收优惠,对牡丹籽油加工企业上缴税收形成地方财力部分,前三年全额奖励,后三年按照50%奖励。(3)加大金融扶持,对成长性好、经济和社会效益明显的油用牡丹种植和加工龙头企业,政府控股的担保机构优先给予融资担保支持。(4)鼓励发展订单农业,鼓励加工企业与农户签订保底价牡丹籽收购合同,切实保护种植农户利益。

三、山东省菏泽市

对新发展1000亩以上的牡丹种植基地,经申报核准列为市牡丹产业化重点项目,给予银行贷款三年全额贴息;对新发展1000亩以上不符合贷款条件或不需要贷款的牡丹种植主体，由市财政连续三年按每亩800元的标准予以补贴；鼓励开展"牡丹种植专业村"创建活动。乡镇牡丹种植面积达到10000亩以上的，由市财政一次性奖励10万元，并命名为"菏泽市牡丹种植专业乡镇"，此外，对现存和新增成方连片1000亩以上的牡丹种植基地，在水、电、路、沟、渠、桥、涵、井等基础设施方面予以配套，由所在县区负责。

对牡丹深加工龙头企业，用于牡丹深加工项目建设和牡丹籽、花瓣等原材料购进的银行贷款，由市财政给予一次性贷款全额贴息，单个项目贴息金额不高于100万元。对牡丹出口企业，按出口货值的百分之五（以菏泽市相关部门提供的数据为准）给予奖励。

在科研与培训方面，设立牡丹科研基金200万元，主要用于牡丹育苗科研实验，开展牡丹生长规律研究，以及牡丹产业的技术研发、产品开发、成果申报和知识产权保护等。设立牡丹技术专业培训经费100万元，主要用于牡丹专业技术人员的培训和指导。

设立牡丹产业宣传推介专项经费600万元，主要用于牡丹产业的宣传推介、举办或参加国内外大型花事、牡丹论坛、牡丹书画展等活动。设立展示、竞赛专项经费100万元，主要用于企事业单位或个人参加国际花事活动，获得重要奖项的每次奖励2万~10万元；参加国内花事活动，获得重要奖项的每次奖励1万~5万元。

四、河南省洛阳市

规模化种植基地：新发展的牡丹种植基地须在当地牡丹产业规划奖补的区域范围之内，符合集中连片规模发展要求，能够达到规范化种植、规模化经营、科学化管理，实现牡丹产业化发展目标，经验收合格，给予600元/亩的补助，连补3年。

对区域连片新发展牡丹1500亩以上的（不重复计算），给予所在乡（镇）一次性奖补5万元，一年发展2个以上上述示范基地的，一次性奖补县区主管部门5万元；区域连片发展面积达到5000亩以上的乡（镇），一次性奖补乡（镇）20万元，同时奖补县区主管部门10万元；区域连片发展1万亩以上的县区，一次性奖补县区主管部门20万元。奖励资金主要用于基地所在乡（镇）、村土地流转、牡丹生产基础设施建设及管理、技术服务等。

重点项目补贴，坚持以贷款财政贴息为主、直接补贴为辅的原则。（1）温室建设。对实际用于牡丹盆花生产的新建日光温室和智能温室予以补贴。集中连片新建标准化日光温室5个以上，单个面积达300平方米以上，每个一次性奖补 3000 元；新建智能温室面积在 1500 平方米以上，每平方米一次性奖补 50 元。对列入省级以上项目的，如果市级财政已给予资金配套的不重复奖补。（2）保鲜冷藏设施。每年扶持牡丹龙头企业建设 1~2 个标准化冷库，或者分检预冷车间，用于催花种苗冷藏处理、深加工采收花瓣及种子冷藏保存、鲜切花预冷及冷藏等生产的，连栋面积达到 200 平方米、300 平方米，经验收合格，分别一次性奖补 10 万元、20 万元。一次性投入 100 万元以上新购冷藏运输车辆的牡丹种植及深加工企业，开展牡丹深加工冷链运输的，补贴 20 万元。（3）牡丹产业集聚区建设。重点支持洛阳市牡丹产业集聚区项目建设。对入驻牡丹产业集聚区的牡丹深加工龙头企业，用于深加工项目建设和牡丹种籽、花瓣收购等原材料购进的银行贷款，给予 4% 的年利率贷款贴息，单个项目年贴息总额控制在 100 万元以内，原则上连贴 3 年。在洛阳市辖区内其他区域的牡丹深加工龙头企业，用于收购牡丹籽、花瓣等原料收购的银行贷款，享受牡丹产业集聚区企业同等贴息政策。

重点支持牡丹产业发展的先导性项目研究与推广，单独立项，重点保障。优先在盆养牡丹容器栽培、牡丹快繁、专用基质肥料、切花保鲜、油用牡丹深加工等关键实用技术研究及推广项目等优先立项，对获得国家专利及国家、省、市级成果的，采取一事一议的办法，给予奖励。新育品种扩繁达到 20 株以上并通过国家品种鉴定的，每个品种奖补 1 万元；取得知识产权证书的，每个品种加补 2000 元。

积极引导牡丹企业开拓市场，走出洛阳举办牡丹花展活动。经申报市牡丹主管部门备案，由企业自行举办花事展销活动且有一定规模的，国外每次奖补 5 万元、国内每次奖补 3 万元。对在省级以上（不含省级）相关行政主管部门举办的花事活动或农副产品、深加工产品评比中，牡丹产品获得金、银、铜奖的，根据级别和影响给予一次性奖补，奖补标准为 2000~20000 元。由市财政出资举办的活动不再另行奖励。

五、云南省昆明市

将油用牡丹产业发展纳入农业产业化扶持范围。市财政每年安排必要的农业产业化资金，主要用于推进油用牡丹的产业规划、示范推广、种植补贴、新品种培育、种苗繁育、技术推广、牡丹深加工及科研攻关等产业发展的工作。

享受退耕还林政策。要把示范种植油用牡丹与新一轮退耕还林、陡坡地治理等国家重大生态修复工程和"五采区"植被恢复治理工程紧密结合，因地制宜发展油用牡丹种植。油用牡丹种植区域内，凡符合退耕还林政策的，按照市级退耕还林政策给予奖补。

鼓励建设牡丹庄园。对种植观赏牡丹2万株以上、观赏花种植面积30亩以上、总占地面积100亩以上的牡丹庄园，经验收合格后，可享受农产业化的扶持政策，并按程序申报，符合条件的，以奖代补100万元。在示范种植期间补助不多于3个牡丹庄园。

适当给予种植补助。按照项目化管理要求，对种植100亩以上油用牡丹的农业企业、农民专业合作社等项目实施主体，在3年种植期内市级每亩补助1500元，逐年验收后，可按农业产业化项目分三年按照4∶3∶3的比例进行奖补。各种植县区参照市级标准，视条件给予补助。

优先扶持精准扶贫村发展。对北部两区两县的农村贫困地区，可统筹安排财政专项扶贫资金，优先支持建档立卡贫困村种植油用牡丹，在示范种植面积上优先倾斜，在技术培训上优先指导，在各类补助上优先安排。

六、河南省邓州市

优质油用牡丹种苗繁育基地建设须符合邓州市油用牡丹产业发展规划和《邓州市油用牡丹苗木繁育技术要求》，并通过市中医药文化产业发展办公室认定。对集中连片种植总面积达到100亩以上的优质种苗繁育基地，经验收合格，按照每亩800元的标准一次性给予补助。

规模化油用牡丹种植区发展须符合邓州市油用牡丹产业发展规划和《邓州市油用牡丹大田栽培技术要求》，并通过市中医药文化产业发展办公室认定。规划区内集中连片种植总面积达到100亩以上，经验收合格，种植两年生油用牡丹苗按照600元/亩、种植三年生油用牡丹苗按照400元/亩标准给予补助，连续补助三年。

对林下套种油用牡丹和间作种植油用牡丹，按照每亩栽植油用牡丹苗3000株折合计算种植面积。对达到要求的，参考上述标准进行补助。

由优质油用牡丹种苗繁育基地发展转变为规模化油用牡丹种植区的，不再享受该项补助。

为鼓励各乡镇(街、区)和村委会支持油用牡丹产业发展，积极做好土地流转工作，进一步扩大种植规模，实现集中连片种植，市政府将油用牡丹产业发展纳入全市年度目标考评范围，对工作表现突出的乡镇(街、区)和村委会，给予表彰奖励。对符合油用牡丹规范化、标准化种植要求，新发展面积达到5000亩以上、且千亩方达到1个以上的乡镇(街、区)，给予一次性奖励5万元；新发展面积达到 10000 亩以上、且千亩方达到 2 个以上的乡镇（街、区），给予一次性奖励 10 万元；新发展面积达到 20000 亩以上、且千亩方达到 3 个以上的乡镇（街、区），给予一次性奖励 20 万元；行政村集中连片新发展面积达到 500 亩以上的，给予村委会一次性奖励 1 万元；集中连片新发展面积达到 1000 亩以上的，给予村委会一次性奖励 3 万元。

附录5 相关标准

牡丹籽油

（LS/T 3242—2014）

前言

本标准依据 GB/T 1.1—2009《标准化工作导则 第一部分：标准的结构和编写规则》规定的结构、技术要素及表达规则制定。

本标准由国家粮食局提出。

本标准由全国粮油标准化技术委员会归口。

本标准起草单位：武汉轻工大学、河南工业大学、菏泽尧舜牡丹生物科技有限公司、山东唯真国色农林科技有限公司、安徽国家农业标准化与检测中心。

本标准主要起草人：何东平、刘玉兰、余洪智、胡传荣、毛文岳、程相印、朱宗磊、付丛峰、徐彦辉、庞雪风。

1 范围

本标准规定了牡丹籽油术语和定义、质量要求、检验方法、检验规则、标签、包装、储存和运输等要求。

本标准适用于以牡丹籽为原料制得的食用商品牡丹籽油。

2 规范性引用文件

下列文件对于本文件的应用是必不可少的。凡是注日期的引用文件，仅所注日期的版本适用于本文件。凡是不注日期的引用文件，其最新版本（包括所有的修改单）适用于本文件。

GB 2716 食用植物油卫生标准

GB 2760 食品添加剂使用卫生标准

GB 2761 食品安全国家标准　食品中真菌毒素限量

GB 2762 食品安全国家标准　食品中污染物限量

GB 2763 食品安全国家标准　食品中农药最大残留限量

GB/T 5009.37 食用植物油卫生标准的分析方法

GB/T 5490 粮食、油料及植物油脂检验　一般规则

GB/T 5524 动植物油脂　扦样

GB/T 5525 植物油脂　透明度、气味、滋味鉴定法

GB/T 5526 粮油检验　粮食、油料相对密度的测定

GB/T 5527 植物油脂检验　折光指数测定法

GB/T 5528 动植物油脂　水分及挥发物含量测定

GB/T 5529 植物油脂检验　杂质测定法

GB/T 5530 动植物油脂　酸值和酸度测定

GB/T 5532 动植物油脂　碘值的测定

GB/T 5534 动植物油脂　皂化值的测定

GB 7718 预包装食品标签通则

GB 8955 食用植物油厂卫生规范

GB/T 17374 食用植物油销售包装

GB/T 17376 动植物油脂　脂肪酸甲酯制备

GB/T 17377 动植物油脂　脂肪酸甲酯的气相色谱分析

GB 28050 预包装食品营养标签通则

3　术语和定义

下列术语和定义适用于本标准。

3.1　牡丹籽油 peony seed oil

以芍药科芍药属的丹凤牡丹和紫斑牡丹的籽仁为原料，经压榨和精炼工艺制取的食用油脂。

3.2　折光指数　refractive index

光线从空气中射入油脂时，入射角与折射角的正弦之比值。

3.3　相对密度　relative density

规定温度下的植物油的质量与同体积 20℃ 蒸馏水的质量比值。

3.4　碘值　iodine value

在规定条件下与 100g 油脂发生加成反应所需碘的克数。

3.5 皂化值 saponification value

皂化1g油脂所需的氢氧化钾毫克数。

3.6 脂肪酸 fatty acid

脂肪族一元羧酸的总称，通式为-COOH。

3.7 色泽 colour

油脂本身带有的颜色和光泽。主要来自于油料中的油溶性色素。

3.8 透明度 transparency

油脂可透过光线的程度。

3.9 水分及挥发物 moisture and volatile matter

在一定温度条件下，油脂中所含的微量水分和挥发物。

3.10 不溶性杂质 insoluble impurities

油脂中不容于石油醚等有机溶剂的物质。

3.11 酸值 acid value

中和1g油脂中所含游离脂肪酸需要的氢氧化钾毫克数。

3.12 过氧化值 peroxide value

1kg油脂中过氧化物的毫摩尔数。

3.13 溶剂残留量 residual solvent content in oil

1kg油脂中残留的溶剂毫克数。

4 质量要求

4.1 特征指标见表1。

表1 牡丹籽油特征指标

项　　目	特征指标
折光指数 n40	1.465~1.490
相对密度 d_{20}^{20}	0.910~0.938
碘值(I)/(g/100g)	162~190
皂化值(KOH)/(mg/g)	158~195

（续）

项　　目		特征指标
脂肪酸组成（%）		
亚麻酸 C18：3	≥	38.0
亚油酸 C18：2	≥	25.0
油酸 C18：1	≥	21.0

4.2　质量指标见表2。

表2　牡丹籽油质量指标

项　　目		质量指标	
		精炼	压榨
色泽	≤	浅黄色到金黄色	棕黄色到棕色
气味、滋味		具有牡丹籽油固有的气味和滋味，无异味	具有牡丹籽油固有的气味和滋味，无异味
透明度（20℃）		澄清、透明	澄清、透明
水分及挥发物/（%）	≤	0.10	0.15
不溶性杂质/（%）	≤	0.05	
酸值（以 KOH 计）/（mg/g）	≤	2.0	3.0
过氧化值/（mmol/kg）	≤	6.0	7.5
溶剂残留量/（mg/kg）		不得检出	不得检出

注：当溶剂残留量检出值小于 10mg/kg 时，视为未检出。

4.3　食品安全要求

4.3.1　应符合 GB 2716 和国家有关的规定。

4.3.2　食品添加剂的品种和使用量应符合 GB 2760 的规定，但不得添加任何香精香料，不得添加非食用物质。

4.3.3　真菌毒素限量应符合 GB 2761 的规定。

4.3.4　污染物限量应符合 GB 2762 的规定。

4.3.5　农药残留限量应符合 GB 2763 及相关规定。

4.4　其他

零售终端不得销售散装牡丹籽油，不能脱离原包装销售。

5 检验方法

5.1 扦样、分样：按 GB/T 5524 执行。

5.2 透明度、气味、滋味检验：按 GB/T 5525 执行。

5.3 色泽检验：按 GB/T 22460 执行。

5.4 相对密度检验：按 GB/T 5526 执行。

5.5 折光指数检验：按 GB/T 5527 执行。

5.6 水分及挥发物检验：按 GB/T 5528 执行。

5.7 不溶性杂质检验：按 GB/T 15688 执行。

5.8 酸值检验：按 GB/T 5530 执行。

5.9 碘值检验：按 GB/T 5532 执行。

5.10 过氧化值检验：按 GB/T 5538 执行。

5.11 溶剂残留量检验：按 GB/T 5009.37 执行。

5.12 脂肪酸组成检验：按 GB/T 17376、GB/T 17377 执行。

6 检验规则

6.1 抽样

按照 GB/T 5524 的要求执行。

6.2 出厂检验

6.2.1 应逐批检验，并出具检验报告。

6.2.2 按本标准 4.2 的规定检验。

6.3 型式检验

6.3.1 当原料、设备、工艺有较大变化或质量监督部门提出要求时，均应进行型式检验。

6.3.2 按本标准第 4 章的规定检验。当检测结果与本标准 4.1 的规定不符合时，可用生产该批产品的牡丹籽原料进行检验，并佐证。

6.4 判定规则

6.4.1 产品未标注质量等级时，按不合格判定。

6.4.2 产品经检验，有一项不符合本标准表 2 规定值时，判定为不符合该等级的产品。

6.4.3 食品安全要求指标中有一项检验结果不符合本标准要求时，判定该批产品为不合格产品。

7 标签

7.1 应符合 GB 7718 和 GB 28050 的要求。

7.2 产品名称：凡标识"牡丹籽油"的产品均应符合本标准。

8 包装、储存与运输

8.1 包装

应符合 GB/T 17374 及国家相关规定和要求。

8.2 储存

应储存在卫生、阴凉、干燥、避光处，不得与有害、有毒物品一同存放，尤其要避开有异常气味的物品。

如果产品有效期限依赖于某些特殊条件，应在标签上注明。

8.3 运输

运输中应注意安全，防止日晒、雨淋、渗漏、污染和标签脱落。散装运输应使用专用罐车，保持车辆及油罐内外的清洁、卫生。

牡丹籽饼（粕）

（LS/T 3242—2014）

前言

本标准按照 GB/T 1.1—2009 给出的规则起草。

本标准由国家粮食局提出。

本标准由全国粮油标准化技术委员会(SAC/TC 270)归口。

本标准起草单位：江南大学、菏泽尧舜牡丹生物科技有限公司、山西潞安智华农林科技有限公司。

本标准主要起草人：金青哲、王小三、毛文岳、王兴国、阴英超、常明、冯国宝、李海波。

1 范围

本标准规定了牡丹籽饼（粕）的术语和定义、质量要求、检验方法、检验规则、标签标识以及包装、运输和储存的要求。

本标准适用于商品牡丹籽饼(粕)。

2 规范性引用文件

下列文件对于本文件的应用是必不可少的。凡是注日期的引用文件，仅注日期的版本适用于本文件。凡是不注日期的引用文件，其最新版本(包括所有的修改单)适用于本文件。

GB 5009.4 食品安全国家标准 食品中灰分的测定

GB 5009.5 食品安全国家标准 食品中蛋白质的测定

GB 5009.6 食品安全国家标准 食品中脂肪的测定

GB/T 5490 粮油检验 一般规则

GB/T 5492 粮油检验 粮食、油料的色泽、气味、口味鉴定

GB/T 5515 粮油检验 粮食中粗纤维素含量测定介质过滤法

GB/T 8946 塑料编织袋通用技术要求

GB/T 10358 油料饼粕 水分及挥发物含量的测定

GB/T 10360 油料饼粕 扦样

GB 13078 饲料卫生标准

GB 19641 食品安全国家标准食用植物油料

GB/T 24904 粮食包装麻袋

3 术语和定义

下列术语和定义适用于本标准。

3.1 牡丹籽饼 peony seed cake

油用牡丹籽脱壳后经榨取油脂后的物质。

3.2 牡丹籽粕 peony seed meal

油用牡丹籽脱壳后经预压榨浸出或直接浸出榨取油脂后的物质。

3.3 粗蛋白质 crude protein

牡丹籽饼(粕)中含氮物质的总称。

3.4 相纤维素 crude fiber

牡丹籽饼(粕)中不溶于水、乙醚、乙醇、稀酸和稀碱的物质。

3.5 总灰分 total ash

牡丹籽饼(粕)经高温灼烧后残留的物质。

4 质量要求

4.1 原料要求

原料不得霉变变质，不得有牡丹籽饼(粕)以外的其他物质。

4.2 质量指标

牡丹籽饼(粕)的质量指标见表1。

表1 牡丹籽饼(粕)质量指标

项目	质量指标	
	牡丹籽饼	牡丹籽粕
形状	圆形、方形、片状或瓦块状	松散的片状、粉状和颗粒状
色泽	浅褐色或褐色	浅灰色或者灰色
气味	具有牡丹籽饼固有的气味、无异味	具有牡丹籽和固有的气味、无异味
粗蛋白含量(以干基计)/%	22	
粗脂肪含量(以干基计)/%	7	2
粗纤维素含量(以干基计)/%	9	
灰分含量/%		
杂质含量/%		
水分含量/%		

4.3 真实性要求

不得掺入牡丹籽饼(粕)以外的任何其他物质。

4.4 食品安全要求

按 GB 13078、GB 19641 和国家有关标准、规定执行。

5 检验方法

5.1 扦样、分样：按 GB/T 10360 执行。

5.2 色泽、气味检验：按 GB/T 5492 执行。

5.3 水分含量测定：按 GB/T 10358 执行。

5.4 粗蛋白质含量检验：按 GB 5009.5 执行。

5.5 粗纤维素含量检验：按 GB/T 5515 执行。

5.6 粗脂肪含量检验：按 GB 5009.6 执行。

5.7　总灰分含量检验：按 GB 5009.4 执行。

6　检验规则

6.1　检验一般规则

按 GB/T 5490 执行。

6.2　产品组批

同一批次，同一生产线生产的包装完好的产品为一组批。

6.3　扦样

按 GB/T 10360 执行。

6.4　出厂检验

形状、色泽、气味、水分、粗蛋白质、粗脂肪应按生产批次抽样检验，粗纤维、总灰分可按原料批量定期抽样检验，并出具检验报告。检验合格，方可出厂。

6.5　判定规则

产品的各项指标中有一项不合格时，即判定为不合格产品。

7　标签和标识

应在包装物上或货位登记卡上、随行文件中标明产品名称、原料牡丹籽收获年度等内容。

8　包装、储存和运输

8.1　包装

牡丹籽饼(粕)可以散装，使用麻袋包装时，应符合 GB/T 904 的规定，用塑料包装编织袋包装时，应符合 GB/T 8946 的有关规定，或按用户要求包装。

8.2　储存

产品应储存在阴凉、通风、干燥的地方，防潮、防霉变、防虫蛀。不得与有毒有害物质混存。

8.3　运输

产品运输中应避免暴晒、雨淋，应有防雨、防晒措施，不得与有毒有害物质或其他易造成产品污染的物品混合运输。防止渗漏、污染和标签脱落。

油用牡丹栽培技术规程
（LY/T 2958—2018）

前言

本标准按照 GB/T 1.1—2009 给出的规则起草。

本标准附录 A 为资料性附录。

本标准由全国花卉标准化技术委员会提出并归口。

本标准起草单位：中国林业科学研究院林业研究所、北京林业大学园林学院、菏泽市冠宇牡丹苗木有限公司。

本标准起草人：王雁、周琳、李奎、郑宝强、王莲英、张贵宾、缪崑。

本标准首次发布。

1 范围

本标准规定了油用牡丹栽培生产中的品种选择、种苗类型、播种、嫁接、幼苗管理、成年植株管理及种籽采收期等的技术内容和要求。

本标准适用于露地栽培油用牡丹。

2 规范性引用文件

下列文件对于本文件的应用是必不可少的。凡是注日期的引用文件，仅所注日期的版本适用于本文件。凡是不注日期的引用文件，其最新版本(包括所有的修改单)适用于本文件。

3 名词术语

3.1 油用牡丹 oil tree peony

以高效产籽为栽培目标的、籽粒含油率在 20% 以上的牡丹原种及品种类群。

3.2 实生砧木 seedling stock

作为油用牡丹嫁接使用的、2~3 年生的牡丹或芍药实生苗的根。

3.3 幼苗 seedling

首次开花前的植株。

3.4 萌蘖芽 bud under ground

植株根颈处萌发的不定芽。

4 品种选择

选择生长健壮，自然结实率高，种子含油率高，抗病虫害能力强，适应范围广，抗逆性强的油用牡丹良种。

5 种苗类型

良种实生苗或嫁接苗。

6 播种

6.1 选种

纯正良种，且籽粒饱满、褐色至深褐色，种子萌发率90%以上的无杂优质种子。

6.2 播种时间

具体播种时间可因各地气候差异而略有不同，一般于采种当年于地下5~10cm处地温20~15℃时进行播种，也可随采随播。

6.3 播种量

优质种子60~80kg/667m²。

6.4 播种方式

南方或低洼场地宜垄播；北方及高燥场地宜畦播。

7 嫁接

7.1 砧木选择

宜使用实生砧木。

7.2 嫁接时间

宜于每年秋季，当地下5~10cm处地温20~15℃时进行。

7.3 嫁接方法

可采用贴接或劈接方法。

8 幼苗管理

8.1 播种苗管理

8.1.1 定植前(1~2年生苗)管理

幼苗生长缓慢，易受杂草和病虫害侵害，应适时中耕除草、防治病害和虫害。肥料宜施用复合肥 50~80kg/667m²，氮肥不超过 15%。适时浇水、防旱防涝。当日最高气温 7~8℃、日最低气温 -3~-4℃时，宜浇封冻水。土壤化冻后浇返青水。病害主要防治立枯病、茎腐病；虫害主要防治蛴螬、蚂蚁等，防治药剂及方法参照附录 A。

8.1.2 起苗

播种后第 2 年或第 3 年秋季，将生长健壮的 1~2 年生油用牡丹植株起出。起苗时勿伤及根和芽。

8.1.3 定植(2~4年生)苗至第一次开花前管理

定植时间因各地自然条件不同，一般在 9~11 月上旬为宜。定植密度 2000~2400 株/667m²，宽窄行定植，宽行距 80~100cm，窄行距 60cm 左右，株距 40~50cm 或行距 60~80cm，株距 30~40cm 2 种模式。根颈处饱满芽上 2~3cm 处进行平茬。加强田间管理，适时松土、除草、防治病害虫害，适时浇水施肥。每年浇封冻水、返青水。春季萌芽时结合返青水施复合肥 30~80kg/667m²，落叶后施有机肥 100~500kg/667m²。加强根腐病、立枯病、灰霉病、炭疽病、白绢病，吹绵蚧、蛴螬、中华锯花天牛、根结线虫等病虫害的防治，防治药剂及方法参照附录 A 执行。

8.2 嫁接苗管理

8.2.1 栽植管理

苗木嫁接后宜及时栽植或沙藏；栽植土地提前平整、施肥、浇水；栽植株行距 20cm×40cm 为宜。栽植时要求根系舒展，土壤疏松，嫁接苗全部埋入土中，表层覆土 5~10cm。

8.2.2 越冬管理

入冬前，检查嫁接苗的愈合情况，露出地表接穗及时覆土至接穗顶芽上 5~10cm 以上，保护安全越冬。高寒地区覆以地膜保温。

8.2.3 春季管理

翌年 3 月上旬去掉一部分覆土，在顶芽之上仍需保留 3~5cm 厚的松土层，萌芽后及时去除萌蘖芽并适时去除花蕾。

8.2.4　定植

翌年秋季或隔年定植。定植密度同 8.1 播种苗。定植后根据土壤墒情及土质适时浇水。

8.2.5　施肥

嫁接苗定植前施适量腐熟有机肥料。定植第二年春季 2 月下旬至 3 月上旬开沟施复合肥，施肥量 80kg/667m² 左右，秋季 10 月中旬至 11 月上旬视土地肥力，适当施以腐熟有机肥。从定植第 3 年开始每年花后增加施肥 1 次，施有机肥 400kg/667m²。

9　成年植株管理

9.1　5~20 年生植株

9.1.1　修剪

早春，芽体萌动之际，定型修剪。及时剪去已萌发的部分萌蘖芽，每个主枝上保留 2~3 个开花枝；剪去枯枝、病枝；剪去不必要的内膛枝，增加通风透光效果。宜用新生枝递补已剔除的枯枝、病枝；结合植株冠形、开花及结籽情况，宜去萌蘖与更新复壮相结合，修剪掉衰弱老枝，适当保留萌蘖芽及粗壮土芽，培育成更新壮枝。深秋初冬牡丹落叶后再进行一次修剪。一般凤丹牡丹保留 6~8 个主枝，可丛状生长；紫斑牡丹保留 10~12 个主枝，充分利用高大的树势增加结实率。

9.1.2　田间管理

适时松土、除草、浇水。早春植株萌动，及时疏松土壤，锄去杂草。每年适时浇灌封冻水及返青水。坚持宁干勿湿的原则，根据各地气候条件和当年雨量，酌情增减。

9.1.3　施肥

早春萌芽时结合返青水施复合肥，深秋以施有机肥为主。花后根据植株生长情况喷施叶面肥。5 年生苗，一般春季施复合肥 200kg/667m² 左右，秋季施农家肥 500~1000kg/667m²。随着树龄的增长，视土壤肥力，逐年增加。

9.1.4　病虫害防治

坚持以防为主的原则，防治并举。通过修剪及去除萌蘖、土芽的方法，加强植株上下方的通风。深秋及时清除残叶枯枝，集中销毁；初冬、早春主枝喷涂石硫合剂或其他灭虫菌药剂。开花前及开花后叶面喷施磷酸二氢钾。牡丹根腐、茎腐病危害严重，应及时防治；虫害主要防治蛴螬、蚂蚁、根结线虫等害虫。常见病虫害的防治参照附录 A 执行。

9.1.5　间苗

已定植的苗木，5 年以上树龄，可隔行隔株间苗。凤丹牡丹以 1000～1200 株/667m² 为宜；紫斑牡丹以 800～1000 株/667m² 为宜；田间郁闭后，进行疏枝整型，保持适宜密度。

9.2　21~30 年生及以上植株

9.2.1　更新复壮

9.2.1.1　枝条回缩　落叶后至萌芽前回缩衰弱老枝，必要时亦可在 2~3 年生枝上进行此操作。

9.2.1.2　除萌与复壮疏除老、弱、病枝，并针对其在整个植株形态的位置，保留根蘖处的粗壮、健康萌蘖芽，培养更新枝条，并去除过多萌蘖。

9.2.2　田间管理

增施适量吸附有害物质的生物活性物质，水肥管理及病虫害防治同 9.1.3 和 9.1.4

10　籽种采收期

各地采收期因气候不同而不同。一般以果荚腹缝线刚刚开裂之前种子变褐色时或果荚呈蟹黄色时采收。例如：在菏泽、洛阳等地，7 月 25 日至 8 月 10 日为最佳采收期，甘肃则为 8~9 月中旬。

附录 A　（规范性附录）油用牡丹病虫害及其防治办法

名称	发生时间	危害症状	防治方法
灰霉病 *Botrytis paeoniae*	春季和 6~7 月	幼苗基部出现褐色水渍状斑，幼苗逐渐凋萎并倒伏。叶片侵染后产生褐色、紫褐色水渍状斑，有时具不规则轮纹，以叶尖和叶缘较多。病部产生灰色的霉层是该病的突出特点。灰霉病属真菌病害	及时发现并清除患病部位；1%等量式波尔多液，65%代森锌 500 倍液或 50%氯硝铵 1000 倍液每隔 10~15 天喷 1 次，连续喷 2~3 次

（续）

名称	发生时间	危害症状	防治方法
褐斑病 *Cercospora variicolor*	高温、 多雨季节	叶表面出现大小不同的苍白色斑点，一般直径为 3~7mm 大小的圆斑。病斑中部逐渐变褐色，正面散生十分细小黑点，具数层同心轮纹。相邻病斑合并时形成不规则的大型病斑。发生严重时整个叶面全变为病斑而枯死	采收后彻底清除病残株及落叶，集中烧毁；发病前用 600~800 倍的百菌清预防。代森锰锌 500 倍液、咪鲜胺乳油 600~800 倍液、或 80% 多菌灵 800 倍液喷施
轮斑病 *Pseudocercospora variicola*	8~9 月	叶片受害最重。初期叶片上出现淡黄色的小点，逐渐扩大为圆形或近圆形的病斑，褐色，并可见明显的轮纹，上面散生许多细小的霉点，以病斑中央最为密集。叶缘和主脉附近的病斑多呈半圆形。病重时整片叶片枯焦	早春喷洒 3°Be 石硫合剂，或 50% 多菌灵 600 倍液。秋季彻底清除病残体。1% 石灰等量式波尔多液，或 50% 退菌特 800 倍液，或 65% 代森锌 500 倍液，发病后 10~15 天喷 1 次，连续喷 1~2 个月
炭疽病 *Colletotrichum sp.*	高温、多雨、 多露季节	为害叶片、叶柄及茎部。花后在叶面出现褐色小斑点，并逐渐扩大，并受叶脉的抑制病斑呈半圆形，黑褐色，到后期病斑中部转化为白色，边缘红褐色，并开裂、穿孔，斑上散生许多黑点，在潮湿的条件下，可见红褐色的黏孢子团，茎和叶柄上也会出现略凹陷的、梭形的长条斑，染病的茎常扭曲，若嫩茎发病则会很快死亡。芽鳞和花瓣受害会造成幼芽枯萎和花朵畸形	早春喷洒 3°Be 石硫合剂，或 50% 多菌灵 600 倍液。秋季彻底清除病残体发病初期喷 70% 炭疽福美 500 倍液，或 1% 石灰等量式波尔多液，65% 代森锌 500 倍液，10~15 天喷 1 次，连续喷 1~2 个月

（续）

名称	发生时间	危害症状	防治方法
根腐病 *Fusarium solani*	田间积水和潮湿的环境，重茬	春季牡丹、芍药展叶后症状即可显现。地上部分长势衰弱，叶片失绿、发黄、泛红，严重时枝条和叶片枯死，若不及时防治，将导致整株死亡。挖掘病株时，常可见根部全部或部分发生腐烂呈黑褐色，并可见蛴螬啃食的痕迹	加强对蛴螬防治，秋季翻土壤前，每亩撒施紫丹颗粒剂 1~3kg，翻耕时翻入土壤，种植穴内也要施入同样的药剂 3~5g，出现成虫及成虫羽化盛发期注意防治成虫。 裸根放入可湿性甲基托布津 600~800 倍液和 1000 倍的甲基异柳磷混合液浸泡 2~3min 后再行种植
枯萎病 *Phytophthota cactorum*	春季	茎受害最初出现灰绿色似油浸的斑点，后变为暗褐色至黑色，进而形成数厘米长的黑斑。病斑边缘色渐浅，病斑与正常组织间没有明显的界限	防止茎基部淹水。发病初期可及时喷洒绿亨 2 号可湿性粉剂 800 倍液，72% 杜邦克露 600 倍液，64% 杀毒矾可湿性粉剂 500 倍液，25% 甲霜灵可湿性粉剂 200 倍液
茎腐病 *Sclerotinia sp.*	7~8 月	先在茎基部产生水渍状褐色腐烂，进而植株灰白色枯萎。病菌侵染的茎干有白色菌丝体和大型黑色菌核。茎腐病较少侵染上部枝条	及时除去病株；严重时进行土壤消毒。雨季注意排水。发病期可喷施 70% 甲基托布津或 50% 苯来特 1000 倍液进行防治
白绢病 *Sclerotium rolfsii*	3~5 月	初发生时，病部表皮层变褐，逐渐向周围发展，并在病部产生白色绢丝状的菌丝，菌丝作扇状扩展，蔓延至附近的土表上，以后在病苗的基部表面或土表的菌丝层上形成油菜籽状的茶褐色菌核。苗木发病后，茎基部及根部皮层腐烂，植株的水分和养分的输送被阻断，叶片变黄枯萎，全株枯死	在发病初期可用 1% 硫酸铜液浇灌病株根部或用 25% 萎锈灵可湿性粉剂 1000 倍液进行防治，浇灌病株根部；也可用 20% 甲基立枯磷乳油 1000 倍液进行防治，每隔 10 天左右喷一次。发病后，用刀将根颈部病斑彻底刮除，并用抗菌剂 401 的 50 倍液或 1% 硫酸液消毒伤口，再外涂波尔多液等保护剂，然后覆盖新土

（续）

名称	发生时间	危害症状	防治方法
锈病 *Cronratium flaccidium*	4~8月	叶背面有黄褐色颗粒状的夏孢子堆，表皮破裂后散出黄褐色孢子，用手摸如铁锈色，末期叶面呈圆形或类圆形等不规则的灰褐色病斑。在叶背面长出深褐色的刺毛状冬孢子堆，严重时全株死亡	集中烧掉病株；3°~4°Be石硫合剂或97%敌锈钠400倍液，10天1次，连打2~3次
吹绵蚧 *Icerya purchasi*	全年，水湿过重或不通风时发生	寄生叶片、枝条，吮吸汁液	入冬或早春时用石硫合剂涂在枝干下部
蛴螬 *Holotrichia diomphalia*	全年，以生长季节严重	叶片枯黄，逐渐落叶，直至整株死亡	48%乐斯本乳油1000倍液或25%广治乳油600~800倍液或氯丹粉200倍液浇灌根部，用毒饵诱杀，5%紫丹颗粒剂撒施翻入土壤
线虫 *Meloidogyne hapla*	全年，以生长季节严重	生长衰弱，枝条瘤结，叶片畸形	对土壤进行严格消毒

后记——我的"中国牡丹梦"

我出生在山东菏泽一个普通的农民家庭，从小随家人务农。1973年，我从菏泽地区农业专科学校毕业后，先是在基层工作了15年，后又从事林业工作近30年。长期的农村生活和基层工作经历让我始终心系"三农"，时刻关注着我国粮油生产和农民生活。据了解，我国的粮食自给率已多年稳定在95%以上，达到了《国家粮食安全中长期规划纲要（2008—2020年）》提出的要求，但我国食用油对外依存度却高达68.9%，每年需要花费500多亿美元从国外进口食用油和食用油籽，并且一半以上的食用油和食用油籽为转基因大豆、转基因大豆油、棕榈油。截止到2017年底，我国还有3046万贫困人口尚未脱贫。这些贫困人口大多生活在生态环境恶劣、基础设施薄弱、文教卫条件落后的偏远地区，是国家扶贫攻坚、确保2020年全面建成小康社会的难点和重点所在。多年来，我一直希望利用自己多年积累的工作经验和研究成果为保障国家粮油安全和人民身体健康、提高贫困地区农民收入、助力我国扶贫攻坚尽自己的一份力量，以报答党和国家的培养之恩，人民的养育之恩。

因长期从事林业工作，我痴爱木本油料作物。相比于大豆、花生等草本油料作物，木本油料作物具有生态功能强、不占用耕地、管理方便、油质优、营养高、投资少、效益大、收益期长、观赏性好等优点。无论从满足人民日益增长的食用油需要，还是从农业发展战略角度看，大力开发利用木本油料作物都具有十分重要的战略意义。自20世纪下半叶以来，开发木本油料作物已成为各国解决食用油问题越来越重要的手段。早在2008年，我就将自己十几年来对我国南方14省（自治区、直辖市）油茶发展状况的调研情况及今后油茶产业发展的战略思考向时任中央领导同志写了专题报告，中央领导同志作出了重要批示。为了认真贯彻落实中央领导同志的批示精神，当时国务院分管领导作出批示，要求统筹研究，拿出支持油茶产业发展的政策措施。同时，要求国家林业局精心安排好湖南现场会，对全国的油茶发展进行示范推动。同年9月11日，在湖南长沙召开了我国首次油茶产业发展现场会。从那时起，我国油茶产业发展的序幕正式拉开。如今，全国油茶产业发展已经到了一个初具规模的良好阶段，九年来已发展到6000多万亩，每年提供市场10亿斤优质油品，三大效益明显呈现。起初国家投资仅4000万元，现在木本油料产业发展资金增加到了37.9亿元。为此，我感到十分欣慰！

图1　2008年在湖南调研油茶产业

图2　2018年全国油茶产业发展现场会(湖南衡阳)

图片来源：人民网湖南频道

　　我是菏泽人，对家乡的特色植物——牡丹情有独钟。在几十年工作的时间里，我几乎从没有停止过对牡丹的思考认识和研究开发工作。自2000年以来的十几年间，我几乎跑遍了全国能种植油用牡丹的各个省(自治区、直辖市)，深入田间地头，查看生产，观察成效，与一线的油用牡丹种植人员进行深入交流和探讨。

　　我于2013年3月17日向习近平总书记报告了我这些年来研究油用牡丹的一些成果和山东菏泽尧舜牡丹产业园发展的有关情况，习近平总书记于2013年11月26日下午参观了菏泽市尧舜牡丹产业园，了解油用牡丹的开发情况。

图3　深入田间地头调研油用牡丹产业

据给习总书记在现场汇报的菏泽牡丹区副区长张贵宾同志说，当总书记在展板上看到我照片的时候说："这不是林业上的李育材同志吗？"张贵宾同志介绍说："是的，李育材同志是我们菏泽人，他对牡丹产业的开发作出了重大贡献。"习总书记回答："对，他就是干这个的。"总书记的话更加坚定了我余生为油用牡丹奋斗的决心。2013年11月27日，国务院组织有关中直机关召开了油用牡丹产业发展协调会。随后，国务院要求国家林业局起草一个关于加快木本油料产业发展的意见。在意见起草期间，国家林业局的同志多次征求了我的建议，终于在2014年12月26日，国务院办公厅下发了《国务院办公厅关于加快木本油料产业发展的意见》。

为了让广大群众更好地了解和认识油用牡丹，从2013年5月13日至今，我在全国适宜发展油用牡丹的各省（自治区、直辖市）举办了200多场油用牡丹专题讲座。一台电脑、一个茶杯、一口乡音，不论是龙头企业、农民企业家和热心于油用牡丹产业各界人士济济一堂的上千人大讲堂，还是小到十几位农民群众的田间地头，我都会不厌其烦地详细介绍油用牡丹发展历程、重要意义、政策科技、关键技术及措施建议等。

图4 部分报告会现场

科技是第一生产力。为了将科技创新贯穿于油用牡丹产前、产中、产后各个环节，全方位为油用牡丹种植户服务，2014年，我组织西北农林科技大学、东北林业大学、北京林业大学等8所大学和科研单位，在科技部、财政部和国家林业局的大力支持下，深度研究油用牡丹资源培育、标准化栽培技术、新技术推广及产业化加工应用等科研课题，已经取得了一系列研究成果。

图5 项目启动会

先后在黑龙江哈尔滨、吉林长春、辽宁沈阳和锦州、新疆乌鲁木齐和伊宁、内蒙古呼和浩特和鄂尔多斯、宁夏银川和隆德等地进行了试种，所栽培的油用牡丹全部安全越冬，并且健壮生长，花繁叶茂，有的已经开始结籽。油用牡丹北移栽培成功彻底改变了我国北方寒冷地区不能栽种牡丹的历史，使牡丹栽植纬度由原来的北纬40°推进到了北纬51°，并抵御住了−43℃极端低温的考验，使我国栽种油用牡丹的范围扩大了一倍，也为我国北方地区发展油用牡丹提供了重要的科学依据。

利用温室育苗、组培育苗(研究中)等先进的育苗方式，缩短油用牡丹育苗周期，省时省工，满足市场对油用牡丹优良苗木日益增长的需求。

图6　考察东北和西北地区油用牡丹生长情况

左：吉林长春；右：新疆乌鲁木齐

图7　考察油用牡丹育苗情况

左：温室育苗（西北农林科技大学）；右：组培育苗（北京林业大学）

通过大量实验证明，α-亚麻酸确实对改善智力、保护心血管、抗癌症和抗氧化有着显著功效；对α-亚麻酸毒物方面的数据进行分析，没有发现其存在严重的副作用，可以作为一种安全的食物材料。

在以往深入研究的基础上，以油用牡丹为原料，开发出食品、保健品、日化用品等上百种产品，有的已经投入市场，深受消费者喜爱。

2012年11月29日，党的十八大刚刚胜利闭幕半个月，中共中央总书记习近平和中央政治局常委李克强、张德江、俞正声、刘云山、王岐山、张高丽等就来到国家博物馆，参观《复兴之路》基本陈列。在参观过程中，习近平总书记发表了重要讲话并首次阐述了"中国梦"的概念。习近平总书记指出："每个人都有理想和追求，都有自己的梦想。现在，大家都在讨论中国梦，我以为，实现中华民族伟大复兴，就是中华民族近代以来最伟大的梦想。"

作为一名林业战线的老战士，虽年过花甲，仍有一个不变的愿望——利用自己在林业战线几十年所积累的研究成果、知识、经验等，努力培育资源，大力推动油用牡丹的综合利用和产业化开发，经过若干年的努力，让全国各族同胞每年都能吃上十斤牡丹籽油——这就是我的梦想。

目前，我国有 6 亿多亩宜林地，3 亿多亩亟待改造的残次林、低产林，3 亿多亩梨树、核桃、枣树、柿子等经济林。油用牡丹对土地的选择性不高，具有耐干旱、耐瘠薄、耐高寒、耐阴等生长特性，大量宜林地，大量低产林、残次林，大量经济林（林下间作套种），大量荒岭薄地，大量可利用的沙地，大量平原农区沟渠路边房前屋后，大量退耕还林需更新的地块等都可以种植。如果能与我国大型生态工程科学结合起来，特别是和退耕还林工程结合，潜力非常大，完全可以不与粮争地，不与民争粮。在保障粮食安全的前提下，按油用牡丹每亩结籽 500 斤，出油率 20% 计算，种植 1.39 亿亩油用牡丹就能出油 139 亿斤，实现 13.9 亿各族同胞每人每年吃上 10 斤牡丹籽油的梦想。

我已年近七十，但感觉身体尚可。春蚕到死丝方尽，蜡炬成灰泪始干。相信在党中央、国务院的正确领导下，在相关部委的大力推动下，在方方面面的共同努力下，特别是在农民兄弟的广泛参与下，我的梦想一定能实现！一份梦想，十分付出，万千担当！有生之年，我将为我的"中国牡丹梦"而努力奋斗！

2018 年 10 月 25 日